陈禾洞自然保护区植物

曹洪麟 徐伟强 朱永利 吴林芳 　主编

中国林业出版社
China Forestry Publishing House

图书在版编目（CIP）数据

陈禾洞自然保护区植物 / 曹洪麟等主编. -- 北京：中国林业出版社, 2020.6
（华南植物多样性丛书）
ISBN 978-7-5219-0412-3

Ⅰ.①陈… Ⅱ.①曹… Ⅲ.①自然保护区—植物—介绍—从化 Ⅳ.①Q958.526.54

中国版本图书馆CIP数据核字(2019)第276872号

中国林业出版社·自然保护分社 / 国家公园分社

策划编辑：肖　静
责任编辑：何游云　肖　静

出版发行	中国林业出版社（100009 北京市西城区德内大街刘海胡同7号）
	http://lycb.forestry.gov.cn　　电话：(010) 83143577　83143574
印　　刷	河北京平诚乾印刷有限公司
排　　版	广州林芳生态科技有限公司
版　　次	2020年6月第1版
印　　次	2020年6月第1次
开　　本	710mm×1000mm　1/8
印　　张	37.75
字　　数	790千字
定　　价	399.00元

未经许可，不得以任何方式复制和抄袭本书的部分或全部内容。

版权所有　侵权必究

编委会

主　　任： 陈　迅　曹洪麟
副 主 任： 徐伟强　朱永钊

主　　编： 曹洪麟　徐伟强　朱永钊　吴林芳
副 主 编： 蒋　蕾　王建荣　熊露桥　黄力明

编　　委： （以姓氏拼音排序）
曹洪麟　陈焕锦　陈永曦　陈　迅　程楠楠　董　辉
丁小龙　郭　韵　何仲文　胡帮杰　黄焕新　黄力明
黄萧洒　姜　楚　蒋　蕾　练琚愉　麦思珑　覃俏梅
孙观灵　汪惠峰　王建荣　王　娟　吴林芳　吴文华
熊露桥　徐伟强　叶华谷　叶瑞银　余佩琪　曾飞燕
张彩英　张　蒙　张　硕　张　征　朱永钊

参加单位：

中国科学院华南植物园
广州林芳生态科技有限公司
广东从化陈禾洞省级自然保护区管理处

前 言

广东从化陈禾洞省级自然保护区成立于2007年1月，是广州地区第一个省级自然保护区。保护区地处北回归线北缘，南端距广州市约120km，属亚热带季风气候，年平均气温19.5~21.4℃，年平均降水量2000mm左右，地带性土壤类型为发育于花岗岩的赤红壤，地带性植被类型为季风常绿阔叶林。该区是亚热带常绿阔叶林保存较为完整的林区之一，区内物种起源古老、成分复杂、生物多样性高，同时也是珍稀野生动植物基因库。

为了充分了解陈禾洞省级自然保护区生物资源的本底状况，促进保护区的保护、管理和科研、科普事业的发展，广州市野生动植物保护管理办公室立项，由中国科学院华南植物园实施陈禾洞省级自然保护区植物与植被本底资源调查项目。

项目组成员在2016年至2018年对保护区进行了全域性的调查并采集标本，花费大量时间进行标本、照片的鉴定与整理。据统计，本次调查共采集了2200多号近5000份的标本，拍摄了12000多张照片。根据本次野外实地调查、标本采集与鉴定结果，参考前人的考察资料，统计出陈禾洞省级自然保护区内共有维管束植物193科622属1172种（含种下等级，下同），包括主要栽培植物46种（文中以"*"表示）。保护区野生维管束植物共有191科598属1126种，其中，蕨类植物36科63属115种，裸子植物5科5属5种，被子植物150科530属1006种。书中出现的保护区指陈禾洞省级自然保护区。

本书科的系统排序依次为：蕨类植物按照秦仁昌系统（1978年），裸子植物按照郑万钧系统（1978年），被子植物按照哈钦松系统（1934年）。物种学名按《Flora of China》进行更新。在科下设有分属检索表，属下设有分种检索表。书中文字部分包括科、属、种的描述，种的描述包括整株、茎、叶、花、果、生境及分布等信息，大部分物种收录1~2张照片。

本书在编写和出版过程中，得到了广州市野生动植物保护管理办公室、广东从化陈禾洞省级自然保护区管理处、中国科学院华南植物园、广州林芳生态科技有限公司等单位的支持和帮助。谨向在本书编辑和出版过程中作出贡献的单位和个人表示衷心的感谢！

本书将为我国亚热带地区植物学研究、生物多样性保护与植物资源可持续利用提供基础资料，并供植物学、林学、生态学工作者，大专院校师生，植物保护组织工作人员和植物爱好者参考。由于水平所限，疏漏和错误之处在所难免，恳请读者、专家和朋友们提出宝贵意见和建议。

编委会

2019 年 12 月

目录

前言

蕨类植物门 PTERIDOPHYTA 1

P2. 石杉科 Huperziaceae 2
P3. 石松科 Lycopodiaceae 2
P4. 卷柏科 Selaginellaceae 3
P6. 木贼科 Equisetaceae 4
P9. 瓶尔小草科 Ophioglossaceae 5
P11. 观音座莲科 Angiopteridaceae 5
P13. 紫萁科 Osmundaceae 5
P14. 瘤足蕨科 Plagiogyriaceae 6
P15. 里白科 Gleicheniaceae 6
P17. 海金沙科 Lygodiaceae 7
P18. 膜蕨科 Hymenophyllaceae 8
P19. 蚌壳蕨科 Dicksoniaceae 8
P20. 桫椤科 Cyatheaceae 9
P22. 碗蕨科 Dennstaedtiaceae 9
P23. 鳞始蕨科 Lindsaeaceae 10
P26. 蕨科 Pteridiaceae 11
P27. 凤尾蕨科 Pteridaceae 11
P30. 中国蕨科 Sinopteridaceae 13
P31. 铁线蕨科 Adiantaceae 13
P32. 水蕨科 Parkeriaceae 14
P33. 裸子蕨科 Hemionitidaceae 14
P35. 书带蕨科 Vittariaceae 14
P36. 蹄盖蕨科 Athyriaceae 15
P38. 金星蕨科 Thelypteridaceae 16
P39. 铁角蕨科 Aspleniaceae 18
P42. 乌毛蕨科 Blechnaceae 19
P45. 鳞毛蕨科 Dryopteridaceae 20
P46. 叉蕨科 Tectariaceae 23
P47. 实蕨科 Bolbitidaceae 23
P49. 舌蕨科 Elaphoglossaceae 24
P50. 肾蕨科 Nephrolepidaceae 24
P51. 条蕨科 Oleandraceae 25
P52. 骨碎补科 Davalliaceae 25
P56. 水龙骨科 Polypodiaceae 25
P57. 槲蕨科 Drynariaceae 28
P59. 禾叶蕨科 Grammitidaceae 28

裸子植物门 GYMNOSPERMAE 29

G3. 红豆杉科 Taxaceae 30
G4. 松科 Pinaceae 30
G5. 杉科 Taxodiaceae 30
G6. 三尖杉科 Cephalotaxaceae 31
G7. 罗汉松科 Podocarpaceae 31
G9. 柏科 Cupressaceae 32
G11. 买麻藤科 Gnetaceae 32

被子植物门 ANGIOSPERMAE 33

1. 木兰科 Magnoliaceae 34
2A. 八角科 Illiciaceae 36
3. 五味子科 Schisandraceae 36
8. 番荔枝科 Annonaceae 37
11. 樟科 Lauraceae 39
13A. 青藤科 Illigeraceae 47
15. 毛茛科 Ranunculaceae 47
19. 小檗科 Berberidaceae 50
21. 木通科 Lardizabalaceae 50
23. 防己科 Menispermaceae 51
24. 马兜铃科 Aristolochiaceae 52
28. 胡椒科 Piperaceae 52
29. 三白草科 Saururaceae 53
30. 金粟兰科 Chloranthaceae 54
33. 紫堇科 Fumariaceae 55
36. 白花菜科 Capparidaceae 55
39. 十字花科 Cruciferae 56
40. 堇菜科 Violaceae 57
42. 远志科 Polygalaceae 58
47. 虎耳草科 Saxifragaceae 60
48. 茅膏菜科 Droseraceae 60
53. 石竹科 Caryophyllaceae 60

54. 粟米草科 Molluginaceae 61	148. 蝶形花科 Papilionaceae 116
56. 马齿苋科 Portulacaceae 61	151. 金缕梅科 Hamamelidaceae 124
57. 蓼科 Polygonaceae 62	159. 杨梅科 Myricaceae 126
59. 商陆科 Phytolaccaceae 65	161. 桦木科 Betulaceae 126
61. 藜科 Chenopodiaceae 65	163. 壳斗科 Fagaceae 126
63. 苋科 Amaranthaceae 65	165. 榆科 Ulmaceae 133
64. 落葵科 Basellaceae 67	167. 桑科 Moraceae 134
69. 酢酱草科 Oxalidaceae 67	169. 荨麻科 Urticaceae 139
71. 凤仙花科 Balsaminaceae 68	171. 冬青科 Aquifoliaceae 142
72. 千屈菜科 Lythraceae 69	173. 卫矛科 Celastraceae 145
77. 柳叶菜科 Onagraceae 70	179. 茶茱萸科 Icacinaceae 146
78. 小二仙草科 Haloragidaceae 71	182. 铁青树科 Olacaceae 147
81. 瑞香科 Thymelaeaceae 71	185. 桑寄生科 Loranthaceae 147
83. 紫茉莉科 Nyctaginaceae 73	186. 檀香科 Santalaceae 148
84. 山龙眼科 Proteaceae 73	189. 蛇菰科 Balanophoraceae 148
88. 海桐花科 Pittosporaceae 73	190. 鼠李科 Rhamnaceae 149
93. 大风子科 Flacourtiaceae 74	191. 胡颓子科 Elaeagnaceae 150
94. 天料木科 Samydaceae 74	193. 葡萄科 Vitaceae 151
103. 葫芦科 Cucurbitaceae 75	194. 芸香科 Rutaceae 152
104. 秋海棠科 Begoniaceae 77	197. 楝科 Meliaceae 155
107. 仙人掌科 Cactaceae 78	198. 无患子科 Sapindaceae 156
108. 山茶科 Theaceae 78	198B. 伯乐树科 Bretschneideraceae 157
108A. 五列木科 Pentaphylacaceae 84	200. 槭树科 Aceraceae 157
112. 猕猴桃科 Actinidiaceae 85	201. 清风藤科 Sabiaceae 158
113. 水东哥科 Saurauiaceae 86	204. 省沽油科 Staphyleaceae 159
118. 桃金娘科 Myrtaceae 86	205. 漆树科 Anacardiaceae 160
120. 野牡丹科 Melastomataceae 88	206. 牛栓藤科 Connaraceae 160
123. 金丝桃科 Hypericaceae 90	207. 胡桃科 Juglandaceae 161
126. 藤黄科 Guttiferae 91	209. 山茱萸科 Cornaceae 161
128. 椴树科 Tiliaceae 91	210. 八角枫科 Alangiaceae 162
128A. 杜英科 Elaeocarpaceae 92	212. 五加科 Araliaceae 163
130. 梧桐科 Sterculiaceae 94	213. 伞形科 Apiaceae 165
132. 锦葵科 Malvaceae 95	214. 桤叶树科 Clethraceae 167
135. 古柯科 Erythroxylaceae 97	215. 杜鹃花科 Ericaceae 167
135A. 粘木科 Ixonanthaceae 97	216. 越橘科 Vacciniaceae 170
136. 大戟科 Euphorbiaceae 98	221. 柿树科 Ebenaceae 170
136A. 交让木科 Daphniphyllaceae 103	222. 山榄科 Sapotaceae 171
139. 鼠刺科 Escalloniaceae 104	222A. 肉实树科 Sarcospermataceae 172
142. 绣球花科 Hydrangeaceae 104	223. 紫金牛科 Myrsinaceae 172
143. 蔷薇科 Rosaceae 105	224. 安息香科 Styracaceae 176
146. 含羞草科 Mimosaceae 112	225. 山矾科 Symplocaceae 177
147. 苏木科 Caesalpiniaceae 113	228. 马钱科 Loganiaceae 178

229. 木犀科 Oleaceae ... 180	280. 鸭跖草科 Commelinaceae ... 237
230. 夹竹桃科 Apocynaceae ... 181	285. 谷精草科 Eriocaulaceae ... 238
231. 萝藦科 Asclepiadaceae ... 183	287. 芭蕉科 Musaceae ... 238
232. 茜草科 Rubiaceae ... 184	290. 姜科 Zingiberaceae ... 239
233. 忍冬科 Caprifoliaceae ... 195	291. 百合科 Liliaceae ... 242
235. 败酱科 Valerianaceae ... 197	295. 延龄草科 Trilliaceae ... 244
238. 菊科 Compositae ... 197	296. 雨久花科 Pontederiaceae ... 245
239. 龙胆科 Gentianaceae ... 211	297. 菝葜科 Smilacaceae ... 245
239A. 睡菜科 Menyanthaceae ... 211	302. 天南星科 Araceae ... 246
240. 报春花科 Primulaceae ... 211	306. 石蒜科 Amaryllidaceae ... 249
242. 车前科 Plantaginaceae ... 212	311. 薯蓣科 Dioscoreaceae ... 249
243. 桔梗科 Campanulaceae ... 213	314. 棕榈科 Palmae ... 250
244. 半边莲科 Lobeliaceae ... 213	315. 露兜树科 Pandanaceae ... 250
249. 紫草科 Boraginaceae ... 214	318. 仙茅科 Hypoxidaceae ... 251
250. 茄科 Solanaceae ... 215	323. 水玉簪科 Burmanniaceae ... 251
251. 旋花科 Convolvulaceae ... 216	326. 兰科 Orchidaceae ... 252
252. 玄参科 Scrophulariaceae ... 218	327. 灯心草科 Juncaceae ... 258
253. 列当科 Orobanchaceae ... 222	331. 莎草科 Cyperaceae ... 259
254. 狸藻科 Lentibulariaceae ... 222	332. 禾本科 Gramineae ... 265
256. 苦苣苔科 Gesneriaceae ... 223	332A. 竹亚科 Bambusoideae ... 265
259. 爵床科 Acanthaceae ... 224	332B. 禾亚科 Agrostidoideae ... 267
263. 马鞭草科 Verbenaceae ... 227	中文名称索引 ... 280
264. 唇形科 Labiatae ... 232	拉丁学名索引 ... 286

蕨类植物门
PTERIDOPHYTA

P2. 石杉科 Huperziaceae

茎短而直立或斜升，有规则地一至多回等位二歧分枝。各回小枝等长。能育叶与不育叶同型或较小。孢子囊生于能育叶的腋内，常成不明显的穗状囊穗。本科共2属约300种[①]。中国2属48种。保护区2属3种。

1. 植株较小，土生或附生；茎直立 ············ 1. 石杉属 Huperzia
1. 植株较高大，附生；成熟枝下垂或近直立 ············
   ············ 2. 马尾杉属 Phlegmariurus

1. 石杉属 Huperzia Bernh.

植株较小，土生或附生。茎直立。能育叶仅比不育叶略小。叶片草质，边缘或前端具锯齿或全缘。本属约100种。中国25种。保护区1种。

蛇足石杉（千层塔） Huperzia serrata (Thunb. ex Murray) Trev.

多年生土生蕨类。茎直立或斜生。枝二至四回二歧分枝。叶螺旋状排列，薄革质。能育叶与不育叶同型。孢子囊肾形，黄色。

全国除西北部分地区、华北地区外均有分布；东南亚、太平洋地区也有；生于林下、灌丛下、路旁。保护区偶见。

2. 马尾杉属 Phlegmariurus (Herter) Holub.

中型附生蕨类。茎短而簇生。叶螺旋状排列，革质或近革质，全缘；能育叶与不育叶明显不同或相似。孢子囊生在能育叶腋，孢子囊肾形。本属约200种。中国23种。保护区2种。

1. 叶片不抱茎，有明显的柄 ········ 1. 华南马尾杉 P. austrosinicus
1. 叶片（至少植株近基部叶片）抱茎，无柄 ············
   ············ 2. 福氏马尾杉 P. fordii

1. 华南马尾杉（华南石杉） Phlegmariurus austrosinicus (Ching) L. B. Zhang

中型附生蕨类。茎簇生。不育叶椭圆形，革质；能育叶椭圆状披针形，排列稀疏。孢子囊穗顶生。

分布华南及西南地区；广布于热带与亚热带地区；附生于林下岩石上。保护区偶见。

2. 福氏马尾杉 Phlegmariurus fordii (Baker) Ching

中型附生蕨类。茎簇生。叶互生，螺旋状排列；不育叶常抱茎，革质；能育叶位于茎上部。孢子囊穗顶生。

分布我国西南至华东、华南地区；日本、印度也有；附生于竹林下阴处、山沟阴岩壁、灌木林下岩石上。保护区偶见。

P3. 石松科 Lycopodiaceae

茎长而水平匍匐，以一定的间隔生出直立或斜升的短侧枝。孢子囊集生于枝顶。能育叶与不育叶不同型，不为绿色。本科7属60多种。中国5属66种。保护区2属2种。

1. 主茎攀援状。孢子囊穗每6~26个一组生于孢子枝顶端 ············
   ············ 1. 藤石松属 Lycopodiastrum
1. 主茎匍匐状或直立；孢子囊穗单生或聚生于孢子枝顶端 ············
   ············ 2. 垂穗石松属 Palhinhaea

1. 藤石松属 Lycopodiastrum Holub ex Dixit

主茎呈攀援状。孢子囊穗每6~26个一组生于多回二叉分枝的孢子枝顶端。单种属。保护区有分布。

藤石松（石子藤） Lycopodiastrum casuarinoides (Spring) Holub ex Dixit

种的特征与属同。

注[①]：全书中世界与中国范围内种的数量统计包括种下等级。

产华东、华南、华中及西南大部分地区；亚洲其他热带及亚热带地区有分布；生于山坡灌丛或林缘。产保护区鱼洞村、古田村等地。

2. 垂穗石松属 Palhinhaea Franco et Vasc. ex Vasc. et Franco.

中至大型土生草本。主茎直立，侧枝上斜，多回不等位二歧分枝，小枝具纵棱。叶螺旋状排列，无柄，先端渐尖，全缘，纸质。孢子囊穗单生于孢子枝顶端，淡黄色，无柄。本属约15种。中国4种。保护区1种。

垂穗石松（灯笼草、铺地蜈蚣）Palhinhaea cernua (L.) Vasc. et Franco

土生草本。主茎地上部分直立粗壮。能育叶三角状卵形，覆瓦状排成囊穗。孢子囊穗单生于小枝顶端；孢子囊腋生，圆肾形。

产我国浙江、江西、福建、湖南、广东等地；全球热带、亚热带广布；生向阳潮湿的疏林下、林缘及灌丛。保护区常见。

P4. 卷柏科 Selaginellaceae

中小型草本。主茎直立或匍匐后直立，节上常生不定根。叶一型或二型，单叶，草质，无柄。不育叶二型；能育叶螺旋状排列，紧密，在小枝顶端聚生成穗状。囊穗四棱形或扁圆形生于小枝顶端；孢子囊异型，单生于能育叶腋。单属科，600多种。中国64种。保护区7种。

卷柏属 Selaginella P. Beauv.

特征与科同。本属600多种。中国64种。保护区7种。

1. 侧枝上小枝排成整齐的一回羽状。
   2. 主茎粗·················1. 黑顶卷柏 S. picta
   2. 主茎细·················2. 薄叶卷柏 S. delicatula
1. 侧枝多回分枝，分枝不排成整齐的一回羽状。
   3. 中叶基部外侧耳状·················3. 具边卷柏 S. limbata
   3. 中叶基部外侧不为耳状。
      4. 能育叶穗背腹压扁·················4. 细叶卷柏 S. labordei
      4. 能育叶穗背腹不压扁。
         5. 茎匍匐·················5. 疏叶卷柏 S. remotifolia
         5. 茎近直立，基部横卧。
            6. 侧叶较短，卵状三角形或卵状披形·················6. 糙叶卷柏 S. scabrifolia
            6. 侧叶较长，长圆镰形·················7. 深绿卷柏 S. doederleinii

1. 黑顶卷柏 Selaginella picta A. Braun ex Baker

土生直立草本。主茎自近基部呈羽状分枝；侧枝4~6对，一回羽状分枝，密集排列规则。叶交互排列，二型，草质；能育叶一型，全缘。

分布华南、西南地区；南亚及东南亚多国也有；生于密林中。保护区上水库偶见。

2. 薄叶卷柏 Selaginella delicatula (Desv. ex Poir.) Alston

土生草本。根托只生于主茎的中下部，自主茎分叉处下方生出。叶（不分枝主茎上的除外）交互排列，二型，具狭窄的白边。

分布华南、华东地区；越南、柬埔寨、印度等也有。保护区林下偶见。

3. 具边卷柏（耳基卷柏）Selaginella limbata Alston

土生匍匐草本。主茎分枝，不呈"之"字形，无关节。叶交互排列，二型，具白边；能育叶一型，卵形，具白边。大孢子深褐色；小孢子浅黄色。

分布华南、华东；日本南部也有；生林下或山坡阳面。保护区拉元石坑偶见。

4. 细叶卷柏 Selaginella labordei Hieron. ex Christ

土生或石生草本。叶全部交互排列，二型，草质，具白边，边缘具细齿或具短睫毛。能育叶穗紧密，单生于小枝末端；能育叶倒置，具白边。大孢子黄色；小孢子红色。

分布我国亚热带地区；缅甸也有；生山地林下或林下石上。保护区偶见。

5. 疏叶卷柏 Selaginella remotifolia Spring

土生匍匐草本。主茎自近基部开始分枝，不呈"之"字形，具关节。叶全部交互排列，二型，草质；侧叶近全缘或具细齿；能育叶穗紧密；能育叶一型。

分布我国长江以南地区及台湾；日本、南亚及东南亚也有；湿生林下土中。保护区偶见。

6. 糙叶卷柏 Selaginella scabrifolia Ching et Chu H. Wang

土生草本。常在分枝下方着生根托。叶全部交互排列，二型，草质；侧叶和中叶上表面均具刺突；中叶具长芒。孢子囊穗紧密，单生于小枝末端。

分布海南、广东；也分布到日本、印度、越南、泰国、东马来西亚；生林下溪边。保护区偶见。

7. 深绿卷柏 Selaginella doederleinii Hieron.

草本。叶交互排列，边缘不为全缘，不具白边；侧叶覆瓦状排列，长圆镰形，偏斜；能育叶一型。孢子囊穗双生或单生于枝顶。

分布于华南、华东及西南地区；日本及越南也有；生林下路边或沟谷阴湿处。保护区较常见。

P6. 木贼科 Equisetaceae

土生草本，稀湿生或浅水生。根茎长而横行，黑色，有节，节上生根，被绒毛。地上枝直立，有节，中空，表皮常有矽质小瘤，单生或在节上有轮生的分枝；节间有纵行的脊和沟。不育叶退化成鳞片状，节上轮生，前段分裂呈鞘齿；能育叶轮生，盾状，下部悬生5~10枚孢子囊，组成圆柱状囊穗顶生。单属科，约30种。中国9种。保护区1种1亚种。

木贼属 Equisetum L.

属的特征与科同。约30种。中国9种。保护区1种1亚种。

1. 节节草 Equisetum ramosissimum Desf.

中小型多年生草本。主枝多在下部分枝，常形成簇生状；主枝脊背有1行小瘤或有浅色小横纹；主枝鞘齿5~12，常灰白色。孢子囊穗顶端有小尖突。

分布我国南北各地区；东北亚、非洲、欧洲、北美洲也有；生林中、灌丛中或溪边或潮湿的旷野处。保护区各荒野较常见。

2. 笔管草 Equisetum ramosissimum subsp. dbile (Roxb. Ex Vauch.) Hauke

多年生草本。根茎直立和横走。地上茎直立。主枝有脊10~20条，侧枝只有5~6条；主枝鞘齿11~22，狭三角形。孢子囊穗短棒状或椭圆形。

分布华南及西南地区；印度至东南亚也有；生沟边湿地。保

卷柏科 Selaginellaceae/ 木贼科 Equisetaceae/ 瓶尔小草科 Ophioglossaceae/ 观音座莲科 Angiopteridaceae/ 紫萁科 Osmundaceae

护区鱼洞村、黄村等地较常见。

P9. 瓶尔小草科 Ophioglossaceae

土生，少为附生草本。根状茎短，直立，有肉质粗根，无鳞片。成长叶具总柄，叶二型；不育叶全缘，披针形或卵形，叶脉网状；能育叶具柄，从茎顶或不育叶基部生出。孢子囊圆球形，无柄，无环带；孢子圆球形。本科 4 属约 80 种。中国 3 属 22 种。保护区 1 属 1 种。

瓶尔小草属 Ophioglossum L.

小型直立草本。根状茎短，直立。叶二型；不育叶出自根状茎顶部，单叶，有柄，披针形或卵形，叶脉网状，中脉不明显；能育叶有长柄，自茎顶或不育叶的基部着生，叶片成线形肥厚的孢子囊穗。孢子球状四面形。本属约 28 种。中国 9 种。保护区 1 种。

心叶瓶尔小草 Ophioglossum reticulatum L.

小型直立草本。根状茎短细，直立。总叶柄长 4~8cm，卵形或卵圆形，基部深心脏形，有短柄，边缘多少呈波状，草质；网状脉明显；能育叶自不育叶柄的基部生出。孢子囊穗纤细。

分布我国长江以南地区及台湾；东亚、东南亚及南美洲也有；生密林下。保护区桂峰山偶见。

P11. 观音座莲科（莲座蕨科）Angiopteridaceae

根状茎短而直立，头状。叶柄粗大，基部有肉质托叶状附属物，附属物多年累积后呈莲座状，叶柄基部有薄肉质长圆形的托叶；叶片为一至二回羽状，末回小羽片披针形；叶脉分离，二叉分枝。孢子囊船形，沿叶脉 2 行排列，形成线形或长形的孢囊群。本科 3 属 200 多种。中国 2 属 71 种。保护区 1 属 1 种。

观音座莲属（莲座蕨属）Angiopteris Hoffm.

大型陆生草本。根状茎肥大，肉质圆球形，幅射对称。叶大，多二回羽状，有粗长柄，基部有肉质托叶状的附属物，经多年累积后呈莲座状；末回小羽片披针形；叶脉分离，自叶边常生出倒行假脉。孢子囊群靠近叶边，2 列生于叶脉上，通常由 7~30 枚孢子囊组成。本属约 200 种。中国约 60 种。保护区 1 种。

福建观音座莲 Angiopteris fokiensis Hieron

大型陆生植物。根状茎块状，直立。叶片宽广，宽卵形；羽片 5~7 对，互生，奇数羽状；小羽片 35~40 对，具短柄；叶脉下面明显，无倒行假脉。孢子囊群近叶缘条状排列。

分布我国南方地区；生林下溪谷沟边。保护区桂峰山较常见。

P13. 紫萁科 Osmundaceae

中型陆生蕨类。根状茎粗肥，直立，树干状或横走，无鳞片。叶柄长而坚实，基部膨大，两侧有狭翅如托叶状的附属物；叶片大，一至二回羽状，二型或一型；叶脉分离，二叉分歧。孢子囊球圆形，多有柄，生于强度收缩的能育叶羽片边缘。本科 3 属 20 种。中国 2 属 8 种。保护区 1 属 2 种。

紫萁属 Osmunda L.

陆生蕨类。根状茎粗健，常形成树干状的主轴。叶柄基部膨大，覆瓦状；叶大，簇生，二型或同一叶的羽片为二型，一至二回羽状，幼时被棕色棉绒状毛；能育叶或羽片紧缩，常棕色。孢子囊球圆形，有柄，边缘着生。本属约 10 种。中国 7 种。保护区 2 种。

1. 叶顶部一回羽状，其下为二回羽状…………1. 紫萁 O. japonica
1. 叶为一回羽状…………………………2. 华南紫萁 O. vachellii

1. 紫萁 Osmunda japonica Thunb.

草本。根状茎短粗。叶簇生，直立；叶片纸质，光滑，顶部一回羽状，其下为二回羽状；羽片 3~5 对，对生；小羽片 5~9 对，具细锯齿；能育叶羽片和小羽片均短缩，沿中肋两侧背面密生孢子囊。

分布我国秦岭以南各地区；日本、朝鲜、印度北部也有；生林下或溪边。保护区较常见。

2. 华南紫萁 Osmunda vachellii Hook.

草本。根状茎直立，粗肥。叶簇生于顶部；叶厚纸质，两面光滑，一回羽状；羽片 15~20 对，二型；下部数对羽片为能育叶，中肋两侧密生圆形的分开的孢子囊穗。

5

广布我国亚热带地区；印度、缅甸、越南等地也有；生草坡或溪边阴湿处。保护区较常见。

P14. 瘤足蕨科 Plagiogyriaceae

中型陆生蕨类。根状茎短粗直立。叶簇生顶端，二型；叶柄长，基部膨大；叶片一回羽状或羽状深裂达叶轴，顶部羽裂合生；羽片多对，披针形或多少为镰刀形，全缘或顶部有锯齿；叶基常有气囊体；能育叶的柄较长，羽片强度收缩成线形。孢子囊群为近叶边生。单属科，约50种。中国32种。保护区2种。

瘤足蕨属 Plagiogyria Mett.

属的特征与科同。本属约50种。中国32种。保护区2种。

1. 羽片之间不相接连 ················ 1. 华东瘤足蕨 P. japonica
1. 羽片之间相接连 ················ 2. 镰羽瘤足蕨 P. falcata

1. 华东瘤足蕨 Plagiogyria japonica Nakai

中型陆生蕨类植物。叶簇生；不育叶纸质，两面光滑，羽片13~16对，互生，无柄，但顶生羽片特长，叶边有疏齿，向顶端锯齿较粗；能育叶高与不育叶相等或过之，柄远较长，羽片线形，顶端急尖。

分布我国长江以南地区；日本、朝鲜、印度也有；生沟谷溪边林下。保护区溪边林下偶见。

2. 镰羽瘤足蕨 Plagiogyria falcata Copel.

中型陆生蕨类植物。根状茎短粗。叶多数簇生，长披针形，羽状深裂几达叶轴；羽片约50~55对，互生，渐尖头，基部不对称，边缘下部全缘；不育叶的柄长14~16cm；能育叶的柄长30~35cm。

分布我国福建、广东、广西、浙江、安徽、贵州，我国台湾阿里山北部也产；生密林下沟边。保护区林下可见。

P15. 里白科 Gleicheniaceae

陆生蕨类。根状茎长而横走。叶一型，有柄，纸质至近革质；叶片一回羽状，或因顶芽不发育；主轴一至多回二叉分枝或假二叉分枝，分枝处具眠芽；末回裂片或小羽片线形。孢子囊群小而圆，无盖，由2~6枚无柄孢子囊组成，生于叶背，常1行列于主脉和叶边之间。本科6属150多种。中国3属24种。保护区2属4种。

1. 主轴一至多回二叉分枝 ················ 1. 芒萁属 Dicranopteris
1. 主轴通直，单一，不为二叉状分枝 ··· 2. 里白属 Diplopterygium

1. 芒萁属 Dicranopteris Bernh.

草本。根状茎细长而横走，分枝，密被红棕色长毛。叶远生，无限生长，纸质到近革质，下面通常为灰白色；主轴常多回二叉或假二叉分枝，末回主轴顶端有一对不大的一回羽状叶片，主轴分叉处常有一对篦齿状托叶及休眠芽；末回一对羽片二叉状，羽状深裂，无柄，裂片篦齿状排列，平展，线形或线状披针形，全缘。孢子囊群圆形，无盖，常由6~10枚无柄的孢子囊组成，生于叶背，在中脉两侧与叶边间各排成一列。本属10余种。中国6种。保护区2种。

1. 裂片宽6~8mm ················ 1. 大芒萁 D. ampla
1. 裂片宽3~4mm ················ 2. 芒萁 D. pedata

1. 大芒萁 Dicranopteris ampla Ching et Chiu

草本。高1~1.5m。根状茎横走。叶远生，叶轴三至四回二叉分枝，末回羽片披针形或长圆形，篦齿状深裂几达羽轴；叶近革质，下面灰绿色，无毛。孢子囊群圆形，由7~15枚孢子囊组成。

分布我国华南地区及云南；越南北部也有；生疏林中或林缘。保护区安山村东门山常见。

2. 芒萁 Dicranopteris pedata (Houtt.) Nakaike

多年生草本。根状茎横走，密被暗锈色长毛。叶远生，棕禾秆色；叶轴分叉较少，一至三回，各回分叉处有一对托叶状的羽片。孢子囊群圆形，沿羽片下部中脉两侧各一列。

分布我国长江以南各地区；日本、越南、印度也有；生强酸性土壤的荒坡和林缘。保护区常见。

2. 里白属 Diplopterygium (Diels) Nakai

草本。根状茎粗长而横走，分枝，密被披针形红棕色鳞片。叶远生，厚纸质，有长柄；主轴粗壮，单一，不为二叉分枝，仅顶芽生出一对二叉的大二回羽状羽片；分叉点具一休眠芽，密被厚鳞片，不具篦齿状托叶；叶柄被鳞片；叶脉一次分叉。孢子囊群小，圆形，无盖，由2~4枚无柄的孢子囊组成，在叶背中脉两侧与叶边间各一行排列。本属约20种。中国9种。保护区2种。

1. 植株被淡棕色或锈色的鳞片和星状毛…1. 中华里白 D. chinense
1. 植株不被上述毛被……………………2. 光里白 D. laevissimum

1. 中华里白 Diplopterygium chinense (Ros.) De Vol

多年生草本。根状茎横走，密被棕色鳞片。叶片巨大，坚纸质，二回羽状；叶柄深棕色，密被红棕鳞片；羽片长约1m，小羽片互生，全缘。孢子囊群圆形，生于叶背中脉和叶缘之间各一列。

分布我国福建、广东、广西、贵州、四川；越南北部也有；生山谷溪边或林中，偶成片生长。保护区多见。

2. 光里白 Diplopterygium laevissimum (Christ) Nakai

草本。株高1~1.5m。叶柄基部被鳞片或疣状凸起，其他部分光滑；一回羽片对生，具短柄；小羽片互生，几无柄；叶坚纸质，无毛。孢子囊群圆形，由4~5枚孢子囊组成。

分布我国长江以南地区；日本、越南（北部）、菲律宾也有；生山谷中阴湿处。保护区上水库偶见。

P17. 海金沙科 Lygodiaceae

陆生攀援植物。根状茎长而横走，有毛而无鳞片。叶轴无限生长，细长，常攀援达数米；羽片对生于叶轴的短距上；一至二回掌状或羽状复叶，近二型；不育羽片常生叶轴下部，能育羽片位于上部；能育羽片边缘生流苏状孢子囊穗，由2行并生的孢子囊组成，孢子囊生于小脉顶端，梨形。单属科，约45种。中国10种。保护区2种。

海金沙属 Lygodium Sw.

属的特征与科同。本属约45种。中国10种。保护区2种。

1. 末回小羽片的基部无膨大的关节… 1. 海金沙 L. japonicum
1. 末回小羽片的基部有膨大的关节………………………………………………2. 小叶海金沙 L. microphyllum

1. 海金沙 Lygodium japonicum (Thunb.) Sw.

草质藤本。叶纸质，二回羽状，对生于叶轴短距上；不育叶

末回羽片 3 裂；不育叶与能育叶略为二型；能育叶羽状。孢子囊穗排列稀疏，暗褐色，无毛。

分布我国长江以南地区；亚洲热带、亚热带及大洋洲热带地区广布；生旷野、林中或林缘。保护区常见。

2. 小叶海金沙 Lygodium microphyllum (Cav.) R. Br

草质藤本。叶薄草质，两面光滑，二回奇数羽状；羽片对生于叶轴的短距上，顶端密生红棕色毛，小羽片 4 对，互生；能育叶羽状。孢子囊穗排列于叶缘，黄褐色。

分布我国华南、西南及福建、台湾等；印度、缅甸和马来西亚也有；生溪边灌丛或林中。保护区较常见。

P18. 膜蕨科 Hymenophyllaceae

附生或稀陆生蕨类。根状茎常横走。叶膜质，二列或辐射对称排列；叶通常很小，叶形多样，由全缘的单叶至扇形分裂，直立或有时下垂；叶脉分离，二叉分枝或羽状分枝。孢子囊着生于囊群托周围，不露出或部分地露出于囊苞外面，环带斜生或几为横生。本科约 34 属 700 种。中国 14 属约 79 种。保护区 3 属 3 种。

1. 孢子囊群的囊苞为管状、喇叭状、漏斗状或倒长圆锥状 ······················· 1. 瓶蕨属 Vandenboschia
1. 孢子囊群的囊苞为两瓣形。
  2. 叶边有尖锯齿 ············· 2. 膜蕨属 Hymenophyllum
  2. 叶边无锯齿 ··················· 3. 蕗蕨属 Mecodium

1. 瓶蕨属 Vandenboschia Cop.

矮小附生植物。根状茎细长，丝状，横走，无根。叶细小，光滑无毛；末回裂片有一条叶脉，沿叶缘有或无一条连续不断的边内假脉，断续的假脉与叶脉斜交或并行；叶轴全部有翅。孢子囊群生于裂片的腋间或着生于向轴的短裂片顶端；囊群托凸出。本属约 30 种。中国 16 种。保护区 1 种。

瓶蕨 Vandenboschia auriculata (Blume) Cop.

中型附生蕨类。植株高 15~30cm。根状茎长而横走，被节状毛。叶柄腋间有 1 个密被节状毛的芽。叶互生；叶片披针形，一回羽状；叶脉隆起。孢子囊群顶生于向轴的短裂片上；囊群托凸出。

本种在我国南部及西南部山地常见；东南亚有分布；攀援在溪边树干上或阴湿岩石上。保护区可见。

2. 膜蕨属 Hymenophyllum Sm.

小型附生或石生膜质植物。根状茎纤细，丝状，横走。叶小型，羽状分裂，半透明，边缘有小锯齿或尖齿牙；叶轴上面常有红棕色疏生毛，稀无毛。囊群托内藏或稍凸出；孢子囊大，无柄。本属约 30 种。中国约 10 种。保护区 1 种。

华东膜蕨 Hymenophyllum barbatum (Bosch) Baker

小型石生或附生蕨类植物。植株高 2~3cm。叶远生；叶柄全部或大部有狭翅；叶片卵形，二回羽裂，裂片有齿，叶脉、叶轴及羽轴上面被褐色柔毛。孢子囊群生于叶片的顶部；囊苞长卵形，圆头。

分布华东、华南；东亚、南亚等也有；生于林下阴暗岩石上。保护区上水库偶见。

3. 蕗蕨属 Mecodium Presl

附生植物。根状茎丝状，长而横走。叶远生，膜质，二列，中型或较大，多回羽裂，全缘。孢子囊群生于可从各小脉伸出的囊群托的顶端；囊苞两唇瓣状；囊群托不凸出于囊苞之外。本属约 120 种。中国约 21 种。保护区 1 种。

蕗蕨 Mecodium badium Hook. et Grev.

附生草本。叶远生，薄膜质，光滑无毛；叶柄长 5~10cm，具宽翅；叶片三回羽裂，互生；叶轴及各回羽轴均全部有阔翅。孢子囊群位于全部羽片上。

分布华南、华东及西南；喜马拉雅地区、东南亚至东北亚也有；生溪边潮湿石上。保护区上水库溪边石上有分布。

P19. 蚌壳蕨科 Dicksoniaceae

树形蕨类。主干粗大而高耸或短而平卧，密被垫状长柔毛绒，顶端生出冠状叶丛。叶有粗健的长柄；叶片大形，三至四回羽状复叶，一型或二型，革质；叶脉分离。孢子囊群盖形如蚌壳；孢子囊梨形。本科 5 属约 20 多种。中国 1 属 1 种。保护区有分布。

金毛狗属 Cibotium Kaulf.

根状茎粗壮，木质，平卧或偶上升，密被柔软锈黄色长毛绒，形如金毛狗头。叶同型，有粗长的柄；叶片大，广卵形，多回羽状分裂；末回裂片线形，有锯齿，叶脉分离。本属约 20 种。中国 1 种。保护区有分布。

金毛狗 Cibotium barometz (L.) J. Sm.

大型草本。根状茎横卧粗大，棕褐色，基部被有一大丛垫状的金黄色绒毛。叶片大，革质，三回羽状分裂，叶脉两面隆起，斜出，但在不育羽片为二叉。孢子囊群生叶边；囊群盖如蚌壳。

分布我国长江以南地区；印度至东南亚也有；生于山麓沟边或林下阴湿处。保护区较常见。

海金沙科 Lygodiaceae/ 膜蕨科 Hymenophyllaceae/ 蚌壳蕨科 Dicksoniaceae/ 桫椤科 Cyatheaceae/ 碗蕨科 Dennstaedtiaceae

P20. 桫椤科 Cyatheaceae

大型陆生蕨类植物，乔木或灌木状。通常不分枝。叶大型，簇生于茎干顶端；叶片为二至三或四回羽状；叶脉通常分离，单一或分叉。孢子囊群圆形；孢子卵形，具细柄和完整而斜生的环带。本科5属约600种。中国2属14种。保护区1属3种。

桫椤属 Alsophila R. Br.

乔木状或灌木状。叶大型；叶柄平滑或有刺及疣突，基部的鳞片坚硬，边缘特化淡棕色窄边，易被擦落而呈啮蚀状；叶片一回羽状至多回羽裂，羽轴上通常具柔毛，裂片侧脉通常一或二叉。孢子囊群圆形，背生于叶脉上；囊托凸出；囊群盖有或无。本属约230种。中国12种。保护区3种。

1. 小脉单一，无囊群盖。
   2. 小羽片分裂达 1/2 以上··················1. 粗齿桫椤 A. denticulata
   2. 小羽片分裂较浅，不超过 1/2，或仅波状全缘················
                  ··················2. 黑桫椤 A. podophylla
1. 小脉常二叉，有囊群盖··················3. 桫椤 A. spinulosa

1. 粗齿桫椤 Alsophila denticulata Baker

大型陆生蕨类植物。株高 0.6~1.4m。主干短而横卧。叶柄无刺稍有疣状凸起，仅基部具金黄色鳞片；叶二至三回羽状；小羽片无柄，边缘具粗齿。孢子囊群圆形；无囊群盖。

分布我国长江以南地区；日本南部也有；生沟谷阴湿处。保护区偶见。

2. 黑桫椤 Alsophila podophylla Hook.

大型陆生蕨类植物。株高 1~3m。叶柄基部粗糙或略有小尖刺，被褐棕色厚鳞片；叶片沿叶轴和羽轴上面有棕色鳞片；叶一型，小脉常单一。孢子囊群圆形，着生于小脉背面近基部处；无囊群盖。

分布我国南亚热带以南地区；日本南部及东南亚也有；生山坡林中，溪边灌丛。保护区偶见。

3. 桫椤 Alsophila spinulosa (Wall. ex Hook.) R. M. Tryon

大型陆生蕨类植物。茎干高可达 8m 以上。叶柄、叶轴和羽轴有刺状凸起，叶柄背面各有皮孔线；三回羽状深裂，二型，能育叶小羽片较小；小羽片羽状深裂。孢子囊群孢生于侧脉分叉处，有囊群盖。

分布华东、华南和西南；日本和南亚、东南亚也有。生于海拔 260~1600m 的溪旁或疏林中。保护区偶见。

P22. 碗蕨科 Dennstaedtiaceae

中型土生草本。根状茎横走，有管状中柱，被灰白色针状刚毛，无鳞片。叶一型；叶片一至四回羽状细裂，叶面多少被毛；叶轴具纵沟；叶脉分枝。孢子囊群小，圆形；囊群盖碗形或柄形。本科10~15属170~300种。中国7属52种。保护区2属2种1变种。

1. 囊群盖为碗形，叶边生··················1. 碗蕨属 Dennstaedtia
1. 囊群盖为半杯形或肾圆形，生于稍离叶边下面··················
                  ··················2. 鳞盖蕨属 Microlepia

1. 碗蕨属 Dennstaedtia Bernh

中型陆生草本。根状茎横走。叶同型，有柄，基部不以关节着生；叶片三角形至长圆形，多回羽状细裂，通体多少有毛。孢子囊群圆形，叶缘着生，顶生于每条小脉，分离；囊群盖碗形。本属约 70 种。中国 8 种。保护区 1 种 1 变种。

1. 叶上下两面有长毛…………………………1. 碗蕨 D. scabra
1. 叶下面光滑无毛，或偶有少数短毛……………………
………………………………2. 光叶碗蕨 D. scabra var. glabrescens

1. 碗蕨 Dennstaedtia scabra (Wall.) Moore

中型陆生草本。植株高 50~100cm。根状茎长而横走，密被棕色毛。叶片三角状披针形或长圆形，下部三至四回羽状深裂；羽片 10~20 对；叶脉羽状分叉；叶坚草质，被毛。孢子囊群圆形；囊群盖碗形。

分布华南、华南及西南；东亚和东南亚也有；生山地林下或溪边。保护区上水库林下偶见。

P23. 鳞始蕨科（陵齿蕨科） Lindsaeaceae

陆生草本，稀附生。根状茎短而横走，或长而蔓生，有鳞片。叶一型，稀二型，有柄，羽状分裂，草质，光滑；叶脉分离。孢子囊群为叶缘生的汇生囊群，有盖，稀无盖；囊群盖为 2 层，里层为膜质，外层即为绿色叶边；孢子囊为水龙骨型，柄长而细。本科 6~9 属 200 多种。中国 4 属 18 种。保护区 2 属 3 种。

1. 叶片一至二回羽状；羽片或小羽片通常为对开式或近圆形……
………………………………1. 鳞始蕨属 Lindsaea
1. 叶片三至五回羽状细裂；小羽片短细，为楔形或狭线形……
………………………………2. 乌蕨属 Sphenomeris

1. 鳞始蕨属 Lindsaea Dry.

中型陆生或附生草本。根状茎横走，被钻状狭鳞片。叶近生或远生；叶柄基部不具关节；叶为一回或二回羽状，羽片或小羽片为对开式，或扇形，主脉常靠近下缘；叶脉分离，稀连结。孢子囊群沿上缘及外缘着生，连结 2 至多条细脉顶端而为线形，稀圆形顶生脉端；囊群盖线形、横长圆形或圆形，向叶边开口；孢子囊有细柄，环带直立。本属约 200 种。中国 13 种。保护区 2 种。

1. 侧生羽片向上渐变短……………………1. 钱氏鳞始蕨 L. chienii
1. 侧生羽片几乎同型……………………2. 团叶鳞始蕨 L. orbiculata

1. 钱氏鳞始蕨 Lindsaea chienii Ching

草本。根状茎横走，密被红棕色的钻形小鳞片。叶薄草质；叶脉分离；叶一至二回羽状，上部一回，下部羽片顶端具渐尖头。孢子囊群长圆线形；囊群盖膜质。

分布我国广东、广西及云南东南部；越南北部也有；生灌丛中。保护区多见。

2. 光叶碗蕨 Dennstaedtia scabra var. glabrescens (Ching) C. Chr.

与碗蕨的主要区别在于：叶片光滑无毛或略有一二疏毛。

仅分布我国南亚热带以南地区；越南北部也有。保护区上水库林下偶见。

2. 鳞盖蕨属 Microlepia Presl

中型陆生草本。根状茎横走，有管状中柱，被淡灰色刚毛，无鳞片。叶中等大小至大形；叶柄基部不以关节着生，有毛，上面有纵的浅沟；叶片一至四回羽状复叶，小羽片或裂片偏斜，被毛；叶脉分离，羽状分枝。孢子囊群圆形，离叶边稍远；囊群盖为半杯形或为肾圆形。本属 60 余种。中国约 25 种。保护区 1 种。

边缘鳞盖蕨 Microlepia marginata (Panz.) C. Chr.

中型陆生草本。植株高约 60cm。叶远生；叶柄上面有纵沟；叶片长与叶柄略等，一回羽状；羽片 20~25 对，近镰刀状，边缘缺裂至浅裂。孢子囊群圆形；囊群盖杯形。

分布华东、华南及西南；日本、越南和喜马拉雅地区也有；生林下或溪边。保护区偶见。

2. 团叶鳞始蕨 Lindsaea orbiculata (Lam.) Mett. ex Kuhn

草本。根状茎短，顶端密被红棕色狭小鳞片。叶近生，草质，一回羽状，或下部常二回羽状；能育叶具圆齿；不育叶具尖齿；孢子囊群长线形；囊群盖线形。

分布华南、华东及西南；亚洲热带广布；生水边、路旁、山地、灌丛或林中。保护区常见。

碗蕨科 Dennstaedtiaceae/ 鳞始蕨科 Lindsaeaceae/ 蕨科 Pteridiaceae/ 凤尾蕨科 Pteridaceae

1. 羽轴上面沟内无毛·················1. 蕨 P. aquilinum var. latiusculum
1. 羽轴上面沟内有毛·················2. 毛轴蕨 P. revolutum

1. 蕨（如意菜）**Pteridium aquilinum** var. **latiusculum** (Desv.) Underw. ex Heller

中型草本。根状茎密被锈黄色柔毛。叶远生，近革质，上面无毛，下面裂片主脉多少被毛。孢子囊群沿叶边成线形分布，无隔丝；孢子四面型。

遍布我国；世界热带和温带广布；生于山坡向阳处及林缘。保护区较常见。

2. 乌蕨属 Sphenomeris Maxon

陆生草本。根状茎短而横走，密被深褐色钻形鳞片。叶近生，光滑，三至五回羽状，末回小羽片楔形或线形，无主脉；叶脉分离。孢子囊群圆形，近叶缘着生，顶生脉端；囊群盖卵形，以基部及两侧的下部着生，向叶缘开口，通常不达于叶的边缘；孢子囊具细柄，环带宽。本属约20种。中国2种。保护区1种。

乌蕨 Sphenomeris chinensis (L.) J. Sm.

陆生草本。根状茎短而横走，粗壮，密被赤褐色的钻状鳞片。叶近生；叶片披针形，草质，四回羽状。孢子囊群着生叶边缘；囊群盖宿存。

分布华东、华南及西南；亚洲热带各地常见；生山地、路旁、林下或灌丛中湿润处。保护区偶见。

2. 毛轴蕨（密毛蕨、毛蕨）**Pteridium revolutum** (Bl.) Nakai

中型草本。叶远生，近革质；三回羽状，末回小羽片披针形；各回羽轴上面纵沟内均密被毛。孢子囊群沿叶边成线形分布，无隔丝；孢子四面型。

分布我国热带、亚热带地区；亚洲热带、亚热带广布；生山坡阳处或山谷疏林中的林间空地。保护区偶见。

P26. 蕨科 Pteridiaceae

陆生中型或大型蕨类。根状茎长而横走。叶一型，远生，具长柄；叶片大，3回羽状，革质或纸质，上面无毛，下面多少被柔毛；叶脉分离。孢子囊群线形；囊群盖2层，外层为假盖，线形，宿存，内层为真盖，薄，不明显。本科2属约29种。中国2属7种。保护区1属1种1变种。

蕨属 Pteridium Scopoli

陆生粗壮草本。根状茎粗长而横走。叶远生，革质或纸质，上面无毛，下面多少被毛，有长柄；叶片大，三回羽状，羽片近对生或互生；叶轴通直不曲折；有柄；叶脉分离。孢子囊群沿叶边成线形分布；囊群盖2层，外层为假盖，内层为真盖；孢子囊有长柄；孢子四面型。本属约13种。中国6种。保护区1种1变种。

P27. 凤尾蕨科 Pteridaceae

陆生草本。根状茎长而横走，或短而直立或斜升，密被狭长而质厚的鳞片。叶一型，少为二型或近二型，有柄；一回羽状或二至三回羽裂，罕为掌裂，偶为单叶或三叉，草质、纸质或革质，光滑，罕被毛；叶脉分离或罕为网状。孢子囊群线形，沿叶缘生于连结小脉顶端的一条边脉上；囊群具假盖，不具内盖。本科约50属900种。中国2属233种。保护区1属7种。

凤尾蕨属 Pteris L.

陆生草本。根状茎直立或斜升，被鳞片。叶簇生，下面绿色，草质或纸质，稀近革质；叶片一回羽状或为篦齿状的二至三回羽裂，或三叉分枝，或很少为单叶或掌状分裂；叶脉分离。孢子囊群线形，沿叶缘连续延伸，通常仅裂片先端及缺刻不育。本属约250种。中国78种。保护区7种。

1. 叶为一型，二回羽状。
   2. 叶二回半边深裂·················1. 半边旗 P. semipinnata
   2. 叶二回深羽裂。
      3. 侧生羽片 3~9 对···············2. 傅氏凤尾蕨 P. fauriei
      3. 侧生羽片 5~15 对··············3. 线羽凤尾蕨 P. linearis
1. 叶通常为二型或近二型，一回羽状。
   4. 侧生羽片多数（可达 40 对）······4. 蜈蚣凤尾蕨 P. vittata
   4. 侧生羽片较少，不超过 15 对。
      5. 叶全缘·····················5. 全缘凤尾蕨 P. insignis
      5. 叶多少具锯齿。
         6. 羽片 3~6 对···············6. 剑叶凤尾蕨 P. ensiformis
         6. 羽片通常 3 对··············7. 井栏凤尾蕨 P. multifida

1. 半边旗 Pteris semipinnata L.

草本。根状茎长而横走。叶簇生，近一型，草质；叶二回深羽裂或二回半边深羽裂；侧生羽片 4~7 对，育裂片的叶缘具尖锯齿；羽轴的纵沟旁有啮齿状的边。

分布我国长江以南地区；日本、越南、马来西亚、斯里兰卡、印度也有；生疏林下阴处、溪边或岩石旁的酸性土壤。保护区较常见。

2. 傅氏凤尾蕨 Pteris fauriei Hieron.

草本。植株高 50~90cm。根状茎粗短，顶端密被鳞片。叶簇生，二回深羽裂；侧生羽片 3~9 对，镰刀状披针形；叶干后纸质，无毛。孢子囊群线形；囊群盖线形。

分布华东、华南及云南；越南和日本也有；生林下沟旁。保护区拉元石坑偶见。

3. 线羽凤尾蕨 Pteris linearis Tagawa.

草本。根状茎短而直立，被黑褐色鳞片。叶簇生，近革质，无毛；叶二回深羽裂（或基部三回深羽裂）；羽片对生；侧脉两面隆起。孢子囊群线形。

分布华南、西南部及我国台湾；热带亚洲和马达加斯加广布；生密林下或溪边阴湿处。保护区安山村东门山偶见。

4. 蜈蚣凤尾蕨 Pteris vittata L.

喜钙草本。根状茎短而粗壮，密被鳞片。叶簇生，薄革质，无毛，叶一回羽状；侧生羽片较多，狭线形，顶生羽片与侧羽片同型；不育叶缘具密锯齿。

分布我国秦岭以南热带亚热带地区；旧大陆热带、亚热带广布。喜生石隙和墙缝。保护区公路边、村庄等常见。

5. 全缘凤尾蕨 Pteris insignis Mett. ex Kuhn

草本。根状茎斜升。叶簇生，无毛；叶柄坚硬，基部疏被鳞片；一回羽状；羽片 6~14 对，全缘；叶脉明显，两面隆起。孢子囊群线形；囊群盖线形。

分布华东、华中、华南及西南部；越南及马来西亚也有；生山谷中阴湿的密林下或水沟旁。保护区上水库偶见。

凤尾蕨科 Pteridaceae/ 中国蕨科 Sinopteridaceae/ 铁线蕨科 Adiantaceae

6. 剑叶凤尾蕨 Pteris ensiformis Burm. f.

草本。根状茎细长，被黑褐色鳞片。叶密生，无毛；二回羽状，羽片对生，顶端和上部具尖齿；能育叶羽片疏离，顶生羽片基部不下延，顶端不育叶缘有密尖齿。

分布华东、华南及西南地区；日本、东南亚至印度也有；生山坡、山谷、林下或溪边湿润酸性土壤。保护区较常见。

7. 井栏凤尾蕨（井栏边草） **Pteris multifida Poir.**

草本。根状茎短而直立。叶簇生，二型，草质，无毛；不育叶一回羽状，羽片常3对，对生，无柄，边缘具齿；能育叶羽片4~6对，仅不育部分具齿。

我国除东北和西北外广布；日本、菲律宾和越南也有；生潮湿岩石或路边岩石石缝，或灌丛下。保护区较常见。

P30. 中国蕨科 Sinopteridaceae

中小型草本。根状茎短而直立或斜升，稀横走，被鳞片。叶簇生，罕远生，草质或坚纸质，下面常被白色或黄色蜡质粉末，柄常栗色；叶一型，罕二型或近二型，二回羽状或三至四回羽状细裂；叶脉分离，偶为网状。孢子囊群小，球形，沿叶缘着生于小脉顶端或顶部的一段，罕线形，有盖，盖为反折的叶边部分变质所形成。本科约14属。中国9属84种。保护区1属1种。

金粉蕨属 Onychium Kaulf.

叶柄禾秆色或间为栗棕色，腹面有阔浅沟；叶片三至五回羽状细裂，罕二回，末回裂片狭小，尖头，基部楔形下延。孢子囊群圆形，线状着生小脉顶端的连接边脉上；囊群盖膜质，由反折变质的叶边形成。本属约10种。中国8种。保护区1种。

野雉尾金粉蕨 Onychium japonicum (Thunb.) Kunze

草本。根状茎长而横走，疏被鳞片。叶散生，坚纸质；叶片阔，卵形至卵状三角形，四至五回羽状；各回羽轴坚直。孢子囊群淡黄色；囊群盖线形或短长圆形。

分布我国黄河以南地区；东南亚及日本也有；生林下沟边或溪边石上。保护区较常见。

P31. 铁线蕨科 Adiantaceae

中小型陆生蕨类。根状茎短而直立或细长横走，被鳞片。叶一型，螺旋状簇生、二列散生或聚生，具铁丝状叶柄；叶一至三回以上的羽状复叶或二叉掌状分枝，稀团扇形单叶，草质或厚纸质；叶脉分离，罕为网状。孢子囊为球圆形。本科2属200多种。中国1属34种。保护区1属1种。

铁线蕨属 Adiantum L.

属的特征与科同。本属200多种。中国34种。保护区1种。

扇叶铁线蕨 Adiantum flabellulatum L. Sp.

草本。根状茎短而直立，密被棕色鳞片。叶片二至三回不对称二叉分枝；小羽片扇形，8~15对，互生。孢子囊群每小羽片2~5枚；囊群盖全缘，宿存。

分布华南、华东及西南地区；日本、印度、马来西亚、越南、斯里兰卡等也有；生山地林下、灌丛，或路边。保护区常见。

P32. 水蕨科 Parkeriaceae

一年生多汁淡水草本。根状茎短而直立，上部簇生莲座状叶；叶柄绿色，肉质；叶二型；不育叶为单叶或羽状复叶，末回裂片阔披针形或带状，全缘，尖头，小脉网状；能育叶分裂较深而细。孢子囊群沿主脉两侧着生。单属科，4~7种。中国2种。保护区1种。

水蕨属 Ceratopteria Brongn.

属的特征与科同。本属4~7种。中国2种。保护区1种。

水蕨 Ceratopteris thalictroides (L.) Brongn.

一年生多汁淡水草本。叶簇生，二型，无毛；不育叶柄粗长，肉质，叶片二至四回羽状深裂；能育叶二至三回羽状深裂。孢子囊沿能育叶的裂片主脉两侧的网眼着生。

分布我国长江以南地区；世界热带、亚热带广布；生池沼、水田或水沟的淤泥中，有时漂浮于深水面上。保护区偶见。国家二级重点保护野生植物。

凤丫蕨 Coniogramme japonica (Thunb.) Diels

中型草本。叶片二回羽状，纸质，无毛；小羽片披针形，中部宽，顶生羽片远较侧生的大；叶脉网状。孢子囊群沿叶脉分布，几达叶边。

分布华东、华中、华南地区；韩国、日本也有；生湿润林下和山谷阴湿处。保护区偶见。

2. 粉叶蕨属 Pityrogramme Link

陆生中型草本。根状茎短而直立或斜升，有网状中柱，被红棕色鳞片。遍体无毛。叶簇生，柄紫黑色；叶二至三回羽状复叶，羽片多数，小羽片多数，基部不对称，边缘有锯齿；叶草质至近革质，两面光滑。孢子囊群沿叶脉着生，不到顶部，无盖。本属约40种。中国1种。保护区有分布。

粉叶蕨 Pityrogramme calomelanos (L.) Link

中型陆生草本。植株高25~90cm。根状茎短而直立或斜升，被红棕色鳞片。叶簇生；叶片长15~40cm，一至二回羽状复叶；羽片16~20对，小羽片16~18对。孢子囊群沿小脉着生。

分布我国热带地区；广布于热带亚洲、非洲、南美洲；生林缘或溪旁。保护区桂峰山偶见。

P33. 裸子蕨科 Hemionitidaceae

中小型陆生草本。根状茎横走、斜升或直立，被鳞片或毛。叶远生、近生或簇生；有柄，柄为禾秆色或栗色；叶片一至三回羽状，罕单叶，多少被毛或鳞片；叶脉分离。孢子囊群沿叶脉着生，无盖。本科约17属。中国5属48种。保护区2属2种。

1. 叶片下面不被白粉·····················1. 凤丫蕨属 Coniogramme
1. 叶片下面被白粉·······················2. 粉叶蕨属 Pityrogramme

1. 凤丫蕨属 Coniogramme Fee

中型陆生喜阴草本。高1m左右。根状茎粗短，横卧，连同叶柄基部疏被鳞片。叶远生或近生，有长柄；叶片大，一型，一至三回奇数羽状，草质或纸质；单羽片或小羽片披针形；叶脉分离，少为网状。孢子囊群沿侧脉着生，无盖。本属约25~30种。中国22种。保护区1种。

P35. 书带蕨科 Vittariaceae

附生蕨类。根状茎横走或近直立，被黄褐色鳞片。叶一型，簇生或近生，单叶，禾草状；叶柄较短，无关节；叶脉分离或连结。孢子囊群汇生，线形，沿叶下面的脉延伸，无盖。本科4属50余种。中国3属约15种。保护区1属1种。

书带蕨属 Haplopteris C.

附生禾草型蕨类。根状茎横走或近直立，密被须根及鳞片。叶近生；单叶，具柄或近无柄；叶片狭线形；中脉明显，侧脉羽状，单一，在叶缘内连结。孢子囊群为线状汇生，无盖。本属约40种。中国约13种。保护区1种。

书带蕨 Haplopteris flexuosa (Fée) E. H. Crane

附生草本。根状茎横走，密被黄褐色鳞片。叶近生，成丛，薄草质，叶边反卷；叶柄短；叶片线形；中脉下面隆起，侧脉不明显。孢子囊群线形。

分布我国长江以南及西南地区；日本、朝鲜、南亚至东南亚也有；附生于林中树干上或岩石上。保护区上水库偶见。

P36. 蹄盖蕨科 Athyriaceae

中小型土生草本，稀大型。根状茎横走。叶簇生、近生或远生；叶柄上面有1~2条纵沟，基部略有鳞片；叶片通常草质或纸质，罕革质，一至三回羽状；裂片常有齿或缺刻；叶脉分离，少网状。孢子囊群生于叶脉背部或上侧，排成羽状，有或无囊群盖。本科约20属500种。中国20属约400种。保护区2属8种。

1. 叶片无多细胞毛·················1. 双盖蕨属 Diplazium
1. 叶片具多细胞毛或近光滑···········2. 对囊蕨属 Deparia

1. 双盖蕨属 Diplazium Sw.

中型陆生草本。根状茎直立或斜升，罕为细长横走，先端被鳞片。叶常簇生或近生，罕远生，厚纸质或近革质，上面光滑；叶柄长，略被鳞片；叶一回羽状；叶脉分离，主脉明显。孢子囊群与囊群盖均线形。本属约30种。中国11种。保护区5种。

1. 叶脉网结················1. 食用双盖蕨 D. esculentum
1. 叶脉分离。
  2. 叶柄和根状茎上密被鳞片········2. 毛柄双盖蕨 D. dilatatum
  2. 叶柄和根状茎上不密被鳞片。
    3. 顶生羽片与侧生羽片不同型················
    ················3. 江南双盖蕨 D. mettenianum
    3. 顶生羽片与侧生羽片同型。
      4. 孢子囊群单生··········4. 厚叶双盖蕨 D. crassiusculum
      4. 孢子囊群大多背靠背双生······5. 双盖蕨 D. donianum

1. 食用双盖蕨 Diplazium esculentum (Retz.) Sw.

大型蕨类。根状茎直立，密被鳞片。叶簇生，坚草质，无毛；叶片顶部羽裂渐尖，向下一至二回羽状；羽片互生或近对生，末回羽片裂片披针形。孢子囊群线形。

分布我国长江以南及西南地区；亚洲热带和亚热带及热带波利尼西亚也有分布；生山谷林下湿地及河沟边。保护区较常见。

2. 毛柄双盖蕨 Diplazium dilatatum Bl.

常绿大型林下草本。根状茎横走、横卧至斜升或直立。叶疏生至簇生；能育叶长可达3m；小羽片达15对，有浅齿或近全缘。孢子囊群线形；囊群盖褐色。

分布华东、华南至西南地区；东南亚和日本、大洋洲也有；生热带山地阴湿阔叶林下。保护区阔叶林下偶见。

3. 江南双盖蕨 Diplazium mettenianum (Miq.) C. Chr.

常绿中型林下草本。根状茎长而横走，顶端密被鳞片。叶远生，纸质，无毛；能育叶长达70cm；叶片一回羽状，羽状浅裂至深裂；叶脉羽状。孢子囊群线形；囊群盖浅褐色。

分布我国长江以南地区；日本、越南、泰国等地也有；生于山谷林下。保护区偶见。

4. 厚叶双盖蕨 Diplazium crassiusculum Ching

中型陆生草本。根状茎直立或斜升，密被鳞片；叶簇生，坚草质；能育叶长达1m以上；奇数一回羽状；侧生羽片通常2~4对，中部以上有细齿。孢子囊群与囊群盖长线形。

分布我国长江以南地区；日本也有；生常绿阔叶林及灌木林下，土生或生岩石上。保护区林下偶见。

5. 双盖蕨 Diplazium donianum (Mett.) Tardieu

中型陆生草本。根状茎长而横走或横卧至斜升，密被鳞片。叶近生或簇生；能育叶长达80cm；奇数一回羽状；侧生羽片通常2~5对；叶近革质或厚纸质。孢子囊群及囊群盖长线形。

分布我国长江以南地区；日本、越南及喜马拉雅地区也有；生常绿阔叶林下溪旁。保护区蓄能水电站常见。

2. 对囊蕨属 Deparia Ching

中小型土生常绿或夏绿草本。根状茎细长横走或短而斜升至直立，疏生鳞片。叶远生至近生，或簇生；叶通常二型；不育叶的柄常显著较短；叶一回羽状；羽片羽裂，多呈披针形。孢子囊群线形或椭圆形，单生于小脉上侧；有囊群盖。本属约25种。中国约15种。保护区3种。

1. 复叶。
    2. 叶两面不被卷曲的长节毛················1. 东洋对囊蕨 D. japonica
    2. 叶两面被卷曲的长节毛················2. 毛叶对囊蕨 D. petersenii
1. 单叶···3. 单叶对囊蕨 D. lancea

1. 东洋对囊蕨 Deparia japonica (Thunb.) M. Kato

中型夏绿草本。能育叶可达 1m；叶片矩圆形至矩圆状阔披针形；侧生分离羽片 4~8 对，羽状半裂至深裂，裂片 5~18 对。孢子囊群短线形；囊群盖浅褐色。

分布我国黄河流域以南地区；东亚及喜马拉雅地区也有；生于林下湿地及山谷溪沟边。保护区溪边林下偶见。

2. 毛叶对囊蕨 Deparia petersenii (Kunze) M. Kato

常绿植物。根状茎细长横走。叶远生至近生；能育叶形态多样；侧生分离羽片可达 12 对，羽状半裂至深裂。孢子囊群短线形或线状矩圆形；囊群盖膜质。

分布我国秦岭以南各地区；东亚、东南亚、南亚和大洋洲也有；生林下溪边。保护区偶见。

3. 单叶对囊蕨 Deparia lancea (Thunb.) Fraser-Jenk.

中型陆生草本。根状茎细长横走，被鳞片。叶远生，纸质或近革质；能育叶长 40cm；单叶，叶片披针形或线状披针形。孢子囊群线形。

分布我国长江以南地区；日本、印度、尼泊尔、越南也有；通常生于溪旁林下酸性土或岩石上。保护区较常见。

P38. 金星蕨科 Thelypteridaceae

中型陆生草本。以植株遍体或至少叶轴和羽轴上面被灰白色针状毛为其特色。根状茎粗壮，直立、斜升或细长而横走，顶端被鳞片。叶簇生，近生或远生，草质或纸质；叶柄基部有鳞片；叶一型，罕近二型，多二回羽裂；叶脉分离或网结。孢子囊群圆形、长圆形或粗短线形，背生于叶脉，有盖或无盖。本科 20 余属近 1000 种。中国 18 属 200 种。保护区 5 属 10 种。

1. 叶脉网结。
    2. 叶脉全部连结成网形，网眼内有或无单一或分叉的小脉·······································1. 圣蕨属 Dictyocline
    2. 叶脉不为上述形状。
        3. 叶脉除基部一对外,形成斜方形网眼···································2. 毛蕨属 Cyclosorus
        3. 叶脉连结成新月蕨型················3. 新月蕨属 Pronephrium
1. 叶脉分离。
    4. 叶为草质，下面往往有橙红色的球形腺体·······································4. 金星蕨属 Parathelypteris
    4. 叶纸质或革质，下面无球形腺体·······································5. 假毛蕨属 Pseudocyclosorus

1. 圣蕨属 Dictyocline Moore

中型陆生蕨类。根状茎直立或斜升，疏被鳞片。叶簇生；叶柄密被毛，基部疏被鳞片，上面有浅纵沟；叶片一回羽状或羽裂或单叶；羽片阔披针形，渐尖头，全缘；侧脉间小脉网状。孢子囊群线形，生网脉上，无囊群盖。本属 4 种。中国 4 种。保护区 2 种。

1. 叶片下面仅有柔毛，或有极少的针状毛，侧脉间有较明显的横隔脉··················1. 戟叶圣蕨 D. sagittifolia
1. 叶片下面有长的针状毛，侧脉间横隔脉不明显··················2. 羽裂圣蕨 D. wilfordii

1. 戟叶圣蕨 Dictyocline sagittifolia Ching

中型陆生蕨类。植株高 30~40cm。叶戟形，短渐尖头，基部深心脏形，全缘或有时为波状；主脉在两面均隆起，侧脉明显，斜展，侧脉间有 5~7 条明显的横隔脉。孢子囊群沿网脉散生。

分布我国广西、广东、湖南和江西；日本、缅甸、越南等地也有；生于密林下或阴湿山沟。保护区山谷偶见。

2. 羽裂圣蕨 Dictyocline wilfordii (Hook.) J. Sm.

中型陆生蕨类。高 30~50cm。根状茎短粗。叶簇生，粗纸质，上面密生伏贴的刚毛；叶柄基部密被鳞片及针毛；侧脉间小脉为网状。孢子囊沿网脉疏生，无盖。

分布我国长江以南地区；生于林下及石缝中。保护区偶见。

2. 毛蕨属 Cyclosorus Link

中型陆生林下草本。全株各部被灰白色针状毛。根状茎横走，疏被鳞片。叶疏生或近生，少有簇生，有柄；叶草质至厚纸质；二回羽裂，罕为一回羽状；叶脉部分连结。孢子囊群大，圆形，背生于侧脉中部，罕生于侧脉基部或顶部，有盖。本属约 250 种。中国 40 种。保护区 2 种。

1. 羽片基部形成多个斜方形网眼·········1. 渐尖毛蕨 C. acuminatus
1. 羽片仅基部一对交接成网眼··················2. 华南毛蕨 C. parasiticus

1. 渐尖毛蕨 Cyclosorus acuminatus (Houtt.) Nakai

中型陆生林下草本，植株高 70~80cm。根状茎长而横走，密被鳞片。叶二列远生，坚纸质，二回羽裂；羽片 13~18 对，上面被极短的糙毛。孢子囊群圆形；囊群盖深棕色或棕色。

分布我国秦岭以南各地区；日本也有；生于灌丛、草地、田边、路边、沟旁湿地或山谷乱石中。保护区较常见。

蹄盖蕨科 Athyriaceae / 金星蕨科 Thelypteridaceae

2. 华南毛蕨 Cyclosorus parasiticus (L.) Farw.

草本。根状茎横走。叶近生，草质；叶片二回羽裂，羽片12~16对；无柄；叶下面沿叶轴、羽轴及叶脉密生针状毛，脉上有橙红色腺体。孢子囊群圆形；囊群盖小。

分布华南、华中、华东和西南地区；亚洲热带地区广布；生于山地、山谷、林下及湿地。保护区常见。

2. 微红新月蕨 Pronephrium megacuspe (Baker.) Holttum.

草本。叶远生，纸质，近无毛；叶片一回羽状；侧生羽片互生，有短柄；顶生羽片同型，较大，具柄；侧脉斜上，小脉在侧脉间连成倒"V"字形网眼。孢子囊群在侧脉间形成一行。

分布我国广东、广西及江西；越南、泰国、日本也有；生于密林下。保护区鸡枕山、古田村偶见。

3. 新月蕨属 Pronephrium Presl

中型土生蕨类。根状茎长而横走，略被棕色鳞片。叶远生或近生；叶片通常一回羽状，少为单叶或三出；顶生羽片分离，全缘或有粗锯齿；羽裂侧脉明显，小脉在侧脉之间连结成斜方形网眼。孢子囊群圆形，背生于小脉上，无盖或有盖。本属61种。中国18种。保护区4种。

3. 三羽新月蕨 Pronephrium triphyllum (Sw.) Holttum.

草本。植株高20~50cm。根状茎细长横走，密被鳞片。叶疏生，坚纸质；叶柄基部疏被鳞片，密被钩毛；侧生羽片一对，对生，全缘。孢子囊群生于小脉上。

分布我国福建、台湾、广东、广西、云南；日本、韩国、东南亚至澳大利亚也有；生于林下阴湿处。保护区溪边阔叶林下偶见。

1. 复叶。
   2. 叶为羽状。
      3. 羽片顶端突然收缩成长尾状·················· 1. 红色新月蕨 P. lakhimpurense
      3. 羽片顶端不突然收缩成长尾状·················· 2. 微红新月蕨 P. megacuspe
   2. 叶为三出·················· 3. 三羽新月蕨 P. triphyllum
1. 单叶·················· 4. 单叶新月蕨 P. simplex

1. 红色新月蕨 Pronephrium lakhimpurense (Rosenst.) Holtt.

草本。根状茎长而横走。叶远生，草质，两面无毛；叶片奇数一回羽状，羽片具柄，顶生羽片同型；叶脉纤细，侧脉近斜展，并行。孢子囊群圆形。

分布华南、西南及福建；印度、越南、泰国也有；生于山谷或林沟边。保护区三角山偶见。

4．单叶新月蕨 Pronephrium simplex (Hook.) Holttum.

草本。叶远生，厚纸质，两面均被钩状毛，单叶，二型；叶侧脉明显，基部有1个近长方形网眼，其上具有2行近正方形网眼。孢子囊群生于小脉上。

分布华南、西南及我国台湾；越南也有；生于溪边林下或山谷林下。保护区较常见。

镰片假毛蕨 Pseudocyclosorus falcilobus (Hook.) Ching

草本。植株高65~80cm。根状茎直立，顶端及叶柄基部被鳞片。叶簇生，厚纸质；叶片披针形，二回深羽裂；裂片22~25对，镰状披针形。孢子囊群圆形；囊群盖圆肾形。

分布华东、华南及云南；日本和东南亚也有；生于山谷水边石砾土中。保护区溪边偶见。

4. 金星蕨属 Parathelypteris (H. Ito) Ching

中小型陆生草本，稀沼生。根状茎细长而横走或短而直立。叶远生、近生或簇生，草质或纸质，两面稍被毛；叶柄基部无毛或有灰白色的针状毛；叶片二回深羽裂；叶脉羽状，分离，侧脉单一。孢子囊群圆形，背生于侧脉中部或近顶部，每裂片2列；囊群盖圆肾形。本属60种。中国24种。保护区1种。

金星蕨 Parathelypteris glanduligera (Kunze.) Ching

草本。高35~60cm。根状茎长而横走，顶端略被鳞片。叶近生，草质，叶背被橙黄色腺体及短柔毛；叶片二回羽状深裂。孢子囊群圆形；囊群盖中等大，圆肾形。

广布于我国长江以南各地区；韩国南部（济州岛）、日本、越南、印度北部也有；生于疏林下。保护区较常见。

P39. 铁角蕨科 Aspleniaceae

多为中小型石生或附生草本，偶攀援。根状茎横走或直立，被小鳞片。叶远生、近生或簇生；叶形变异极大，单一、深羽裂或一至三回（偶四回）羽状细裂；末回小羽片或裂片往往为斜方形或不等边四边形，常全缘；叶脉分离。孢子囊群多为线形，常沿小脉上侧着生，通常有囊群盖。本科约2属700余种。中国2属108种。保护区1属3种。

铁角蕨属 Asplenium L.

根状茎横走或直立，密被小鳞片。叶远生、近生或簇生，草质至革质，有时近肉质，无毛；叶片单一，或一至三回（偶四回）羽状细裂；末回小羽片或裂片基部不对称；叶脉分离。孢子囊群通常线形，通直，沿小脉上侧着生，罕有双生，有囊群盖。本属约700种。中国90种。保护区3种。

1. 一回羽状复叶 ······1. 倒挂铁角蕨 A. normale
1. 多回羽状复叶。
　2. 二回羽状 ······2. 长叶铁角蕨 A. prolongatum
　2. 三回羽状 ······3. 拟大羽铁角蕨 A. sublaserpitiifolium

1. 倒挂铁角蕨 Asplenium normale D. Don

5. 假毛蕨属 Pseudocyclosorus Ching

湿生中型蕨类。根状茎横走、横卧或直立，基部疏生鳞片。叶远生、近生或簇生；叶柄通常疏被短毛；叶片二回深羽裂；下部羽片通常收缩；叶脉分离，主脉在两面隆起。孢子囊群圆形。本属约50种。中国约40种。保护区1种。

草本。植株高 15~40cm。叶簇生,草质两面无毛;叶柄长 5~21cm;叶片一回羽状,羽片 20~44 对,无柄。孢子囊群椭圆形;囊群盖椭圆形。

分布我国长江以南地区;南亚、东南亚、大洋洲、夏威夷群岛等地也有;生于密林下或溪旁石上。保护区上水库偶见。

2. 长叶铁角蕨 Asplenium prolongatum Hook.

草本。植株高 20~40cm。根状茎短而直立,顶端密被鳞片。叶簇生,近肉质,叶片线状披针形,二回羽状;羽片 20~24 对;小羽片互生,狭线形。孢子囊群狭线形。

分布我国黄河以南地区;东北亚、南亚、东南亚多国也有;附生于林中树干上或潮湿岩石上。保护区小杉村偶见。

3. 拟大羽铁角蕨 Asplenium sublaserpitiifolium Ching ex Tardieu et Ching

草本。植株高达 1m 以上。根状茎直立,密被鳞片。叶簇生,软纸质;叶片三回羽状;羽片 13~16 对,疏离,有长柄。孢子囊群狭线形。

分布我国广东、广西和台湾;印度、缅甸、越南及马来西亚也有;生于林下溪边石上。保护区上库沟谷溪边石上偶见。

P42. 乌毛蕨科 Blechnaceae

土生蕨类,稀亚乔木状或附生。根状茎横走或直立,稀成树干状,被鳞片。叶一型或二型;叶片一至二回羽裂,罕单叶,厚纸质至革质,无毛或常被小鳞片;叶脉分离或网结。孢子囊群为长或椭圆形的汇生囊群,着生于与主脉平行的小脉上或网眼外侧小脉上;有盖,稀无盖;孢子囊大,环带纵行而于基部中断。本科 14 属 250 种。中国 8 属 14 种。保护区 4 属 4 种。

1. 孢子囊群有盖。
   2. 孢子囊群长线形,连续不中断…………1. 乌毛蕨属 Blechnum
   2. 孢子囊群椭圆形或粗线形,不连续。
      3. 叶散生,侧生羽片合生…………2. 崇澍蕨属 Chieniopteris
      3. 叶簇生,侧生羽片不合生…………3. 狗脊属 Woodwardia
1. 孢子囊群无盖…………4. 苏铁蕨属 Brainea

1. 乌毛蕨属 Blechnum L.

根状茎粗短而直立,被鳞片。叶簇生;叶柄粗硬;叶片一回羽状;羽片线状披针形,主脉粗壮,上面有纵沟,下面隆起,小脉分离。孢子囊群线形,连续,少有中断,着生于主脉两侧的 1 条纵脉上,有盖;孢子囊有柄。本属约 35 种。中国 1 种。保护区有分布。

乌毛蕨 Blechnum orientale L.

大型草本。根状茎直立,粗短,顶端及叶柄下部密被鳞片。叶簇生于根状茎顶端,近革质;叶片一回羽状。孢子囊群线形;囊群盖线形。

分布我国长江以南地区;南亚至东南亚、日本至波里尼西亚也有;生于较阴湿的水沟旁和山坡下部、山坡灌丛中或疏林下。保护区常见。

2. 崇澍蕨属 Chieniopteris Ching

根状茎细长横走,被鳞片。叶散生,有长柄,叶片远比柄短,无毛;单叶、三裂或常为卵状三角形而羽状深裂达于叶轴;侧生羽裂片少数;主脉在两面隆起,小脉网状。孢子囊群凸出于叶背,粗线形;囊群盖粗线形。本属 2 种。中国 2 种。保护区 1 种。

崇澍蕨 Chieniopteris harlandii (Hook.) Ching

陆生蕨类。根状茎细长横走,密被鳞片。叶散生,厚纸质,无毛;叶柄基部被鳞片;主脉在两面均隆起,小脉结网。孢子囊群粗线形;囊群盖粗线形,红棕色。

分布华南及台湾、福建;越南北部和日本南部也有;生于山谷湿地。保护区偶见。

3. 狗脊属 Woodwardia Smith

根状茎短而粗壮,直立或斜生,或为横卧,密被披针形大鳞片。叶簇生,二回深羽裂;侧生羽片多对,披针形,分离,深羽裂,裂片边缘有细锯齿;叶脉部分为网状,部分分离。孢子囊群粗线形或椭圆形,着生于靠近主脉的网眼的外侧小脉上,有盖。本属约 12 种。中国 5 种。保护区 1 种。

狗脊 Woodwardia japonica (L. f.) Sm.

草本。根状茎粗壮，横卧，与叶柄基部密被鳞片。叶近生，近革质；叶片二回羽裂；小羽片有密细齿；叶脉两面隆起。孢子囊群线形；囊群盖线形。

广布我国长江流域以南地区；韩国和日本也有；生于疏林下。保护区上水库较常见。为酸性土壤的指示植物。

4．苏铁蕨属 Brainea J. Sm.

大型亚乔木状草本。高可达 1.5m。根状茎短而粗壮，木质，直立，与叶柄基部同被线形鳞片。叶簇生，革质，有柄；叶轴上面有纵沟；叶片一回羽状，边缘通常向内反卷。孢子囊群沿小脉着生而成为汇生孢子囊群，最终布满主脉两侧，无囊群盖。单种属。保护区有分布。

苏铁蕨 Brainea insignis (Hook.) J. Sm.

种的特征与属同。

广布我国广东、广西、云南、海南、福建、台湾；也广布从印度经东南亚至菲律宾的亚洲热带地区；生于向阳坡疏林或针阔混交林下。保护区针阔林较常见。

P45．鳞毛蕨科 Dryopteridaceae

中小型陆生草本。根状茎短而直立或斜升，或横走，密被鳞片。叶簇生或散生；叶片一至五回羽状，罕单叶；叶边常有锯齿或芒刺。叶脉通常分离，顶端往往膨大呈球秆状的小囊。孢子囊群小，圆，顶生或背生于小脉，有盖（偶无盖）。本科约14属1200余种。中国13属472种。保护区3属15种。

1. 小脉连结。
  2. 根状茎长而横走；叶散生………………1. 复叶耳蕨属 Arachniodes
  2. 根状茎短粗直立；叶簇生………………2. 鳞毛蕨属 Dryopteris
1. 小脉连结在主脉两侧成2至多行的网眼……3. 贯众属 Cyrtomium

1．复叶耳蕨属 Arachniodes Bl.

根状茎粗长而横走，罕斜升。叶远生或近生；叶片常三至四回羽状，少二回或五回羽状；末回小羽片基部不对称（上侧多少耳状凸起），边缘具芒刺状锯齿；叶脉羽状，分离。孢子囊群圆形；囊群盖圆肾形。本属约 60 种。中国 40 种。保护区 3 种。

1. 孢子囊群顶生或近顶生于小脉上。
  2. 小羽片或末回小羽片不为镰刀形…1. 多羽复叶耳蕨 A. amoena
  2. 小羽片或末回小羽片为镰刀形……2. 粗裂复叶耳蕨 A. grossa
1. 孢子囊群背生于小脉上……………3. 背囊复叶耳蕨 A. cavalerii

1．多羽复叶耳蕨 Arachniodes amoena (Ching) Ching

中型草本。叶三回羽状，光滑；侧生羽片 4~6 对，基部 1~2 对对生并再二回；小羽片 16~22 对；末回羽片 10~14 对。孢子囊群位于中脉与叶边中间；囊群盖膜质。

分布华东、华南，特产中国；生于山地林下或岩上。保护区偶见。

2．粗裂复叶耳蕨 Arachniodes grossa (Tardieu et C. Chr.) Ching

中型草本。叶片二回羽状，纸质，光滑；叶轴和羽轴下面略被小鳞片；羽片 6~7 对，互生，有柄。孢子囊群生于小脉顶端；囊群盖暗棕色，纸质。

分布我国广东、海南；越南北部也有；生于山地林下。保护区蓄能水电站常见。

3．背囊复叶耳蕨 Arachniodes cavalerii (Christ) Ohwi

中型草本。植株高45cm。叶革质，无毛；叶柄基部疏被鳞片；叶片三角形，二回羽状；羽片3~7对，互生，有柄，小羽片3~6对，互生。孢子囊群圆形；囊群盖棕色。

分布我国贵州、广东、福建等；生于山地林下或石上。保护区偶见。

2. 鳞毛蕨属 Dryopteris Adanson

中型陆生蕨类。根状茎粗短，直立或斜升，稀横走。叶簇生，螺旋状排列；叶柄常密被鳞片；叶片一回羽状或二至四回羽状或四回羽裂，顶部羽裂，罕为一回奇数羽状；羽片背多少有鳞片，常有齿；叶脉分离，羽状。孢子囊群圆形，生于叶脉背部，通常有盖。本属400余种。中国167种。保护区9种。

1. 羽片垂直羽轴。
  2. 羽片基部着生处有一宿存的心脏形大鳞片⋯⋯⋯⋯⋯⋯⋯⋯⋯⋯⋯⋯⋯⋯⋯⋯⋯⋯⋯1. 鱼鳞鳞毛蕨 D. paleolata
  2. 羽片基部无上述大鳞片⋯⋯⋯⋯2. 平行鳞毛蕨 D. indusiata
1. 羽片不垂直羽轴。
  3. 一回羽状复叶。
    4. 孢子囊群无盖⋯⋯⋯⋯⋯⋯3. 无盖鳞毛蕨 D. scottii
    4. 孢子囊群有盖。
      5. 顶生羽片与侧生羽片不同型⋯4. 迷人鳞毛蕨 D. decipiens
      5. 顶生羽片与侧生羽片同型。
        6. 羽片基部变狭⋯⋯⋯⋯5. 柄叶鳞毛蕨 D. podophylla
        6. 羽片基部不变狭⋯⋯⋯⋯6. 奇羽鳞毛蕨 D. sieboldii
  3. 多回羽状复叶。
    7. 叶柄基部的鳞片较宽，黑色或棕色⋯⋯⋯⋯⋯⋯⋯⋯⋯⋯⋯⋯⋯⋯⋯⋯⋯⋯⋯⋯⋯⋯⋯⋯⋯7. 黑足鳞毛蕨 D. fuscipes
    7. 叶柄基部的鳞片较狭，棕色或淡棕色。
      8. 叶片二至三回羽状，五角状卵形⋯8. 变异鳞毛蕨 D. varia
      8. 叶片二回羽状，卵状披针形⋯9. 阔鳞鳞毛蕨 D. championii

1. 鱼鳞鳞毛蕨 Dryopteris paleolata (Pic. Serm.) L. B. Zhang

中型陆生蕨类。植株高80~150cm。根状茎直立或斜上，木质，顶端密被鳞片。叶簇生，纸质，上面被毛；叶片卵形，四回羽裂；末回小羽片14~16对。孢子囊群小；有囊群盖。

分布我国长江以南及西藏东南部、台湾、海南等地；南亚、东南亚、日本也有；生于林下溪边。保护区林下溪边偶见。

2. 平行鳞毛蕨 Dryopteris indusiata (Makino) Makino et Yamam.

中型陆生蕨类。植株高40~60cm。根状茎横卧或斜升。叶簇生；叶轴下部疏披鳞片，羽轴和小羽中脉两侧具泡鳞；叶片二回羽状。孢子囊群大；囊群盖圆肾形。

分布华东、华南及西南地区；日本也有；生于林下。保护区上水库偶见。

3. 无盖鳞毛蕨 Dryopteris scottii (Bedd.) Ching ex C. Chr.

中型陆生蕨类。植株高50~80cm。根状茎粗短，连同叶柄下部密被鳞片。叶簇生，薄草质，下面沿轴及脉疏被鳞片；叶片一回羽状；羽片10~16对，近无柄。孢子囊群圆形。

分布长江以南地区；南亚、东南亚、日本也有；生于林下。保护区山谷偶见。

4. 迷人鳞毛蕨 Dryopteris decipiens (Hook.) Kuntze

中型陆生蕨类。植株高达60cm。叶簇生，纸质，下面被鳞片及疏刺毛；叶柄基部密被鳞片；叶片披针形，一回羽状；羽片约10~15对。孢子囊群圆形；囊群盖圆肾形。

分布我国长江以南地区；日本也有；生于林下。保护区林中偶见。

5. 柄叶鳞毛蕨 Dryopteris podophylla (Hook.) Kuntze

草本。根状茎短而直立，密被鳞片。叶簇生，纸质，仅叶轴和羽轴下面疏被鳞片；叶柄基部密被鳞片；叶片奇数一回羽状。孢子囊群小；囊群盖圆肾形。

分布华南及西南地区，特产中国；生于林下溪沟边。保护区上水库偶见。

6. 奇羽鳞毛蕨 Dryopteris sieboldii (Van Houtte ex Mett.) Kuntze

草本。根状茎粗短而直立，连同叶柄下部密披鳞片。叶簇生，厚革质，上面无毛，下面偶被小鳞片；叶片奇数一回羽状。孢子囊群圆形。

分布华东、华南；日本也有；生于林下。保护区偶见。

7. 黑足鳞毛蕨 Dryopteris fuscipes C. Chr.

中型陆生蕨类。植株高50~80cm。叶簇生，纸质；叶轴和羽轴密被鳞片；叶柄基部黑色而密被鳞片；叶片二回羽状；叶轴、羽轴多少具泡状鳞片。孢子囊群大；囊群盖圆肾形。

分布我国长江以南地区；日本、朝鲜和中南半岛也有；生于林下。保护区偶见。

8. 变异鳞毛蕨 Dryopteris varia (L.) Kuntze

中型陆生蕨类。植株高50~70cm。叶簇生，近革质；叶轴及背脉被鳞片；叶片五角状卵形，三回羽状，基部下侧小羽片向后伸长呈燕尾状；羽片约10~12对。孢子囊群较大；有囊群盖。

分布秦岭以南地区；东亚及菲律宾、印度等地也有；生于林下。保护区林下偶见。

9. 阔鳞鳞毛蕨 Dryopteris championii (Benth.) C. Chr. ex Ching

草本。根状茎横卧或斜升，顶端及叶柄基部密被鳞片。叶簇生，草质；叶片二回羽状；叶轴密被阔鳞片，羽轴密被泡鳞。孢子囊群大；囊群盖圆肾形，全缘。

分布我国长江以南地区及西藏；日本、朝鲜也有；生于林下。保护区较常见。

鳞毛蕨科 Dryopteridaceae/ 叉蕨科 Tectariaceae/ 实蕨科 Bolbitidaceae

3. 贯众属 Cyrtomium Presl

草本。根状茎短，直立或斜升。叶簇生，叶柄腹面有浅纵沟，嫩时密生鳞片，成长后渐脱落；叶片奇数一回羽状或羽裂；主脉明显，侧脉羽状，小脉连结在主脉两侧成 2 至多行的网眼。孢子囊群圆形，背生网内小脉上，有盖。本属约 40 余种。中国 38 种。保护区 3 种。

1. 叶缘具锯齿。
  2. 叶顶端羽裂成渐尖状…………………1. 镰羽耳蕨 C. balansae
  2. 叶顶端具较大的顶生羽片…………………2. 贯众 C. fortunei
1. 叶边缘全缘…………………3. 全缘贯众 C. falcatum

1. 镰羽耳蕨 Cyrtomium balansae Christ

植株高 25~60cm。根状茎直立，密被鳞片。叶簇生，背面被鳞片或秃净；叶片一回羽状；羽片 12~18 对。孢子囊位于中脉两侧各成 2 行；囊群盖圆形，盾状。

分布长江以南地区；日本、越南也有；生于林下湿润处。保护区较常见。

2. 贯众 Cyrtomium fortunei J. Sm.

中型草本。根状茎直立，密被棕色鳞片。叶簇生，纸质，两面光滑；叶片一回羽状；叶脉羽状，小脉连结成 2~3 行网眼。孢子囊群遍布羽片背面；囊群盖圆形。

广布我国亚热带地区；日本、韩国、越南北部、泰国也有；生于空旷地石灰岩缝或林下。保护区偶见。

3. 全缘贯众 Cyrtomium falcatum (L. f.) C. Presl

植株高 30~40cm。根状茎直立，密被鳞片。叶簇生，革质，两面光滑；叶片宽披针形，奇数一回羽状；侧生羽片 5~14 对，互生。孢子囊群遍布羽片背面；囊群盖圆形，盾状。

分布华东、华南；日本也有；生于林下湿润处。保护区石心村偶见。

P46. 叉蕨科 Tectariaceae

中大型土生草本，稀小型。根状茎常短而直立或斜升，被鳞片。叶簇生，薄草质至厚纸质，通常上面或两面被毛；叶一型或有时二型，通常一回至多回羽裂，稀单叶；叶脉多型。孢子囊群圆形，着生于分离小脉的顶端或近顶端或中部，或生于形成网眼的小脉上或交结处；囊群盖圆肾形或圆盾形。本科 20 属 400 种。中国 8 属 90 种。保护区 2 属 2 种。

1. 缺刻内有 1 枚尖齿；主脉及叶脉下面被黄色圆柱形腺体……………………1. 黄腺羽蕨属 Pleocnemia
1. 缺刻内无尖齿；主脉及叶脉下面无腺体……………………2. 叉蕨属 Tectaria

1. 黄腺羽蕨属 Pleocnemia Presl

土生植物。根状茎直立或斜升，先端与叶柄基部均密被鳞片。叶簇生；叶片近五角形，二回羽状至三回羽裂；基部一对羽片的基部下侧小羽片明显伸长；裂片的缺刻有一齿；叶脉连结成网眼，无内藏小脉，背脉疏被黄色腺体。孢子囊群圆形；囊群盖圆肾形或缺。本属约 17 种。中国 3 种。保护区 1 种。

黄腺羽蕨 Pleocnemia winitii Holtt.

土生植物。植株高 2~3m。根状茎直立，顶部及叶柄基部均密被鳞片。叶簇生，纸质；叶近二型；三回羽裂，能育羽片稍缩狭；叶脉连结成网眼。孢子囊群圆形；无囊群盖。

分布华东、华南和云南；越南、泰国、印度等国也有；生于密林下或森林迹地上，常构成稠密的层片。保护区林中偶见。

2. 叉蕨属 Tectaria Cav.

根状茎粗壮，横走或直立，先端被鳞片。叶簇生，光滑或上面被毛；叶柄基部或全部被鳞片；叶片一至三回羽裂，很少为单叶，从不细裂；羽片或裂片通常全缘；叶脉连结为多数网眼。孢子囊群通常圆形；囊群盖盾形或圆肾形。本属约 240 种。中国 27 种。保护区 1 种。

三叉蕨 Tectaria subtriphylla (Hook. et Arn.) Copel.

草本。叶近生，纸质，上面光滑，下面疏被短毛；叶二型；叶脉连结成网眼；不育叶一回羽状，能育叶近同型但各部均狭缩。孢子囊群圆形；囊群盖圆肾形。

分布华南、西南及台湾；印度、斯里兰卡、缅甸、越南、印度尼西亚、波利尼西亚也有；生于山地、河边密林下阴湿处或岩石上。保护区石心村较常见。

P47. 实蕨科 Bolbitidaceae

根状茎粗短而横走，有腹背结构，密被鳞片。叶近簇生，有长柄，二型，单叶或多为一回羽状，顶部有芽胞，着地生根，行无性繁殖；小脉分离或连结；能育叶狭缩，柄较长，羽片较小。孢子囊群棕色，满布于能育羽片下面。本科 3 属约 100 种。中国 2 属约 23 种。保护区 1 属 2 种。

实蕨属 Bolbitis Schott

中小型土生草本。根状茎横走，被鳞片。叶常近生；叶柄基部疏被鳞片；叶一回羽状，稀单叶或二回羽裂，叶缘具钝锯齿或深裂或撕裂；叶脉明显；能育叶缩小并具长柄。孢子囊群满布于能育羽片下面；无囊群盖。本属约85种。中国约13种。保护区2种。

1. 羽片4~10对 ·················· 1. 华南实蕨 B. subcordata
1. 羽片15~30对 ················· 2. 刺蕨 B. appendiculata

1. 华南实蕨 Bolbitis subcordata (Copel.) Ching

草本。根状茎粗而横走，密被鳞片。叶簇生，草质，光滑；不育叶一回羽状；侧生羽片阔披针形，叶缘有深波状裂片，缺刻内有1尖刺。孢子囊群满布能育羽片下面。

分布华东、华南地区；日本、越南也有；生于山谷水边密林下石上。保护区桂峰山偶见。

2. 刺蕨 Bolbitis appendiculata (Willd.) K. Iwats.

根状茎短而横走，密被鳞片。叶近生，草质，叶二型。不育叶披针形，一回羽状，边缘波状并有锐齿；叶轴疏被鳞片。孢子囊群满布于能育羽片下面。

分布华南及台湾；日本、南亚至东南亚也有；生于山谷溪边林下岩石旁。保护区偶见。

P49. 舌蕨科 Elaphoglossaceae

附生草本，常生于岩石上或石缝中，偶附生树干。根状茎直立或横走，被鳞片。叶近生或簇生，偶为远生或疏生；单叶，略呈二型，全缘，具柄，与叶足连结处有关节，通常被鳞片；不育叶披针形至椭圆形，革质，叶脉常分离，小脉单一或分叉；能育叶略狭而叶柄较长。孢子囊群成熟时满布于能育叶下面。本科4属约400~500种。我国1属约8种。保护区1属1种。

舌蕨属 Elaphoglossum Schott ex J. Sm.

中小型，稀大型。根状茎直立或斜升，稀横走，被鳞片。叶簇生或近生，少为远生或疏生；叶二型；单叶，硬革质，全缘，能育叶通常较狭，有较长的柄；小脉常分叉，平行，一般分离。孢子囊群成熟时满布于能育叶的下面。本属400~500种。中国8种。保护区1种。

华南舌蕨 Elaphoglossum yoshinagae (Yatabe) Makino

草本。根状茎短，与叶柄下部密被鳞片。叶簇生或近生，二型；不育叶近无柄或具短柄，两面疏被小鳞片；能育叶与不育叶等高或略低。孢子囊沿侧脉着生。

分布华南、华东、华中及贵州；日本也有；生于山谷岩石上。保护区偶见。

P50. 肾蕨科 Nephrolepidaceae

中型草本，土生或附生，少有攀援。根状茎长而横走，或短而直立，被鳞片。叶簇生，或远生，一型，草质或纸质，常无毛；叶一回羽状，羽片多数；无柄，以关节着生于叶轴；叶脉分离，侧脉羽状。孢子囊群单一，圆形，顶生于上侧小脉，或背生于小脉中部；囊群盖圆肾形。本科3属约230种。中国2属约30种。保护区1属1种。

肾蕨属 Nephrolepis Schott

土生或附生草本。根状茎短而直立，有块茎，与叶柄被有鳞片。叶长而狭，有柄，草质或纸质；叶片一回羽状；羽片多数，无柄，以关节着生于叶轴上，披针形或镰刀形，边缘有疏圆齿；主脉明显，侧脉羽状，二至三叉。孢子囊群圆形，生上侧小脉顶端，1列，囊群盖圆肾形或少为肾形。本属30多种。中国6种。保护区1种。

肾蕨 Nephrolepis cordifolia (L.) C. Presl

附生或土生草本。根状茎直立，被鳞片。叶簇生，草质，光滑；叶片一回羽状，互生，以关节着生于叶轴。孢子囊群成一行位于

实蕨科 Bolbitidaceae/ 舌蕨科 Elaphoglossaceae/ 肾蕨科 Nephrolepidaceae/ 条蕨科 Oleandraceae/ 骨碎补科 Davalliaceae/ 水龙骨科 Polypodiaceae

主脉两侧；囊群盖肾形。

分布华东、华南及西南地区；广布世界热带亚热带地区。生于溪边林下或石上。保护区拉元石坑较常见。

P51. 条蕨科 Oleandraceae

中小型附生或土生草本，匍匐或半攀援。根状茎长而分枝，横走或稀直立，遍体密被鳞片。叶足螺旋状排列于根状茎上，远生或密集，有关节；叶常一型，单叶，疏生，稀簇生；有柄，以关节着生于叶足；叶片披针形或线状披针形，全缘或有时为波状。孢子囊群圆形，成单行排列于主脉的两侧；囊群盖大。单属科，45 种。中国 8 种。保护区 1 属 1 种。

条蕨属 Oleandra Cav.

属的特征与科同。本属 45 种。中国 8 种。保护区 1 种。

华南条蕨 Oleandra cumingii J. Sm.

草本。根状茎长而横走，被鳞片。叶草质，二列状疏生或近生；叶片披针形，全缘，有软骨质狭边并疏生棕色的节状睫毛。孢子囊群圆形；囊群盖圆肾形。

我国广东特有植物；菲律宾及南洋群岛也有；生于山谷岩石上。保护区山谷石上偶见。

P52. 骨碎补科 Davalliaceae

中型附生草本，少土生。根状茎横走，稀直立，常密被鳞片。叶远生，草质至坚革质，常无毛；叶柄基部以关节着生于根状茎上；叶片二至四回羽状分裂，羽片不以关节着生于叶轴；叶脉分离。孢子囊群为叶缘内生或叶背生，着生于小脉顶端；囊群盖为半管形、杯形、圆形、半圆形或肾形。本科 8 属 100 多种。中国 5 属 30 多种。保护区 2 属 2 种。

1. 囊群盖管形或杯形，以基部和两侧着生···1. 骨碎补属 Davallia
1. 囊群盖近圆形、半圆形或少为阔肾形，以基部着生··2. 阴石蕨属 Humata

1. 骨碎补属 Davallia Sm.

根状茎长而横走，被鳞片。叶远生；叶一型，偶二型；叶常为多回羽状细裂，深达有翅的小羽轴；叶脉分离，小脉分叉。孢子囊群着生于小脉顶端，每末回裂片 1 枚；囊群盖以基部及两侧着生于叶面，管形或杯形。本属约 45 种。中国 8 种。保护区 1 种。

大叶骨碎补 Davallia divaricata Bl.

草本。植株高达 1m。叶远生，坚草质，叶片大，四至五回羽裂；末回小羽片椭圆形，深羽裂，裂片斜三角形，常二裂为不等长的尖齿。孢子囊群多数；囊群盖管状。

分布华南及台湾、福建、云南；越南北部及柬埔寨也有；生于低山山谷的岩石上或树干上。保护区安山村东门山偶见。

2. 阴石蕨属 Humata Cav.

小型附生草本。根状茎长而横走，密被鳞片。叶远生，光滑或稍被鳞片；叶柄基部以关节着生于根状茎上；叶片通常为一型或近二型，多回羽裂（能育叶细裂），少单叶或羽状；叶脉分离，小脉通常特别粗大。孢子囊群生于小脉顶端，通常近于叶缘；囊群盖圆形或半圆状阔肾形。本属约 50 种。中国约 9 种。保护区 1 种。

杯盖阴石蕨 Humata griffithiana (Hook.) C. Chr.

小型附生草本。高约 20cm。叶远生，革质，两面光滑，叶柄与叶等长或略短；叶片三至四回羽状深裂。孢子囊群生于小脉顶端，通常近于叶缘；囊群盖圆形或半圆状阔肾形。

分布华东、华南及西南地区；越南及老挝也有；生于林中树干上或石上。保护区偶见。

P56. 水龙骨科 Polypodiaceae

中小型附生草本，稀土生。根状茎长而横走，被鳞片。叶一型或二型，以关节着生于根状茎上；单叶至一回羽状，全缘，草质或纸质，无毛或被星状毛；叶脉网状，少分离。孢子囊群通常为圆形、长圆形或线形，偶布满叶背；无盖。本科 40 余属 1200 余属。中国 25 属 272 种。保护区 8 属 10 种。

1. 叶不被星状毛。
  2. 孢子囊群线形，在主脉两侧各成一行。
    3. 叶为指状深裂至羽状深裂或单叶······1. 线蕨属 Colysis
    3. 叶为单叶······································2. 伏石蕨属 Lemmaphyllum
  2. 孢子囊群圆形或长圆形。
    4. 根状茎上的鳞片着生处有簇生柔毛···3. 盾蕨属 Neolepisorus
    4. 根状茎上的鳞片有丛生的刚毛。
      5. 叶片下面及孢子囊群通常被明显的隔丝覆盖··4. 瓦韦属 Lepisorus
      5. 叶片下面及孢子囊群通常不被明显的隔丝覆盖。
        6. 孢子囊群圆形，常不规则星散地分布于叶片下面。
          7. 具侧丝············5. 鳞果星蕨属 Lepidomicrosorium
          7. 无侧丝············6. 星蕨属 Microsorum
        6. 孢子囊群通常圆形或长条形，有规则地排列于主脉或羽轴两侧··························7. 修蕨属 Selliguea
1. 叶被星状毛····································8. 石韦属 Pyrrosia

1. 线蕨属 Colysis C. Presl

中型，土生或附生。叶远生，一型或近二型；柄长，与根状茎相连结处的关节不明显，通常有翅；叶为单叶或指状深裂至羽状深裂，或为一回羽状；叶脉网状，侧脉通常仅下部明显，并形成两行网眼。孢子囊群线形，连续或有时中断。本属约 12 种。中国 9 种。保护区 1 种。

线蕨 Colysis elliptica (Thunb.) Ching

草本。植株高 20～60cm。根状茎长而横走，密生鳞片。叶远生，近二型，纸质，较厚，无毛；不育叶一回羽裂深达叶轴；能育叶和不育叶近同型。孢子囊群线形；无囊群盖。

分布我国长江以南各地区；越南、日本也有；生于山坡林下或溪边岩石上。保护区偶见。

2. 伏石蕨属 Lemmaphyllum C. Presl

小型附生草本。叶疏生，二型，单叶，无毛或近无毛；不育叶卵圆形至长圆形；能育叶线形，或线状倒披针形；叶脉网状，主脉不明显。孢子囊群线形，与主脉平行，连续。本属约6种。中国2种。保护区2种。

1. 不育叶近球圆形或卵圆形 ……………… 1. 伏石蕨 L. microphyllum
1. 不育叶常为阔卵状披针形 ……………… 2. 披针骨牌蕨 L. disversum

1. 伏石蕨 Lemmaphyllum microphyllum C. Presl

小型附生草本。根状茎细长横走，疏生鳞片。叶远生，二型；不育叶近无柄，近球圆形或卵圆形；能育叶有柄；叶脉网状，内藏小脉单一。孢子囊群线形。

分布我国长江以南各地区；朝鲜、日本和越南也有；附生于林中树干上或岩石上。保护区较常见。

3. 盾蕨属 Neolepisorus Ching

中型土生蕨类植物。叶疏生；叶片单一，多形，从披针形到长圆形、椭圆形、卵状披针形，少为戟形，边缘往往成各种畸状羽裂；主脉下面隆起，侧脉明显，小脉网状。孢子囊群圆形；孢子两面型，单裂缝，不具周壁，外壁轮廓线为密集的小锯齿状，正面观为小瘤块状纹饰。本属11种。中国11种，以长江以南为分布中心。保护区1种。

江南星蕨 Neolepisorus fortunei (T. Moore) Li Wang

附生草本。根状茎长而横走，密被卵状三角状鳞片。叶远生，一型，厚纸质，两面无毛；叶片线状披针形至披针形；中脉在两面隆起，小脉网状。孢子囊群圆形。

分布我国长江流域及以南各地区；马来西亚、不丹、缅甸、越南也有；多生于林下溪边岩石上或树干上。保护区安山村东门山较常见。

2. 披针骨牌蕨 Lemmaphyllum diversum (Rosenstock) Tagawa

小型附生草本。植株高10cm。根状茎细长横走，密被鳞片。叶远生，近革质，光滑；不育叶常为阔卵状披针形；能育叶常呈狭披针形至阔披针形。孢子囊群圆形。

分布我国长江以南地区及台湾；生于林缘岩石上。保护区小杉村偶见。

4. 瓦韦属 Lepisorus (J. Sm.) Ching

附生蕨类。单叶，远生或近生，一型，下面稍被鳞片；叶片多披针形，稀狭披针形或近带状，全缘或呈波状，向柄端渐狭，基部下延；主脉明显，侧脉不显。孢子囊群大，圆形或椭圆形，分离，在主脉和叶缘之间排成一行。本属70余种。中国68种。保护区1种。

瓦韦 Lepisorus thunbergianus (Kaulf.) Ching

附生蕨类。高8~20cm。根状茎横走，密被鳞片。单叶，近生，一型，无毛，纸质；叶片线状披针形，或狭披针形，有柄，基部渐变狭并下延。孢子囊群圆形或椭圆形。

分布我国亚热带以南地区；朝鲜、日本和菲律宾也有；附生于山坡林下树干或岩石上。保护区偶见。

5. 鳞果星蕨属 Lepidomicrosorium Ching et Shing

中小型蕨类植物。叶疏生，一型或二型；通常有柄，罕无柄；叶片披针形、戟形，基部楔形或心形，边缘全缘或呈波状，偶有撕裂成不规则的小裂片；主脉在两面均隆起，下面常有1~2小鳞片，侧脉可见，小脉不显，网状，有内藏小脉。孢子囊群圆形。本属18种。保护区1种。

鳞果星蕨 Lepidomicrosorium buergerianum (Miq.) Ching et K. H. Shing ex S. X. Xu

攀援草本。根状茎略扁平，疏生鳞片。叶柄两侧有狭翅；叶片披针形至狭长披针形，厚纸质，光滑；主脉明显，小脉网状，具分叉的内藏小脉。孢子囊群圆形。

分布华东、华中、西南、华南地区；日本、越南也有；附生于林中树上或石上。保护区阔叶林中树上或石上偶见。

6. 星蕨属 Microsorum Link

中型或大型附生蕨类，稀土生。叶远生或近生；叶柄基部有关节；多单叶，披针形，少为戟形或羽状深裂；叶脉网状，小脉连结成网眼，内藏小脉分叉。孢子囊群圆形，小，常不规则散生。本属约40种。中国9种。保护区2种。

1. 叶为羽状深裂，少为3裂或全缘…………1. 羽裂星蕨 M. insigne
1. 叶片深3裂或全缘………………………2. 有翅星蕨 M. pteropus

1. 羽裂星蕨 Microsorum insigne (Bl.) Copel.

附生蕨类。植株高 40~100cm。根状茎粗短横走，疏被鳞片。叶纸质，两面无毛；一回羽状或分叉，稀单叶；叶片卵形或长卵形，羽状深裂。孢子囊群着生于叶片网脉连结处。

分布华东、华南及西南地区；日本和东南亚也有；生于林下沟边岩石上或山坡阔叶林下。保护区阔叶林下溪边石上偶见。

2. 有翅星蕨 Microsorum pteropus (Bl.) Copel.

附生草本。高 15~30cm。根状茎横走，密被鳞片。叶远生，薄纸质；叶片深3裂或全缘，偶二叉；小脉连网，内藏小脉。孢子囊群圆形，散生于大网眼内。

分布华东、华南及西南地区；印度、越南、缅甸和马来群岛也有；生于山谷溪涧或河边的岩石上，雨季可在水中生长。保护区偶见。

7. 修蕨属 Selliguea Bory

附生植物。根状茎横走，木质，密被鳞片。叶近生或远生，一型或近生二型；叶柄基部以关节着生在根状茎上；单叶不分裂，卵形，全缘；不育叶较宽，能育叶较狭；侧脉粗壮明显。孢子囊群长条形，位于相邻的两侧脉之间，连续或有间断。本属约75种。中国约48种。保护区1种。

喙叶假瘤蕨 Selliguea rhynchophylla (Hooker) Fraser-Jenk

附生植物。根状茎长而横走，密被鳞片。叶草质，两面无毛；不育叶的叶柄较短，叶片卵形；能育叶的叶柄长约5~10cm，叶片长条形。孢子囊群圆形。

分布我国长江以南地区及台湾；东南亚、南亚也有；附生于树干上。保护区上水库偶见。

8. 石韦属 Pyrrosia Mirbel

中型附生蕨类。根状茎长而横走，或短而横卧，密被鳞片。叶背常被厚毛，一型或二型，近生、远生或近簇生；常有柄，基部以关节与根状茎连结；叶片线形至披针形，或长卵形，全缘，或罕为戟形或掌状分裂；主脉明显，侧脉斜展。孢子囊群近圆形，在主脉两侧排成1至多行；无囊群盖。本属约60种。中国32种。保护区1种。

石韦 Pyrrosia lingua (Thunb.) Farw.

中型附生蕨类。植株高 10~30cm。根状茎长而横走，密被鳞片。叶革质，下面淡棕色被星状毛；叶变化大，能育叶通常远比不育叶长得高而较狭窄。孢子囊群近椭圆形。

分布我国长江以南各地区及台湾；印度、越南和东亚也有；附生于低海拔林下树干上，或稍干的岩石上。保护区各地较常见。

P57. 槲蕨科 Drynariaceae

大中型多年生附生草本。根状茎横生，粗壮肉质，密被鳞片。叶近生或疏生；无柄或有短柄；叶片通常大，坚革质或纸质，一回羽状或深羽裂，二型或一型或基部膨大成阔耳形；叶脉槲蕨型。孢子囊群大或小，生于小脉上；无盖。本科 8 属 32 种。中国 4 属 12 种。保护区 1 属 1 种。

槲蕨属 Drynaria (Bory) J. Sm.

附生草本。根状茎横走，密被鳞片。叶二型；不育叶短而基生，无柄，枯棕色，浅裂至半裂，基部心形，覆盖根状茎上；能育叶绿色，有柄，深羽裂或羽状，裂片披针形；叶脉网状。孢子囊群圆形；无盖。本属 16 种。中国 9 种。保护区 1 种。

槲蕨 Drynaria roosii Nakaike

附生草本。根状茎横走，密被鳞片。不育叶灰棕色，网脉粗且凸起；能育叶纸质，椭圆形，下延成有翅的短柄，中部以上深羽裂。孢子囊群生于内藏小脉的交叉处。

分布华南、华东及西南地区；越南、老挝也有；附生于树干或石上。保护区偶见。

禾叶蕨属 Grammitis Sw.

小型附生草本，稀土生。根状茎近直立，或短而横走，被鳞片。叶簇生，很少远生，膜质至肉质或革质，常被红褐色长毛；单叶，披针形或线形，常全缘；主脉明显，小脉分离，通常二叉。叶孢子囊群圆形或略呈椭圆形，在主脉两侧各有 1 行，无囊群盖。本属约 150 种。中国约 7 种。保护区 1 种。

短柄滨禾蕨 Grammitis dorsipila (Christ) C. Chr. et Tardieu

小型附生草本。根状茎短而近直立，密被鳞片。叶簇生，基部狭楔形下延，两面连同叶柄有红棕色长硬毛；主脉在下面稍凸起，侧脉分叉。孢子囊群圆形或椭圆形。

分布华东、华中、华南及西南地区；日本及中南半岛也有；附生于林下或溪边岩石上。保护区偶见。

P59. 禾叶蕨科 Grammitidaceae

小型附生草本。根状茎短小而近直立，稀横走或攀援，被鳞片。叶簇生；叶一型，单叶或一至三回羽状，常被红色或灰白色针状毛，不被鳞片；叶脉分离，小脉单一或分叉。孢子囊群圆形至椭圆形，位于小脉的顶端或中部，稀成汇生囊群而与主脉平行；无囊群盖。本科 8 属 32 种。中国 4 属 12 种。保护区 1 属 1 种。

裸子植物门
GTMNOSPERMAE

G3. 红豆杉科 Taxaceae

常绿乔木或灌木。叶条形或披针形，螺旋状排列或交互对生，下面有2条气孔带。球花单性，雌雄异株，稀同株；雄球花常单生于叶腋或苞腋，或组成穗状花序集生于枝顶；雌球花单生或成对生于叶腋或苞片腋部，有梗或无梗。种子核果状，肉质假种皮全包（无梗），或露出尖头（具长梗）；或种子坚果状。本科5属21种。中国4属11种。保护区1属1种。

穗花杉属 Amentotaxus Pilger

叶交互对生，基部扭转排成2列，厚革质，条状披针形，几无柄，下面有2条气孔带。雌雄异株；雄球花多数，组成穗状花序；雌球花单生于新枝上的苞片腋部或叶腋。种子当年成熟，熟时假种皮鲜红色，顶端尖头裸露。本属3种。中国均产。保护区1种。

穗花杉 Amentotaxus argotaenia (Hance) Pilg

常绿灌木或小乔木。叶基部扭转列成2列，条状披针形，有极短的叶柄，下面白色气孔带与绿色边带等宽或较窄。种子椭圆形。花期4月，种子10月成熟。

特产我国；生于海拔300~1100m的阴湿溪谷两旁或林内。保护区偶见。

G4. 松科 Pinaceae

常绿或落叶乔木，稀为灌木状。叶条形或针形，基部不下延生长；条形叶扁平，稀呈四棱形，在长枝上螺旋状散生，在短枝上呈簇生状；针形叶2~5针（稀1针或多至8针）成一束。花单性，雌雄同株。球果直立或下垂。种鳞的腹面基部有2种子，种子通常上端具膜翅，稀无翅。本科3亚科10属230余种。中国10属142种（其中引种栽培26种）。保护区1属2种。

松属 Pinus L.

常绿乔木，稀灌木。枝轮生。叶有两型：鳞叶单生，螺旋状着生；针叶螺旋状着生，常2、3或5针一束，生于苞片状鳞叶的腋部，全缘或有细锯齿，腹面两侧具气孔线。雄球花生于新枝下部的苞片腋部；雌球花单生或2~4个生于新枝近顶端。球果翌年（稀第三年）秋季成熟。发育的种鳞具2种子，种子上部具长翅。本属80余种。中国32种。保护区2种。

1. 针叶2~3针一束并存；球果较大，长8~20cm···**1. 湿地松 P. elliottii**
1. 针叶2针一束，球果长8cm以内···········**2. 马尾松 P. massoniana**

1.* 湿地松 Pinus elliottii Engelm.

常绿乔木。树干较通直。树形整齐。树皮纵裂成鳞状块片剥落。针叶2~3针一束并存，稍粗壮。球果圆锥形或窄卵圆形，翌年成熟。种子卵圆形。

原产美国东南部暖带潮湿的低海拔地区；我国华东、华南引种；适生于低山丘陵地带，耐水湿。保护区有分布。

2. 马尾松 Pinus massoniana Lamb.

常绿乔木。树皮裂成不规则的鳞状块片。针叶2针一束，稀3针一束。球果卵圆形或圆锥状卵圆形。种子长卵圆形，具翅。花期4~5月，果期翌年10~12月。

我国亚热带东部荒山恢复森林的先锋树种；越南北部有马尾松人工林；为喜光、深根性树种，不耐庇荫，耐旱瘠。保护区小杉村常见。

G5. 杉科 Taxodiaceae

常绿或落叶乔木。树干端直，大枝轮生或近轮生。叶螺旋状排列，散生，稀交互对生，披针形、钻形、鳞状或条形；叶一型或二型。球花单性，雌雄同株；雄球花小，常单生或簇生枝顶；雌球花顶生或生于去年生枝近枝顶。球果当年成熟，熟时张开，种鳞扁平或盾形，腹面有2~9种子。种子扁平或三棱形，具翅。本科10属16种。中国5属7种（其中引种栽培4属7种）。保护区2属2种。

1. 球果的种鳞盾形，木质·················**1. 杉木属 Cunninghamia**
1. 球果的种鳞（或苞鳞）扁平·············**2. 落羽杉属 Taxodium**

1. 杉木属 Cunninghamia R. Br

常绿乔木。叶螺旋状着生，披针形或条状披针形，有锯齿，上下两面均有气孔线。雌雄同株；雄球花多数簇生于枝顶；雌球花单生或 2~3 个集生于枝顶，球形或长圆球形。球果近球形或卵圆形；种鳞很小，发育种鳞的腹面着生 3 种子。种子扁平，两则边缘有窄翅。本属 4 种。保护区 1 种。

* 杉木 Cunninghamia lanceolata (Lamb.) Hook.

常绿乔木。叶披针形或条状披针形，叶下面有 2 条白粉气孔带。雄球花圆锥状簇生枝顶；雌球花单生或 2~3 个集生枝顶。球果卵圆形。种子扁平。花期 4 月，果期 10 月下旬成熟。

我国长江以南温暖地区最重要的速生用材树种；越南也有分布；喜温暖湿润山地。保护区有栽培。

2. 落羽杉属 Taxodium Rich.

落叶或半常绿乔木。叶螺旋状排列，异型：钻形叶在主枝上斜上伸展，宿存；条形叶在侧生小枝上列成 2 列，冬季与枝一同脱落。球果具短柄或几无梗；种鳞盾形，顶部呈不规则的四边形。种子呈不规则三角形，有明显锐利的棱脊。本属 3 种。中国引种栽培 3 种。保护区 1 种。

* 落羽杉 Taxodium distichum (L.) Rich.

落叶乔木。叶条形，扁平，基部扭转，在小枝上列成 2 列，互生。雄球花卵圆形，有短梗。球果球形或卵圆形，有白粉。种子不规则三角形。球果 10 月成熟。

原产北美东南部；我国广州、杭州、上海、南京、武汉、庐山及河南鸡公山等地引种栽培；耐水湿，能生于排水不良的沼泽地上。保护区下水库有栽培。

G6. 三尖杉科 Cephalotaxaceae

常绿乔木或灌木。小枝对生或不对生，基部具宿存芽鳞。叶条形或披针状条形，交互对生或近对生，在侧枝上基部扭转排列成 2 列；上面中脉隆起，下面有 2 条宽气孔带。球花单性，雌雄异株，稀同株。种子第二年成熟，核果状，全部包于肉质假种皮中，卵圆形、椭圆状卵圆形或圆球形，顶端具凸起的小尖头。单属科，9 种。中国 7 种。保护区 1 属 1 种。

三尖杉属 Cephalotaxus Sieb. et Zucc. ex Endl.

属的特性与科同。本属 9 种。中国 7 种。保护区 1 种。

三尖杉 Cephalotaxus fortunei Hook.

常绿乔木。树皮褐色或红褐色，裂成片状脱落。叶排成 2 列，披针状条形，下面气孔带白色。雄球花具粗总花梗。种子椭圆状卵形或近圆球形。花期 4 月，种子 8~10 月成熟。

我国特有树种；生于阔叶树、针叶树混交林中。保护区偶见。

G7. 罗汉松科 Podocarpaceae

常绿乔木或灌木。叶多型，螺旋状散生、近对生或交互对生。球花单性，雌雄异株，稀同株；雄球花穗状，单生或簇生于叶腋，或生于枝顶；雌球花单生于叶腋或苞腋，或生于枝顶，稀穗状。种子核果状或坚果状，全部或部分为肉质或较薄而干的假种皮所包，或苞片与轴愈合发育成肉质种托，有梗或无梗。本科 8 属 130 余种。中国 2 属 17 种。保护区 1 属 1 种。

罗汉松属 Podocarpus L. Her. ex Persoon

常绿乔木或灌木。叶条形、披针形、椭圆状卵形或鳞形，螺旋状排列，近对生或交互对生。雌雄异株；雄球花穗状，单生或簇生于叶腋，或成分枝状，稀顶生；雌球花常单生叶腋或苞腋，稀顶生，有梗或无梗。种子当年成熟，核果状，有梗或无梗。本属约 100 种。中国 16 种。保护区 1 种。

百日青 Podocarpus neriifolius D. Don

常绿乔木。叶螺旋状着生，披针形，厚革质，有短柄。雄球花穗状，单生或 2~3 簇生。种子卵圆形，熟时肉质假种皮紫红色。花期 5 月，种子 10~11 月成熟。

分布我国长江以南地区；喜马拉雅地区和东南亚多国也有；常生于山地阔叶树中。保护区小杉村偶见。

G9. 柏科 Cupressaceae

常绿乔木或灌木。叶交叉对生或3~4叶轮生，鳞形或刺形。雌雄同株或异株，球花单生；雄球花具2~16交叉对生雄蕊；雌球花具3~8交叉对生或3轮生的珠鳞。球果较小，种鳞薄或厚，扁平或盾形，木质或近革质，熟时张开。本科22属150余种。保护区1属1种。

刺柏属 Juniperus L.

叶全为刺形，3叶轮生，披针形或近条形，有1或2条气孔带。雌雄同株或异株，球花单生叶腋。球果浆果状，近球形，二年或三年成熟；种鳞3，合生；苞鳞与种鳞结合而生，成熟时不张开或仅球果顶端微张开。种子通常3，卵圆形，具棱脊，有树脂槽，无翅。本属约10余种。中国产3种（其中引种栽培1种）。保护区1种。

* 龙柏 Juniperus chinensis 'Kaizuka'

乔木。树冠圆柱状或柱状塔形。枝条向上直展，常有扭转上升之势；小枝密，在枝端成几相等长之密簇。鳞叶排列紧密，幼嫩时淡黄绿色，后呈翠绿色。球果蓝色，微被白粉。

我国长江流域及华北各大城市庭园有栽培；朝鲜、日本也有分布；喜光树种，喜温凉、温暖气候及湿润土壤。保护区偶见。

G11. 买麻藤科 Gnetaceae

常绿木质大藤本，稀为直立灌木或乔木。茎节呈膨大关节状。单叶对生，有叶柄，无托叶；叶片革质或半革质，具羽状叶脉。花单性，雌雄异株；雄球花穗单生或聚伞状，着生在小枝上；雌球花穗单生或聚伞圆锥状，通常侧生于老枝上。种子核果状，包于红色或橘红色肉质假种皮中。单属科，30余种。中国7种。保护区1属1种。

买麻藤属 Gnetum L.

属的特征与科同。本属30余种。中国7种。保护区1种。

小叶买麻藤 Gnetum parvifolium (Warb.) C. Y. Cheng ex Chun

常绿缠绕藤本。叶片革质，椭圆形或长倒卵形；侧脉下面稍隆起。雌球花序的每总苞内有雌花5~8。成熟种子长椭圆形或窄矩圆状倒卵圆形。花期4~7月，果期7~11月。

分布华南、华中及西南地区；生于海拔较低的干燥平地或湿润谷地的森林中，缠绕在大树上。保护区偶见。

被子植物门
ANGIOSPERMAE

1. 木兰科 Magnoliaceae

常绿或落叶乔木或灌木。单叶互生，全缘，稀分裂；羽状脉；小枝上具托叶环痕，但无乳汁，若托叶贴生叶柄，则叶柄上也有托叶痕。花大，顶生或腋生，常两性稀杂性；花被片通常花瓣状；雄蕊多数；子房上位，心皮多数，离生，罕合生。蓇葖果为离心皮或有时为合心皮果。种子1~12。本科16属约300种。中国11属约150种。保护区2属9种1变种。

1. 花顶生·····································1. 木莲属 Manglietia
1. 花腋生·····································2. 含笑属 Michelia

1. 木莲属 Manglietia Bl.

常绿乔木，稀落叶。小枝和叶柄具托叶痕；叶革质，全缘。花两性，单生于枝顶；花被片通常3~13（~16），近革质，常带绿色或红色；雌蕊群与雄蕊群相连结，雌蕊群无柄；心皮多数，离生，螺旋状排列。蓇葖果宿存，背缝裂或同时腹缝裂，具种子1~12（~16）。本属40余种。中国30余种。保护区3种。

1. 叶下面和叶柄均被锈褐色绒毛 ···1. 毛桃木莲 M. kwangtungensis
1. 叶下面和叶柄不被锈褐色绒毛。
    2. 叶两面无毛················2. 厚叶木莲 M. pachyphylla
    2. 叶下面疏生红褐色短毛···············3. 木莲 M. fordiana

1. 毛桃木莲 Manglietia kwangtungensis (Merr.) Dandy

常绿乔木。嫩枝、芽、幼叶、果柄均密被锈褐色绒毛。叶革质，倒卵状，下面和叶柄均被锈褐色绒毛；叶柄托叶痕约1/3。花芳香；花被片9，乳白色。聚合果卵球形。花期5~6月，果期8~12月。

分布华南地区；生于山地常绿阔叶林中。保护区山谷常见。

2. 厚叶木莲 Manglietia pachyphylla Hung T. Chang

常绿乔木。芽被长柔毛。叶厚革质，坚硬，倒卵状，顶端短急尖，两面无毛；叶柄托叶痕短于1/3。花梗粗短，无毛。聚合果椭圆体形。花期5月，果期9~10月。

产于我国广东中南部（龙门、从化）；生于海拔800m以上林中。保护区上水库常见。

3. 木莲 Manglietia fordiana Oliv.

常绿乔木。叶革质，狭椭圆状倒卵形或倒披针形；叶柄托叶痕短于1/3。花梗短而被褐色毛，白色。蓇葖果褐色，卵球形，无毛，直立。花期5~6月，果期10月。

分布我国广东、广西、云贵和福建；生于山地常绿阔叶林中。保护区桂峰山较常见。

2. 含笑属 Michelia L.

常绿乔木或灌木。叶革质，单叶，互生，全缘；小枝及有些种类的叶柄具托叶环痕。花单生于叶腋，稀2~3花形成聚伞花序；花两性，通常芳香；雌蕊群有柄。聚合果为离心皮果；背缝开裂或腹背为2瓣裂。种子2至数颗。本属70余种。中国60余种。保护区6种1变种。

1. 部分心皮不发育，心皮各自分离。
    2. 托叶与叶柄连生，在叶柄上留有托叶痕。
        3. 花被片外轮较大，3~4轮，9~13片·········1. 白兰 M. × alba
        3. 花被片外轮较小，常2轮，很少3~4轮，6片。
            4. 雌蕊群无毛；花被片厚·········2. 含笑花 M. figo
            4. 雌蕊群被毛；花被片薄·········3. 野含笑 M. skinneriana
    2. 托叶与叶柄离生，在叶柄上无托叶痕。
        5. 叶下面不被白粉。
            6. 叶下面被红铜色短绒毛··········4. 金叶含笑 M. foveolata
            6. 叶下面被灰色平伏短绒··················
            ·······················5. 展毛含笑 M. macclurei var. sublanea
        5. 叶下面被白粉··················6. 深山含笑 M. maudiae
1. 全部心皮发育，心皮合生或部分合生，果时完全合生··········
    ·······························7. 观光木 M. odora

1.* 白兰 Michelia × alba DC.

常绿乔木。叶薄革质，长椭圆形或披针状椭圆形，仅下面被疏毛；托叶痕短于1/2。花白色，极香。聚合果的蓇葖疏离。花期4~11月，通常不结实。

原产印度尼西亚爪哇，现广植于东南亚；我国南亚热带以南有栽培；适合于微酸性土壤，喜温暖湿润。保护区行道和庭园栽培。

木兰科 Magnoliaceae

2.* 含笑花 Michelia figo (Lour.) Spreng.

常绿灌木。芽、嫩枝，叶柄，花梗均密被黄褐色绒毛。叶革质，狭椭圆形或倒卵状椭圆形；托叶痕长达叶柄顶端。花直立，生于叶腋。少见结果，蓇葖果顶端具喙。花期3~5月，果期7~8月。

原产华南南部各地区，广东鼎湖山有野生；生于阴坡溪谷边阔叶林下。保护区庭园栽培。

3. 野含笑 Michelia skinneriana Dunn

常绿乔木。芽、嫩枝、叶柄、叶背中脉及花梗均密被褐色长柔毛。叶革质，倒卵状至倒披针形；托叶痕达叶柄顶端。花淡黄色。聚合果常被残留毛。花期5~6月，果期8~9月。

分布华东、华南及贵州；生于海拔1200m以下的山谷、山坡、溪边密林中。保护区三角山多见。

4. 金叶含笑 Michelia foveolata Merr. ex Dandy

常绿乔木。芽、幼枝、叶柄、叶背、花梗、密被红褐色短绒毛。叶厚革质，多长圆状椭圆形，叶下面被红铜色短绒毛；叶柄无托叶痕。花冠杯状。蓇葖果长圆状。花期3~5月，果期9~10月。

分布华中、华南及西南；越南北部也有；生于海拔500~1800m的阴湿林中。保护区上水库较常见。

5.* 展毛含笑 Michelia macclurei Dandy var. sublanea Dandy

常绿乔木。芽、嫩枝、叶柄、托叶及花梗均被红褐色短绒毛。叶革质，常倒卵状，叶背被灰色毛杂有褐色平伏短绒毛；无托叶痕。花有时形成2~3朵的聚伞花序。蓇葖果长圆状至倒卵圆状。花期3~4月，果期9~11月。

分布华南地区；越南北部也有；生于深绿阔叶林中。保护区栽培。

6. 深山含笑 Michelia maudiae Dunn

常绿乔木。各部均无毛。芽、嫩枝、叶下面、苞片均被白粉。叶革质，长圆状椭圆形，上面深绿色，有光泽，下面灰绿色，被白粉；叶柄无托叶痕。花腋生。蓇葖果长圆体形、倒卵圆形、卵圆形、顶端圆钝或具短突尖头。花期2~3月，果期9~10月。

分布华东、华南及西南；生于山地常绿阔叶林中。保护区上水库常见。

7. 观光木 Michelia odora (Chun)Noot. et B. L. Chen

常绿乔木。叶互生，全缘；叶柄基部膨大；托叶痕达叶柄中部。花两性，单生于叶腋。聚合果大。种子悬垂于宿存中轴上。花期3月，果期10~12月。

中国特有种，分布华东、华南及西南地区；生于海拔500~1000m的山地常绿阔叶林中。保护区鱼洞村偶见。

2A. 八角科 Illiciaceae

常绿乔木或灌木。叶脉羽状；无托叶，无环状的托叶痕。花单生或簇生，两性；花托短；花被片多数；每心皮具胚珠1。聚合果具蓇葖果数枚至10余枚，单轮排列。单属科，近50种。中国28种。保护区1属2种。

八角属 Illicium L.

常绿乔木或灌木。全株无毛，具油细胞及粘液细胞，有芳香气味。叶为单叶，互生，常聚生于枝顶，革质或纸质，全缘，羽状脉，无托叶。花两性，稀白色，常单生，有时2~5朵簇生叶腋。聚合果由数至10余个蓇葖组成，单轮排列，斜生于短的花托上，腹缝开裂。本属近50种。中国28种。保护区2种。

1. 花柱长，钻形，明显超过子房长度… 1. 小花八角 I. micranthum
1. 花柱较短，在花期其长度比子房长度短些或相等……………………………………………………… 2. 粤中八角 I. tsangii

1. 小花八角 Illicium micranthum Dunn

灌木或小乔木。叶不整齐地互生或近对生或3~5簇生在梢上，革质或薄革质，倒卵状至披针形；中脉在叶面凹陷。花小，红色。蓇葖果6~8。花期4~6月，果期7~9月。

分布华中、华南及西南；生于山地灌丛或混交林内。保护区偶见。

2. 粤中八角 Illicium tsangii A. C. Smith

常绿灌木。叶稀疏互生，近对生或3~4簇生，厚革质，披针形或狭倒卵状椭圆形，基部常下延成狭翅。花腋生或近顶生；花被片14~17；蓇葖果7~10。花期4~5月，果期7~8月。

特产我国广东中部；生于干旱的树林、沼泽或路边的灌丛中。保护区高海拔灌丛偶见。

3. 五味子科 Schisandraceae

木质藤本。单叶互生，常有透明腺点，纸质或近膜质；叶柄细长；无托叶。花单性，雌雄异株，通常单生于叶腋，有时数花聚生于叶腋或短枝上；花被片6~24。成熟心皮为肉质小浆果，聚合果球状。种子1~5，稀较多。本科2属，约60种。中国2属约29种。保护区2属2种1亚种。

1. 聚合果球状或椭圆体状……………………… 1. 南五味子属 Kadsura
1. 聚合果长穗状……………………………… 2. 五味子属 Schisandra

1. 南五味子属 Kadsura Kaempf. ex Juss.

木质藤本。小枝圆柱形。叶纸质，全缘或具锯齿，具腺体；叶脉在上面不明显。花单性，雌雄同株或有时异株，单生于叶腋，稀2~4花聚生于新枝叶腋或短侧枝上；花梗常具1~10分散小苞片；雌蕊群花托倒卵至椭圆体，果时不伸长。小浆果肉质，聚合果球状或椭圆体状。种子2~5。本属约28种。中国10种。保护区2种。

1. 叶长圆形至卵状披针形，全缘……………… 1. 黑老虎 K. coccinea
1. 叶卵状椭圆形至阔椭圆形，全缘或上半部有小锯齿…………………………………………………………… 2. 异形南五味子 K. heteroclita

1. 黑老虎 （臭饭团）**Kadsura coccinea (Lem.) A. C. Smith**

木质藤本。叶革质，长圆形至卵状披针形，顶端钝或短渐尖，全缘，侧脉每边6~7条，网脉不明显。花单生于叶腋，雌雄异株；聚合果近球形。花期4~7月，果期7~11月。

分布我国南方地区；越南也有；生于山地常绿阔叶林中。保护区拉元石坑偶见。

2. 异形南五味子 Kadsura heteroclita (Roxb.) Craib

常绿木质大藤本。叶薄革质，卵状椭圆形至阔椭圆形，网脉明显。花单生于叶腋；雌雄异株。聚合果近球形。花期5~8月，果期8~12月。

分布华南、西南及湖北；南亚地区也有；生于海拔400~900m的山谷、溪边、密林中。保护区偶见。

木兰科 Magnoliaceae/ 八角科 Illiciaceae/ 五味子科 Schisandraceae/ 番荔枝科 Annonaceae

2. 五味子属 Schisandra Michx.

木质藤本。果期花托伸长，成熟心皮排成穗状的聚合果。本属约 25 种。中国 19 种。保护区 1 亚种。

绿叶五味子（过山风） Schisandra arisanensis subsp. viridis (A. C. Sm.) R. M. K. Saunders

落叶木质藤本。叶纸质，卵状椭圆形，叶缘有锯齿或波状疏齿。雄花花被片阔椭圆形、倒卵形或近圆形；雌花花被片与雄花的相似。聚合果有小浆果 15~20。花期 4~6 月，果期 6~10 月。

分布我国长江以南地区；生于海拔 200~1500m 的山沟、溪谷丛林或林间。保护区可见。

8. 番荔枝科 Annonaceae

乔木、灌木或攀援灌木。单叶互生，全缘；羽状脉；有叶柄；无托叶。花通常两性，少数单性，辐射对称；通常有苞片或小苞片；下位花；花瓣 6，稀 3~4，2 轮，覆瓦状或镊合状排列。成熟心皮离生，少数合生成一肉质的聚合浆果；有果柄，少数无果柄。本科约 123 属 2300 余种。中国 24 属 126 种。保护区 4 属 7 种。

1. 叶片不被星状毛或鳞片；花瓣全部为镊合状排列。
　2. 果粗厚，不呈念珠状。
　　3. 总花梗和总果柄均弯曲呈钩状⋯⋯⋯1. 鹰爪花属 Artabotrys
　　3. 总花梗和总果柄均生直⋯⋯⋯⋯2. 瓜馥木属 Fissistigma
　2. 果细长，呈念珠状⋯⋯⋯⋯⋯⋯⋯3. 假鹰爪属 Desmos
1. 叶片被星状毛或鳞片；花瓣内轮为覆瓦状排列⋯⋯⋯⋯⋯⋯⋯⋯⋯⋯⋯⋯⋯⋯⋯⋯⋯⋯⋯⋯⋯⋯4. 紫玉盘属 Uvaria

1. 鹰爪花属 Artabotrys R. Br. ex Ker

攀援灌木，常借钩状的总花梗攀援于它物上。叶互生，纸质或革质；羽状脉；有叶柄。两性花，常单生于木质钩状的总花梗上，芳香；花瓣 6，2 轮，镊合状排列。成熟心皮浆果状，离生，聚生于坚硬的果托上；无柄或有短柄。本属约 100 种。中国 10 种。保护区 2 种。

1. 花较大，长 3~4.5cm；柱头线状长椭圆形⋯⋯⋯⋯⋯⋯⋯⋯⋯⋯⋯⋯⋯⋯⋯⋯1. 鹰爪花 A. hexapetalus
1. 花较小，长 1~2cm；柱头短棍棒状⋯⋯⋯⋯⋯⋯⋯⋯⋯⋯⋯⋯2. 香港鹰爪花 A. hongkongensis

1. 鹰爪花 Artabotrys hexapetalus (L. f.) Bhandari

攀援灌木。叶纸质，长圆形或阔披针形，叶面无毛，叶背沿中脉上被疏柔毛或无毛。花 1~2，与叶近对生。果卵圆状。花期 5~8 月，果期 5~12 月。

分布华东、华南及云南；亚洲热带地区也有野生或栽培；多栽培，少野生，生林内。保护区有栽培。

2. 香港鹰爪花 Artabotrys hongkongensis Hance

攀援灌木。叶革质，椭圆状长圆形至长圆形，两面无毛，或仅在下面中脉上被疏柔毛，叶面有光泽。花单生。果椭圆状。花期 4~7 月，果期 5~12 月。

分布华南及西南；越南也有；生于海拔 300~1500m 的山地密林下或山谷阴湿处。保护区安山村东门山偶见。

2. 瓜馥木属 Fissistigma Griff.

攀援灌木。单叶互生；侧脉明显，斜升至叶缘。花单生或多花集成密伞花序、团伞花序和圆锥花序；总花梗直伸；萼片3，基部合生，被毛；花瓣6，2轮，镊合状排列，外轮稍大于内轮；雄蕊多数；心皮多数，分离。成熟心皮卵圆状或圆球状或长圆状，被短柔毛或绒毛；有柄。本属约75种。中国23种。保护区3种。

1. 叶背无毛，或被不明显的疏短柔毛，老渐无毛。
   2. 叶背白绿色，干后苍白色；柱头2；果无毛⋯⋯⋯⋯⋯⋯⋯⋯⋯⋯⋯⋯⋯⋯⋯⋯⋯⋯⋯⋯⋯1. 白叶瓜馥木 F. glaucescens
   2. 叶背淡绿色，干后红黄色；柱头全缘；果被短柔毛⋯⋯⋯⋯⋯⋯⋯⋯⋯⋯⋯⋯⋯⋯⋯⋯⋯⋯2. 香港瓜馥木 F. uonicum
1. 叶背密被绒毛或柔毛或粗毛⋯⋯⋯⋯⋯⋯⋯3. 瓜馥木 F. oldhamii

1. 白叶瓜馥木 Fissistigma glaucescens (Hance) Merr.

攀援灌木。叶近革质，长圆形或长圆状椭圆形，顶端通常圆形，两面无毛。花数朵集成聚伞式的总状花序，被黄色绒毛。果圆球状。花期1~9月，果期几乎全年。

产我国广东、广西、福建、台湾；越南也有；生于山地林中，为常见的植物。保护区三角山较常见。

2. 香港瓜馥木 Fissistigma uonicum (Dunn) Merr.

攀援灌木。除果实和叶背被稀疏柔毛外无毛。叶纸质，长圆形，顶端急尖，叶背淡黄色。花黄色，1~2花聚生于叶腋。果圆球状。花期3~6月，果期6~12月。

产华南和福建；生于丘陵山地林中。保护区鸡枕山、古田村较常见。

3. 瓜馥木 Fissistigma oldhamii (Hemsl.) Merr.

攀援灌木。小枝被黄褐色柔毛。叶革质，倒卵状椭圆形或长圆形，中等大小，叶面无毛，叶背被短柔毛。花1~3朵集成密伞花序。果圆球状。花期4~9月，果期7月至翌年2月。

分布华东、华南和云南；越南也有；生于低海拔山谷水旁灌木丛中。保护区桂峰山偶见。

3. 假鹰爪属 Desmos Lour.

攀援灌木或直立灌木。叶互生；羽状脉；有叶柄。单花腋生或与叶对生；花萼裂片3，镊合状排列；花瓣6，2轮，外轮常较内轮大；花托凸起，顶端平坦或略凹陷；心皮多数，柱头卵状或圆柱状。成熟心皮多数，通常伸长而在种子间缢缩成念珠状。本属约30种。中国4种。保护区1种。

假鹰爪（酒饼叶） Desmos chinensis Lour.

直立或攀援灌木。除花外，全株无毛。叶纸质，长圆形或椭圆形，上面有光泽，下面粉绿色。花黄白色，单朵与叶对生或互生。果念珠状。花期夏至冬季，果期6月至翌年春季。

分布华南及西南部；印度至东南亚也有；生于丘陵山坡、林缘灌木丛中或低海拔旷地、荒野及山谷等地。保护区桂峰山常见。

4. 紫玉盘属 Uvaria L.

攀援状灌木或直立，稀小乔木。全株通常被星状毛。叶互生；羽状脉；有叶柄。花单生至多花集成密伞花序或短总状花序，通常与叶对生或腋生，花通常较大，两性；萼片3，基部合生；花瓣6，2轮，覆瓦状排列。成熟心皮多数，长圆形或卵圆形或近圆球形；有长柄。本属约150种。中国11种。保护区1种。

光叶紫玉盘 Uvaria boniana Finet et Gagnep.

攀援灌木。除花外全株无毛。叶纸质，长圆形至长圆状卵圆形。花紫红色，1~2朵与叶对生或腋外生。果球形或椭圆状卵圆形。花期5~10月，果期6月至翌年4月。

分布我国广东、广西和江西；越南也有；生于丘陵山地疏密林中较湿润的地方。保护区偶见。

11. 樟科 Lauraceae

常绿或落叶，乔木或灌木，稀为缠绕性寄生草本。单叶具柄，通常革质，富含芳香油细胞，全缘，稀分裂；羽状脉、三出脉或离基三出脉；无托叶。花通常小，白色或绿白色，通常芳香；花两性或单性，雌雄同株或异株，辐射对称，通常3基数。浆果或核果，小至很大。本科约45属2000~2500种。中国约20属466种。保护区8属37种1变种。

1. 寄生缠绕草本……………………………1. 无根藤属 Cassytha
1. 直立乔木或灌木。
  2. 花三基数。
    3. 花序通常圆锥状，无明显总苞片。
      4. 果完全为增大而贴生的花被筒所包被……………
………………………………2. 厚壳桂属 Cryptocarya
      4. 果不为花被筒全部包被。
        5. 具果托…………………3. 樟属 Cinnamomum
        5. 不具果托。
          6. 花药2室………………4. 琼楠属 Beilschmiedia
          6. 花药4室………………5. 润楠属 Machilus
    3. 花序成假伞形或簇状，有明显总苞片。
      7. 花药2室…………………6. 山胡椒属 Lindera
      7. 花药4室…………………7. 木姜子属 Litsea
  2. 花二基数………………………8. 新木姜子属 Neolitsea

1. 无根藤属 Cassytha L.

寄生缠绕草本。茎线形，分枝，绿色或绿褐色。叶退化为很小的鳞片。花小，两性，极稀雌雄异株；穗状、头状或总状花序；花被裂片6，2轮，外轮3枚很小；能育雄蕊9，第三轮雄蕊花丝基部有一对近无柄的腺体。果包藏于花后增大的肉质花被筒内。本属约20种。中国1种。保护区有分布。

无根藤 Cassytha filiformis L.

寄生缠绕草本。茎线形，稍木质。叶退化为微小的鳞片。穗状花序密被锈色短柔毛；花小，白色，无梗。果小。花果期5~12月。

分布我国云南、贵州、广西、广东、湖南、江西、浙江、福建及台湾等地区；热带亚洲、非洲和澳大利亚也有。保护区常见。

2. 厚壳桂属 Cryptocarya R. Br.

常绿乔木或灌木。叶互生，稀近对生；常羽状脉，稀离基三出脉。芽鳞少数，叶状。花两性，小，组成腋生或近顶生的圆锥花序。花被裂片6，早落；花药2室。果核果状，全部包藏于肉质或硬化而增大的花被筒内，顶端有一小开口，外面平滑或有多数纵棱。本属约250种。中国19种。保护区4种。

1. 叶具离基三出脉。
  2. 果球形或扁球形，较小，直径不足1cm………………
………………………………………1. 厚壳桂 C. chinensis
  2. 果扁球形，直径大于1cm………2. 丛花厚壳桂 C. densiflora
1. 叶具羽状脉。
  3. 叶一般较小；果长椭圆形…………3. 黄果厚壳桂 C. concinna
  3. 叶一般较大；果椭圆球形…………4. 硬壳桂 C. chingii

1. 厚壳桂 Cryptocarya chinensis (Hance) Hemsl.

常绿乔木。树皮暗灰色，具皮孔。叶互生或对生，长椭圆形，革质。圆锥花序腋生及顶生；花淡黄色。果球形或扁球形。花期4~5月，果期8~12月。

产我国广东、广西、福建、台湾及四川；生于山谷荫蔽的常绿阔叶林中。保护区常见。

2. 丛花厚壳桂 Cryptocarya densiflora Bl.

乔木。叶互生，长椭圆形至椭圆状卵形，下面苍白粉绿。圆锥花序腋生及顶生；花白色。果扁球形。花期4~6月，果期7~11月。

分布我国广东、广西、福建及云南；东南亚部分地区也有；生于山谷或常绿阔叶林中。保护区鱼洞村较常见。

3. 黄果厚壳桂 Cryptocarya concinna Hance

常绿乔木。树皮淡褐色，稍光滑。叶互生，椭圆状长圆形或长圆形，较小，叶基两侧常不对称。圆锥花序腋生及顶生。果长椭圆形。花期3~5月，果期6~12月。

分布我国广东、广西、江西和台湾；越南北部也有；生于谷地或缓坡常绿阔叶林中。保护区三角山较常见。

4. 硬壳桂（仁昌厚壳桂）Cryptocarya chingii W. C. Cheng

常绿乔木。叶互生，长圆形至椭圆状长圆形，革质；羽状脉，中脉上凹下凸。圆锥花序腋生及顶生。果椭圆状球形。花期6~10月，果期9月至翌年3月。

分布华南、华东；越南北部也有；生于常绿阔叶林中。保护区小杉村偶见。

3．樟属 Cinnamomum Trew

常绿乔木或灌木。树皮、小枝和叶极芳香。单叶，互生、近对生或对生，革质。花小，两性，黄色或白色，组成腋生、顶生的圆锥花序；花被裂片6，近等大；能育雄蕊9，第三轮花丝近基部有一对具柄或无柄的腺体，花药4室。果肉质；有果托。本属约250种。中国约50种。保护区7种。

1. 叶对生或近对生。
　2. 成熟叶下面毛被明显。
　　3. 叶下面密被贴伏而短的灰褐色微柔毛·················
　　　···················1. 华 南 桂 C. austrosinense
　　3. 叶下面极密被均匀的棕色细短柔毛··················
　　　···················2. 红辣槁树 C. kwangtungense
　2. 成熟叶下面几乎无毛。
　　4. 叶下面不为苍白色。
　　　5. 圆锥花序短小，比叶短很多············3. 阴香 C. burmannii
　　　5. 圆锥花序均较长大，常与叶等长··········4. 川桂 C. wilsonii
　　4. 叶下面苍白色·····················5. 粗脉桂 C. validinerve
1. 叶互生。
　6. 叶为离基三出脉······················6. 樟 C. camphora
　6. 叶为羽状脉······················7. 黄樟 C. parthenoxylon

1. 华南桂 Cinnamomum austrosinense H. T. Chang

常绿乔木。单叶近对生或互生，椭圆形，厚革质，叶下面均密被灰褐色微柔毛。圆锥花序生于当年生枝条的叶腋内；花黄绿色。果椭圆形。花期6~8月，果期8~10月。

分布华东、华南；生于山坡或溪边的常绿阔叶林中或灌丛中。保护区常见。

2. 红辣槁树 Cinnamomum kwangtungense Merr.

小乔木。幼枝、花序、叶下面及叶柄被细柔毛。叶对生，椭圆形至长圆状披针形，坚硬革质，边缘内卷，脉腋下面有腺窝，上面无毛。圆锥花序顶生。果未见。花期5月。

特产本保护区、南昆山等；生于阴坡阔叶林中。保护区常见。

3. 阴香 Cinnamomum burmanni (Nees et T.Nees) Bl.

常绿乔木。叶互生或近对生，革质，两面无毛。圆锥花序腋生或近顶生，被毛；花绿白色。果卵球形。花期主要在秋冬季，果期主要在冬末及春季。

分布我国广东、广西、云南及福建；印度经缅甸和越南至印度尼西亚和菲律宾也有；生于疏林、密林或灌丛中，或溪边路旁等处。保护区较常见。

4. 川桂 Cinnamomum wilsonii Gamble

乔木。树皮较光滑。叶互生或近对生，卵圆形或卵圆状长圆形，革质，边缘内卷。圆锥花序腋生；花白色。果椭圆形；果托顶端截平。花期4~5月，果期6月以后。

分布华南、华中及陕西；生于山谷或山坡阳处或沟边，疏林或密林中。保护区常见。

5. 粗脉桂 Cinnamomum validinerve Hance

乔木。叶椭圆形，硬革质，上面光亮，下面微红，苍白色。圆锥花序疏花，与叶等长；花具极短梗，被灰白细绢毛；花被裂片卵圆形。花期7月。

分布我国广东、广西；生于海拔500m的地区。保护区小杉村偶见。

6. *樟 Cinnamomum camphora (L.) Presl

大乔木。枝、叶及木材均有樟脑味。叶互生，卵状椭圆形，两面无毛，具离基三出脉，下面有明显腺窝，窝内常被柔毛。花绿白或带黄色。果卵球形或近球形。花期4~5月，果期8~11月。

分布我国南方及西南各地区；越南、朝鲜、日本也有；一般生于山坡或沟谷中，但常为栽培。保护区有栽培及野生。

7. 黄樟 Cinnamomum parthenoxylon (Jack) Meisner

常绿乔木。树皮不规则纵裂，内皮带红色。小枝具棱角，无毛。叶互生，常为椭圆状卵形，革质；羽状脉。圆锥花序于枝条上部腋生或近顶生。果球形。花期3~5月，果期4~10月。

分布我国长江以南各地区；巴基斯坦、印度经马来西亚至印度尼西亚也有；生于海拔1500m以下的常绿阔叶林或灌丛林中。保护区上水库常见。

4. 琼楠属 Beilschmiedia Nees

常绿乔木或灌木。叶对生、近对生或互生，革质、厚革质、坚纸质，极少为膜质，全缘；羽状脉。花小，两性；花序短，多成聚伞状圆锥花序，有时为腋生花束或近总状花序；能育雄蕊6或9，第三轮花丝基部通常有2个具柄或无柄的腺体。果浆果状；花被通常完全脱落。本属约200多种。中国37种。保护区2种。

1. 叶下面网脉不明显或略明显·················1. 广东琼楠 B. fordii
1. 叶下面小脉密网状，干后略构成蜂巢状小窝穴·················
   ·················2. 网脉琼楠 B. tsangii

1. 广东琼楠 Beilschmiedia fordii Dunn

乔木。顶芽卵状披针形，无毛。叶通常对生，革质，较小，多长椭圆形，两面无毛。聚伞状圆锥花序通常腋生；花黄绿色。果椭圆形。花果期6~12月。

分布我国广东、广西、四川、湖南、江西等地；越南也有；常生于湿润的山地山谷密林或疏林中。保护区上水库偶见。

2. 网脉琼楠 Beilschmiedia tsangii Merr.

乔木。叶互生或近对生，革质，椭圆形至长椭圆形，两面具光泽；中脉上凹，侧脉明显。圆锥花序腋生；花白色或黄绿色。果椭圆形。花期夏季，果期7~12月。

产我国台湾、广东、广西、云南；越南也有；常生于山坡湿润混交林中。保护区上水库偶见。

5. 润楠属 Machilus Nees

常绿乔木或灌木。树皮稍粗糙，具皮孔。叶互生，全缘；羽状脉。圆锥花序顶生或近顶生；花两性；花被裂片6，排成2轮，第三轮雄蕊有具柄腺体。果肉质，球形或少有椭圆形，果下有宿存反曲的花被裂片。本属约100种。中国约71种。保护区8种。

1. 老叶下面无绒毛。
  2. 花被裂片外面有绒毛或有小柔毛、绢毛。
    3. 花常较大；果大或较大，直径在1.3cm以上。
      4. 花被裂片不等大。
      4. 花被裂片等大或近等大…………1. 梨润楠 M. pomifera
    3. 花常较小；果较小，直径在1.2cm以下。
      5. 圆锥花序通常生于当年生枝下端……………………………………………2. 浙江润楠 M. chekiangensis
      5. 圆锥花序顶生或近顶生…3. 龙眼润楠 M. oculodracontis
        6. 叶柄短，长3~5mm或更短…4. 短序润楠 M. breviflora
        6. 叶柄长6~14mm…………5. 华润楠 M. chinensis
  2. 花被裂片外面无毛……………6. 红楠 M. thunbergii
1. 老叶下面有绒毛。
  7. 叶基部楔形；花序和叶下面的绒毛为锈色…………………………………………………………7. 绒毛润楠 M. velutina
  7. 叶基部多少圆形；花序和叶下面的绒毛一般为黄褐色………………………………………………8. 黄绒润楠 M. grijsii

1. 梨润楠 Machilus pomifera (Kosterm.) S. K. Lee

乔木。叶椭圆至倒卵椭圆形或倒披针形，革质，两面无毛。圆锥花序近顶生，生于新芽之下。果球形，大。花期7~9月，果期9月至翌年2月。

分布我国广东、海南；生于常绿阔叶混交林中。保护区偶见。

2. 浙江润楠 Machilus chekiangensis S. K. Lee

乔木。叶常聚生枝梢，倒披针形，革质或薄革质，叶下面初时有贴伏小柔毛。圆锥花序通常生当年生枝下端。果球形。花期4~5月，果期6月。

分布华南、华东；生于山地常绿阔叶林、疏林中。保护区常见。

3. 龙眼润楠 Machilus oculodracontis Chun

乔木。叶椭圆状倒披针形或椭圆状披针形，基部楔形，沿叶柄下延，薄革质。伞房花序排列在小枝的顶部；外轮花两侧被毛。果球形。果期10~12月。

分布我国广东、江西南部；生于阔叶混交疏林中。保护区桂峰山偶见。

4. 短序润楠 Machilus breviflora (Benth.) Hemsl.

乔木。叶常聚生于枝顶，倒卵形至倒卵状披针形，革质。圆锥花序顶生，无毛，常呈复伞形花序状。果球形。花期7~8月，果期10~12月。

分布华南；生于山地或山谷阔叶混交疏林中或溪边。保护区上水库优势种。

5. 华润楠 Machilus chinensis (Champ. ex Benth.) Hemsl.

乔木。叶倒卵状长椭圆形至长椭圆状倒披针形，革质。圆锥花序顶生；花被外侧有毛。果球形。花期11月，果期翌年2月。

分布我国广东、广西；越南也有；生于丘陵山地阔叶混交林、疏林或矮林中。保护区三角山优势种。

6. 红楠 Machilus thunbergii Sieb. et Zucc.

中等乔木。叶倒卵形至倒卵状披针形，顶端短突尖或短渐尖，革质。花序顶生或在新枝上腋生。果扁球形。花期2月，果期7月。

产我国山东、江苏、浙江、安徽、台湾、福建、江西、湖南、广东、广西；日本、朝鲜也有分布；生于山地阔叶混交林中。保护区石心村较常见。

7. 绒毛润楠 Machilus velutina Champ. ex Benth.

乔木。枝、芽、叶下面和花序均密被锈色绒毛。叶狭倒卵形、椭圆形或狭卵形，革质。花序单独顶生或数个密集在小枝顶端。果球形。花期10~12月，果期翌年2~3月。

分布华东、华南；中南半岛也有；生于常绿阔叶林中。保护区拉元石坑较常见。

8. 黄绒润楠 Machilus grijsii Hance

小乔木。芽、小枝、叶柄、叶下面有黄褐色短绒毛。叶卵状长圆形，革质，上面无毛。花序密被短绒毛；花被裂片两面均被绒毛。果球形。花期3月，果期4月。

分布华东、华南；生于灌木丛中或密林中。保护区偶见。

6．山胡椒属 Lindera Thunb.

常绿或落叶乔、灌木，具香气。叶互生，全缘或3裂；羽状脉、三出脉或离基三出脉。花单性，雌雄异株，黄色或绿黄色；伞形花序单生叶腋或簇生短枝；花3基数；花药2室。果圆形或椭圆形，浆果或核果，熟时红色，后变紫黑色。本属约100种。中国49种。保护区3种。

1. 叶为三出脉····················1. 鼎湖钓樟 L. chunii
1. 叶为羽状脉。
   2. 老叶下面疏被柔毛或无毛··········2. 香叶树 L. communis
   2. 老叶下面密被黄褐色长柔毛········3. 绒毛山胡椒 L. nacusua

1. 鼎湖钓樟 Lindera chunii Merr.

常绿灌木或小乔木。叶互生，椭圆形至长椭圆形，纸质，叶下面密被绢质毛。伞形花序数个生于叶腋短枝上。果椭圆形。花期2~3月，果期8~9月。

分布我国广东、广西。保护区阔叶林中较常见。

2. 香叶树 Lindera communis Hemsl.

常绿小乔木。叶互生，革质；羽状脉。伞形花序具5~8朵花，单生或2个同生于叶腋。果卵形，有时略小而近球形。花期3~4月，果期9~10月。

分布我国长江以南及陕西、甘肃；中南半岛也有；常见于干燥沙质土壤，散生或混生于常绿阔叶林中。保护区桂峰山偶见。

3. 绒毛山胡椒（绒钓樟、华南钓樟）Lindera nacusua (D. Don) Merr.

常绿灌木或乔木。叶革质，椭圆形、长圆形或卵形；羽状脉。伞形花序单生或2~4个簇生于叶腋；花黄色。果近球形。花期5~6月，果期7~10月。

分布华南、华东及西南地区；尼泊尔、印度、缅甸及越南也有分布。生于常绿阔叶林中。保护区较常见。

7. 木姜子属 Litsea Lam.

落叶或常绿，乔木或灌木。叶互生，稀对生或轮生；羽状脉。花单性，雌雄异株，3基数；伞形花序或圆锥花序，单生或簇生于叶腋；花被裂片通常6，排成2轮；花药4室。果着生于果托上，或无果托。本属约200~400种。中国约90种。保护区7种1变种。

1. 叶轮生················1. 轮叶木姜子 L. verticillata
1. 叶不轮生。
　2. 叶较大。
　　3. 叶无毛。
　　　4. 落叶··············2. 山鸡椒 L. cubeba
　　　4. 常绿。
　　　　5. 叶椭圆形或近倒披针形············
　　　　　···········3. 华南木姜子 L. greenmaniana
　　　　5. 叶长圆形或窄长圆形···············
　　　　　···········4. 广东木姜子 L. kwangtungensis
　　3. 叶被毛。
　　　6. 侧脉每边9~10条······5. 尖脉木姜子 L. acutivena
　　　6. 侧脉每边10~20条······6. 黄丹木姜子 L. elongata
　2. 叶较小。
　　7. 叶片宽卵圆形至近圆形，基部近圆形···············
　　　···············7. 圆叶豺皮樟 L. rotundifolia
　　7. 叶片卵状长圆形，基部楔形或钝···············
　　　···············8. 豺皮樟 L. rotundifolia var. oblongifolia

1. 轮叶木姜子 Litsea verticillata Hance

常绿灌木或小乔木。叶薄革质，4~6片轮生，披针形或倒披针状长椭圆形。伞形花序。果卵形或椭圆形。花期4~11月，果期11月至翌年1月。

分布我国广东、广西和云南南部；越南、柬埔寨也有分布；生于海拔1300m以下的山谷、溪旁、灌丛中或杂木林中。保护区有分布。

2. 山鸡椒 Litsea cubeba (Lour.) Pers.

落叶灌木或小乔木。叶互生，披针形或长圆形，纸质；羽状脉，叶脉在两面均凸起。伞形花序单生或簇生。果近球形。花期2~3月，果期7~8月。

分布我国长江以南地区；东南亚各国有；生于向阳的山地、灌丛、疏林或林中路旁、水边。保护区常见。

3. 华南木姜子 Litsea greenmaniana C. K. Allen

常绿小乔木。叶互生，椭圆形或近倒披针形，两面无毛；羽状脉。伞形花序1~4个生于叶腋或枝侧的短枝上。果椭圆形。花期7~8月，果期12月至翌年3月。

分布我国广东、广西和福建；生于山谷杂木林中。保护区林中偶见。

4. 广东木姜子 Litsea kwangtungensis H. T. Chang

常绿灌木。叶互生，长圆形或窄长圆形，革质略厚，两面无毛；羽状脉，中脉在下面凸起。伞形花序单生于叶腋。果椭圆形。果期11月。

我国广东特有植物，仅分布三角山、南昆山等；生于山地密林中。保护区上水库常见。

5. 尖脉木姜子 Litsea acutivena Hay.

常绿乔木。叶互生，常聚生枝顶；羽状脉，叶脉上凹下凸。伞形花序簇生于当年生短枝上。果椭圆形。花期7~8月，果期12月至翌年2月。

分布华南、华东地区；中南半岛也有；生于山地密林中。保护区上水库偶见。

6. 黄丹木姜子 Litsea elongata (Wall. ex Nees) Benth. et Hook. f.

常绿小乔木或中乔木。叶互生，较窄长；羽状脉，叶脉上面平下面凸。伞形花序单生。果长圆形。花期5~11月，果期翌年2~6月。

分布我国长江以南地区及西藏；印度、尼泊尔也有；生于山坡路旁、溪旁、杂木林下。保护区上水库较常见。

7. 圆叶豺皮樟 Litsea rotundifolia Nees

常绿灌木或小乔木。叶散生，宽卵圆形至近圆形，薄革质，两面无毛。伞形花序常3个簇生叶腋。果球形。花期8~9月，果期9~11月。

分布我国广东、广西；生于低海拔山地下部的灌木林中或疏林中。保护区少见。

8. 豺皮樟 Litsea rotundifolia var. oblongifolia (Nees) C. K. Allen

与圆叶豺皮樟的主要区别在于：叶卵状长圆形，顶端钝或短渐尖，基部楔形或钝，薄革质，两面无毛；叶脉上凹下凸。

分布华南、华东；越南也有；生于丘陵地下部的灌丛、疏林中或山地路旁。保护区山谷常见。

8. 新木姜子属 Neolitsea Merr.

常绿乔木或灌木。叶互生或簇生成轮生状，稀近对生；离基三出脉，稀羽状脉。花单性，雌雄异株，2基数；伞形花序单生或簇生，无总梗或有短总梗；苞片大，交互对生，迟落；花被裂片4，2轮。能育雄蕊6，花药4室，第三轮基部有2腺体。果有果托；果梗通常略增粗。本属约93种。中国53种。保护区5种。

1. 叶具离基三出脉。
　2. 叶下面密被金黄色绢状毛 ············· 1. 新木姜子 N. aurata
　2. 叶下面不密被金黄色绢状毛。
　　3. 果实倒卵状椭圆形或椭圆形至卵形 ········ 2. 鸭公树 N. chui
　　3. 果实球形或近球形。
　　　4. 除最下一对侧脉外，其余侧脉出自叶片中部或中部以下，叶上面极明显 ············· 3. 显脉新木姜子 N. phanerophlebia
　　　4. 除最下一对侧脉外，其余侧脉均出自叶片中上部，在叶上面通常不明显 ············· 4. 美丽新木姜子 N. pulchella
1. 叶具羽状脉 ············· 5. 锈叶新木姜子 N. cambodiana

1. 新木姜子 Neolitsea aurata (Hayata) Koidz.

常绿乔木。叶互生或聚生枝顶呈轮生状，长圆状椭圆至披针形或倒卵形，革质，上面无毛，下面密被金黄色绢毛。伞形花序3~5个簇生于枝顶或节间。果椭圆形。花期2~3月，果期9~10月。

分布华东、华南及西南地区；日本也有；生山坡林缘或杂木林中。保护区较常见。

2. 鸭公树 Neolitsea chui Merr.

常绿乔木。小枝绿黄色。除花序外，其他各部均无毛。叶互生或聚生枝顶呈轮生状。伞形花序腋生或侧生。果椭圆形或近球形。花期9~10月，果期12月。

产我国广东、广西、湖南、江西、福建、云南东南部；生山谷或丘陵地的阔叶林或疏林中。保护区上水库较常见。

3. 显脉新木姜子 Neolitsea phanerophlebia Merr.

常绿小乔木。叶轮生或散生，纸质至薄革质，上面淡绿色，下面粉绿色被白粉。伞形花序2~4个丛生于叶腋或落叶后叶腋内。果近球形。花期10~11月，果期7~8月。

分布华南地区；生山谷阔叶林或疏林中。保护区次生林中较常见。

4. 美丽新木姜子 Neolitsea pulchella (Meissn.) Merr.

常绿小乔木。小枝幼时具毛。叶互生或聚生于枝端呈轮生状，椭圆形或长圆状椭圆形，革质。伞形花序腋生。果球形。花期10~11月，果期8~9月。

分布我国广东、广西及福建；生于混交林中或山谷中。保护区次生林中偶见。

5. 锈叶新木姜子 Neolitsea cambodiana Lecomte

常绿小乔木。叶3~5片近轮生，长圆状披针形、倒卵形或椭圆形，两面无毛。伞形花序多个簇生叶腋或枝侧。果球形。花期10~12月，果期翌年7~8月。

分布华东、华南地区；柬埔寨、老挝也有；生于路旁、灌丛或疏林中。保护区偶见。

13A. 青藤科 Illigeraceae

常绿木质藤本，靠部分叶柄卷曲攀援上升。指状复叶互生；小叶3，稀5，具叶柄；小叶全缘，羽状脉，具小叶柄。聚伞圆锥花序腋生；花萼管短，上部具5裂片；花两性，5数；花瓣5，具1~3脉；能育雄蕊5，花盘具5腺体。坚果纺锤形，具2~4宽翅。单属科，30种。中国15种。保护区1属1种。

青藤属 Illigera Bl.

常绿藤本。指状复叶具3小叶（稀5小叶），具叶柄，有的卷曲攀援；小叶全缘，具小叶柄。花序为腋生的聚伞花序组成的圆锥花序；花5数，两性。果具2~4翅。本属30种。中国15种。保护区1种。

红花青藤 Illigera rhodantha Hance

常绿藤本。幼枝、叶柄及花序密被金黄褐色绒毛。指状复叶互生；小叶纸质；两面中脉略被毛。聚伞状圆锥花序腋生。果具4翅。花期6~9月，果期12月至翌年5月。

分布我国广东、广西和云南；柬埔寨、老挝、泰国、越南也有；生丘陵山地的山谷密林或疏林灌丛中。保护区桂峰山偶见。

15. 毛茛科 Ranunculaceae

多年生或一年生草本，少有灌木或木质藤本。叶通常互生或基生，少数对生；单叶或复叶，通常掌状分裂；无托叶；叶脉掌状，稀羽状。花两性，少有单性，雌雄同株或雌雄异株，辐射对称，稀两侧对称，单生或组成各种聚伞花序或总状花序。果实为蓇葖果或瘦果，少数为蒴果或浆果。本科约60属2500余种。中国38属约921种。保护区5属8种2变种。

1. 藤本，稀灌木·····················1. 铁线莲属 Clematis
1. 直立草本。
　2. 心皮2·····················2. 人字果属 Dichocarpum
　2. 心皮通常在2以上。
　　3. 花瓣存在。
　　　4. 心皮5~14，基部有明显的柄···········3. 黄连属 Coptis
　　　4. 心皮多数，不具柄··················4. 毛茛属 Ranunculus
　　3. 花瓣不存在·····················5. 唐松草属 Thalictrum

1. 铁线莲属 Clematis L.

多年生藤本，稀灌木或草本。叶对生，罕在下部互生；三出复叶至二回羽状复叶或二回三出复叶，稀单叶；常无卷须。花两性，稀单性；聚伞花序或为总状、圆锥状聚伞花序，稀单生或数花与叶簇生；萼片4，或6~8。瘦果；宿存花柱伸长呈羽毛状，或不伸长而呈喙状。种子1。本属约300种。中国约110种。保护区5种1变种。

1. 常为聚伞花序或圆锥花序，较小，花直径常在4cm内。
　2. 花丝干时不皱缩。
　　3. 小叶片全缘；花药长。

4. 一回羽状复叶有 5 小叶，有时 3 或 7 ·················
　　　　····························· 1. 威灵仙 C. chinensis
　　4. 一至二回羽状复叶 ············ 2. 柱果铁线莲 C. uncinata
　3. 小叶片有齿；花药短。
　　5. 三出复叶 ······ 3. 钝齿铁线莲 C. apiifolia var. argentilucida
　　5. 一回羽状复叶，有 5 小叶，有时为三出叶 ···············
　　　　································· 4. 两广铁线莲 C. chingii
　2. 花丝干时皱缩；三出复叶，小叶片全缘 ···················
　　　　······························ 5. 厚叶铁线莲 C. crassifolia
1. 花常单生，较大，直径 4~16cm ········ 6. 铁线莲 C. florida

1. 威灵仙 Clematis chinensis Osbeck

木质藤本。一回羽状复叶有 5 小叶；小叶片纸质，常卵形至卵状披针形，全缘，两面近无毛。常为圆锥状聚伞花序。瘦果扁。花期 6~9 月，果期 8~11 月。

分布于华东、华南、西南及陕南和河南；越南也有；生山坡、山谷灌丛中或沟边、路旁草丛中。保护区偶见。

2. 柱果铁线莲 Clematis uncinata Champ. et Benth.

藤本。除花柱有羽状毛及萼片外面边缘有短柔毛外，其余无毛。小叶片纸质或薄革质，全缘；两面网脉凸出。圆锥状聚伞花序腋生或顶生。瘦果圆柱状钻形。花期 6~7 月，果期 7~9 月。

分布华南、华中、西南等地区；越南也有分布；生山地、山谷、溪边的灌丛中或林边，或石灰岩灌丛中。保护区蓄能水电站偶见。

3. 钝齿铁线莲 Clematis apiifolia var. argentilucida (H. Lév. et Vaniot) W. T. Wang

藤本。小枝和花序梗、花梗密被毛。三出复叶；小叶片卵形或宽卵形。圆锥状聚伞花序多花。瘦果纺锤形或狭卵形。花期 7~9 月，果期 9~10 月。

分布我国长江以南各地区；朝鲜、日本也有；生山坡林中或沟边。保护区石心村偶见。

4. 两广铁线莲 Clematis chingii W. T. Wang

灌木状藤本。小枝、叶柄及花序梗均密生淡黄褐色短柔毛。一回羽状复叶，常 5 小叶；小叶片卵形或宽卵形。圆锥状聚伞花序。瘦果卵形。花期 7~9 月，果期 10~12 月。

分布华南、西南；生山坡灌丛中。保护区石心村偶见。

5. 厚叶铁线莲 Clematis crassifolia Benth.

藤本。全株除心皮及萼片外，其余无毛。三出复叶；小叶片厚革质，卵形至长椭圆形，全缘。圆锥状聚伞花序腋生。花期 12 月至翌年 1 月，果期 2 月。

分布华东、华南；日本也有；生山地、山谷、溪边、路旁的密林或疏林中。保护区三角山偶见。

6. 铁线莲 Clematis florida Thunb.

草质藤本。二回三出复叶；小叶片狭卵形至披针形，边缘全缘，两面均不被毛，脉纹不显。花单生于叶腋。瘦果倒卵形。花期 1~2 月，果期 3~4 月。

分布华南地区；生于低山区的丘陵灌丛中、山谷、路旁及小溪边。保护区偶见。

毛茛科 Ranunculaceae

2. 人字果属 Dichocarpum W. T. Wang et P. K. Hsiao

多年生直立草本。具根状茎。叶基生及茎生，或全部基生，为鸟趾状复叶或一回三出复叶。花为单歧或二歧聚伞花序；花辐射对称，两性；萼片5，花瓣状，通常白色；花瓣5，金黄色，远比萼片为小，具细长的爪。蓇葖果2，倒卵状线形至狭长椭圆形，顶端具细喙。本属约15种。中国11种。保护区1种。

蕨叶人字果 Dichocarpum dalzielii (Drumm. et Hutch.) W. T. Wang et P. G. Xiao

草本。植株全体无毛。叶3~11，全部基生，为鸟趾状复叶；叶片草质；中央叶片菱形，侧生叶片斜菱形或斜卵形。花高出叶；瓣状萼片白色。花期4~5月，果期5~6月。

分布我国长江以南地区；生山地密林下、溪旁及沟边等的阴湿处。保护区偶见。

3. 黄连属 Coptis Salisb.

多年生草本。根状茎黄色，生多数须根。叶全部基生，有长柄，三或五全裂，有时一至三回三出复叶。花葶1~2，直立；花小，辐射对称；萼片5，黄绿色或白色，花瓣状；花瓣比萼片短，基部有时下延成爪，有或无蜜槽。蓇葖果具柄，柄被有短毛，在花托顶端作伞形状排列。本属约16种。中国7种。保护区1变种。

短萼黄连 Coptis chinensis var. brevisepala W. T. Wang et P. K. Hsiao

多年生草本。叶基生，稍革质，三全裂，边缘具刺状锐齿；两面叶脉隆起，上面沿脉被毛。二歧或多歧聚伞花序有3~8朵花。花期2~3月，果期4~6月。

分布华东、华南；生海拔600~1600m间山地沟边林下或山谷阴湿处。保护区上水库偶见。

4. 毛茛属 Ranunculus L.

多年生草本，稀一年生；陆生或部分水生。须根纤维状簇生，或基部粗厚呈纺锤形，少数有根状茎。茎直立、斜升或有匍匐茎。叶大多基生并茎生；单叶或三出复叶，3浅裂至3深裂，或全缘及有齿。花单生或成聚伞花序；花两性，整齐；萼片5，绿色；花瓣常5，黄色，基部有爪。聚合果球形或长圆形。本属约550种。中国120种。保护区1种。

禺毛茛 Ranunculus cantoniensis DC.

多年生草本。茎直立，上部有分枝，与叶柄均密被毛。叶为三出复叶；小叶卵形至宽卵形，边缘具齿。花瓣5，黄色。聚合果近球形；瘦果扁平。花果期4~7月。

分布我国长江以南地区；印度、越南及东亚也有；生田边、沟旁水湿地。保护区偶见。

5. 唐松草属 Thalictrum L.

多年生草本植物。常无毛。茎圆或有棱，常分枝。叶基生并茎生，稀全部基生或茎生，为一至五回三出复叶；小叶常掌状浅裂具齿，稀不分裂；叶柄基部稍变宽成鞘。花常为单歧聚伞花序，稀总状花序；花两性，稀单性；萼片4~5，呈花瓣状；无花瓣。瘦果椭圆球形或狭卵形，常两侧稍扁，稀扁平，有纵肋。本属约200种。中国约75种。保护区1种。

尖叶唐松草 Thalictrum acutifolium (Hand.-Mazz.) B. Boivin

多年生草本。茎中部之上分枝。基生叶2~3，有长柄，为二回三出复叶；小叶草质；茎生叶较小，有短柄。萼片4，白色或带粉红色，早落，卵形。瘦果扁。4~7月开花。

分布华东、华南及西南地区；生山地谷中坡地或林边湿润处。保护区安山村东门山偶见。

19. 小檗科 Berberidaceae

常绿或落叶灌木或多年生草本，稀小乔木。有时具根状茎或块茎。叶互生，稀对生或基生；单叶或一至三回羽状复叶。花序顶生或腋生；花单生、簇生或组成各式总状花序；花两性，辐射对称；萼片6~9，常花瓣状，离生，2~3轮；花瓣6。浆果、蒴果、蓇葖果或瘦果。种子1至多数，有时具假种皮。本科14属约600种。中国11属约200种。保护区1属2种。

十大功劳属 Mahonia Nuttall

常绿灌木或小乔木。枝无刺。奇数羽状复叶，互生；小叶边缘具粗疏齿或细锯齿，稀全缘。花序顶生，由(1~)3~18个簇生的总状花序或圆锥花序组成；苞片较花梗短或长；花黄色；萼片9，3轮；花瓣6，2轮；雄蕊6，花药瓣裂；花柱极短或无花柱，柱头盾状。浆果，深蓝色至黑色。本属约60种。中国约35种。保护区2种。

1. 叶柄长1~6cm；小叶具1~2粗锯齿……1. 阔叶十大功劳 M. bealei
1. 叶柄长3.5~14cm；小叶全缘或近全缘…………………………2. 沈氏十大功劳 M. shenii

1. 阔叶十大功劳 Mahonia bealei (Fortune) Carrière

灌木或小乔木。奇数羽状复叶，4~10对小叶；小叶厚革质，自下往上渐变长而狭，边缘各具2~6粗锯齿。花黄色。浆果卵形被白粉。花期9月至翌年1月，果期翌年3~5月。

分布我国秦岭以南地区；日本、北美南部及欧洲也有；生林下、林缘或灌丛中。保护区小杉村较常见。

2. 沈氏十大功劳 Mahonia shenii Chun

灌木。奇数羽状复叶，小叶1~6对；小叶无柄，全缘或近顶端具1~3不明显锯齿。总状花序6~10个簇生；花黄色。浆果近球形。花期4~9月，果期10~12月。

分布华南地区；生山地常绿落叶阔叶混交林中、灌丛中或岩坡。保护区山地林中较常见。

21. 木通科 Lardizabalaceae

木质藤本，稀直立灌木。茎缠绕或攀缘。叶互生，掌状或三出复叶，稀羽状复叶；无托叶；叶柄和小柄两端膨大为节状。花辐射对称，单性，雌雄同株或异株，很少杂性；常为总状花序或伞房状总状花序，稀圆锥花序；萼片花瓣状，6枚，2轮，萼仅3枚；花瓣6或无。果为肉质的蓇葖果或浆果。本科8属约50种。中国6属45种。保护区1属4种。

野木瓜属 Stauntonia DC.

常绿木质藤本。冬芽具芽鳞片多枚。叶互生，掌状复叶，具长柄，有小叶3~9；小叶全缘，具不等长的小叶柄。花单性，同株或异株，腋生，伞房式总状花序；萼片6，花瓣状，排成2轮，外轮较大。果为浆果状，3个聚生、孪生或单生，卵状球形或长圆形。本属20余种。中国23种。保护区4种。

1. 叶柄不具翅。
  2. 小叶较多，5~7…………………………1. 野木瓜 S. chinensis
  2. 小叶较少，一般不超过5。
    3. 小叶薄革质，羽状脉………2. 倒卵叶野木瓜 S. obovata
    3. 小叶革质，基出三脉………3. 三脉野木瓜 S. trinervia
1. 叶柄具翅…………………………………4. 翅野木瓜 S. decora

1. 野木瓜 Stauntonia chinensis DC.

常绿木质藤本。掌状复叶有小叶5~7；小叶革质，长圆形、椭圆形或长圆状披针形；网脉两面凸起。花雌雄同株。果长圆形。花期3~4月，果期6~10月。

分布我国长江以南各地区；生于海拔500~1300m的山地密林、山腰灌丛或山谷溪边疏林中。保护区偶见。

2. 倒卵叶野木瓜（钝药野木瓜） Stauntonia obovata Hemsl.

常绿木质藤本。全体无毛。掌状复叶有小叶3~5(~6)；小叶薄革质，形状和大小变化很大。总状花序2~3个簇生于叶腋。果椭圆形或卵形。花期2~4月，果期9~11月。

分布我国长江以南地区；生于山地山谷疏林或密林中。保护区偶见。

3. 三脉野木瓜（白背野木瓜） Stauntonia trinervia Merr.

常绿木质藤本。小叶通常3，羽状；小叶具叶柄，革质，椭圆形或阔椭圆形。花雌雄异株，2~5朵组成单生或有时孪生于叶腋的总状花序。果椭圆状。花期4~5月，果期7月。

特产我国广东；生于海拔350~500m的山谷水旁疏林中。保护区溪边林缘偶见。

4. 翅野木瓜 Stauntonia decora (Dunn) C. Y. Wu ex S. H. Huang

木质藤本。除小叶下面外全株无毛。掌状复叶有小叶3；小叶革质，椭圆形，边缘背卷；小叶柄具狭翅。花序数至多个簇生于叶腋。果未见。花期11~12月。

分布我国广东、广西和云南；生山地、山谷溪旁林缘。保护区溪边林缘偶见。

23. 防己科 Menispermaceae

攀援或缠绕藤本，稀直立灌木或小乔木。叶螺旋状排列；无托叶；单叶，稀复叶；掌状脉，稀羽状脉，叶柄两端肿胀。聚伞花序组成圆锥状或总状，罕单花；花单性，雌雄异株；萼片通常轮生；花瓣常6，2轮，有时缺。核果；种皮薄。本科约65属370余种。中国20属70余种。保护区5属6种。

1. 子叶非叶状，肥厚，肉质。
　2. 胎座迹双片状⋯⋯⋯⋯⋯⋯⋯⋯⋯1. 轮环藤属 Cyclea
　2. 胎座迹非双片状。
　　3. 花被不规则排列；萼片和花瓣略有分异⋯⋯⋯⋯⋯⋯⋯⋯
　　　⋯⋯⋯⋯⋯⋯⋯⋯⋯⋯⋯⋯2. 夜花藤属 Hypserpa
　　3. 花被轮状排列；萼片和花瓣明显分异。
　　　4. 花药纵裂⋯⋯⋯⋯⋯⋯⋯3. 细圆藤属 Pericampylus
　　　4. 花药横裂⋯⋯⋯⋯⋯⋯⋯4. 秤钩风属 Diploclisia
1. 子叶叶状，柔薄⋯⋯⋯⋯⋯⋯⋯⋯5. 天仙藤属 Fibraurea

1. 轮环藤属 Cyclea Arn. ex Wight

藤本。叶具掌状脉；叶常盾状着生。聚伞圆锥花序，腋生、顶生或生老茎上；雄花萼片常合生而具4~5裂片，花瓣常合生，稀无，雄蕊合生成盾状；雌花萼片和花瓣均1~2，彼此对生，稀无。核果倒卵状球形或近圆球形，常稍扁。本属约29种。中国13种。保护区2种。

1. 叶两面被伸展长毛⋯⋯⋯⋯⋯⋯1. 毛叶轮环藤 C. barbata
1. 叶两面不被伸展长毛⋯⋯⋯⋯⋯2. 粉叶轮环藤 C. hypoglauca

1. 毛叶轮环藤 Cyclea barbata Miers

草质藤本。叶纸质或近膜质；掌状脉9~10条。花序腋生或生于老茎上；花瓣2，与萼片对生。核果斜倒卵圆形至近圆球形。花期秋季，果期冬季。

分布我国海南和广东的雷州半岛；印度东北部、中南半岛及印度尼西亚也有；绕缠于林中、林缘和村边的灌木上。保护区偶见。

2. 粉叶轮环藤 Cyclea hypoglauca (Schauer) Diels

藤本。叶纸质，盾状着生，阔卵状三角形至卵形，两面无毛或下面被疏白毛。雄花序为间断的穗状花序状；雌花序为总状花序状。核果红色，无毛。

分布华东、华南和西南地区；越南北部也有；生林缘和山地灌丛。保护区偶见。

2. 夜花藤属 Hypserpa Miers

木质藤本。小枝顶端有时延长成卷须状。叶非盾状，全缘；掌状脉常3条，稀5~7条。聚伞花序或圆锥花序腋生；花被不规则排列；萼片与花瓣略有分异；雄蕊6至多数，分离或黏合；雌花萼片2轮。核果为稍扁的倒卵形至近球形。本属约6种。中国1种。保护区有分布。

夜花藤 Hypserpa nitida Miers

木质藤本。叶片纸质至革质，卵状椭圆形至长椭圆形，常两面无毛；掌状脉3条。聚伞花序腋生。核果近球形。花果期夏季。

分布华南及云南、福建；东南亚地区也有；常生于林中或林缘。保护区拉元石坑偶见。

3. 细圆藤属 Pericampylus Miers

木质藤本。叶非或稍盾状；掌状脉。聚伞花序腋生，单生或2~3个簇生；花被片轮状着生；萼片与花瓣明显分异；萼片9，3轮，外小内大；花瓣6；雄蕊6，花丝分离或黏合，药室纵裂；雌花花柱短，柱头深2裂。核果扁球形。本属2~3种。中国1种。保护区有分布。

细圆藤 Pericampylus glaucus (Lam.) Merr.

木质藤本。叶常非盾状，纸质至薄革质，边缘有圆齿或近全

缘，两面被毛或近无毛。聚伞花序伞房状腋生。核果红色或紫色。花期4~6月，果期9~10月。

分布我国长江以南各地；广布亚洲东南部；生林中、林缘和灌丛中。保护区石心村偶见。

4. 秤钩风属 Diploclisia Miers

木质藤本。枝常长而下垂。叶柄常非盾状着生；叶具掌状脉。聚伞花序腋上生，或由聚伞花序组成的圆锥花序生于老枝或茎上；花被片轮状着生；萼片与花瓣明显分异；雄蕊6，离生；雌花有2轮萼片。核果倒卵形或狭倒卵形而弯。本属2种。中国2种。保护区1种。

秤钩风 Diploclisia affinis (Oliv.) Diels

木质藤本。叶革质，常三角状扁圆形或菱状扁圆形；掌状脉，两面均凸起。聚伞花序腋生。核果红色。花期4~5月，果期7~9月。

分布华东、华南及西南各地；生于林缘或疏林中。保护区拉元石坑偶见。

5. 天仙藤属 Fibraurea Lour.

藤本。叶柄长，两端肿胀；叶片卵形或长圆形，具离基三至五出脉。圆锥花序通常生老茎上，阔大而疏散；花单被，雄花8~12，覆瓦状排列，里面的6枚明显较大，肉质，雄蕊6或3，无退化雌蕊；雌被和雄花相似，具退化雄蕊6或3。核果1~3，橘黄色，长圆状倒卵形圆至椭圆形；花柱残迹近顶生。本属约5种。中国1种。保护区有分布。

天仙藤 Fibraurea recisa Pierre

木质大藤本。叶革质，常长圆状卵形，两面无毛；掌状脉3~5条，略呈盾状着生。圆锥花序生无叶老枝或老茎上。核果黄色。花期春夏季，果期秋季。

分布我国热带地区；中南半岛也有；生林中。保护区偶见。

24. 马兜铃科 Aristolochiaceae

藤本、灌木或多年生草本，稀乔木。根、茎和叶常有油细胞。单叶，互生，具柄，全缘或3~5裂，基部常心形；无托叶。花两性，单生、簇生或排成总状、聚伞状或伞房花序，顶生或生于老茎上；花色通常艳丽而有腐肉臭味；花被辐射对称或两侧对称，1轮，稀2轮。朔果蓇葖果状、长角果状或为浆果状。本科约8属600种。中国4属86种。保护区1属1种。

细辛属 Asarum L.

多年生草本。根状茎长而匍匐横生，或向上斜伸，或短而近直立。茎无或短。根常稍肉质，有芳香气和辛辣味。叶仅1~2或4，基生、互生或对生；叶片通常心形或近心形，全缘不裂。花单生于叶腋，多贴近地面；花被整齐，1轮，紫绿色或淡绿色。朔果浆果状，近球形。本属约90种。中国34种。保护区1种。

金耳环 Asarum insigne Diels

多年生草本。全草具浓烈麻辣味。叶长卵形、卵形或三角状卵形；叶面中脉两旁有白色云斑。花紫色。花期3~4月。

分布我国广东、广西和江西；生于山地林下、溪边和路旁阴湿地。保护区偶见。

28. 胡椒科 Piperaceae

草本、灌木或攀援藤本，稀为乔木。常有香气。叶互生，少有对生或轮生；单叶，两侧常不对称；具掌状脉或羽状脉。花小，两性、单性雌雄异株或间有杂性，密集成穗状花序或由穗状花序再排成伞形花序，罕总状；花序与叶对生或腋生，稀顶生；无花被。浆果小；具肉质、薄或干燥的果皮。本科8或9属近3000种。中国4属约76种。保护区2属4种。

1. 矮小草本；叶对生或轮生，稀有互生，无托叶·················· 1. 草胡椒属 Peperomia
1. 亚灌木至小乔木，草质或木质藤本；叶互生，有托叶·················· 2. 胡椒属 Piper

1. 草胡椒属 Peperomia Ruiz et Pavon

一年生或多年生草本，常矮小，带肉质，常附生于树上或石上。叶互生、对生或轮生，全缘；掌状脉；无托叶。花极小，两性，常与苞片同着生于花序轴的凹陷处，排成顶生、腋生或与叶对生的细弱穗状花序；花序单生、双生或簇生，直径几与总花梗相等；柱头不分裂或稀有2裂。浆果小，不开裂。本属约1000种。中国9种。保护区1种。

草胡椒 Peperomia pellucida (L.) Kunth

一年生肉质矮小草本。叶互生，膜质，半透明，阔卵形或卵状三角形，两面均无毛。穗状花序顶生或与叶对生，无毛。浆果球形。花期4~7月。

分布华南、西南地区；原产热带美洲，现广布于各热带地区；生林下湿地、石缝中或宅舍墙脚下。保护区鸡枕山、古田村常见。

2. 胡椒属 Piper L.

灌木或攀援藤本，稀有草本或小乔木。茎、枝有膨大的节，揉之有香气。叶互生，全缘；具托叶；早落。花单性，雌雄异株，稀两性或杂性；穗状花序与叶对生，稀顶生；花序常宽于总花梗3倍以上；苞片常离生，稀合生，盾状或杯状；柱头3~5，稀2。浆果卵形或球形，稀长圆形，红色或黄色。本属约2000种。中国60余种。保护区3种。

1. 叶基部心形。
  2. 叶脉5条，少有7条，全部基出⋯1. 华南胡椒 P. austrosinense
  2. 叶脉7条，最上一对离基1~2cm从中脉发出⋯⋯⋯⋯⋯⋯⋯⋯⋯⋯⋯⋯⋯⋯⋯⋯⋯2. 假蒟 P. sarmentosum
1. 叶基部渐狭或楔形，不为心形⋯⋯⋯⋯⋯3. 山蒟 P. hancei

1. 华南胡椒 Piper austrosinense Y. C. Tseng

木质藤本。除苞片腹面中部、花序轴和柱头外其余无毛。叶厚纸质，无腺点，两侧相等。花单性，雌雄异株；花序白色。浆果球形。花期4~6月。

分布我国广东、广西和海南；生密林或疏林中，攀援于树上或石上。保护区小杉村偶见。

2. 假蒟 Piper sarmentosum Roxb.

多年生匍匐或逐节生根草本。叶近膜质，有细腺点，下部叶阔卵形或近圆形，上部的叶卵形或卵状披针形。雌雄异株。浆果近球形。花期4~11月。

分布华南、西南及福建；印度至东南亚也有；常生竹林下或村旁湿地上。保护区较常见。

3. 山蒟 Piper hancei Maxim.

攀援藤本。除花序轴和苞片柄外无毛。叶纸质或近革质，卵状披针形或椭圆形，全缘。花单性，雌雄异株。浆果球形。花期3~8月。

产于我国浙江、福建、广东、广西及江西南部、湖南南部、贵州南部、云南东南部；生山地溪涧边、密林或疏林中，攀援于树上或石上。保护区安山村东门山较常见。

29. 三白草科 Saururaceae

多年生草本。茎直立或匍匐状，具明显的节。叶互生，单叶；托叶贴生于叶柄上。花两性，聚集成稠密的穗状花序或总状花序，具总苞或无总苞；苞片显著；无花被；雄蕊3、6或8，稀更少，花药纵裂；雌蕊由3~4心皮所组成，离生或合生。果为分果爿或蒴果顶端开裂。本科4属约6种。中国3属4种。保护区2属2种。

1. 花聚集成稠密的穗状花序，花序基部有4片白色花瓣状的总苞片
⋯⋯⋯⋯⋯⋯⋯⋯⋯⋯⋯⋯⋯⋯⋯⋯⋯⋯1. 蕺菜属 Houttuynia
1. 花聚集成总状花序，花序基部无总苞片⋯2. 三白草属 Saururus

1. 蕺菜属 Houttuynia Thunb.

多年生草本。叶全缘，具柄；托叶贴生于叶柄上，膜质。花小，聚集成顶生或与叶对生的穗状花序，花序基部有4片白色花瓣状的总苞片；雄蕊3，下部与子房合生，花药纵裂；雌蕊由3个部分合生的心皮所组成，花柱3枚。蒴果近球形，顶端开裂。单种属。保护区有分布。

蕺菜（鱼腥草）**Houttuynia cordata** Thunb

种的特征与属同。花期4~7月。

分布我国中部、东南部至西南部各地区，东起台湾，西南至云南、西藏，北达陕西、甘肃；亚洲东部和东南部广布；生于沟边、溪边或林下湿地上。保护区偶见。

2. 三白草属 Saururus L.

多年生草本。具根状茎。单叶互生，全缘；具柄；托叶着生在叶柄边缘上。花小，聚集成与叶对生或兼有顶生的总状花序；无总苞片；雄蕊常6或8；雌蕊由3~4心皮所组成，分离或基部合生，花柱4，离生。果实分裂为3~4分果爿。本属约3种。中国1种。保护区有分布。

三白草 Saururus chinensis (Lour.) Baill.

湿生草本。茎有纵长粗棱和沟槽。叶纸质，密生腺点，两面均无毛，茎顶端的2~3片于花期常为白色。花序白色；苞片近匙形。果近球形。花期4~6月。

分布我国黄河流域及其以南各地区；日本、菲律宾至越南也有；生低湿沟边、塘边或溪旁。保护区偶见，产于鱼洞村等地。

30. 金粟兰科 Chloranthaceae

草本、灌木或小乔木。单叶对生，边缘有锯齿；具羽状叶脉；叶柄基部常合生；托叶小。花小，两性或单性，排成穗状花序、头状花序或圆锥花序，无花被或单雌花有；两性花具1或3雄蕊，雌蕊1；单性花具1雄蕊，雌花少数，有3齿萼状花被。核果卵形或球形。本科5属约70种。中国3属15种。保护区2属3种。

1. 雄蕊3（稀1）··············1. 金粟兰属 Chloranthus
1. 雄蕊1··················2. 草珊瑚属 Sarcandra

1. 金粟兰属 Chloranthus Sw.

多年生草本或亚灌木。叶对生或呈轮生状，边缘有锯齿；叶柄基部常合生；托叶微小。花序穗状或分枝排成圆锥花序状，顶生或腋生；花小，两性，无花被，雄蕊通常3，稀为1；雌蕊1，通常无花柱，少有具明显的花柱，柱头截平或分裂。核果球形、倒卵形或梨形。本属约17种。中国18种。保护区2种。

1. 叶背面脉上有毛············1. 宽叶金粟兰 C. henryi
1. 叶背面无毛·················2. 及己 C. serratus

1. 宽叶金粟兰 Chloranthus henryi Hemsl.

多年生草本。叶对生，通常4片生于茎上部，纸质，边缘具腺齿。穗状花序顶生；花白色。核果球形。花期4~6月，果期7~8月。

分布我国秦岭以南地区；生山坡林下阴湿地或路边灌丛中。保护区偶见。

2. 及己 Chloranthus serratus (Thunb.) Roem. et Schult.

多年生草本。叶对生，纸质，边缘具锯齿，齿尖有1腺体，两面无毛。穗状花序顶生；花白色。核果绿色。花期4~5月，果期6~8月。

分布我国长江以南地区；日本也有；生海拔280~1800m的山地林下湿润处和山谷溪边草丛中。保护区偶见。

2. 草珊瑚属 Sarcandra Gardn.

亚灌木。无毛。叶对生，椭圆形、卵状椭圆形或椭圆状披针形，边缘具锯齿，齿尖有一腺体，叶柄短，基部合生；托叶小。穗状花序顶生，通常分枝，多少成圆锥花序状；花两性，无花被亦无花梗；苞片1，宿存；雄蕊1，肉质；无花柱，柱头近头状。核果球形或卵形。本属3种。中国2种。保护区1种。

草珊瑚（九节茶）Sarcandra glabra (Thunb.) Nakai

常绿亚灌木。叶革质，边缘具粗锐锯齿，齿尖有1腺体，无毛。叶柄基部合生。花黄绿色。核果球形。花期6月，果期8~10月。

分布我国长江以南地区；朝鲜、日本和东南亚也有；生山坡、沟谷林下阴湿处。保护区较常见。

33. 紫堇科 Fumariaceae

草本或草质藤本，稀亚灌木。基生叶少数或多数，稀1；茎生叶1至多数，互生，稀对生，一至多回羽状分裂、掌状分裂或三出，稀全缘，无托叶。花两性；成总状花序，稀为聚伞花序；萼片2，脱落；花瓣4，2轮；雄蕊4或6；子房上位。蒴果或坚果。本科17属530种。中国7属218种。保护区1属3种。

紫堇属 Corydalis DC.

一年生、二年生或多年生草本，或亚灌状。无乳汁。基生叶少数或多数，常早凋；茎生叶1至多数，稀无叶，互生或稀对生，叶片一至多回羽状分裂或掌状分裂或三出。花排列成顶生、腋生或与叶对生的总状花序；苞片分裂或全缘；花冠两侧对称，花瓣4；雄蕊6，合生成2束。果多蒴果。本属约320种。中国约200种。保护区3种。

1. 花黄色。
  2. 距约占花瓣全长的1/4·················1. 北越紫堇 C. balansae
  2. 距约占花瓣全长的1/6~1/5············2. 小花黄堇 C. racemosa
1. 花粉红色·································3. 地锦苗 C. sheareri

1. 北越紫堇（台湾黄堇）Corydalis balansae Prain

丛生草本。下部茎生叶具长柄，二回羽状全裂；羽片约3~5对，小羽片常1~2对，近无柄，卵圆形。花黄色至黄白色。蒴果线状长圆形。花果期3~7月。

分布我国长江以南地区；日本、越南、老挝也有；生山谷或沟边湿地。保护区溪边湿地偶见。

2. 小花黄堇 Corydalis racemosa (Thunb.) Pers.

丛生草本。基生叶常早枯萎；茎生叶具短柄，二回羽状全裂，羽片约3~4对，小羽片1~2对。总状花序密具多花；花黄色至淡黄色。蒴果线形。花果期3~7月。

分布我国秦岭以南地区；日本也有；生于林缘阴湿地或多石溪边。保护区偶见。

3. 地锦苗（尖距紫堇）Corydalis sheareri S. Moore

多年生草本。基生叶数片，叶片二回羽状全裂，第一回全裂片具柄，第二回无柄，中部以上具圆齿状深齿；茎生叶数片，与基生叶同型。总状花序生于茎及分枝先端；花瓣紫红色。蒴果狭圆柱形。花果期3~6月。

分布我国黄河以南地区；生水边或林下潮湿地。保护区偶见。

36. 白花菜科 Capparidaceae

草本、灌木或乔木，常为木质藤本。叶互生，稀对生，单叶或掌状复叶；托叶刺状，细小或不存在。花两性，排成总状或伞房状，顶生或腋生；萼片4~8，分离或合生；花瓣4~8，与萼片互生，稀缺；雄蕊4至多数，分离或基部与雌蕊合生成雌雄蕊柄。果为浆果或蒴果，球形或伸长，有时近念珠状。本科约45属900种。中国5属45种。保护区1属3种。

山柑属 Capparis L.

常绿灌木或小乔木，直立或攀援。单叶，螺旋状着生，有时假二列，全缘，草质至革质；具叶柄，稀无柄；托叶刺状。花排成总状、伞房状或圆锥花序腋生，稀单生叶腋；萼片4，2轮；花瓣4，覆瓦状排列，常成形状稍不相似的2对；雄蕊6至多数；雌蕊柄与花丝近等长。浆果球形或伸长。本属约250种。中国约30种。保护区3种。

1. 花2~4朵排成一短纵列，腋上生·········1. 独行千里 C. acutifolia
1. 花排成伞房状、亚伞形或总状花序，常再组成圆锥花序。
  2. 果较小，直径1~1.5cm···············2. 广州山柑 C. cantoniensis
  2. 果较大，直径3~5cm·················3. 屈头鸡 C. versicolor

1. 独行千里（尖叶槌果藤）Capparis acutifolia Sweet

藤本或灌木。叶薄革质，多长圆状披针形。花蕾长圆形；花常2~4朵排成一短纵列，腋上生。果成熟后红色。花期4~5月，果期全年。

分布华东及广东；越南也有；生低海拔的旷野、山坡路旁或石山上，也常见于灌丛或林中。保护区较常见。

2. 广州山柑 Capparis cantoniensis Lour.

攀援灌木。叶纸质或近革质，长圆形或长圆状披针形，无毛；中脉上凹下凸。圆锥花序顶生或腋生。果球形至椭圆形。花期3~11月，果期6月至翌年3月。

分布华南、西南及福建；印度及东南亚也有；生于海拔1000m以下的山沟水旁或平地疏林中，湿润而略荫蔽的环境中更常见。保护区较常见。

3. 屈头鸡（保亭槌果藤）Capparis versicolor Griff.

灌木或藤本植物。刺粗壮。叶薄革质；中脉上凹下凸。亚伞形花序腋生或顶生；花白色或粉红色。果球形。花期4~7月，果期8月至翌年2月。

分布我国广东、广西；印度、缅甸和中南半岛也有；喜生于海拔200~2000m稍干燥沙质土壤的疏林或灌丛中。保护区偶见。

39. 十字花科 Cruciferae

一年生、二年生或多年生草本。有时具块根。基生叶呈旋叠状或莲座状；茎生叶通常互生，有柄或无柄，单叶全缘、有齿或分裂，基部有时抱茎或半抱茎。花整齐，两性，罕单性；花序常总状，顶生或腋生，稀单生；萼片和花瓣4，分离，成"十"字形排列；花色各异。果实为长角果或短角果。种子小。本科300属以上约3200种。中国102属536种。保护区2属2种。

1. 叶为大头羽裂⋯⋯⋯⋯⋯⋯⋯⋯⋯⋯⋯⋯⋯1. 萝卜属Raphanus
1. 叶为羽状半裂、浅裂或深裂⋯⋯⋯⋯⋯⋯⋯2. 蔊菜属Rorippa

1. 萝卜属 Raphanus L.

茎直立，常有单毛。叶大头羽状半裂，上部多具单齿。总状花序伞房状；无苞片；花大，白色或紫色；萼片直立；花瓣倒卵形，常有紫色脉纹，具长爪。长角果圆筒形。种子1行，球形或卵形，棕色；子叶对折。本属约8种。中国3种。保护区1种。

* 萝卜 Raphanus sativus L.

一至二年生草本。基生叶和下部叶大头羽状分裂，有锯齿；上部叶长圆形或披针形，有锯齿或近全缘。总状花序顶生或腋生。长角果圆柱形。花期4~5月，果期5~6月。

我国各地广泛栽培；在世界范围内栽培。保护区村边有栽培。

2. 蔊菜属 Rorippa Scop.

一、二年生或多年生草本。茎直立或呈披散状，多数有分枝。叶全缘、浅裂或羽状分裂。花小，多数，黄色；总状花序顶生，稀每花生于叶状苞片腋部；萼片4，开展，长圆形或宽披针形；花瓣4或有时缺，倒卵形，稀具爪。长角果多数呈细圆柱形，或短角果呈椭圆形或球形。本属90余种。中国9种。保护区1种。

蔊菜（塘葛菜）Rorippa indica (L.) Hiern

一、二年生直立草本。叶互生；基生叶及茎下部叶具长柄；茎上部叶宽披针形或匙形，边缘具疏齿。花瓣4，黄色。长角果线状圆柱形。花期4~6月，果期6~8月。

分布我国黄河以南地区；朝鲜、日本、印度等地也有；生路旁、村边及山坡路旁等较潮湿处。保护区村边、路旁较常见。

40. 堇菜科 Violaceae

多年生草本、半灌木或小灌木，稀为一年生草本、攀援灌木或小乔木。叶为单叶，常互生，稀对生，全缘、有锯齿或分裂；有叶柄；托叶小或叶状。花两性或单性，稀杂性，辐射对称或两侧对称，单生或组成腋生或顶生的穗状、总状或圆锥状花序；萼片和花瓣5，覆瓦状；雄蕊5。蒴果或浆果状。本科约22属900多种。中国3属100多种。保护区1属6种。

堇菜属 Viola L.

多年生，少数为二年生草本，稀为半灌木。具根状茎。叶为单叶，互生或基生，全缘、具齿或分裂；托叶呈叶状，离生或与叶柄合生。花两性，两侧对称，单生，稀为2花；春季花有花瓣，夏季花无花瓣；花梗腋生，有2小苞片；萼片5，略同型；花瓣5，异型，稀同型；雄蕊5。蒴果球形、长圆形或卵圆状。本属550余种。中国约96种。保护区6种。

1. 无地上茎，叶基生。
　2. 具匍匐枝。
　　3. 叶不下延于叶柄。
　　　4. 植株不被白色长柔毛…………1. 深圆齿堇菜 V. davidii
　　　4. 植株被白色长柔毛…………2. 亮毛堇菜 V. lucens
　　3. 叶明显下延于叶柄…………3. 七星莲 V. diffusa
　2. 不具匍匐枝。
　　5. 叶片卵圆形…………4. 华南堇菜 V. austrosinensis
　　5. 叶片三角形…………5. 长萼堇菜 V. inconspicua
1. 有地上茎…………6. 如意草 V. hamiltoniana

1. 深圆齿堇菜 Viola davidii Franch.

多年生草本。叶基生；叶片圆形，边缘具较深圆齿，两面无毛。花白色或淡紫色。蒴果椭圆形。花期3~6月，果期5~8月。

分布我国长江以南地区；生林下、林缘、山坡草地、溪谷或石上荫蔽处。保护区旷野偶见。

2. 亮毛堇菜 Viola lucens W. Beck.

低矮小草本。全体被白色长柔毛。叶基生，莲座状；叶长圆状卵形或长圆形，顶端钝，边缘具圆齿。花淡紫色；花梗细弱。蒴果卵圆形，无毛。

分布我国南部；生山坡草丛或路旁等处。保护区旷野偶见。

3. 七星莲 Viola diffusa Ging.

一年生草本。基生叶多数，叶片卵形或卵状长圆形，边缘具钝齿及缘毛。花较小，淡紫色或浅黄色。蒴果长圆形。花期3~5月，果期5~8月。

分布华东、西南及广东；印度、尼泊尔、菲律宾、马来西亚、日本也有；生山地林下、林缘、草坡、溪谷旁、岩石缝隙中。保护区偶见。

4. 华南堇菜 Viola austrosinensis Y. S. Chen et Q. E. Yang

草本。叶片卵圆状心形；叶缘有整齐的圆锯齿，两面光滑无毛。花白色，唇瓣及侧瓣基部有紫色斑纹。蒴果。

分布我国广东、广西、海南；生海拔500~1800m的林下。保护区常见。

5. 长萼堇菜（犁头草） Viola inconspicua Bl.

多年生草本。叶均基生，莲座状；叶片三角形、三角状卵形或戟形，边缘具圆锯齿，两面通常无毛。花淡紫色。蒴果长圆形。花果期3~11月。

分布我国长江以南及陕西、甘肃地区；缅甸、菲律宾、马来西亚也有；生林缘、山坡草地、田边及溪旁等处。保护区小杉村较常见。

6. 如意草 Viola hamiltoniana D. Don

多年生草本。基生叶叶片深绿色，三角状心形或卵状心形，边缘具疏锯齿。花淡紫色。蒴果长圆形。花果期较长。

分布我国台湾、广东、云南；东南亚亦有分布；生溪谷潮湿地、沼泽地、灌丛林缘。保护区偶见。

42. 远志科 Polygalaceae

一年生或多年生草本，或灌木或乔木，罕为寄生小草本。单叶互生、对生或轮生；叶片纸质或革质，全缘；羽状脉，稀退化为鳞片状；无托叶。花两性，两侧对称，白色、黄色或紫红色，排成总状花序、圆锥花序或穗状花序，腋生或顶生；花萼5，常呈花瓣状；花瓣通常3；雄蕊4~8。果为蒴果，或为翅果、坚果。本科13~17属近1000种。中国5属40种。保护区4属8种1变种。

1. 攀援 ·· 1. 蝉翼藤属 Securidaca
1. 直立。
  2. 乔木 ·· 2. 黄叶树属 Xanthophyllum
  2. 草本。
    3. 雄蕊4~5；蒴果，边缘常具齿 ············ 3. 齿果草属 Salomonia
    3. 雄蕊8，稀6~7；果为翅果或蒴果 ········ 4. 远志属 Polygala

1. 蝉翼藤属 Securidaca L.

一年生草本或寄生小草本、攀援灌木。单叶互生；托叶有或无。总状花序或圆锥花序顶生或腋生；花小，具苞片，呈花瓣状；花瓣3，龙骨瓣盔形，具鸡冠状附属物。果通常为翅果，具1种子，翅长圆形至菱状长圆形，革质，多脉。本属约80种。我国2种。保护区1种。

蝉翼藤 Securidaca inappendiculata Hassk.

一年生草本或寄生小草本。单叶互生；叶片纸质或近革质，椭圆形或倒卵状长圆形。圆锥花序顶生或腋生。核果球形。种子卵圆形。花期5~8月，果期10~12月。

分布我国广东、海南、广西和云南；印度、缅甸、越南、印度尼西亚和马来西亚也有；生海拔500~1100m的沟谷密林中。保护区偶见。

2. 黄叶树属 Xanthophyllum Roxb.

乔木或灌木。单叶互生，叶片革质，全缘；具柄；托叶缺。花两性，两侧对称，具短柄，排列成腋生或顶生的总状花序或圆锥花序，具小苞片；萼片5，覆瓦状排列；花瓣5或4，覆瓦状排列；雄蕊8，常分离。核果球形。本属约93种。中国4种。保护区1种。

黄叶树 Xanthophyllum hainanense Hu

乔木。叶革质，卵状椭圆形至长圆状披针形，全缘，两面无毛。总状花序或小型圆锥花序腋生或顶生。核果球形。花期3~5月，果期4~7月。

分布华南地区；生低海拔常绿阔叶林。保护区小杉村较常见。

3. 齿果草属 Salomonia Lour.

一年生草本或寄生小草本。单叶互生；叶膜质或纸质，椭圆形、卵形或卵状披针形，全缘，或退化为小鳞片状。花极小，两侧对称，排列成顶生的穗状花序，具小苞片；萼片5，宿存；花瓣3，白色或淡红紫色，中间1枚龙骨瓣状；雄蕊4~5。蒴果肾形、阔圆形或倒心形，两侧边缘常具齿。本属约10种。中国4种。保护区2种。

1. 叶卵状心形或心形 ························ 1. 齿果草 S. cantoniensis
1. 叶卵状披针形 ·································· 2. 椭圆叶齿果草 S. ciliata

1. 齿果草（莎萝莽）Salomonia cantoniensis Lour.

一年生直立草木。单叶互生；叶片膜质，卵状心形或心形，具柄，无毛。穗状花序顶生；花瓣3，淡红色。蒴果肾形。花期7~8月，果期8~10月。

分布华东、华中、华南和西南地区；南亚、东南亚至大洋洲也有；生山坡林下、灌丛中或草地。保护区三角山偶见。

2. 椭圆叶齿果草（缘毛莎萝莽）Salomonia ciliata (L.) DC.

一年生直立草本。单叶互生；叶片膜质至薄纸质，全缘，无毛。穗状花序顶生；花瓣红紫色。蒴果肾形。花期7~8月，果期8~9月。

分布我国长江以南地区；东亚、东南亚至澳大利亚也有；生山坡空旷潮湿的草地上。保护区旷野草地偶见。

4. 远志属 Polygala L.

一年生或多年生草本、灌木或小乔木。单叶互生，稀对生或轮生，纸质或近革质，全缘。总状花序顶生、腋生或腋外生；花两性，两侧对称，具苞片；萼片5，常花瓣状；花瓣3，白色、黄色或紫红色，侧瓣与龙骨瓣常于中部以下合生，龙骨瓣顶端背部具鸡冠状附属物；雄蕊8。果为蒴果，具翅或无。本属约500种。中国44种。保护区4种1变种。

1. 灌木或小乔木 ················· 1. 黄花倒水莲 P. fallax
1. 草本。
　2. 总状花序顶生。
　　3. 叶卵形 ················· 2. 香港远志 P. hongkongensis
　　3. 叶狭披针形 ···············
　　　　········· 3. 狭叶香港远志 P. hongkongensis var. stenophylla
　2. 总状花序不顶生。
　　4. 叶较小，长0.5~1.2cm ········· 4. 小花远志 P. polifolia
　　4. 叶较大，长2.6~10cm ········· 5. 华南远志 P. chinensis

1. 黄花倒水莲 Polygala fallax Hemsl.

灌木或小乔木。小枝、叶柄、叶和花序被密毛。单叶互生，膜质，披针形至椭圆状披针形。总状花序顶生或腋生。蒴果阔倒心形至圆形。花期5~8月，果期8~10月。

分布华东、华南及西南地区；生山谷林下水旁阴湿处。保护区桂峰山偶见。

2. 香港远志 Polygala hongkongensis Hemsl.

直立草本至亚灌木。叶互生，纸质或膜质，多少反卷，两面均无毛。总状花序顶生，被短柔毛；花瓣3，白色或紫色。蒴果近圆形。花期5~6月，果期6~7月。

分布我国江西、福建、广东、四川；生沟谷林下或灌丛中。保护区偶见。

3. 狭叶香港远志 Polygala hongkongensis var. stenophylla Migo

与香港远志的主要区别在于：叶狭披针形，长1.5~3cm，宽3~4mm。内萼片椭圆形，长约7mm，宽约4mm；花丝4/5以下合生成鞘。

分布我国江苏、安徽、浙江、江西、福建、湖南和广西等地；生海拔350~1150m的沟谷林下、林缘或山坡草地。保护区偶见。

4. 小花远志 Polygala polifolia C. Presl

一年生草本。叶互生，厚纸质，倒卵形或长圆形，全缘。总状花序腋生或腋外生；花少，但密集。蒴果近圆形。花果期7~10月。

分布我国长江以南地区；南亚及东南亚也有；生水旁瘠土、湿沙土以及中低海拔的山坡草地。保护区三角山偶见。

5. 华南远志（金不换，蛇总管）Polygala chinensis L.

一年生直立草本。叶互生，纸质，全缘，微反卷，疏被短柔毛。花少而密集；花瓣3。蒴果圆形。花期4~10月，果期5~11月。

分布华南、福建和云南；印度、越南、菲律宾也有；生山坡草地或灌丛中。保护区偶见。

47. 虎耳草科 Saxifragaceae

常为多年生草本，稀一年生。单叶或复叶，常互生，稀对生。花两性，稀单性；萼片5，稀4或6~7；花瓣常与萼片同数，多离生；雄蕊4~14；心皮2，稀3~5，多少合生，稀离生。蒴果，稀小蓇葖果。约28属575种。中国12属约500种。保护区2属2种。

1. 花单生于茎顶……………………………1. 梅花草属 Parnassia
1. 花通常组成聚伞花序、总状花序或圆锥花序，有时单生………
…………………………………………2. 虎耳草属 Saxifraga

1. 梅花草属 Parnassia L.

多年生草本。无毛。基生叶2至数片或较多呈莲座状，具长柄，有托叶，叶片全缘；茎生叶无柄，常半抱茎。花单生茎顶；萼筒上裂片5，覆瓦状排列；花瓣5，覆瓦状排列，常白色或淡黄色；雄蕊5，与萼片对生；雌蕊1。蒴果有时带棱。本属70余种。中国约60种。保护区1种。

鸡肫草（鸡眼梅花草）**Parnassia wightiana** Wall. ex Wight et Arn. Prodr.

多年生直立草本。基生叶2~4，具长柄；叶片宽心形，基部略呈心形，边薄，全缘。花单生于茎顶。蒴果倒卵球形。花期7~8月，果期9月开始。

分布华南、华中、西南部及陕西；喜马拉雅地区也有；生山谷疏林下、山坡杂草中、沟边和路边等处。保护区偶见。

2. 虎耳草属 Saxifraga Tourn. ex L.

多年生，稀一年生或二年生草本。茎通常丛生，或单一。单叶全部基生或兼茎生；茎生叶常互生。花通常两性，有时单性，常辐射对称，黄色、白色、红色或紫红色，多组成聚伞花序；萼片5；花瓣5；雄蕊10。常为蒴果，稀蓇葖果。本属约450余种。中国216种。保护区1种。

虎耳草 Saxifraga stolonifera Curt.

多年生草本。基生叶具长柄；叶片近心形、肾形至扁圆形，裂片边缘具齿和腺睫毛；具白色掌状达缘脉序。聚伞花序圆锥状。花果期4~11月。

分布我国秦岭以南地区；东亚也有；生山地林下、灌丛、草甸和阴湿岩隙。保护区林下岩隙偶见。

48. 茅膏菜科 Droseraceae

食虫植物，多年生或一年生草本。茎的地下部位具不定根。叶互生，常莲座状密集，稀轮生。花通常多朵排成顶生或腋生的聚伞花序，稀单生于叶腋，两性，辐射对称。蒴果室背开裂。种子多数，稀少数；胚乳丰富，基生。本科4属100余种。中国2属10种。保护区1属1种。

茅膏菜属 Drosera L.

多年生草本。根状茎短，具不定根。叶互生或基生莲座状密集；幼叶常拳卷；托叶膜质，常条裂。聚伞花序顶生或腋生；花萼5裂；花瓣5，分离；雄蕊与花瓣同数，互生。蒴果，室背开裂。种子小，多数；外种皮具网状脉纹。本属约100种。中国9种。保护区1种。

匙叶茅膏菜 Drosera spathulata Labill.

多年生草本。托叶膜质，淡红色，通常3深裂；叶片倒卵形、匙形或楔形，叶缘密被长腺毛。螺状聚伞花序花葶状；蒴果，倒三角形。种子小。花果期3~9月。

分布我国台湾及福建的中部和西部；日本（南部）、菲律宾、马来西亚、印度尼西亚、澳大利亚和新西兰也有；生于山坡和岩石间的灌丛或草丛中，多在雨季出现。保护区偶见。

53. 石竹科 Caryophyllaceae

一年生或多年生草本，稀亚灌木。茎节通常膨大，具关节。单叶对生，稀互生或轮生，全缘，基部多少连合；托叶有或缺。聚伞花序或聚伞圆锥花序，稀单生，花辐射对称，两性，稀单性；萼片5，稀4；花瓣5，稀4，瓣片全缘或分裂；雄蕊10，2轮列，稀5或2；雌蕊1，由2~5合生心皮构成。蒴果。本科约75属2000种。中国30属约446种8变型。保护区3属3种。

虎耳草科 Saxifragaceae/ 茅膏菜科 Droseraceae/ 石竹科 Caryophyllaceae/ 粟米草科 Molluginaceae/ 马齿苋科 Portulacaceae

1.茎匍匐或近直立…………………………………1. 荷莲豆属 Drymaria
1.茎直立。
　2.花瓣2裂达1/3或全缘；蒴果圆柱形或长圆形，裂齿等大…
　　…………………………………2. 卷耳属 Cerastium
　2.花瓣深2裂达基部；蒴果卵形，裂瓣深达中部，顶端2齿裂，
　　裂齿外弯………………………3. 鹅肠菜属 Myosoton

1. 荷莲豆属 Drymaria Willd. ex Roem. et Schult.

一年生或多年生草本。茎匍匐或近直立，二歧分枝。叶对生，叶片圆形或卵状心形；具三至五基出脉；有短柄；托叶小，刚毛状，常早落。花单生或成聚伞花序，萼片5；花瓣5，顶端2~6深裂；雄蕊5，与萼片对生；花柱2~3，基部合生。蒴果，卵圆形。本属约48种。中国2种。保护区1种。

荷莲豆草 Drymaria cordata (L.) Willd. ex Schult.

一年生匍匐草本。叶片卵状心形，具三至五基出脉；叶柄短。聚伞花序顶生。蒴果卵形。花期4~10月，果期6~12月。

分布我国长江以南地区；日本、印度、斯里兰卡、阿富汗、非洲南部也有；生丘陵山地的山谷、杂木林缘阴湿处。保护区偶见。

2. 卷耳属 Cerastium L.

一年生或多年生草本。多数被柔毛或腺毛。叶对生；叶片卵形或长椭圆形至披针形。二歧聚伞花序，顶生；萼片5，稀为4，离生；花瓣5，稀4，白色，顶端2裂，稀全缘或微凹；雄蕊10，稀5，花丝无毛或被毛；子房1室。蒴果圆柱形，薄壳质，露出宿萼外。本属约100种。中国21种。保护区1种。

喜泉卷耳 Cerastium fontanum Baumg.

多年生或一、二年生草本。基生叶片近匙形或倒卵状披针形；茎生叶近无柄。聚伞花序顶生。蒴果圆柱形。花期5~6月，果期6~7月。

除我国东北外几乎全国分布；东亚及越南、印度等地也有；生山地林缘杂草间或疏松沙质土壤。保护区旷野偶见。

3. 鹅肠菜属 Myosoton Moench

草本。茎下部匍匐，无毛，上部直立，被腺毛。叶对生。花两性，白色，排列成顶生二歧聚伞花序；萼片5；花瓣5，比萼片短，2深裂至基部；雄蕊10；子房1室，花柱5。蒴果卵形。单种属。保护区有分布。

鹅肠菜 Myosoton aquaticum (L.) Moench

种的特征与属同。花期3~6月，果期6~9月。

分布我国南北各地；北半球温带及亚热带以及北非也有；生海拔350~2700m的河流两旁冲积沙地的低湿处或灌丛林缘和水沟旁。保护区偶见。

54. 粟米草科 Molluginaceae

草本。叶对生、互生或假轮生，有时肉质；托叶有或无。花两性，小，辐射对称，单生、簇生或组成聚伞花序、伞形花序；萼片通常5；花被片5，分离或基部合生，覆瓦状排列，宿存；雄蕊常3或多数；心皮3~5，连合或离生。蒴果。本科约14属120种。中国3属8种。保护区1属1种。

粟米草属 Mollugo L.

一年生草本。茎披散、斜升或直立，多分枝，无毛。单叶，基生、近对生或假轮生，全缘。花小，具梗，顶生或腋生，簇生或成聚伞花序、伞形花序；花被片5，离生，草质；雄蕊通常3，有时4或5，稀更多，与花被片互生；心皮3~5，合生；花柱3~5。蒴果，球形。本属约35种。中国4种。保护区1种。

粟米草 Mollugo stricta L.

一年生披散草本。叶3~5片假轮生或对生；叶片披针形或线状披针形。花极小，组成疏松聚伞花序。蒴果近球形。花期6~8月，果期8~10月。

分布我国秦岭淮河以南地区；亚洲热带、亚热带地区广布；生空旷荒地、农田和海岸沙地。保护区旷地常见。

56. 马齿苋科 Portulacaceae

一年生或多年生草本，稀亚灌木。单叶，互生或对生，全缘，常肉质；托叶有或无。花两性，整齐或不整齐，腋生或顶生，单生或簇生，或成各种花序；萼片2，稀5，分离或基部连合；花瓣4~5，稀更多，覆瓦状排列，分离或基部稍连合；雄蕊与花瓣同数，

61

对生。蒴果，稀坚果。本科约 19 属 500 种。中国 2 属 6 种。保护区 2 属 2 种。

1. 花单生或簇生，子房半下位·················1. 马齿苋属 Portulaca
1. 总状或圆锥花序，子房上位···················2. 土人参属 Talinum

1. 马齿苋属 Portulaca L.

一年生或多年生肉质草本。无毛或被疏柔毛。茎披散。叶互生或近对生或在茎上部轮生；叶片圆柱状或扁平；有托叶，稀无。花顶生，单生或簇生；常具数枚叶状总苞；萼片 2，筒状；花瓣 4 或 5，离生或下部连合，花开后黏液质；雄蕊 4 至多数，着生花瓣上；花柱上端 3~9 裂成线状柱头。蒴果盖裂。本属约 150 种。中国 5 种。保护区 1 种。

马齿苋 Portulaca oleracea L.

一年生肉质草本。叶互生，有时近对生；叶片扁平，肥厚，倒卵形，似马齿状，全缘；花瓣 5，黄色。蒴果卵球形。花期 5~8 月，果期 6~9 月。

分布我国各地；广布世界温带和热带地区；生菜园、农田、路旁，为田间常见杂草。保护区路边、旷地较常见。

2. 土人参属 Talinum Adans.

一年生或多年生草本，或亚灌木。茎直立，肉质，无毛。叶互生或部分对生；叶片扁平，全缘；无柄或具短柄；无托叶。花小，成顶生总状花序或圆锥花序，稀单生叶腋；萼片 2，分离或基部短合生；花瓣 5，稀更多，红色；雄蕊 5 至多数，通常贴生花瓣基部；花柱顶端 3 裂。蒴果常俯垂，3 瓣裂。本属约 50 种。我国 1 种。保护区有分布。

土人参 Talinum paniculatum (Jacq.) Gaertn.

一年生或多年生肉质草本。叶互生或近对生；叶片倒卵形或倒卵状长椭圆形，全缘。圆锥花序顶生或腋生。蒴果近球形。花期 6~8 月，果期 9~11 月。

我国中部和南部均有栽植，有的逸为野生；原产热带美洲；生于阴湿地。保护区路边偶见。

57. 蓼科 Polygonaceae

草本，稀灌木或小乔木。茎直立、平卧、攀援或缠绕，通常具膨大的节。单叶，互生，稀对生或轮生，常全缘；叶柄有或无；托叶常成鞘状。花序穗状、总状、头状或圆锥状，顶生或腋生；花小，两性，稀单性，雌雄异株或同株，辐射对称；花梗通常具关节。瘦果，卵形或椭圆形，具棱、翅或刺。本科约 50 属 1120 种。中国 13 属 272 种。保护区 4 属 11 种。

1. 茎缠绕···1. 何首乌属 Fallopia
1. 茎直立。
  2. 花被片果时不增大································2. 蓼属 Polygonum
  2. 花被片果时增大。
    3. 花单性，雌雄异株······················3. 虎杖属 Reynoutria
    3. 花两性，有时杂性，稀单性··············4. 酸模属 Rumex

1. 何首乌属 Fallopia Adans.

一年生或多年生草本，稀半灌木。茎缠绕。叶互生，卵形或心形；具叶柄；托叶鞘筒状。花序总状或圆锥状，顶生或腋生；花两性；花被 5 深裂；雄蕊通常 8；花柱 3，柱头头状。瘦果卵形，具 3 棱，包于宿存花被内。本属约 20 种。中国 9 种。保护区 1 种。

何首乌 Fallopia multiflora (Thunb.) Harald.

多年生草本。叶卵形或长卵形，全缘；托叶鞘膜质，无毛。花序圆锥状，顶生或腋生。瘦果卵形。花期 8~9 月，果期 9~10 月。

分布我国黄河以南地区；日本也有；生山谷灌丛、山坡林下、沟边石隙。保护区较常见。

2. 蓼属 Polygonum L.

一年生或多年生草本，稀亚灌木或小灌木。茎直立、平卧或上升，通常节部膨大。叶互生，线形、披针形、卵形、椭圆形、箭形或戟形，全缘，稀具裂片。花序穗状、总状、头状或圆锥状；花两性，稀单性；花梗具关节。瘦果卵形，具 3 棱或双凸镜状。本属约 230 种。中国 139 种。保护区 8 种。

1. 茎、叶柄无倒生皮刺。
  2. 花序穗状··1. 丛枝蓼 P. posumbu

2. 花序头状。
　　3. 一年生 ··· 2. 尼泊尔蓼 P. nepalense
　　3. 多年生。
　　　4. 花被果时增大，呈肉质 ··················· 3. 火炭母 P. chinense
　　　4. 花被果时不增大 ····························· 4. 头花蓼 P. capitatum
1. 茎、叶柄具倒生皮刺。
　　5. 叶柄盾状着生 ··································· 5. 杠板归 P. perfoliatum
　　5. 叶柄非盾状着生。
　　　6. 叶戟形或长戟形 ····························· 6. 长戟叶蓼 P. maackianum
　　　6. 叶三角形或长三角形。
　　　　7. 托叶鞘边缘具叶状翅，翅肾圆形 ······ 7. 刺蓼 P. senticosum
　　　　7. 托叶鞘边缘具1对叶状耳 ············ 8. 大箭叶蓼 P. darrisii

1. 丛枝蓼 Polygonum posumbu Buch.-Ham. ex D. Don

一年生草本。叶卵状披针形或卵形，纸质，两面被疏毛。总状花序呈穗状，顶生或腋生。瘦果卵形。花期6~9月，果期7~10月。

分布我国陕西、甘肃及以东北、华东、华中、华南和西南；朝鲜、日本、印度尼西亚及印度也有；生山坡林下、山谷水边。保护区沟边偶见。

2. 尼泊尔蓼 Polygonum nepalense Meisn.

一年生草本。茎下部叶卵形或三角状卵形，两面无毛或疏被刺毛，疏生黄色透明腺点；花序头状，顶生或腋生。瘦果宽卵形。花期5~8月，果期7~10月。

除新疆外，我国各地有分布；亚洲及非洲也有；生海拔200~4000m的山坡草地、山谷路旁。保护区偶见。

3. 火炭母 Polygonum chinense L.

多年生草本。叶卵形或长卵形，全缘，无毛，稀下面叶脉被疏毛。头状花序再排成圆锥状，顶生或腋生。瘦果宽卵形。花期7~9月，果期8~10月。

分布我国陕西和甘肃南部以及华东、华中、华南和西南；日本、东南亚、喜马拉雅山也有；生旷地、山谷湿地、山坡草地。保护区常见。

4. 头花蓼 Polygonum capitatum Buch.-Ham. ex D. Don

多年生草本。茎匍匐，丛生。叶卵形或椭圆形，叶两面及边缘疏生腺毛；托叶鞘筒状，膜质。花序头状。瘦果长卵形。花期6~9月，果期8~10月。

分布我国长江以南地区；印度北部、尼泊尔、不丹、缅甸及越南也有；生山坡、山谷湿地，常成片生长。保护区常见。

5. 杠板归 Polygonum perfoliatum L.

一年生草本。全株具稀疏倒生皮刺。茎具纵棱。叶三角形，基部截形或微心形，薄纸质；托叶鞘叶状。总状花序呈短穗状。瘦果球形。花期6~8月，果期7~10月。

分布我国包括陕西和甘肃在内的大部地区；东亚及东南亚部分国家也有；生田边、旷野、路旁、山谷湿地。保护区较常见。

6. 长戟叶蓼 Polygonum maackianum Regel

一年生草本。茎直立或上升，具纵棱，疏生倒生皮刺，密被星状毛。叶长戟形，两面密被星状毛。花序头状顶生或腋生。瘦果卵形。花期6~9月，果期7~10月。

分布我国大部分地区；东北亚也有；生山谷水边、山坡湿地。保护区偶见。

7. 刺蓼 （廊菌）Polygonum senticosum (Meisn.) Franch. et Sav.

攀援草本。叶片三角形或长三角形，两面被短柔毛，下面叶脉具刺，边缘具缘毛。花序头状，顶生或腋生。瘦果近球形。花期6~7月，果期7~9月。

分布我国东北、华东、华中、华南及西南部；日本、朝鲜也有；生山坡、山谷及林下。保护区偶见。

8. 大箭叶蓼 Polygonum darrisii H. Lév.

一年生草本。叶长三角形或三角状箭形，边缘疏生刺状缘毛。总状花序头状，顶生或腋生。瘦果近球形。花期6~8月，果期7~10月。

分布全国大部分地区；生海拔300~1700m的山地沟边路旁潮处。保护区常见。

3. 虎杖属 Reynoutria Houtt

多年生草本。茎直立，中空。叶互生，卵形或卵状椭圆形，全缘；具叶柄；托叶鞘膜质，早落。花序圆锥状，腋生；花单性，雌雄异株；花萼5深裂；雄蕊6~8；花柱3。瘦果卵形，具3棱。本属约3种。我国1种。保护区有分布。

虎杖 （大叶蛇总管）Reynoutria japonica Houtt.

多年生草本或亚灌木状。叶卵形或卵状椭圆形；托叶鞘膜质。花单性，雌雄异株；瘦果椭圆形，有3棱，黑褐色。花期9~10月。

分布华南、华中、华东、西南及陕西、甘肃；朝鲜、日本也有；生于山坡、路旁、田边潮湿草地上。保护区常见。

4. 酸模属 Rumex L.

一年生或多年生草本，稀亚灌木状。叶茎生或基生，具早落的膜质托叶鞘。花两性，稀单性异株，常排列成圆锥花序；花萼6深裂；雄蕊6；花柱3，柱头多次深裂为丝状或流苏状。瘦果包藏于增大的内轮花被内。本属约150种。中国28种。保护区1种。

酸模 Rumex acetosa L.

多年生草本。基生叶和茎下部叶箭形，全缘或微波状；茎上部叶较小，具短叶柄或无柄。花序狭圆锥状，顶生。瘦果椭圆形。花期5~7月，果期6~8月。

分布我国南北各地区；朝鲜、日本、高加索、哈萨克斯坦、俄罗斯及欧洲、美洲也有；生山坡、林缘、沟边、路旁。保护区村边路旁较常见。

蓼科 Polygonaceae/ 商陆科 Phytolaccaceae/ 藜科 Chenopodiaceae/ 苋科 Amaranthaceae

59. 商陆科 Phytolaccaceae

草本或灌木，稀为乔木，直立，稀攀援。常无毛。单叶互生，全缘；托叶无或细小。花小，两性或单性而雌雄异株，常辐射对称，排列成总状或聚伞、圆锥、穗状等花序，腋生或顶生；花被片4~5，分离或基部连合，叶状或花瓣状，宿存；雄蕊4~5或多数。果实肉质，浆果或核果，稀蒴果。本科17属约120种。中国2属5种。保护区1属1种。

商陆属 Phytolacca L.

草本，常具肥大的肉质根，或为灌木，稀为乔木，直立，稀攀援。茎、枝有沟槽或棱角。叶片卵形、椭圆形或披针形；托叶无。花排成总状、聚伞圆锥状或穗状花序，顶生或与叶对生；花被片5，辐射对称；雄蕊6~33。浆果，肉质多汁，扁球形。本属约35种。中国4种。保护区1种。

垂序商陆（美洲商陆）*Phytolacca americana* L.

多年生草本。茎直立，圆柱形，有时带紫红色。叶片椭圆状卵形或卵状披针形。总状花序顶生或侧生。浆果扁球形。花期6~8月，果期8~10月。

原产北美；我国几乎全国逸为野生；生路旁荒野。保护区村边路旁偶见。

61. 藜科 Chenopodiaceae

一年生草本、亚灌木、灌木，稀为多年生草本或小乔木。叶互生或对生，稀退化成鳞片状；无托叶。花单被，罕无被；两性，稀杂性或单性；花被膜质、草质或肉质，深裂或全裂，覆瓦状排列；雄蕊着生于花被基部或花盘上。胞果，稀盖果。本科100余属1400余种。中国39属约186种。保护区1属1种。

藜属 Chenopodium L.

一年生或多年生草本。叶互生，全缘或具齿或浅裂片。花两性或兼有雌性；团伞花序，稀单生，再排列成腋生或顶生的穗状、圆锥状或复二歧式聚伞状的花序；花被球形，5裂。胞果卵形、双凸镜形或扁球形。本属约250种。中国21种。保护区1种。

土荆芥 *Chenopodium ambrosioides* (L.) Mosyakin et Clemants

一年生或多年生草本。有强烈香味。叶片矩圆状披针形至披针形，边缘具齿，叶下面有散生油点并沿叶脉稍有毛。花两性及雌性。胞果扁球形。花果期5~11月。

原产热带美洲，现广布于世界热带及温带地区；我国长江以南多逸为野生；喜生于村旁、路边、河岸等处。保护区村边路旁较常见。

63. 苋科 Amaranthaceae

一年生或多年生草本，少数攀援藤本或灌木。叶互生或对生，全缘，少数有微齿；无托叶。花小，两性或单性同株或异株，或杂性，簇生叶腋，成疏散或密集的穗状花序、头状花序、总状花序或圆锥花序；具苞片；花被片3~5，覆瓦状排列；雄蕊常和花被片等数且对生。胞果或小坚果，稀浆果。种子1或多数。本科约70属900种。中国15属约44种。保护区5属8种。

1. 叶互生。
　2. 胚珠或种子2颗至数颗 ················· 1. 青葙属 Celosia
　2. 胚珠或种子1颗 ····················· 2. 苋属 Amaranthus
1. 叶对生。
　3. 雄蕊花药2室 ······················· 3. 牛膝属 Achyranthes
　3. 雄蕊花药1室。
　　4. 有退化雄蕊；柱头1，头状 ········ 4. 莲子草属 Alternanthera
　　4. 无退化雄蕊；柱头2~3，或2裂 ······ 5. 千日红属 Gomphrena

1. 青葙属 Celosia L.

叶互生，卵形至条形，全缘；有叶柄。花两性，成顶生或腋生密集或间断的穗状花序，或排列成圆锥花序，总花梗有时扁化；苞片着色，宿存；花被片5，着色，宿存。胞果卵形或球形，盖裂。本属约60种。中国3种。保护区1种。

青葙 *Celosia argentea* L.

一年生草本。全体无毛。叶互生，矩圆披针形、披针形或披针状条形。花在茎端或枝端成单一、无分枝的塔状或圆柱状穗状花序。胞果卵形。花期5~8月，果期6~10月。

我国广布；亚洲、欧洲及非洲广布；生于平原、田边、丘陵、山坡。保护区水边湿地较常见。

2. 苋属 Amaranthus L.

叶互生，全缘；有叶柄。花单性，雌雄同株或异株，或杂性，成无梗花簇，腋生，或腋生及顶生，再集合成单一或圆锥状穗状花序；具大小苞片；花被片常5。胞果球形或卵形，侧扁。本属约40种。中国14种。保护区2种。

1. 叶腋有刺·················1. 刺苋 A. spinosus
1. 叶腋无刺················2. 皱果苋 A. viridis

1. 刺苋 Amaranthus spinosus L.

一年生草本。叶互生，菱状卵形或卵状披针形，顶端圆钝，全缘，无毛。圆锥花序腋生及顶生。胞果矩圆形。花果期7~11月。

分布我国黄河以南地区；日本、印度、中南半岛、马来西亚、菲律宾和美洲等地也有；生旷地或园圃的杂草。保护区村旁路边较常见。

2. 皱果苋 Amaranthus viridis L.

一年生草本。叶片卵形、卵状矩圆形或卵状椭圆形。圆锥花

序顶生；苞片及小苞片披针形。胞果扁球形，绿色。花期6~8月，果期8~10月。

原产热带非洲，现广泛分布温带、亚热带和热带地区；我国大部分地区逸为野生；生田野、旷野、村庄附近的杂草地上。保护区村旁路边较常见。

3. 牛膝属 Achyranthes L.

茎具明显节。枝对生。叶对生；有叶柄。穗状花序顶生或腋生，后期下折；花两性，小苞片有1长刺，基部加厚，两旁各有1短膜质翅；花被片4~5，顶端芒尖，花后变硬，包裹果实。胞果卵状矩圆形、卵形或近球形。本属约15种。中国3种。保护区2种。

1. 叶宽卵状倒卵形或椭圆状矩圆形···········1. 土牛膝 A. aspera
1. 叶披针形或宽披针形··················2. 柳叶牛膝 A. longifolia

1. 土牛膝（倒扣草）Achyranthes aspera L.

多年生草本。叶对生，纸质，宽卵状倒卵形或椭圆状矩圆形，顶端圆钝，具突尖，有柄。穗状花序顶生。胞果卵形。花期6~8月，果期10月。

分布华南、华东及西南；印度、越南、菲律宾、马来西亚等地也有；生于山坡疏林或村庄附近空旷地。保护区村庄路边较常见。

2. 柳叶牛膝 Achyranthes longifolia (Makino) Makino

多年生草本。茎有棱角或四方形，分枝对生。叶片披针形或宽披针形，顶端尾尖。小苞片针状，基部有2耳状薄片。胞果矩圆形。花果期9~11月。

分布我国陕西及华中、华南、西南和台湾；日本也有；生于山坡。保护区偶见。

4. 莲子草属（虾钳菜属）Alternanthera Forsk.

匍匐或上升草本。茎多分枝。叶对生，全缘。花两性；头状花序，

单生在苞片腋部；花小；苞片及小苞片干膜质，宿存；花被片5。胞果球形或卵形，不裂，边缘翅状。本属约200种。中国6种。保护区2种。

1. 头状花序腋生或顶生，有或无总花梗·················
··················1. 喜旱莲子草 A. philoxeroides
1. 头状花序腋生，少数顶生，无总花梗········2. 莲子草 A. sessilis

1. 喜旱莲子草（空心莲子草）Alternanthera philoxeroides (Mart.) Griseb.

多年生草本。叶对生，矩圆形、矩圆状倒卵形，顶端具短尖，全缘，两面无毛。头状花序，单生叶腋。少见果。花期5~10月。

原产巴西；在我国逸为野生；生池沼、水沟内。保护区上水库较常见。

2. 莲子草 Alternanthera sessilis (L.) R. Br. ex DC.

多年生草本。叶对生，条状倒披针形至倒卵状矩圆形，常无毛。头状花序，腋生；苞片、小苞片、花被片均白色。胞果倒心形。花期5~7月，果期7~9月。

分布我国长江以南地区；印度、缅甸、越南、马来西亚、菲律宾等地也有；生村庄附近的草坡、水沟、田边或沼泽。保护区村旁路边较常见。

5. 千日红属 Gomphrena Mart.

叶对生，少数互生。花两性，成球形或半球形的头状花序；花被片5，相等或不等，有长柔毛或无毛。胞果球形或矩圆形，侧扁，不裂。种子凸镜状。本属约100种。我国2种。保护区1种。

银花苋（鸡冠千日红）Gomphrena celosioides Mart.

一年生草本。茎粗壮，有贴生白色长柔毛。叶纸质，长椭圆形或长圆状倒卵形，被白色柔毛。顶生球形或长圆形头状花序。胞果近球形。种子肾形。花果期2~6月。

分布我国广东、海南岛、西沙群岛、台湾；原产美洲热带，现分布世界各热带地区；生在路旁草地。保护区偶见。

64. 落葵科 Basellaceae

缠绕草质藤本。全株无毛。单叶互生，全缘；托叶无。花小，两性，稀单性，辐射对称，通常成穗状花序、总状花序或圆锥花序，稀单生；苞片3，小苞片2；花被片5，离生或下部合生，通常白色或淡红色。胞果。本科约4属25种。中国2属3种。保护区1属1种，为逸生种。

落葵属 Basella L.

一年生或二年生缠绕草本。叶互生。穗状花序腋生；花序轴粗壮，伸长；花小，无梗，通常淡红色或白色；苞片极小，早落；小苞片花后肉质，包围果实；花被短5裂。胞果球形，肉质。本属6种。中国1种。保护区有分布，为逸生种。

落葵 Basella alba L.

一年生缠绕草本。叶片卵形或近圆形，基部微心形或圆形，全缘。穗状花序腋生。果实球形，红色至深红色或黑色。花期5~9月，果期7~10月。

原产亚洲热带地区；我国南北各地多有种植，南方有逸为野生的。保护区小杉村常见。

69. 酢浆草科 Oxalidaceae

乔木或一年生或多年生草本。指状或羽状复叶或小叶萎缩而成单叶，基生或茎生；小叶通常全缘。花两性，辐射对称，单花或组成近伞形花序或伞房花序，少有总状花序或聚伞花序；萼片5，离生或基部合生；花瓣5；雄蕊10。果为开裂的蒴果或为肉质浆果。本科6~8属780余种。中国3属约13种。保护区2属3种。

1. 乔木·····································1. 阳桃属 Averrhoa
1. 草本·····································2. 酢浆草属 Oxalis

1. 阳桃属 Averrhoa L.

乔木。叶互生或近于对生；奇数羽状复叶；小叶全缘，无托叶。花小，微香，数花至多花组成聚伞花序或圆锥花序，生叶腋或枝干上；萼片5，覆瓦状排列，基部合生，红色；花瓣5。浆果肉质，下垂，有明显的3~6棱，通常5棱，横切面呈星芒状。本属2种。中国1种。保护区有分布。

* 阳桃 Averrhoa carambola L.

乔木。奇数羽状复叶，互生；小叶5~13，全缘，卵形或椭圆形。花数朵组成聚伞花序或圆锥花序。浆果肉质。花期4~12月，果期7~12月。

原产马来西亚、印度尼西亚，现广植于热带各地；我国华南有栽培或逸为野生。保护区有栽培。

2. 酢浆草属 Oxalis L.

一年生或多年生草本。茎匍匐或披散。叶互生或基生；指状复叶；通常有3小叶。花基生或为聚伞花序式，总花梗腋生或基生；花黄色、红色、淡紫色或白色；萼片5，覆瓦状排列；花瓣5，覆瓦状排列。蒴果，室背开裂。本属约700种。中国8种。保护区2种。

1. 花黄色·····································1. 酢浆草 O. corniculata
1. 花紫色至紫红色···························2. 红花酢浆草 O. corymbosa

1. 酢浆草 Oxalis corniculata L.

草本。茎细弱，多分枝，匍匐茎节上生根。叶基生或茎上互生；小叶3，无柄，倒心形。花单生或数朵集为伞形花序状。蒴果长圆柱形。花果期2~9月。

我国广布；亚洲温带和亚热带、欧洲、地中海和北美皆有分布；生山坡草池、河谷沿岸、路边、田边、荒地或林下阴湿处等地。保护区村旁路边常见。

2. 红花酢浆草 Oxalis corymbosa DC.

多年生直立草本。叶柄长，被毛；小叶3，扁圆状倒心形；托叶与叶柄基部合生。二歧聚伞花序；花瓣淡紫色至紫红色。花果期3~12月。

原产南美热带地区；我国南方逸为野生杂草；生低海拔的山地、路旁、荒地。保护区村旁路边常见。

71. 凤仙花科 Balsaminaceae

一年生或多年生草本，稀附生或亚灌木。茎常肉质。单叶互生、对生或近轮生，具带腺锯齿。花两性，单生或数花聚生，或排成总状或伞形花序；最下面萼片基部收缩成各式距；花瓣5，背面4枚侧生的花瓣成对合生成翼瓣。蒴果，4~5片弹裂，稀为浆果状核果。本科2属900余种。中国2属220余种。保护区1属3种。

凤仙花属 Impatiens L.

属的特征基本与科同。但下面4枚侧生的花瓣成对合生成翼瓣。果实为多少肉质弹裂的蒴果。本属900余种。中国220余种。保护区3种。

1. 花较多，超过5朵·····················1. 黄金凤 I. siculifer
1. 花较少，不超过5朵。
  2. 花梗细·······························2. 湖南凤仙花 I. hunanensis
  2. 花梗粗壮···························3. 管茎凤仙花 I. tubulosa

1. 黄金凤 Impatiens siculifer Hook. f.

一年生草本。叶互生，通常密集于茎或分枝的上部，边缘有粗圆齿，齿间有小刚毛。花黄色。蒴果棒状。花期 8~9 月，果期 10~12 月。

分布华东、华南、西南；常生于山坡草地、草丛、水沟边、山谷潮湿地或密林中。保护区偶见。

2. 湖南凤仙花 Impatiens hunanensis Y. L. Chen

一年生草本。叶近膜质，互生，具柄，卵形或卵状披针形，边缘具齿，齿间具细刚毛。总花梗单生于上部叶腋。花黄色。蒴果棒状。种子多数。

分布湖南、江西、广东；生山谷林下河边或岩石上。保护区偶见。

3. 管茎凤仙花 Impatiens tubulosa Hemsl.

一年生草本。叶片披针形或长圆状披针形，基部狭楔形下延，边缘具齿，两面无毛。总花梗和花序排列成总状花序；花黄色。蒴果棒状。花期 8~12 月。

分布我国浙江、福建和广东；生林下或沟边阴湿处。保护区偶见。

72. 千屈菜科 Lythraceae

草本、灌木或乔木。枝常四棱，稀具枝刺。叶对生，稀轮生或互生，全缘；托叶细小或无。花两性，通常辐射对称，稀左右对称，单生或簇生，或组成顶生或腋生的穗状花序、总状花序或圆锥花序；花萼筒状或钟状；花瓣与萼裂片同数或无花瓣；雄蕊通常为花瓣的倍数；花柱单生。蒴果。本科 31 属 625~650 种。中国 10 属约 43 种。保护区 3 属 4 种。

1. 花通常 6 基数·······················1. 萼距花属 Cuphea
1. 花通常 4~5 基数。
  2. 蒴果不规则开裂···················2. 水苋菜属 Ammannia
  2. 蒴果 2~4 瓣裂·····················3. 节节菜属 Rotala

1. 萼距花属 Cuphea Adans. ex P. Br.

草本或灌木。常具黏质腺毛。花左右对称，单生或组成总状花序，生于叶柄之间，稀腋生或腋外生；小苞片 2；萼筒延长而呈花冠状，有颜色；花瓣 6。蒴果长椭圆形。本属约 300 种。中国引种或逸生 7 种。保护区 1 种。

哥伦比亚萼距花 Cuphea carthagenensis (Jacq.) J. F. Macbr.

一年生草本。常具黏质腺毛。叶对生，薄革质，卵状披针形或披针状矩圆形，两面粗糙。花单生枝顶或叶腋。蒴果长圆形。花期 11 月至翌年 4 月。

原产巴西、墨西哥等地；华南地逸为野生。保护区旷野较常见。

2. 水苋菜属 Ammannia L.

一年生草本。枝通常具 4 棱。花小，4 基数，辐射对称，单生或组成腋生的聚伞花序或稠密花束；苞片通常 2；萼筒 4~6 裂并常有附属体；花瓣与萼裂片同数，细小，贴生于萼筒上部，稀无花瓣。蒴果球形或长椭圆形，不规则开裂。本属约 30 种。中国 4 种。保护区 2 种。

1. 聚伞花序几无总梗··················1. 水苋菜 A. baccifera
1. 聚伞花序具总梗····················2. 多花水苋 A. multiflora

1. 水苋菜 Ammannia baccifera L.

一年生草本。叶生于下部的对生，生于上部的或侧枝的有时略成互生；叶多型。数花组成腋生的聚伞花序或花束。蒴果球形。

花期 8~10 月，果期 9~12 月。

分布长江以南及陕西、河北等地；印度、东南亚、澳大利亚、非洲热带地区也有；常生于潮湿的地方或水田中，冬春始见。保护区水边湿地偶见。

2. 多花水苋 Ammannia multiflora Roxb.

草本。叶对生，膜质，长椭圆形。多花或疏散的二歧聚伞花序；萼筒钟形。蒴果扁球形。种子半椭圆形。花期 7~8 月，果期 9 月。

分布我国南部各地区；广布于亚洲、非洲、大洋洲及欧洲；常生于湿地或水田中。保护区偶见。

3. 节节菜属 Rotala L.

一年生草本，稀多年生。无毛或近无毛。花小，3~6 基数，辐射对称，单生叶腋，或组成顶生或腋生的穗状花序或总状花序，常无花梗；萼筒钟形至半球形或壶形，3~6 裂，裂片间无附属体；花瓣 3~6，细小或无。蒴果不完全为宿存的萼管包围。本属约 46 种。中国 10 种。保护区 1 种。

圆叶节节菜 Rotala rotundifolia (Buch.-Ham. ex Roxb.) Koehne

一年生草本。茎单一或稍分枝，直立，丛生。叶对生，近圆形、阔倒卵形或阔椭圆形。花单生；花瓣淡紫红色。蒴果椭圆形。花果期 12 月至翌年 6 月。

分布我国南方各地区；印度、日本及东南亚也有；生水田或潮湿的地方。保护区沟边湿地偶见。

77. 柳叶菜科 Onagraceae

一年生或多年生草本，有时为半灌木或灌木，稀为小乔木，有的为水生草本。叶互生或对生；托叶小或无。花两性，稀单性，辐射对称或两侧对称，单生于叶腋或排成顶生的穗状花序、总状花序或圆锥花序；花通常 4 数；花管存在或不存在；萼片 4 或 5；花瓣 4 或 5，或更少或无。果为蒴果，有时为浆果或坚果。本科 17 属约 650 种。中国 6 属 72 种。保护区 2 属 2 种 1 亚种。

1. 种子有种缨····················1. 柳叶菜属 Epilobium
1. 种子无种缨····················2. 丁香蓼属 Ludwigia

1. 柳叶菜属 Epilobium L.

多年生草本。常具纤维状根与根状茎。茎圆柱状或近四棱形。叶交互对生，茎上部花序上的常互生，或完全互生，边缘有细锯齿；托叶缺。花单生于茎或枝上部叶腋，排成穗状、总状、圆锥状或伞房状花序，两性，4 数，辐射状或有时两侧对称。蒴果具果梗，线形或棱形。本属约 165 种。中国 41 种。保护区 1 亚种。

腺茎柳叶菜 Epilobium brevifolium subsp. trichoneurum (Haussken.) Raven

多年生草本。茎常上升，周围尤上部被腺毛与曲柔毛。叶狭卵形至披针形，基部圆形或楔形，脉上被较密的毛。花序直立至稍下垂；花瓣粉红色至玫瑰紫色。蒴果。花期 7~9 (~10) 月，果期 9~10 月。

分布我国西北、西南、华中及华南部分地区；菲律宾（吕宋）、越南（北部）、缅甸、不丹也有分布；生山区开旷草坡、河谷与溪沟、池塘边湿润处。保护区偶见。

2. 丁香蓼属 Ludwigia L.

直立或匍匐草本，多为水生植物。叶互生或对生，常全缘；托叶早落。花单生于叶腋，或组成顶生的穗状花序或总状花序；萼片 4~5，花后宿存；花瓣与萼片同数，稀不存在，黄色，稀白色。蒴果。本属约 80 种。中国 9 种（含 1 杂交种）。保护区 2 种。

1. 幼枝及花序被微柔毛·················1. 草龙 L. hyssopifolia
1. 植物各部常被伸展的粗毛·················2. 毛草龙 L. octovalvis

1. 草龙 Ludwigia hyssopifolia (G. Don) Exell

一年生直立草本。叶披针形至线形；下面脉上疏被短毛。花腋生。蒴果近无梗。种子在蒴果上部每室排成多列。花果期几乎四季。

分布华南和台湾；南亚、东南亚至澳大利亚及非洲也有；生田边、水沟、河滩、塘边、湿草地等湿润向阳处。保护区水边湿地较常见。

2. 毛草龙 Ludwigia octovalvis (Jacq.) P. H. Raven

多年生粗壮直立草本，有时亚灌木状。叶披针形至线状披针形，两面被黄褐色粗毛。花腋生。蒴果圆柱状。花期6~8月，果期8~11月。

分布我国南方地区；除北美洲外广布；生田边、湖塘边、沟谷旁及开旷湿润处。保护区水边湿地偶见。

78. 小二仙草科 Haloragidaceae

水生或陆生草本，稀灌木状。叶互生、对生或轮生，生于水中的常为篦齿状分裂；托叶缺。花小，两性或单性，腋生，单生或簇生，或成顶生的穗状花序、圆锥花序、伞房花序；萼筒与子房合生，萼片2~4或缺；花瓣2~4或缺；雄蕊2~8，排成2轮，外轮与萼分离。果为坚果或核果状，小形，有时有翅。本科8属约100种。中国2属13种。保护区1属2种。

小二仙草属 Haloragis J. R.

陆生平卧或直立纤细草本，稀亚灌木；常具棱。叶小，在下部和幼枝常对生。花小，单生或簇生于上部叶腋，成假二歧聚伞状，多为总状花序或圆锥花序，稀成短穗状花序；萼管具棱；花瓣4~8或缺。果小，坚果状。本属约35种。中国2种。保护区有分布。

1. 花黄色·················1. 黄花小二仙草 G. chinensis
1. 花红色·················2. 小二仙草 G. micrantha

1. 黄花小二仙草 Haloragis chinensis (Lour.) Orchard

多年生细弱陆生草本。叶对生，近无柄，条状披针形至矩圆形。花序为纤细的总状及穗状花序组成顶生的圆锥花序。坚果极小。花期春夏秋季，果期夏秋季。

分布我国南方地区；东南亚及澳大利亚也有；生潮湿的荒山草丛中。保护区偶见。

2. 小二仙草 Haloragis micrantha Thunb.

多年生陆生草本。叶对生，卵形或卵圆形，两面无毛；具短柄。花序为顶生的圆锥花序。坚果极小。花期4~8月，果期5~10月。

分布我国黄河以南地区；东亚、东南亚及澳大利亚也有；生荒山草丛中。保护区桂峰山偶见。

81. 瑞香科 Thymelaeaceae

落叶或常绿灌木或小乔木，稀草本。单叶互生或对生；叶片革质或纸质，稀草质，全缘；羽状脉；具短叶柄；无托叶。花辐射对称，两性或单性，雌雄同株或异株，花序各异；花萼通常为花冠状，基部连合，裂片4~5；花瓣常缺；雄蕊通常为萼裂片的2倍或同数。浆果、核果或坚果，稀为2瓣开裂的蒴果。本科约48属650种以上。中国9属115种。保护区2属5种。

1. 叶多为互生，少对生··············1. 瑞香属 Daphne
1. 叶多为对生，少互生··············2. 荛花属 Wikstroemia

1. 瑞香属 Daphne L.

叶互生，稀近对生；具短柄；无托叶。花通常两性，稀单性，通常组成顶生头状花序；花白色、玫瑰色、黄色或淡绿色；花萼顶端4裂，稀5裂，萼筒常宿存；无花瓣。浆果肉质或干燥而革质。本属约70种。中国38种。保护区2种。

1. 叶两面被白色丝状粗毛·············1. 长柱瑞香 D. championi
1. 叶两面无毛··············2. 白瑞香 D. papyracea

1. 长柱瑞香 Daphne championi Benth.

常绿灌木。叶互生，近纸质或近膜质，椭圆形或近卵状椭圆形，

两面被白毛。花白色，腋生或侧生。花期2~4月。

分布我国南方地区；生丘陵山地灌丛中。保护区山地林中较常见。

2. 白瑞香 Daphne papyracea Wall. ex G. Don

常绿灌木。叶互生，密集于小枝顶端，膜质或纸质。花白色，多花簇生于小枝顶端成头状花序。果实为浆果。种子圆球形。花期11月至翌年1月，果期4~5月。

分布我国长江以南等地区；克什米尔、印度、尼泊尔、不丹也有；生肥沃湿润的山地密林下或灌丛中。保护区偶见。

2．荛花属 Wikstroemia Endl.

乔木，灌木或亚灌木。具木质根茎。叶对生或少有互生。花序短总状、穗状或头状，顶生，稀腋生；无苞片；萼筒管状、圆筒状或漏斗状，顶端4裂，稀5裂；无花瓣。核果，基部常宿存花萼包裹。本属约70种。中国49种。保护区3种。

1. 花萼无毛。
  2. 花序梗较粗壮，长不超过0.5cm············1. 卫矛科 W. indica
  2. 花序梗纤细，长约在1cm以上············2. 细轴荛花 W. nutans
1. 花萼被毛·······················3. 北江荛花 W. monnula

1. 了哥王 Wikstroemia indica (L.) C. A. Mey

灌木。小枝红褐色，无毛。叶对生，纸质至近革质，倒卵形、长圆形至披针形，无毛。花黄绿色。核果椭圆形。花期3~4月，果期8~9月。

分布我国南方地区；越南、印度、菲律宾等地也有；喜生于海拔1500m以下地区的开阔林下或石山上。保护区小杉村较常见。

2. 细轴荛花 Wikstroemia nutans Champ. ex Benth.

灌木。小枝红褐色，无毛。叶对生，膜质至纸质，卵形、卵状椭圆形至卵状披针形。花黄绿色。核果椭圆形。花期1~4月，果期5~9月。

分布华东、华南；越南也有；生丘陵山地常绿阔叶林中。保护区较常见。

3. 北江荛花 Wikstroemia monnula Hance

灌木。小枝暗绿色，被短柔毛。叶对生或近对生，纸质或坚纸质，卵状椭圆形至椭圆形，十几朵组成顶生总状花序。核果卵圆形。花期4月，果期7~8月。

分布我国南方地区；喜生于山区坡地、灌丛中或路旁。保护区桂峰山偶见。

83. 紫茉莉科 Nyctaginaceae

草本、灌木或乔木，有时攀援状。叶互生或对生；无托叶。花单生、簇生或成聚伞花序、伞形花序；花辐射对称，两性，具各色总苞；花单被，常花冠状，顶部5~10裂；花瓣缺。瘦果。本科约30属300种。中国6属13种。保护区1属1种。

紫茉莉属 Mirabilis L.

一年生或多年生草本。根肥壮。单叶对生。花两性，1至数花簇生枝端或腋生；每花基部包以1~5深裂的萼状总苞，裂片直立，渐尖，折扇状；花被各色，花被筒伸长，顶端5裂。果球形或倒卵球形。本属50种。中国1种。保护区有分布。

* **紫茉莉 Mirabilis jalapa L.**

一年生草本。叶片卵形或卵状三角形，全缘，两面均无毛。花常数朵簇生枝端。瘦果球形。花期6~10月，果期8~11月。

原产热带美洲；我国南北各地常有栽培或逸为野生。保护区有栽培。

84. 山龙眼科 Proteaceae

乔木或灌木，稀多年生草本。叶互生，稀对生或轮生，全缘或各式分裂；无托叶。花两性，稀单性，辐射对称或两侧对称，排成总状、穗状或头状花序，腋生或顶生，有时生于茎上；花被片4；雄蕊4；花柱细长。蓇葖果、坚果、核果或蒴果。种子有时具翅。本科约80属1700种。中国3属27种。保护区1属2种。

山龙眼属 Helicia Lour.

总状花序，腋生或生于枝上，稀近顶生。花两性，辐射对称；花梗通常双生；花被管花蕾时直立，细长，开花时花被片分离，外卷。坚果，不分裂。本属约97种。中国20种。保护区2种。

1. 叶芽无毛··················1. 小果山龙眼 H. cochinchinensis
1. 叶芽有毛··················2. 网脉山龙眼 H. reticulata

1. 小果山龙眼（越南山龙眼）**Helicia cochinchinensis Lour.**

常绿乔木或灌木。叶薄革质或纸质，长椭圆形至倒卵状长披针形，小树叶常有齿，大树叶则多全缘。总状花序腋生。坚果椭圆状。花期6~10月，果期11月至翌年3月。

分布于我国南方地区；越南、日本也有；生丘陵山地湿润常绿阔叶林中。保护区桂峰山较常见。

2. 网脉山龙眼 Helicia reticulata W. T. Wang

常绿乔木或灌木。叶革质或近革质，长圆形、卵状长圆形、倒卵形或倒披针形。总状花序腋生或生于小枝。果椭圆状。花期5~7月，果期10~12月。

分布我国南方地区；生丘陵山地常绿阔叶林中。保护区林中极常见。

88. 海桐花科 Pittosporaceae

常绿乔木或灌木。秃净或被毛，偶有刺。叶互生，稀对生，革质，全缘，稀有齿或分裂；无托叶。花通常两性，有时杂性，辐射对称，稀左右对称，花5基数，单生或为伞形花序、伞房花序或圆锥花序；有苞片及小苞片；萼片常分离，或略连合；花瓣分离或连合；雄蕊与萼片对生。蒴果沿腹缝裂开，或为浆果。本科9属约360种。中国1属46种。保护区1属1种1变种。

海桐花属 Pittosporum Banks

叶互生，常簇生于枝顶呈对生或假轮生状。花两性，稀为杂性，单生或排成伞形、伞房或圆锥花序，生于枝顶或近顶叶腋；花5基数。蒴果椭圆形或圆球形。本属约300种。中国46种。保护区1种1变种。

1. 花序伞形，1~4个簇生于枝顶叶腋，多花············
···················1. 狭叶海桐 P. glabratum var. neriifolium
1. 花假伞形状，3~5朵生于枝顶叶腋内···2. 少花海桐 P. pauciflorum

1. 狭叶海桐 Pittosporum glabratum var. neriifolium Rehder et E. H. Wilson

灌木。叶带状或狭窄披针形，长 6~18cm，无毛。伞形花序顶生，花 5 基数。蒴果椭圆形。果梗短而粗壮。种子红色。

分布华中、华南及贵州；生常绿阔叶林。保护区偶见。

2. 少花海桐 Pittosporum pauciflorum Hook. et Arn.

灌木。叶散布于嫩枝上，有时呈假轮生状，革质，狭窄矩圆形，或狭窄倒披针形。花 3~5 朵生于枝顶叶腋内。蒴果椭圆形或卵形。花期 4~5 月，果期 5~10 月。

分布于华东、华南。保护区山谷偶见。

93. 大风子科 Flacourtiaceae

单叶，互生，稀对生和轮生，全缘或有齿，常有腺体或腺点。花小，单生或簇生；顶生或腋生，总状、圆锥或团伞花序；萼片 2~7 或更多；花瓣 2~7，稀更多或缺。果实为浆果和蒴果，稀为核果和干果。本科约 87 属 900 余种。中国 12 属约 39 种。保护区 1 属 1 种。

山桂花属 Bennettiodendron Merr.

乔木或灌木。单叶互生或螺旋状排列；羽状脉或为五出脉；有叶柄。托叶缺。花小，单性，雌雄异株；圆锥花序或总状花序；萼片小，通常 3，早落，稀宿存；花瓣缺。浆果小，干果状，球形。本属 2~3 种。中国 1 种。保护区有分布。

山桂花（短柄山桂花） **Bennettiodendron leprosipes** (Clos) Merr.

常绿灌木或小乔木。叶纸质，长圆状披针形至倒卵状披针形，边缘有疏钝齿，两面无毛。圆锥花序顶生。浆果圆形。花期春季，果期 7~10 月。

分布我国南方地区；印度、缅甸、马来西亚、泰国、印度尼西亚等国家也有；生山地常绿阔叶林中。保护区山谷偶见。

94. 天料木科 Samydaceae

乔木或灌木。单叶，互生，二列，常有透明腺点或线条；具羽状脉。花小，两性，辐射对称，排成总状花序、圆锥花序或团伞花序；萼片 4~7，罕更多，下部合生；花瓣与萼片同数，稀较多或无，常宿存；雄蕊定数或不定数，退化雄蕊通常存在，有或无花盘；花柱单一或 3~5。果不开裂或开裂。本科约 17 属 400 种。中国 2 属 18 种。保护区 2 属 2 种。

1. 花无花瓣 ·························· 1. 脚骨脆属 Casearia
1. 花有花瓣，并有花瓣与萼片之分 ········ 2. 天料木属 Homalium

1. 脚骨脆属 Casearia Jacq.

小乔木或灌木。单叶互生，全缘或具齿。花小，两性，稀单性，少数或多数，形成团伞花序，稀退化为单生；花梗短；萼片 4~5；花瓣缺。蒴果，肉质、革质到坚硬，瓣裂。本属 160 余种。中国 6 种。保护区 1 种。

爪哇脚骨脆 Casearia velutina Bl.

小乔木。小枝常呈"之"字形。叶纸质，长椭圆形，上面幼时被毛，下面密被黄褐色长柔毛。花多朵簇生叶腋。蒴果长椭圆形。花期3~5月，果期6~8月。

分布华南、华东及西南地区；越南也有；生丘陵山地湿润常绿阔叶林。保护区常见。

2. 天料木属 Homalium Jacq.

单叶互生稀对生或轮生，具齿。花两性，细小，多数，通常数花簇生或单生且排成顶生或腋生的总状花序或圆锥花序；萼片宿存；花瓣常与萼片同数，相似，着生于花萼的喉部。蒴果革质。本属约180种。中国12种。保护区1种。

天料木 Homalium cochinchinense (Lour.) Druce

落叶小乔木或灌木。叶纸质，宽椭圆状长圆形至倒卵状长圆形；两面叶脉被短柔毛。花单朵或簇生排成总状；花瓣白色。蒴果倒圆锥状。花期全年，果期9~12月。

分布华东、华中、华南地区；越南也有；生丘陵山地灌丛或阔叶林中。保护区上水库偶见。

103. 葫芦科 Cucurbitaceae

一年生或多年生草质或木质藤本，极稀为灌木或乔木状。须根或块根。具卷须，罕无。叶互生，不分裂或分裂，多具齿；无托叶；具叶柄；掌状脉。花单性（罕两性），常较大，雌雄同株或异株，单生、簇生，或集成总状、圆锥或近伞形花序；花萼和花瓣基部多合生成筒状或钟状。果肉质浆果状或果皮木质。本科约123属800多种。中国35属151种。保护区野生5属9种。

1. 花冠裂片流苏状··················1. 栝楼属 Trichosanthes
1. 花冠裂片全缘。
　2. 雄蕊5··························2. 赤瓟属 Thladiantha
　2. 雄蕊3。
　　3. 叶鸟足状，3~7 (~9) 小叶·······3. 绞股蓝属 Gynostemma
　　3. 叶不为鸟足状。
　　　4. 雄花序总状聚伞花序或近伞形花序，雌花单生或少数几朵呈伞房状············4. 马㼎儿属 Zehneria
　　　4. 雄花簇生，雌花单生或簇生········5. 帽儿瓜属 Mukia

1. 栝楼属 Trichosanthes L.

一年生或具块状根的多年生藤本。单叶互生；叶片通常卵状心形或圆心形，全缘或3~9裂，边缘具细齿。卷须二至五歧，稀单一。花雌雄异株或同株；花冠白色，稀红色。浆果，球形、卵形或纺锤形。本属约100种。中国33种。保护区3种。

1. 种子横长圆形或倒卵状三角形，3室······1. 全缘栝楼 T. pilosa
1. 种子椭圆形、卵状椭圆形或长圆形，1室。
　2. 指状复叶具小叶3~5···············2. 趾叶栝楼 T. pedata
　2. 单叶，深裂····················3. 中华栝楼 T. rosthornii

1. 全缘栝楼 Trichosanthes pilosa Lour.

藤本。茎细弱，具纵棱，被毛。叶纸质，卵状心形至近圆心形。花雌雄异株。果实卵圆形或纺锤状椭圆形。花期5~9月，果期9~12月。

分布华南、西南地区；喜马拉雅地区、东南亚和日本也有；生山地山谷丛林中、山坡疏林或灌丛中或林缘。保护区林缘偶见。

2. 趾叶栝楼 Trichosanthes pedata Merr. et Chun

草质攀援藤本。小叶片膜质或近纸质，中小叶常披针形或长圆状倒披针形。花雌雄异株；花冠白色。果实球形。花期6~8月，果期7~12月。

分布我国江西、湖南、广东、广西和云南；越南也有；生山谷疏林中、灌丛或路旁草地中。保护区偶见。

3. 中华栝楼 Trichosanthes rosthornii Harms

攀援藤本。叶片纸质，阔卵形至近圆形，3~7深裂，常5深裂，裂片披针状。花雌雄异株。果实球形或椭圆形。花期6~8月，果期8~10月。

分布我国陕西和甘肃南部及长江以南地区；生山谷密林中、山坡灌丛中及草丛中。保护区上水库偶见。

2. 赤瓟属 Thladiantha Bunge

多年生或稀一年生草质藤本，攀援或匍匐。卷须单一或二歧。叶绝大多数为单叶，心形，边缘有锯齿。雌雄异株；雄花序总状或圆锥状，稀为单生；雌花单生、双生或3~4朵簇生于一短梗上。果实中等大，浆质。本属23种。中国23种。保护区2种。

1. 叶较大，长8~15cm·················1. 大苞赤瓟 T. cordifolia
1. 叶较小，长 (3~) 5~10cm·············2. 球果赤瓟 T. globicarpa

1. 大苞赤瓟 Thladiantha cordifolia (Bl.) Cogn.

攀援藤本。叶片膜质，卵状心形，边缘有疏齿，基部心形。雌雄异株；花冠黄色。浆果卵球形或球形。花果期夏秋季。

分布华中、华南及西藏；越南、印度、老挝也有；生山坡林下、沟谷灌丛及水沟旁。保护区沟边偶见。

2. 球果赤瓟 Thladiantha globicarpa A. M. Lu et Z. Y. Zhang

攀援藤本。叶片膜质，卵状心形，边缘有小细齿，基部心形。雌雄异株。果实卵球形或球形。种子宽三角状卵形。花果期夏秋季。

分布我国贵州、广西、湖南和广东；生海拔200~1200m的山坡林下、沟谷灌丛及水沟旁。保护区偶见。

3. 绞股蓝属 Gynostemma Bl.

多年生攀援草本。叶互生，鸟足状，具3~9小叶；小叶片卵状披针形。花雌雄异株，组成腋生或顶生圆锥花序；花梗具关节，基部具小苞片；花冠辐状，淡绿色或白色，5深裂。浆果或蒴果。本属约17种。中国14种。保护区2种。

1. 小叶3···························1. 光叶绞股蓝 G. laxum
1. 小叶通常3~9··················2. 绞股蓝 G. pentaphyllum

1. 光叶绞股蓝 Gynostemma laxum (Wall.) Cogn.

攀援草本。叶纸质，鸟足状，具小叶3；中央小叶片长圆状披针形。花雌雄异株；雄圆锥花序顶生或腋生。浆果球形。花期8月，果期8~9月。

分布我国南亚热带以南地区；南亚及东南亚也有；生中海拔地区的沟谷密林或石灰山混交林中。保护区沟谷林中偶见。

2. 绞股蓝 Gynostemma pentaphyllum (Thunb.) Makino

草质攀援植物。叶膜质或纸质，鸟足状，具3~9小叶；小叶片卵状长圆形或披针形。花雌雄异株。果实肉质，不裂。种子卵状心形。花期3~11月，果期4~12月。

分布我国陕西南部和长江以南各地区；印度、尼泊尔、孟加拉国、斯里兰卡、缅甸、老挝、越南、马来西亚、印度尼西亚（爪哇）、新几内亚、朝鲜和日本等地也有；生山谷密林中、山坡疏林、灌丛中。保护区偶见。

葫芦科 Cucurbitaceae / 秋海棠科 Begoniaceae

4. 马㼎儿属 Zehneria Endl.

攀援或匍匐草本,一年生或多年生。有叶柄。雄花序总状或近伞房状；花萼钟状，裂片5；花冠钟状，黄色或黄白色，裂片5；雌花单生或少数几朵呈伞房状。果实圆球形或长圆形或纺锤形，不开裂。本属约55种。中国4种。保护区1种。

马㼎儿 Zehneria japonica (Thunb.) H. Y. Liu

攀援或平卧草本。叶膜质，多型，无毛。雌花与雄花同一叶腋内单生或稀双生。果实长圆形或狭卵形。花期4~7月，果期7~10月。

分布我国长江以南地区；日本、朝鲜及东南亚也有；常生于林中阴湿处以及路旁、田边及灌丛中。保护区桂峰山偶见。

5. 帽儿瓜属 Mukia Arn.

一年生攀援草本。茎有棱。叶片常3~7浅裂，基部心形。卷须不分歧。花单性，雌雄同株；花小；雄花簇生叶腋；雌花单生或数朵与雄花簇生同一叶腋；花萼钟形，裂片5；花冠辐状，5深裂，黄色。浆果长圆形或球形。本属约3种。中国2种。保护区1种。

爪哇帽儿瓜 Mukia javanica (Miq.) C. Jeffrey

一年生攀援草本。叶常3~5裂；中间的裂片较长，卵状三角形；侧裂片较小，宽三角形。雌雄同株。浆果长圆形。花期4~7月，果期7~10月。

分布我国南亚热带以南地区；越南、印度、爪哇也有；常生于山地林下阴处及山坡草地。保护区林缘路边偶见。

104. 秋海棠科 Begoniaceae

多年生肉质草本，稀为亚灌木。单叶互生，稀复叶，边缘具齿或分裂，极稀全缘，通常基部偏斜；具长柄；托叶早落。花单性，雌雄同株，偶异株，通常组成聚伞花序；花被片花瓣状，离生，稀合生。蒴果，稀浆果状，常具不等大3翅，稀无翅而带棱。种子极多数。本科约5属1000多种。中国1属130多种。保护区1属2种1变种。

秋海棠属 Begonia L.

多年生肉质草本，罕亚灌木。单叶，稀复叶，互生或全部基生；叶片常偏斜，边缘常具疏浅齿，浅至深裂，稀全缘；具长柄；托叶早落。花单性，多雌蕊同株，罕异株，数花组成聚伞花序，稀圆锥状；花被片花冠状，对生。蒴果。本属约800多种。中国约130多种。保护区2种1变种。

1. 子房3室·······························1. 紫背天葵 B. fimbristipula
1. 子房2室。
  2. 叶片上面被长硬毛················2. 裂叶秋海棠 B. palmata
  2. 叶片上面密被短小的硬毛，偶混有长硬毛···············
　　　　　　·················3. 红孩儿 B. palmata var. bowringiana

1. 紫背天葵 Begonia fimbristipula Hance

多年生无茎草本。叶基生，具长柄；叶片轮廓宽卵形，两面被疏毛。花粉红色，二至三回二歧聚伞状花序。蒴果下垂。花期5月，果期6月开始。

分布我国南方各地区；生山地山顶疏林下石上、悬崖石缝中、山顶林下潮湿岩石上和山坡林下。保护区上水库偶见。

2. 裂叶秋海棠 Begonia palmata D. Don

多年生直立草本。茎生叶互生；叶片斜卵形或偏圆形，边缘有疏齿。花呈二至三回二歧聚伞状花序。蒴果下垂。花期8月，果期9月开始。

分布我国西藏、云南、广东；喜马拉雅地区和越南也有；喜阴湿环境。保护区鱼洞村偶见。

3. 红孩儿 Begonia palmata var. bowringiana (Champ. ex Benth.) J. Golding et C. Kareg.

与裂叶秋海棠的主要区别在于：红孩儿叶片上面密被短小的硬毛，偶混有长硬毛。

分布我国南方地区；喜阴湿环境；保护区上水库偶见。

107. 仙人掌科 Cactaceae

草本、灌木或乔木。叶全缘或圆柱状、针状、钻形至圆锥状，互生。花通常单生；无梗，稀具梗并组成总状、聚伞状或圆锥状花序，两性花。浆果肉质。本科108属近2000种。我国引种60余属600种以上（其中4属7种在南部及西南部归化）。保护区1属1种。

量天尺属 Hylocereus (A. Berg.) Britt. et Rose

茎三棱形，有节段；叶退化。本属约18种。我国引种栽培5种（其中，1种常见栽培并归化）。保护区1种。

* 量天尺 Hylocereus undatus (Haw.) Britton et Rose

攀援肉质灌木。分枝多数，具3角或棱，棱常翅状，边缘波状或圆齿状；小窝沿棱排列，每小窝具1~3开展的硬刺。花漏斗状。浆果红色。花果期5~9月。

在我国福建（南部）、广东（南部）、海南、台湾以及广西（西南部）逸为野生；分布中美洲至南美洲北部，世界各地有广泛栽培。保护区偶见。

108. 山茶科 Theaceae

常绿半常绿乔木或灌木。叶革质，互生，羽状脉，全缘或有锯齿，具柄，无托叶。花两性，稀单性而雌雄异株，单生或数花簇生，有柄或无柄，具苞片；萼片5至多片；花瓣5至多片，白色，或红色及黄色；雄蕊多数。果为蒴果，或不分裂的核果及浆果状。本科约36属700种。中国15属480余种。保护区9属28种1变种。

1. 雄蕊多轮，花丝长；子房上位；蒴果或核果。
  2. 果为不开裂的核果··················1. 核果茶属 Pyrenaria
  2. 果为蒴果。
    3. 萼片常多于5，宿存或脱落··········2. 山茶属 Camellia
    3. 萼片5数，宿存。
      4. 蒴果有宿存中轴··················3. 木荷属 Schima
      4. 蒴果无中轴······················4. 紫茎属 Stewartia
1. 雄蕊1~2轮，花丝短；子房下位或半下位；浆果或闭果。
  5. 花单生于叶腋。
    6. 花杂性，花药有短芒，子房上位，花瓣近离生··········5. 厚皮香属 Ternstroemia
    6. 花两性，花药有长芒，子房半下位，花瓣下半部连合··········6. 茶梨属 Anneslea
  5. 花数朵腋生。
    7. 花单性，花药无毛亦无芒··········7. 柃木属 Eurya
    7. 花两性，花药被长毛，药格多少有芒。
      8. 子房3~5室，胚珠20~100，花柱全缘··········8. 杨桐属 Adinandra
      8. 子房2~3室，胚珠8~16，花柱2~3裂··········9. 红淡比属 Cleyera

1. 核果茶属 Pyrenaria Bl.

常绿乔木。叶革质，长圆形，有锯齿，羽状脉；具柄。花白色或黄色，有短柄；苞片2；萼片5(~6)，卵形或叶状，常宿存；花瓣5(~6)，基部连生。核果，不开裂；内果皮骨质。本属约20种。中国7种。保护区2种。

1. 蒴果小，三角球形··················1. 小果核果茶 P. microcarpa
1. 蒴果较大，常为球形··················2. 大果核果茶 P. spectabilis

秋海棠科 Begoniaceae/ 仙人掌科 Cactaceae/ 山茶科 Theaceae

1. 小果核果茶 Pyrenaria microcarpa (Dunn) H. Keng

乔木。叶革质，椭圆形至长圆形，长 4.5~12cm，顶端尖锐，边缘有细锯齿。花细小，白色。蒴果三角球形。花期 6~7 月。

分布华东、华南及海南、云南；生阔叶林中。保护区林中偶见。

2. 大果核果茶（石笔木）Pyrenaria spectabilis (Champ. ex Benth.) C. Y. Wu et S. X. Yang

乔木。叶厚革质，椭圆形；叶背无毛，发亮，边缘有细锯齿。花单生枝顶，白色。蒴果球形，直径 4~7cm，有灰色毛。花期 6 月。

分布我国广东、福建；生山谷、溪边和杂木林下。保护区溪边林中偶见。

2. 山茶属 Camellia L.

常绿灌木。叶多为革质，有锯齿；羽状脉。花两性，顶生或腋生，单花或 2~3 朵并生，有短柄；具苞片；萼片常 5~6；花瓣 5~12，栽培种常为重瓣，覆瓦状排列。果为蒴果。本属约 280 种。中国 238 种。保护区 5 种。

1. 果较大，直径2~4cm·················1. 油茶 C. oleifera
1. 果较小，直径一般小于2cm。
　2. 子房 3 室均能育·················2. 茶 C. sinensis
　2. 子房仅 1 室发育。
　　3. 叶下面无毛·················3. 尖连蕊茶 C. cuspidata
　　3. 叶下面有毛。
　　　4. 萼片线状披针形·················4. 柳叶毛蕊茶 C. salicifolia
　　　4. 萼片圆形或卵形·················5. 广东毛蕊茶 C. melliana

1. 油茶 Camellia oleifera Abel

常绿灌木或中乔木。叶革质，椭圆形、长圆形或倒卵形。花顶生，花瓣白色。蒴果球形或卵圆形。花期冬春间，果期 9~10 月。

从我国长江流域到华南各地广泛栽培，或逸为野生。保护区山坡灌丛较常见。

2. 茶（茶叶）Camellia sinensis (L.) Kuntze

常绿灌木或小乔木。叶革质，长圆形或椭圆形，上面发亮，边缘有锯齿。花腋生。蒴果球形。花期 10 月至翌年 2 月。

多栽培，也有野生，遍见于我国长江以南各地；印度、日本、韩国、老挝、缅甸、泰国、越南也有；生于丘陵山地灌丛、林内、沟边等。保护区偶见。

3. 尖连蕊茶 Camellia cuspidata (Kochs) H. J. Veitch.

常绿灌木。叶革质，卵状披针形或椭圆形，长5~8cm，无毛。花单独顶生；花萼杯状；花冠白色。蒴果圆球形，1室。花期4~7月。

分布我国南方及陕西；生丘陵山地阔叶林中。保护区偶见。

4. 柳叶毛蕊茶 Camellia salicifolia Champ. ex Benth.

灌木至小乔。叶薄纸质，披针形，顶端尾状渐尖，边缘密生细齿。花顶生及腋生；花冠白色。蒴果圆球形或卵圆形。花期8~11月。

分布我国广东、江西、湖南、台湾、福建及广西；生森林、灌木丛中。保护区可见。

5. 广东毛蕊茶 Camellia melliana Hand.-Mazz.

常绿灌木。叶长圆披针形，薄革质，基部圆形。花生枝顶叶腋，常与营养枝芽体同时开放；花冠白色。蒴果近球形。种子1。

分布我国广东；生丘陵山地疏林中。保护区小杉村常见。

3. 木荷属 Schima Reinw.

乔木。叶常绿，全缘或有锯齿；有柄。花大，两性，单生于枝顶叶腋，白色；有长柄；苞片2~7，早落；萼片5，革质，覆瓦状排列，离生或基部连生，宿存；花瓣5，最外1片风帽状。蒴果球形，木质。本属约30种。中国21种。保护区2种。

1. 萼片圆形，花瓣长2cm ············ 1. 疏齿木荷 S. remotiserrata
1. 萼片半圆形，花瓣长1~1.5cm ············ 2. 木荷 S. superba

1. 疏齿木荷 Schima remotiserrata Hung T. Chang

常绿乔木。全体除萼片内面有绢毛外秃净无毛。叶厚革质，长圆形或椭圆形，边缘有疏钝齿。花6~7朵簇生于枝顶叶腋。蒴果。花期8~9月，果期10~11月。

分布华南及福建；生高海拔阔叶林中。保护区蓄能水电站较常见。

2. 木荷 Schima superba Gardn et Champ.

常绿大乔木。叶革质或薄革质，椭圆形，边缘有钝齿。花生于枝顶叶腋。蒴果球形。花期6~8月，果期10~12月。

分布华东、华南地区；生亚热带丘陵山地各处。保护区阔叶林优势种。

4. 紫茎属 Stewartia L.

常绿或落叶乔木。叶薄革质，半常绿，有锯齿；叶柄无翅，不对折。花单生于叶腋，有短柄；苞片2，宿存；萼片5，宿存；花瓣5，白色，基部连生。蒴果阔卵圆形，先端尖，略有棱。本属15种。中国10种。保护区1种。

柔毛紫茎 Stewartia villosa Merr.

乔木。嫩枝、叶均有披散柔毛，老叶变秃净。叶革质，长圆形，边缘有锯齿。花单生；花瓣黄白色。蒴果长1.8cm。花期6~7月。

分布我国广东、广西地区；生林中。保护区鱼洞村偶见。

5. 厚皮香属 Ternstroemia Mutis ex L. f.

常绿乔木或灌木。叶革质，单叶，螺旋状互生，全缘或具不明显腺状齿刻；有叶柄。花两性、杂性或单性和两性异株，通常单生于叶腋或侧生于无叶的小枝上，有花梗；小苞片2，近对生，宿存；萼片5，稀为7，基部稍合生，宿存；花瓣5，基部合生，覆瓦状排列。果为不开裂的浆果，稀可作不规则开裂。本属约90种。中国14种。保护区1种。

厚皮香 Ternstroemia gymnanthera (Wight et Arn.) Bedd

常绿灌木或小乔木。叶革质或薄革质，稀上半部疏生浅齿，齿尖具黑色小点。花两性或单性。浆果圆球形。花期5~7月，果期8~10月。

广泛分布我国长江以南地区；东南亚也有；多生于山地林中、林缘路边或近山顶疏林中。保护区上水库林中较常见。

6. 茶梨属 Anneslea Wall.

叶互生，常聚生于枝顶，革质，全缘，稀具齿尖。花两性，着生于枝顶的叶腋，单生或数朵排成近伞房花序状；花梗通常粗长；苞片2，宿存或半宿存；萼片5，宿存；花瓣5，覆瓦状排列。果不开裂，外果木质。本属约4种。中国1种。保护区有分布。

茶梨 Anneslea fragrans Wall.

灌木至乔木。叶革质，通常聚生枝顶，呈假轮生状，叶形变异大，常椭圆状。花数朵至10多朵聚生于枝端或叶腋。果实浆果状。花期1~3月，果期8~9月。

分布我国南方地区；东南亚及缅甸、尼泊尔也有；生山坡林中或林缘沟谷地，喜阴湿。保护区上水库偶见。

7. 柃木属 （柃属） Eurya Thunb.

常绿灌木或小乔木，稀为大乔木。叶互生，常二列，边缘具齿，稀全缘；通常具柄。花单性，较小，1至数朵簇生于叶腋或生于无叶小枝的叶痕腋；小苞片2，互生；萼片5，宿存；花瓣5。浆果圆球形至卵形。本属约130种。中国94种。保护区12种1变种。

1. 花药具分格。
 2. 子房和果实均被柔毛················1. 二列叶柃 E. distichophylla
 2. 子房和果实均无毛。
  3. 嫩枝无毛···························2. 格药柃 E. muricata
  3. 嫩枝有毛。
   4. 叶下面无毛·······················3. 尖叶毛柃 E. acuminatissima
   4. 叶下面疏背短柔毛·················4. 尖萼毛柃 E. acutisepala
1. 花药不具分格。
 5. 花柱长0.5~1mm。
  6. 花柱分离·························5. 黑柃 E. macartneyi
  6. 花柱3浅裂。
   7. 嫩枝和顶芽均密被披散柔毛········6. 粗枝腺柃 E. glandulosa
   7. 嫩枝和顶芽均无毛。
    8. 叶基部微心形·····················7. 红褐柃 E. rubiginosa
    8. 叶基部楔形或圆形················
      ·····················8. 窄基红褐柃 E. rubiginosa var. attenuate
 5. 花柱长2~4mm。
  9. 嫩枝圆柱形。
   10. 雄蕊约20······················9. 岗柃 E. groffii
   10. 雄蕊10~15···················10. 细枝柃 E. loquaiana
  9. 嫩枝有2~4棱。
   11. 果实卵状椭圆形至长卵形······11. 丛化柃 E. metcalfiana
   11. 果实圆球形。
    12. 嫩枝和顶芽被短柔毛·········12. 米碎花 E. chinensis
    12. 嫩枝和顶芽均无毛············13. 细齿叶柃 E. nitida

1. 二列叶柃 Eurya distichophylla Hemsl.

常绿灌木或小乔木。叶坚纸质，卵状披针形或卵状长圆形。花1~3朵簇生于叶腋；花瓣白色带蓝色。浆果小。花期10~12月，果期翌年6~7月。

分布华南地区；越南也有；多生低山丘陵的山坡路旁或沟谷溪边阴湿地的疏林、密林和灌丛中。保护区安山村东门山可见。

2. 格药柃 Eurya muricata Dunn

灌木或小乔木。叶革质，稍厚，长圆状椭圆形或椭圆形。花1~5朵簇生叶腋；花瓣5，白色。果实圆球形。花期9~11月，果期翌年6~8月。

分布我国南方地区；多生于丘陵山地山坡林中或林缘灌丛中。保护区小杉村少见。

3. 尖叶毛柃 Eurya acuminatissima Merr. et Chun

灌木或小乔木。叶坚纸质或薄革质，卵状椭圆形，两面无毛。花1~3朵腋生；花瓣5，白色。果疏被毛。花期9~11月，果期翌年7~8月。

分布我国广东、广西、湖南及贵州；多生于山地、溪边沟谷密林或疏林中，也常见于山坡林缘阴湿处。保护区上水库少见。

4. 尖萼毛柃 Eurya acutisepala Hu et L. K. Ling

灌木或小乔木。叶薄革质，长圆形或倒披针状长圆形，下面疏被毛。花2~3朵腋生；花瓣5，白色。果疏被毛。花期10~11月，果期翌年6~8月。

分布我国华南地区；多生于山地密林中或沟谷溪边林下阴湿地。保护区上水库少见。

5. 黑柃 Eurya macartneyi Champ.

常绿小乔木或灌木。叶革质，长圆状椭圆形或椭圆形，两面无毛。花1~4朵簇生于叶腋。浆果圆球形。花期11月至翌年1月，果期6~8月。

分布华南地区；多生于低山丘陵沟谷密林或疏林中。保护区阔叶林中较常见。

6. 粗枝腺柃 Eurya glandulosa Merr.

常绿灌木。叶革质或近革质，长圆形或椭圆形，略大，上面常具金黄色腺点。雌花1~2朵腋生。浆果小。花期10~11月，果期翌年4~6月。

分布我国广东、福建；生山谷路旁或沟谷林缘、林中。保护区偶见。

7. 红褐柃 Eurya rubiginosa H. T. Chang

灌木。叶革质，卵状披针形。花1~3朵簇生于叶腋；雄花萼顶端圆。果实圆球形或近卵圆形。花期10~11月，果期翌年4~5月。

我国广东特产。保护区山地山坡疏林中或林缘沟谷路旁常见。

8. 窄基红褐柃 Eurya rubiginosa var. attenuate H. T. Chang

与红褐柃的主要区别在于：叶片较窄；侧脉斜出；有显著叶柄以及萼片无毛。花柱有时几分离。花期10~11月，果期翌年5~8月。

分布我国长江以南地区；多生于山地林中、林缘以及山坡路旁或沟谷边灌丛中。保护区偶见。

山茶科 Theaceae

9. 岗柃 Eurya groffii Merr.

常绿灌木或小乔木。叶革质或薄革质，披针形或披针状长圆形，边缘密生细齿。花1~9朵簇生于叶腋；花瓣白色；浆果圆球形。花期9~11月，果期翌年4~6月。

分布我国南方地区；多生于山坡路旁林中、林缘及山地灌丛中。保护区桂峰山较常见。

10. 细枝柃 Eurya loquaiana Dunn

灌木或小乔木。叶薄革质，常窄椭圆形或卵状披针形；下面中脉被微毛。花1~4朵簇生于叶腋。果圆球形。花期10~12月，果期翌年7~9月。

分布我国长江以南地区；生山坡沟谷、溪边林中或林缘以及山坡路旁阴湿灌丛中。保护区桂峰山偶见。

11. 丛化柃 Eurya metcalfiana Kobuski

灌木。叶革质，倒卵状，两面无毛。花腋生。果实长卵形，无毛。花期11~12月，果期翌年7~9月。

分布华东、华南及贵州；多生于山地林中、林缘及沟谷溪边灌丛中。保护区山谷偶见。

12. 米碎花 Eurya chinensis R. Br.

常绿灌木。叶薄革质，倒卵形或倒卵状椭圆形，顶端常凹，边缘密生细齿。花1~4朵簇生于叶腋；花瓣白色。花期11~12月，果期翌年6~7月。

分布于华南地区；多生于低山丘陵山坡灌丛路边或溪河沟谷灌丛中。保护区桂峰山常见。

13. 细齿叶柃 Eurya nitida Korth.

常绿灌木或小乔木。叶薄革质，椭圆形、长圆状椭圆形或倒卵状长圆形。花1~4朵簇生于叶腋。浆果圆球形。花期11月至翌年1月，果期翌年7~9月。

分布我国南方地区；东南亚和南亚也有；多生于山地林中、沟谷溪边林缘以及山坡路旁灌丛中。保护区三角山较常见。

8. 杨桐属 Adinandra Jack

常绿乔木或灌木。单叶互生，全缘或具锯齿；具叶柄。花两性，单朵腋生，偶有双生；具花梗；小苞片2；萼片5；花瓣5。浆果不开裂。种子多数至少数。本属约85种。中国27种。保护区1种。

杨桐（黄瑞木）**Adinandra millettii** (Hook. et Arn.) Benth. et Hook. f. ex Hance

灌木或小乔木。叶互生，革质，长圆状椭圆形，常全缘，几无毛。花单朵腋生。果圆球形。花期5~7月，果期8~10月。

产于我国安徽南部、浙江南部和西部、江西、福建、湖南、广东、广西（西部山区除外）、贵州（黎平）等地区；生山坡路旁灌丛中或山地阳坡的疏林中或密林中，也见于沟谷林缘等。保护区三角山常见。

9. 红淡比属 Cleyera Thunb.

小乔木或灌木。嫩枝和顶芽均无毛，常具棱。叶互生，常二列，叶形种种，全缘或有时有锯齿；具叶柄。花两性，白色，较小，单生或2~3花簇生于叶腋；苞片2，细小；萼片5，宿存；花瓣5。果为浆果状。本属约24种。中国14种。保护区3种。

1. 叶片下面无暗红褐色腺点。
 2. 萼片圆形，顶端圆····················1. 红淡比 C. japonica
 2. 萼片卵状三角形，顶端锐尖········2. 小叶红淡比 C. parvifolia
1. 叶片下面被暗红褐色腺点············3. 厚叶红淡比 C. pachyphylla

1. 红淡比 Cleyera japonica Thunb.

常绿灌木或小乔木。叶革质，长圆形至椭圆形，全缘；中脉上平下凸。花腋生。果实圆球形。花期5~6月，果期10~11月。

广布我国南方地区；日本也有；多生于山地、沟谷林中或山坡沟谷溪边灌丛中或路旁。保护区上水库偶见。

2. 小叶红淡比 Cleyera parvifolia (Kobuski) Hu ex L. K. Ling

常绿灌木或小乔木。叶革质，椭圆形，全缘；侧脉两面不明显。花通常单朵生于叶腋。果圆球形。花期4~5月，果期8~11月。

分布我国广东、台湾；多生于山地林中或疏林中。保护区上水库偶见。

3. 厚叶红淡比 Cleyera pachyphylla Chun ex H. T. Chang

灌木或小乔木。全株无毛。叶互生，厚革质，长圆形，边缘疏生细齿，稍反卷，下面被红色腺点。花腋生。果圆球形。花期6~7月，果期10~11月。

分布华东、华南；生于山地或山顶林中及疏林中。保护区上水库偶见。

108A. 五列木科 Pentaphylacaceae

常绿乔木或灌木。单叶互生，革质，全缘；无托叶。花小，两性，辐射对称，具短柄，组成穗状花序或总状花序；小苞片2，宿存；花萼5，宿存；花瓣5，白色，分离；雄蕊5，与花瓣互生；花药2室，顶端开裂；子房上位，5室，花柱圆柱形，柱头5裂。蒴果椭圆形，室背开裂。种子顶端有翅。单属科，约1种。保护区有分布。

五列木属 Pentaphylax Gardn. et Champ.

属的特征与科同。本属约1种。保护区有分布。

五列木 Pentaphylax euryoides Gardn. et Champ.

常绿乔木或灌木。单叶互生，革质，卵形至长圆状披针形。总状花序腋生或顶生。蒴果椭圆状。花期4~6月，果期10~11月。

分布我国南方地区；东南亚也有；生于较高海拔山地林中或灌丛中。保护区蓄能水电站常见。

112. 猕猴桃科 Actinidiaceae

常绿、落叶或半落叶乔木、灌木或藤本。叶为单叶，互生；无托叶。花序腋生，聚伞式或总状式，或单生；花两性或雌雄异株，辐射对称；萼片5或更少；花瓣5或更多；雄蕊常10、2轮，或很多；花柱分离或合生。果为浆果或蒴果。本科3属357种。中国3属66种。保护区1属5种1变种。

猕猴桃属 Actinidia Lindl

落叶、半落叶至常绿藤本。单叶互生；脉羽状。花白色、红色、黄色或绿色，雌雄异株，单生或排成聚伞花序；萼片常5，分离或基部合生。浆果，秃净或被毛，球形、卵形至长圆形。本属约55种。中国52种。保护区5种1变种。

1. 植物体毛被不发达。
  2. 叶背非粉绿色··············1. 异色猕猴桃 A. callosa var. discolor
  2. 叶背粉绿色··············2. 条叶猕猴桃 A. fortunatii
1. 植物体毛被发达。
  3. 植物体的毛为不分枝的硬毛、糙毛或刺毛················
    ·············3. 蒙自猕猴桃 A. henryi
  3. 植物体的毛除极个别外，都属柔软的柔毛、绒毛或绵毛。
    4. 果实密被白毛··············4. 毛花猕猴桃 A. eriantha
    4. 果实不密被白毛。
      5. 聚伞花序通常3花··············5. 黄毛猕猴桃 A. fulvicoma
      5. 花序为三至四歧多花的大型聚伞花序··············
        ·············6. 阔叶猕猴桃 A. latifolia

1. 异色猕猴桃 Actinidia callosa var. discolor C. F. Liang

大型落叶藤本。叶坚纸质，椭圆形至倒卵形，中偏大，边缘粗齿渐大。花白色；花序和萼片两面均无毛。果较小。

分布我国长江以南各地区；生低山丘陵沟谷或山坡林中、林缘等。保护区桂峰山偶见。

2. 条叶猕猴桃 Actinidia fortunatii Finet et Gagnep.

小型落叶或半落叶藤本。全体无毛或花枝、花序被毛。叶坚纸质，条形至卵状披针形，边缘常细齿。花序腋生。果灰绿色。花期4月中至5月底，果期11月。

分布我国广东、广西和湖南；生低山丘陵林中和灌丛中。保护区山谷偶见。

3. 蒙自猕猴桃 Actinidia henryi Dunn

中型至大型半常绿藤本。叶纸质，阔卵形至阔披针形，边缘有小锯齿。花白色。果卵状圆柱形。花期5月上旬。

分布我国云南、广东；生丘陵山地林中、林缘。保护区林缘偶见。

4. 毛花猕猴桃（绵毛猕猴桃）**Actinidia eriantha Benth.**

中大型落叶藤本。小枝、叶柄、花序和萼片密被毛。叶软纸质，卵形至阔卵形，边缘具齿。聚伞花序被毛。花期5~6月，果熟期11月。

分布华东、华南和西南地区；生高草灌木丛或灌木丛林中。保护区偶见。

5. 黄毛猕猴桃 Actinidia fulvicoma Hance

中型半常绿藤本。叶纸质至薄革质，边缘具睫状小齿。聚伞花序密被黄褐色绵毛。浆果卵状圆柱形。花期5~6月，果期11月。

分布我国广东、湖南、江西；生丘陵山地疏林中或灌丛中。保护区山坡灌丛较常见。

6. 阔叶猕猴桃 Actinidia latifolia (Gardn. et Champ.) Merr.

大型落叶藤本。叶坚纸质，通常为阔卵形，叶背密被星状绒毛。花序为三至四歧多花的大型聚伞花序。浆果暗绿色。花期 5~6 月，果期 11 月。

分布我国长江以南地区；东南亚也有；生山地山谷或山沟地带的灌丛中或灌草丛中。保护区山坡灌草丛较常见。

113. 水东哥科 Saurauiaceae

乔木或灌木。小枝常被爪甲状或钻状鳞片。单叶互生，常有锯齿；常有很多平行脉；无托叶。花两性，排成腋生聚伞花序或圆锥花序，罕单生；萼片 5；花瓣 5，花瓣分离或基部合生。浆果球形或扁球形，常具棱。单属科，约 300 种。中国 13 种。保护区 1 属 1 种。

水东哥属 Sauravia Willd.

属的特征与科同。本属约 300 种。中国 13 种。保护区 1 种。

水东哥 Saurauia tristyla DC.

灌木或小乔木。叶纸质或薄革质，常倒卵状椭圆形，叶缘具刺齿；平行脉显著。花序聚伞式。浆果球形。花期 3~7 月，果期 9~11 月。

分布华南和西南地区；印度和马来西亚也有；生丘陵、低山沟谷林下和灌丛林中。保护区桂峰山常见。

118. 桃金娘科 Myrtaceae

乔木或灌木。单叶对生或互生，全缘，常有油腺点；具羽状脉或基出脉，具边脉；无托叶。花两性，有时杂性，单生或排成各式花序；萼管与子房合生；花瓣 4~5，稀缺，分离或连成帽状体；雄蕊多数，稀定数，花丝常分离且较长；花柱单一，柱头单一，稀 2 裂。果为蒴果、浆果、核果或坚果。本科约 130 属 4500 至 5000 余种。中国原产及驯化的 10 属 121 种。保护区 5 属 8 种。

1. 子房下位或半下位；蒴果开裂为 2~3 瓣 ·········1. 岗松属 Baeckea
1. 周位花；果为浆果或核果。
　2. 叶互生 ··2. 红千层属 Callistemon
　2. 叶对生。
　　3. 种子多数。
　　　4. 叶具羽状脉 ···································3. 番石榴属 Psidium
　　　4. 叶具三出脉 ·······························4. 桃金娘属 Rhodomyrtus
　　3. 种子通常 1~2 ····································5. 蒲桃属 Syzygium

1. 岗松属 Baeckea L.

小乔木或乔木。叶线形或披针形。花小，白色或红色，5 数，有短梗或无梗，腋生单花或数朵排成聚伞花序；萼管钟形或半球形，常与子房合生，宿存；花瓣 5。蒴果开裂为 2~3 瓣，每室有种子 1~3，稀更多。本属约 70 种。中国 1 种。保护区有分布。

岗松 Baeckea frutescens L.

灌木，有时为小乔木。叶片狭线形或线形，顶端尖，上面有沟，下面凸起，有透明油腺点。花白色。蒴果小。花期夏秋。

分布华南、福建、江西；东南亚各国也有；喜生于低丘及荒山草坡与灌丛中，是酸性干旱土壤的指示植物。保护区山坡灌草丛常见。

2. 红千层属 Callistemon R. Br.

乔木或灌木。叶互生，线状或披针形。花单生于苞片腋内，常排成穗状或头状花序，生于枝顶，花开后花序轴能继续生长；苞片脱落性。蒴果全部藏于萼管内，球形或半球形。本属约 20 种。中国栽培 3 种。保护区 1 种。

***红千层 Callistemon rigidus** R. Br.

猕猴桃科 Actinidiaceae/ 水东哥科 Saurauiaceae/ 桃金娘科 Myrtaceae

小乔木。叶片坚革质，线形，油腺点明显；中脉在两面均凸起。穗状花序生于枝顶；鲜红色。蒴果半球形。花期6~8月。

原产澳大利亚；华南有栽培。保护区村边可见。

3. 番石榴属 Psidium L.

乔木。树皮平滑，灰色。嫩枝有毛。叶对生；羽状脉。花较大，通常1~3朵腋生；萼管钟形或壶形；花瓣4~5，白色。浆果多肉，球形或梨形，顶端有宿存萼片。本属约150种。中国3种，其中1种逸为野生种。保护区1种。

* 番石榴 Psidium guajava L.

乔木。叶片革质，长圆形至椭圆形，中等大小；网脉明显。花单生或2~3朵排成聚伞花序。浆果球形、卵圆形或梨形。花期8~9月，果期秋冬。

原产南美洲；华南各地有栽培，常逸为野生。保护区低地常有栽培或野生。

4. 桃金娘属 Rhodomyrtus (DC.) Reich.

灌木或乔木。叶对生；离基三出脉，具边脉。花较大，1~3朵腋生；萼管卵形或近球形，萼裂片4~5，宿存；花瓣4~5，比萼片大。浆果卵状壶形或球形，有多数种子。本属约18种。中国1种。保护区有分布。

桃金娘 Rhodomyrtus tomentosa (Ait.) Hassk.

常绿灌木。叶对生，革质，叶片椭圆形或倒卵形，叶背被灰色绒毛，具边脉。花单生，紫红色。浆果卵状壶形。花期4~5月。

分布于我国南亚热带以南地区；日本南部及东南亚也有；生丘陵坡地，为酸性土指示植物。保护区常见。

5. 蒲桃属 Syzygium Gaertn.

常绿乔木或灌木。嫩枝通常无毛，有时具棱。叶对生，少数轮生；叶片革质；羽状脉常较密，具边脉。花3朵至多数，常排成聚伞花序式再组成圆锥花序；花萼常宿存；花瓣早落。浆果或核果状。本属1200余种。中国约80种。保护区4种。

1. 嫩枝有棱。
  2. 叶柄明显·····················1. 华南蒲桃 S. austrosinens
  2. 叶柄极短·····················2. 赤楠 S. buxifolium
1. 嫩枝无棱。
  3. 花序长 3~9cm·················3. 红鳞蒲桃 S. hancei
  3. 花序长 1~2cm·················4. 红枝蒲桃 S. rehderianum

1. 华南蒲桃 Syzygium austrosinense (Merr. et L. M. Perry) H. T. Chang et R. H. Miao

灌木至小乔木。叶片革质，椭圆形，有腺点。聚伞花序顶生，或近顶生；花梗长2~5mm。核果球形。花期6~8月。

分布我国长江以南地区；生中海拔常绿林中。保护区上水库林中少见。

2. 赤楠 Syzygium buxifolium Hook. et Arn

灌木或小乔木。叶片革质，较小，阔椭圆形至椭圆形，叶背有腺点。聚伞花序顶生，有花数朵；核果球形，小。花期6~8月。

分布我国长江以南地区；越南也有；生低山疏林或灌丛。保护区小杉村较常见。

3. 红鳞蒲桃 Syzygium hancei Merr. et L. M. Perry

灌木或中等乔木。叶片革质，狭椭圆形至长圆形或为倒卵形，叶多腺点。圆锥花序腋生。果实球形。花期7~9月。

分布我国广东、广西及福建；常见于低海拔疏林中。保护区低海拔林中较常见。

4. 红枝蒲桃（红车）Syzygium rehderianum Merr. et L. M. Perry

常绿灌木至小乔木。叶片革质，椭圆形至狭椭圆形，较小。聚伞花序腋生，或生于枝顶叶腋内。核果椭圆状卵形。花期6~8月。

分布我国广东、广西、福建；生低山丘陵林中或灌丛。保护区鸡枕山、古田村较常见。

120. 野牡丹科 Melastomataceae

草本、灌木或小乔木，直立或攀援。枝条对生。单叶，对生或轮生，全缘或具锯齿；通常为基出脉，侧脉通常平行，多数，极少为羽状脉；具叶柄或无；无托叶。花两性，辐射对称，通常为4~5，稀3或6；花序各式，稀单生或簇生；花萼常合生；花瓣鲜艳；雄蕊定数。蒴果或浆果，常顶孔开裂，具宿存萼。本科156~166属4500余种。中国21属114种。保护区6属8种。

1. 种子马蹄形（或称半圈形）弯曲。
   2. 雄蕊异型，不等长··················1. 野牡丹属 Melastoma
   2. 雄蕊同型，等长··················2. 金锦香属 Osbeckia
1. 种子不弯曲，呈长圆形、倒卵形、楔形或倒三角形。
   3. 花序顶生，极少腋生，伞房花序、复伞房花序、聚伞花序或穗状花序。
      4. 蝎尾状聚伞花序··················3. 柏拉木属 Blastus
      4. 不为蝎尾状聚伞花序··················4. 异药花属 Fordiophyton
   3. 花序腋生，伞形花序、聚伞花序或分枝少的复聚伞花序或呈蝎尾状聚伞花序顶生。
      5. 花4数，不为蝎尾状聚伞花序······5. 锦香草属 Phyllagathis
      5. 花3数，蝎尾状聚伞花序··················6. 蜂斗草属 Sonerila

1. 野牡丹属 Melastoma L.

灌木。茎四棱或近圆形，通常被毛。叶对生，被毛，全缘；基出脉；具叶柄。花单生或组成圆锥花序顶生，5数；花萼坛状球形，被糙毛；花瓣淡红色至红色，或紫红色；雄蕊5长5短，长者带紫色，花药披针形，弯曲，基部无瘤，短者较小，黄色；花药基部具瘤。蒴果卵形，顶裂或宿存萼中部横裂。本属约22种。中国10种。保护区3种。

1. 茎直立。
   2. 七基出脉··················1. 野牡丹 M. malabathricum
   2. 五基出脉··················2. 毛稔 M. sanguineum
1. 茎匍匐··················3. 地稔 M. dodecandrum

1. 野牡丹 Melastoma malabathricum L.

常绿灌木。叶片坚纸质，卵形或广卵形，全缘。花瓣玫瑰红色或粉红色。蒴果坛状球形。花期5~7月，果期10~12月。

分布我国南方地区；亚洲南部至大洋洲北部以及太平洋诸岛也有；生山坡下部疏林、灌草丛中，是酸性土常见的植物。保护区常见。

2. 毛稔 Melastoma sanguineum Sims

大灌木。叶片坚纸质，卵状披针形至披针形，全缘。伞房花序，顶生，常仅有花1朵；花瓣粉红色或紫红色。果杯状球形。花果期几全年。

3. 地稔 Melastoma dodecandrum Lour.

草本。叶片坚纸质，较小，卵形或椭圆形，全缘或具密细齿，叶缘、叶背被糙伏毛。聚伞花序，顶生。蒴果坛状球状。花期5~7月，果期7~9月。

分布我国长江以南部分地区；生旷野、山坡矮草丛中，为酸性土壤常见的植物。保护区常见。

2. 金锦香属 Osbeckia L.

草本、亚灌木或灌木。茎四或六棱形，通常被毛。叶对生或3叶轮生，全缘；三至七基出脉。花序顶生，头状、总状，或组成圆锥状；花4~5数；萼管被刺毛；花瓣倒卵形至广卵形。蒴果卵形或长卵形，顶孔开裂。本属约50种。中国5种。保护区1种。

金锦香 Osbeckia chinensis L.

直立草本或亚灌木。叶坚纸质，线形或线状披针形，细长，全缘。头状花序，顶生。花期7~9月，果期9~11月。

分布我国广东、云南、四川；印度、尼泊尔也有；常见于荒山草坡、路旁、田地边或疏林下阳处。保护区旷野较常见。

3. 柏拉木属 Blastus Lour.

灌木。茎通常圆柱形，被小腺毛，稀被毛。由聚伞花序组成的圆锥花序顶生，或呈伞式簇生叶腋；花小，两性，4数；花瓣白色，稀粉红色或浅紫色。蒴果。本属约12种。中国9种。保护区1种。

少花柏拉木 Blastus pauciflorus (Benth.) Guillaum.

灌木。茎圆，被微柔毛及黄色小腺点。单叶，对生，纸质，卵状披针形至卵形。花小。蒴果具4棱。花期7月，果期10月。

我国广东特产；生低海拔的山坡林下。保护区林下较常见。

4. 异药花属 Fordiophyton Stapf

草本或亚灌木。直立或匍匐状。茎四棱形。单一的伞形花序或由聚伞花序组成的圆锥花序，顶生；花4数；花萼筒膜质；花瓣粉红色、红色或紫色，稀白色。蒴果倒圆锥形。本属约9种。中国9种。保护区1种。

异药花（伏毛肥肉草）Fordiophyton faberi Stapf

草本或亚灌木。叶膜质，大小差别较大，广披针形至卵形，边缘略具细齿。不明显的聚伞花序或伞形花序。蒴果倒圆锥形。花期8~9月。

分布我国广东、云贵和四川；生山地林下、沟边或路边灌木丛中、岩石上潮湿的地方。保护区山地沟边林内偶见。

5. 锦香草属 Phyllagathis Bl.

草本或灌木。直立或具匍匐茎。茎通常四棱形，常被毛。叶片全缘或具细锯齿。伞形花序常具长总梗，或聚伞状伞形花序或聚伞花序组成圆锥花序，顶生或近顶生；花4基数；萼筒具4棱；花瓣粉红色、红色或紫红色。蒴果杯形或球状坛形。本属约50种。中国24种。保护区1种。

叶底红 Phyllagathis fordii (Hance) Diels

小灌木、亚灌木或近草本。叶片基部圆形至心形，七至九基出脉。伞形花序或聚伞花序，顶生。蒴果杯形。花期6~8月，果期8~10月。

分布华东、广东、广西、贵州等；生山坡疏密林下、溪边、水旁或路边。保护区上水库偶见。

6. 蜂斗草属 Sonerila Roxb.

草本至小灌木。叶片薄，具细锯齿，齿尖常有刺毛，基部常偏斜；羽状脉或掌状脉。蝎尾状聚伞花序或伞形花序，顶生，稀腋生，具长总梗；花小，3 或 6 数；花萼具 3 棱；花瓣红色系。蒴果倒圆锥形或柱状圆锥形。本属约 170 种。中国 6 种。保护区 1 种。

蜂斗草 Sonerila cantonensis Stapf

草本。叶片纸质或近膜质，卵形或椭圆状卵形；叶柄密被长粗毛及柔毛。蝎尾状聚伞花序或二歧聚伞花序，有花 3~7。蒴果倒圆锥形。花期 (7~) 9~10 月，果期 12 月至翌年 2 月。

分布我国广东、广西、云南；越南也有；生荒山草坡、路旁、田地边或疏林下阳处。保护区山地溪边林下偶见。

123. 金丝桃科 Hypericaceae

乔木、灌木或草本。常有黄色的树脂液和腺点。单叶，对生，稀轮生；无托叶或有。花两性或单性，通常雌雄异株，稀杂性，辐射对称，单生或排成聚伞花序；萼片和花瓣 2~6，稀更多，覆瓦状排列。果为蒴果或浆果，稀为核果。本科约 7 属 500 多种。中国 5 属 60 多种。保护区 2 属 3 种。

1. 蒴果室背开裂；种子有翅·················1. 黄牛木属 Cratoxylum
1. 蒴果室间或沿胎座开裂；种子无翅······2. 金丝桃属 Hypericum

1. 黄牛木属 Cratoxylum Bl.

常绿或落叶乔木或灌木。叶下面常具白粉或蜡质；脉网间有透明的细腺点。花序聚伞状，顶生或腋生；花白色或红色，两性，具梗；萼片 5，不等大，宿存；花瓣 5，与萼片互生。蒴果椭圆形至长圆柱形。本属约 6 种。中国 2 种。保护区 1 种。

黄牛木 Cratoxylum cochinchinense (Lour.) Bl.

落叶灌木或乔木。叶对生，坚纸质，无毛，椭圆形至长椭圆形，叶背有透明腺点及黑点。聚伞花序腋生或顶生。蒴果椭圆形。花期 4~5 月，果期 6 月以后。

分布我国广东、广西及云南；缅甸及东南亚也有；生丘陵或山地的干燥阳坡上的次生林或灌丛中，耐旱。保护区桂峰山常见。

2. 金丝桃属 Hypericum L.

灌木或多年生至一年生草本。具腺点。叶全缘。聚伞花序，1 至多花，顶生或有时腋生；花两性；萼片与花瓣 4 或 5；花黄色至金黄色，偶有白色。蒴果，室间开裂。本属约 460 余种。中国 64 种。保护区 2 种。

1. 叶基部完全不合生···················1. 地耳草 H. japonicum
1. 叶基部完全合生·····················2. 元宝草 H. sampsonii

1. 地耳草 Hypericum japonicum Thunb.

一年生或多年生草本。叶对生，坚纸质，无柄，下面淡绿略带苍白，全面散布透明腺点。花瓣白色、淡黄色至橙黄色，椭圆形或长圆形。蒴果无腺条纹。花期 3~8 月，果期 6~10 月。

分布我国辽宁、山东至长江以南各地区；东亚、喜马拉雅地区、东南亚至大洋洲、夏威夷等地也有；生田边、沟边、草地以及撂荒地上。保护区旷野较常见。

2. 元宝草 Hypericum sampsonii Hance

多年生草本。全体无毛。叶对生，坚纸质，无柄，基部完全合生为一体而茎贯穿其中心。花序顶生。蒴果有囊状腺体。花期5~6月，果期7~8月。

分布我国陕西至江南各地区；日本、越南及南亚也有；生路旁、田边、沟边等处。保护区旷野偶见。

126. 藤黄科 Guttiferae

乔木或灌木。常有黄色的树脂或油。单叶对生，全缘；无托叶。花序各式，伞状，或为单花；花两性或单性，通常整齐；萼片2~6；花瓣与萼片同数，离生；雄蕊多数，离生或成束；花柱1~5或不存在；柱头1~12。果为蒴果、浆果或核果。种子1至多颗。本科约40属1000种。中国8属95种。保护区2属2种。

1. 子房1室；果为核果；种子有薄的假种皮··
   ···1. 红厚壳属 Calophyllum
1. 子房2至多室，极稀1室；果有厚果皮；种子有肉质假种皮······
   ···2. 藤黄属 Garcinia

1. 红厚壳属 Calophyllum L.

乔木或灌木。叶有多数平行的侧脉。花总状或圆锥花序；萼片和花瓣4~12，2~3轮，覆瓦状排列；雄蕊多数，基部分离或合生成数束；花柱细长，柱头盾形。核果球形或卵球形；外果皮薄。本属180余种。中国4种。保护区1种。

薄叶红厚壳 Calophyllum membranaceum Gardn. et Champ.

常绿灌木至小乔木。叶对生，全缘，薄革质，边缘反卷。聚伞花序腋生；花两性。果卵状长圆球形。花期3~5月，果期8~12月。

分布我国南亚热带以南地区；越南也有；多生于山地的疏林或密林中。保护区林中较常见。

2. 藤黄属 Garcinia L.

乔木或灌木。通常具黄色树脂。叶革质；侧脉少数，稀多数。花杂性，稀单性或两性，同株或异株，单生或排列成顶生或腋生的聚伞或圆锥花序；萼片和花瓣通常4或5，覆瓦状排列；柱头盾形。浆果，光滑或有棱。本属约450种。中国20种。保护区1种。

木竹子 Garcinia multiflora Champ. ex Benth.

常绿乔木。叶对生，革质，卵形，长圆状卵形或长圆状倒卵形，中等大小，边缘微反卷。花杂性。浆果。花期6~8月，果期11~12月。

分布我国南方地区；越南也有；生山坡疏林或密林中、沟谷边缘或次生林或灌丛中，适应性较强。保护区林内少见。

128. 椴树科 Tiliaceae

乔木、灌木或草本。单叶互生，稀对生，全缘或有锯齿，有时浅裂；具基出脉；托叶有或缺。花两性或单性雌雄异株，辐射对称，排成聚伞花序或再组成圆锥花序；萼片5，稀4，分离或多少连生；花瓣与萼片同数，分离，或缺；雄蕊多数，稀5数；花柱单生。果为核果、蒴果、裂果，有时浆果状或翅果状。本科约52属500种。中国11属70种。保护区3属4种。

1. 花瓣内侧基部无腺体。
   2. 外轮雄蕊不育，能育雄蕊连成5束······1. 田麻属 Corchoropsis
   2. 雄蕊全部能育，离生····················2. 黄麻属 Corchorus
1. 花瓣基部有腺体·····························3. 刺蒴麻属 Triumfetta

1. 田麻属 Corchoropsis Sieb. et Zucc.

一年生草本。茎被毛。叶互生，边缘具齿，被毛；基出三脉；具叶柄；托叶细小，早落。花黄色，单生于叶腋；萼片5；花瓣与萼片同数。蒴果角状圆筒形。本属约4种。中国2种。保护区1种。

田麻 Corchoropsis crenata Sieb. et Zucc.

一年生草本。叶卵形或狭卵形，边缘有钝齿，两面密被毛；托叶钻形。花有细柄，单生于叶腋。蒴果角状圆筒形。果期秋季。

分布我国大部分地区；朝鲜、日本也有；生旷野。保护区三角山偶见。

2. 黄麻属 Corchorus L.

草本或亚灌木。叶纸质，基部有三出脉，边缘有锯齿；叶柄明显；托叶2，线形。花两性，黄色，单生或数花排成腋生或腋外生的聚伞花序；萼片4~5；花瓣与萼片同数。蒴果长筒形或球形，有棱或有短角。本属40余种。中国4种。保护区1种。

甜麻 Corchorus aestuans L.

一年生草本。茎红褐色，稍被毛。叶卵形或阔卵形，两面均有毛，边缘有锯齿。花单独或数朵组成聚伞花序生于叶腋或腋外。蒴果长筒形。花期夏季。

分布我国长江以南各地区；热带亚洲、中美洲及非洲也有；生荒地、旷野、村旁，为南方各地常见的杂草。保护区旷野、路边较常见。

3. 刺蒴麻属 Triumfetta L.

直立或葡匐草本或为亚灌木。叶互生，不分裂或掌状三至五裂，有基出脉，边缘有锯齿。花两性；聚伞花序；萼片5，离生；花瓣5，离生，内侧基部有增厚的腺体。蒴果近球形，表面具针刺。本属约100~160种。中国7种。保护区2种。

1. 果刺弯曲，长5~7mm ································1. 毛刺蒴麻 T. cana
1. 果具勾针刺，长2mm ································2. 刺蒴麻 T. rhomboidea

1. 毛刺蒴麻 Triumfetta cana Bl.

木质草本。叶互生，卵形或卵状披针形，不裂，两面被毛，边缘具齿。聚伞花序1至数个腋生。蒴果球形，刺弯曲，长5~7mm。花期夏秋间。

分布我国西南及福建、广东、广西；南亚及东南亚也有；生路边、旷野、次生林及灌丛中。保护区路边偶见。

2. 刺蒴麻 Triumfetta rhomboidea Jacq.

亚灌木。叶纸质；下部叶阔卵圆形，基部圆形；上部叶长圆形；两面被毛。聚伞花序数个腋生；花瓣比萼片略短。果球形，具勾针刺，长2mm。花期夏秋季间。

分布我国广东、广西、福建、台湾、云南；热带亚洲及非洲也有；生路边、旷野。保护区鸡枕山、古田村偶见。

128A. 杜英科 Elaeocarpaceae

常绿或半落叶木本。叶为单叶，互生或对生；具柄；有托叶或缺。花单生或排成总状或圆锥花序，两性或杂性；苞片有或无；萼片4~5，分离或连合；花瓣4~5，先端撕裂或全缘。果为核果或蒴果；有时果皮外侧有针刺。本科12属约550种。中国2属53种。保护区2属8种。

1. 花排成总状花序；花瓣常撕裂 ················1. 杜英属 Elaeocarpus
1. 花单生或数朵腋生；花瓣顶端全缘或齿状裂 ·······················
 ··2. 猴欢喜属 Sloanea

1. 杜英属 Elaeocarpus L.

乔木。叶通常互生，下面或有黑色腺点；老叶红色；常有托叶存在。总状花序腋生；萼片4~6，分离；花瓣4~6，白色，分离，顶端常撕裂，稀为全缘或浅齿裂。果为核果。本属约360种。中国39种。保护区7种。

1. 核果大，直径1~2.5cm。
 2. 花大，长约25mm；苞片叶状 ············1. 水石榕 E. hainanensis
 2. 花小，长15mm以内；无叶状苞片。

3. 叶披针形，背面无毛·················2. 杜英 E. decipiens
3. 叶长圆形，背面被毛·················3. 褐毛杜英 E. duclouxii
1. 核果小，直径1cm以内。
　4. 叶背有黑色腺点。
　　5. 嫩枝被短柔毛；叶小，宽 2~3cm·······4. 中华杜英 E. chinensis
　　5. 嫩枝无毛；叶大，宽 3~6cm··········5. 日本杜英 E. japonicus
　4. 叶背无腺点。
　　6. 枝圆柱形；侧脉 5~6 对；花瓣被毛······6. 山杜英 E. sylvestris
　　6. 枝有钝棱；侧脉约 8 对；花瓣无毛
　　　·······························7. 秃瓣杜英 E. glabripetalus

1. * 水石榕 Elaeocarpus hainanensis Oliv.

小乔木。叶革质，狭窄倒披针形，基部楔形，两面无毛。总状花序生当年枝的叶腋内，花 2~6。核果纺锤形。花期 6~7 月。

分布我国海南、广西和云南南部；越南、泰国也有；喜生于低湿处及山谷水边。保护区有栽培。

2. 杜英 Elaeocarpus decipiens Hemsl.

常绿小乔木。嫩枝被毛。叶披针形或倒披针形，革质。无叶状苞片。果大，长 2~3cm。花期 4~5 月。

分布我国台湾、浙江、福建、江西、湖南、贵州、云南、广东；日本也有；生山地常绿阔叶林中。保护区山地林中偶见。

3. 褐毛杜英 Elaeocarpus duclouxii Gagnep.

常绿乔木。叶聚生于枝顶，革质，长圆形，叶背被毛，边缘有小钝齿。总状花序常生于无叶的去年枝条上。核果椭圆形。花期 6~7 月。

分布华南、西南及江西；生山地常绿阔叶林中。保护区山地林中偶见。

4. 中华杜英 Elaeocarpus chinensis (Gardn. et Chanp.) Hook. f. ex Benth.

常绿小乔木。单叶互生，薄革质，卵状披针形或披针形，叶背有细小黑腺点，无毛。花两性或单性。核果椭圆形。花期 5~6 月，果期 9~12 月。

分布于华东、华南及西南地区；越南和老挝也有；生低山丘陵常绿阔叶林中或灌丛林中。保护区阔叶林中偶见。

5. 日本杜英 Elaeocarpus japonicus Siebold et Zucc

乔木。单叶互生；叶革质，通常卵形，叶背有细小黑腺点。总状花序生叶腋；花两性或单性。核果椭圆形。花期 4~5 月，果期 5~7 月。

分布于我国长江以南各地区；越南、日本也有；生常绿阔叶林中。保护区上水库林中较常见。

6. 山杜英 Elaeocarpus sylvestris (Lour.) Poir.

乔木。单叶互生；叶纸质，倒卵形或倒披针形，两面无毛。总状花序生于枝顶叶腋内。核果椭圆形。花期 4~5 月，果期 9~12 月。

分布于我国长江以南地区；东南亚也有；生常绿阔叶林中。保护区桂峰山较常见。

7. 秃瓣杜英 Elaeocarpus glabripetalus Merr.

乔木。叶纸质或膜质，倒披针形，叶背略发亮，边缘有小钝齿。总状花序常生于无叶的去年枝上，有微毛。核果椭圆形。花期 7 月。

分布华南、华东及西南地区；生常绿阔叶林中。保护区林中偶见。

2. 猴欢喜属 Sloanea L.

乔木。叶互生；具长柄；羽状脉；托叶不存在。总状花序，生于枝顶叶腋，有长花柄，通常两性；萼片4~5，基部略连生；花瓣4~5，有时或缺。蒴果圆球形或卵形，表面多刺。本属约120种。中国14种。保护区1种。

猴欢喜 Sloanea sinensis (Hance) Hemsl.

常绿乔木。叶薄革质，通常为长圆形或狭窄倒卵形，通常全缘。花多朵簇生于枝顶叶腋。蒴果球形。花期9~11月，果翌年6~7月成熟。

分布我国长江以南地区；越南也有；生丘陵低山常绿阔叶林中。保护区鸡枕山、古田村偶见。

2. 翅子树属 Pterospermum Schreber

乔木或灌木。叶革质；托叶早落。花单生或数花排成聚伞花序；苞片有或无；萼片5；花瓣5。蒴果，圆筒形或卵形，室背开裂为5个果瓣。种子具长翅。本属约40种。中国9种。保护区1种。

翻白叶树（半枫荷、异叶翅子树）**Pterospermum heterophyllum** Hance

乔木。叶二型；幼树或萌蘖枝的叶盾形，掌状三至五裂；成长的树上的叶矩圆形至卵状矩圆形。聚伞花序。蒴果。花期6~7月，果期8~12月。

分布华南及福建；生丘陵山地常绿阔叶林中或疏林中。保护区拉元石坑较常见。

130. 梧桐科 Sterculiaceae

乔木或灌木，稀为草本或藤本。幼嫩部分常有星状毛。树皮常有黏液和富于纤维。叶互生，单叶，稀为掌状复叶，全缘、具齿或深裂；通常有托叶。花序腋生，稀顶生，排成各式花序，稀单生；花单性、两性或杂性；萼片常5；花瓣5或缺，分离或基部与雌雄蕊柄合生。蒴果或蓇葖果，极少为浆果或核果。本科68属约1100种。中国19属90种。保护区3属3种。

1. 灌木……………………………………1. 山芝麻属 Helicteres
1. 乔木。
　2. 子房无柄或有很短的雌雄蕊柄……2. 翅子树属 Pterospermum
　2. 子房着生于长的雌雄蕊柄的顶端………3. 梭罗树属 Reevesia

1. 山芝麻属 Helicteres L.

乔木或灌木。叶全缘或具锯齿。花两性，单生或排成聚伞花序，腋生，稀顶生；小苞片细小；萼筒状，5裂，裂片常不相等而呈二唇状；花瓣5，彼此相等或呈二唇状，具长爪且常具耳状附属体。蒴果，常密被毛。本属约60种。中国9种。保护区1种。

山芝麻 Helicteres angustifolia L.

小灌木。小枝被毛。叶狭矩圆形或条状披针形。聚伞花序有2至数朵花。蒴果卵状矩圆形。花期几乎全年。

分布我国亚热带南部及以南地区；南亚、东南亚也有；常生于草坡上，为中国南部山地和丘陵地常见的小灌木。保护区桂峰山灌草丛常见。

3. 梭罗树属 Reevesia Lindley

乔木或灌木。叶为单叶，通常全缘。多花且密集，排成聚伞状伞房花序或圆锥花序；萼钟状或漏斗状，不规则的3~5裂；花瓣5，具爪。蒴果，室背开裂。本属约25种。中国15种。保护区1种。

两广梭罗 Reevesia thyrsoidea Lindl.

常绿乔木。叶革质，矩圆形、椭圆形或矩圆状椭圆形，两面均无毛。聚伞状伞房花序顶生。蒴果矩圆状梨形。种子具翅。花期3~4月。

分布我国南亚热带以南地区；越南和柬埔寨也有；生丘陵山地常绿林中。保护区拉元石坑常见。

杜英科 Elaeocarpaceae/ 梧桐科 Sterculiaceae/ 锦葵科 Malvaceae

三角形，边缘具不规则锯齿。花单生于叶腋间。蒴果长圆形。花期 6~10 月。

分布我国南方地区；原产热带亚洲，现全球热带有栽培或野生；常生于平原、山谷、溪涧旁或山坡灌丛中。保护区桂峰山偶见。

2. 木槿属 Hibiscus L.

草本、灌木或乔木。花两性，5 数，花常单生于叶腋间；小苞片 5 或多数，分离或于基部合生；花萼钟状、稀浅杯状或管状，5 齿裂，宿存；花瓣 5，各色，基部与雄蕊柱合生。蒴果开裂。本属约 200 余种。中国 25 种。保护区 4 种。

1. 灌木；叶缘有齿。
  2. 小枝、叶和花梗均被星状毛··················1. 木芙蓉 H. mutabilis
  2. 小枝、叶和花梗均无毛或被短柔毛。
   3. 花梗长 3.5cm 以上，花梗均无毛······2. 朱槿 H. rosa-inensis
   3. 花梗长约 1cm，花梗被短柔毛··········3. 木槿 H. syriacus
1. 乔木；叶全缘······························4. 黄槿 H. tiliaceus

1. * 木芙蓉 Hibiscus mutabilis L.

落叶灌木或小乔木。小枝、叶柄、花梗和花萼均密被星状毛。叶宽卵形至圆卵形或心形，两面被毛。花单生于枝端叶腋。蒴果扁球形。花期 8~10 月。

我国辽宁、河北、山东、陕西、安徽、江苏、浙江、江西、福建、台湾、广东、广西、湖南、湖北、四川、贵州和云南等地区有栽培，系我国湖南原产；日本和东南亚各国也有栽培；常栽培，偶逸为野生。保护区路旁沟边偶见。

132. 锦葵科 Malvaceae

草本、灌木至乔木。叶互生；单叶或分裂；常掌状脉；具托叶。花腋生或顶生，单生、簇生、聚伞花序至圆锥花序；花两性，辐射对称；萼片 3~5，分离或合生；具苞片；花瓣 5，分离，但与雄蕊管的基部合生；雄蕊多数，合生成雄蕊柱。蒴果，常分裂，很少浆果状。本科约 100 属约 1000 种。中国 19 属 81 种。保护区 6 属 10 种。

1. 果为蒴果。
  2. 萼佛焰苞状，花后在一边开裂而早落···1. 秋葵属 Abelmoschus
  2. 萼钟形、杯形，整齐 5 裂或 5 齿，宿存······2. 木槿属 Hibiscus
1. 果分裂成分果。
  3. 雄蕊柱上的花药仅外部着生，花柱分枝约为心皮的 2 倍。
   4. 小苞片 5·····························3. 梵天花属 Urena
   4. 小苞片 7~12···················4. 悬铃花属 Malvaviscus
  3. 雄蕊柱上的花药着生至顶，花柱分枝与心皮同数。
   5. 无小苞片·································5. 黄花稔属 Sida
   5. 小苞片（副萼）3··················6. 赛葵属 Malvastrum

1. 秋葵属 Abelmoschus Medicus

一年生、二年生或多年生草本。叶全缘或掌状分裂。花单生于叶腋；花萼佛焰苞状，一侧开裂，先端具 5 齿，早落；花黄色或红色，漏斗形；花瓣 5。蒴果长尖，室背开裂，密被长硬毛。本属约 15 种。中国 6 种。保护区 1 种。

黄葵 Abelmoschus moschatus Medik.

一年生或二年生草本。叶通常掌状 5~7 深裂，裂片披针形至

2. * 朱槿（大红花、扶桑）**Hibiscus rosa-sinensis L.**

95

常绿灌木。叶阔卵形或狭卵形,边缘具粗齿或缺刻;具叶柄和托叶。花单生于上部叶腋间。蒴果卵形。花期全年。

我国南方多有栽培。保护区有栽培。

3. * 木槿 Hibiscus syriacus L.

落叶灌木。叶菱形至三角状卵形,边缘具齿;背脉略被毛。花单生于枝端叶腋间;花钟形,淡紫色。蒴果卵圆形。花期7~10月。

原产我国中部,现黄河以南有栽培;日本、朝鲜等也有栽培。保护区有栽培。

4. * 黄槿 Hibiscus tiliaceus L.

常绿灌木或乔木。叶革质,近圆形或广卵形,全缘或具不明显细圆齿,叶背密被毛。花冠钟形;花瓣黄色。蒴果卵圆形。花期6~8月。

产我国台湾、广东、福建等地;分布南亚热带以南沿海地区,东南亚也有。保护区有栽培。

3. 梵天花属 Urena L.

多年生草本或灌木。叶互生,圆形或卵形,掌状分裂或深波状。花单生或近簇生于叶腋,或集生于小枝端;小苞片钟形,5裂;花萼穹隆状,深5裂;花瓣5,外面被星状柔毛。蒴果近球形,不开裂。本属约6种。中国3种。保护区2种。

1. 叶3~5浅裂;副萼裂片长三角形,果时直立⋯1. 地桃花 U. lobata
1. 叶3~5深裂;副萼裂片线状披针形,果时开展⋯⋯⋯⋯⋯⋯⋯⋯⋯⋯⋯⋯⋯⋯⋯⋯⋯⋯⋯⋯⋯⋯2. 梵天花 U. procumbens

1. 地桃花 Urena lobata L.

多年生亚灌状草本。小枝被星状绒毛。茎下部的叶近圆形;上部的叶长圆形至披针形;叶两面被毛。花腋生。蒴果扁球形。花期7~10月。

分布我国长江以南各地;印度、越南、老挝、泰国、缅甸、柬埔寨和日本等地也有;生于干热的空旷地、草坡或疏林下。保护区安山村东门山较常见。

2. 梵天花(狗脚迹) Urena procumbens L.

多年生小灌木。小枝被星状绒毛。下部生叶掌状3~5深裂,两面被毛。花单生或近簇生。蒴果球形。花期6~9月。

分布我国长江以南各地;孟加拉国、不丹、柬埔寨、印度、印度尼西亚、日本、老挝、缅甸、尼泊尔、泰国、越南也有;喜生于干热的空旷地、草坡或疏林下。保护区路边较常见。

4. 悬铃花属 Malvaviscus Dill. ex Adans.

灌木或粗壮草本。叶心形,浅裂或不分裂。花腋生,红色;小苞片7~12;萼片5;花瓣直立而不张开。果为肉质浆果状体,后变干燥而分裂。本属约5种。中国2种。保护区1种。

* 悬铃花 Malvaviscus arboreus Cav.

小灌木。叶宽心形至圆心形,边缘具钝齿,常钝3裂,两面被毛;托叶线形。花单生于叶腋间;花冠红色,管状。果未见。

原分布古巴至墨西哥;广东广州和云南西双版纳等地引种栽培。保护区有栽培。

5. 黄花稔属 Sida L.

草本或亚灌木。叶为单叶或稍分裂。花单生,簇生或呈圆锥花序,腋生或顶生;无小苞片;萼钟状或杯状,5裂;花瓣5,黄色,5片,分离,基部合生。蒴果盘状或球形,分裂成分果。本属100~150余种。中国14种。保护区1种。

白背黄花稔 Sida rhombifolia L.

直立亚灌木。叶菱形或长圆状披针形，边缘具锯齿，两面被毛。花单生于叶腋。蒴果；分果爿 8~10。花期秋冬季。

分布我国长江以南各地区；东南亚和印度也有；常生于山坡灌丛间、旷野和沟谷两岸。保护区安山村东门山较常见。

6. 赛葵属 Malvastrum A. Gray

草本或亚灌木。叶卵形，掌状分裂或有齿缺。花腋生或顶生，单生或总状花序；小苞片 3，钻形或线形，分离；萼杯状，5 裂，在果时成叶状；花瓣 5，黄色，较萼片长。蒴果不开裂。本属约 80 种。中国逸生 2 种。保护区 1 种。

赛葵 Malvastrum coromandelianum (L.) Gurcke

亚灌木状。全株疏被毛。叶卵状披针形或卵形，边缘具粗锯齿。花单生于叶腋；花黄色，花瓣 5。果直径约 6mm，分果爿 8~12。花果期几全年。

原产美洲；我国南方各地逸为野生；散生于干热草坡。保护区路边、旷地较常见。

135. 古柯科 Erythroxylaceae

灌木或乔木。单叶互生，稀对生，全缘或偶有纯齿；有托叶。花簇生或聚伞花序，两性，稀单性雌雄异株，辐射对称；萼片 5，基部合生，宿存；花瓣 5，分离，脱落或宿存；雄蕊 5 或倍数，1~2 轮，基部合生；花柱 1~3 或 5，分离或多少合生，柱头斜向，常头状或棒状。核果或蒴果。本科 10 属约 300 种。中国 2 属 3 种。保护区 1 属 1 种。

古柯属 Erythroxylum P. Br.

灌木或小乔木。单叶互生；托叶生于叶柄内侧。花小，白色或黄色，单生或 3~6 花簇生或腋生，通常为异长花柱花；萼片一般基部合生；花瓣有爪，内面有舌状体贴生于基部。核果。本属约 230 种。中国 2 种。保护区 1 种。

东方古柯 Erythroxylum sinensis C. Y. Wu

灌木或小乔木。叶纸质，长椭圆形、倒披针形或倒卵形。花腋生，2~7 花簇生于极短的总花梗上，或单花腋生。核果长圆形。花期 4~5 月，果期 5~10 月。

分布我国南方地区；印度和缅甸北部也有；生山地、路旁、谷地阔叶林中。保护区三角山偶见。

135A. 粘木科 Ixonanthaceae

乔木或灌木。叶互生，全缘或具齿；羽状脉；托叶小或无。花两性，排成聚伞花序、总状花序；萼片 5，分离或基部合生；花瓣 5，分离，宿存或变硬；雄蕊 5~20，花丝分离或基部合生；花柱 1 或 5。蒴果室间开裂。本科 4 属约 21 种。中国 1 属 2 种。保护区 1 属 1 种。

粘木属 Ixonanthes Jack

乔木。叶互生，全缘或偶有钝齿；托叶细小或缺。花小，白色，二歧或三歧聚伞花序，腋生；萼片 5，基部合生，宿存；花瓣 5，宿存，环绕蒴果的基部。蒴果革质或木质，室间开裂。本属约 3 种。中国 1 种。保护区有分布。

粘木 Ixonanthes chinensis Champ.

灌木或乔木。单叶互生，无毛，椭圆形或长圆形。二歧或三

歧聚伞花序。蒴果卵状圆锥形或长圆形。花期5~6月，果期6~10月。

分布华南、西南及福建；越南也有；生丘陵山地路旁、山谷、山顶、溪旁、沙地、丘陵和疏密林中。保护区山地沟谷林地较常见。

136. 大戟科 Euphorbiaceae

乔木、灌木或草本，稀藤本。常有白色乳汁。叶互生，稀对生或轮生，单叶，稀复叶，或退化成鳞片状，全缘或有锯齿，稀掌状深裂；具羽状脉或掌状脉；叶柄基部或顶端有时具腺体；托叶2。花单性，雌雄同株或异株，单花或组成各式花序；萼片分离或基部合生；花瓣有或无。蒴果，或浆果状和核果状。本科约313属8100种。中国含引种栽培的共60多属约420种。保护区14属23种。

1. 叶柄和叶片均无腺体；子房每室2胚珠。
  2. 花具有花瓣和花盘····················1. 土蜜树属 Bridelia
  2. 花无花瓣。
    3. 花具有花盘。
      4. 雄蕊着生于花盘边缘或凹缺处······2. 五月茶属 Antidesma
      4. 雄蕊着生在花盘的内面············3. 叶下珠属 Phyllanthus
    3. 花无花盘。
      5. 萼片分离；雄蕊3~8··············4. 算盘子属 Glochidion
      5. 雄花花萼连合；雄蕊3············5. 黑面神属 Breynia
1. 叶柄和叶片基部通常有腺体；子房每室1胚珠。
  6. 植株无乳汁管组织；单叶，稀复叶。
    7. 花丝合生成多个雄蕊束··············6. 蓖麻属 Ricinus
    7. 花丝离生或仅基部合生。
      8. 草本或灌木······················7. 铁苋菜属 Acalypha
      8. 木本。
        9. 叶片基部具小托叶···············8 山麻杆属 Alchornea
        9. 叶片基部不具小托叶。
          10. 花序顶生，稀腋生············9. 野桐属 Mallotus
          10. 花序腋生··················10. 血桐属 Macaranga
  6. 植株具有乳汁管组织；单叶全缘至掌状分裂，或复叶。
    11. 乳汁透明至淡红色或乳白色；苞片基部通常无腺体。
      12. 花丝在花蕾时内弯的············11. 巴豆属 Croton
      12. 花丝在花蕾时直立的············12. 油桐属 Vernicia
    11. 乳汁白色；苞片基部通常具2腺体。
      13. 穗状花序····················13. 乌桕属 Triadica
      13. 杯状聚伞花序（即大戟花序）········14. 大戟属 Euphorbia

1. 土蜜树属 Bridelia Willd.

乔木或灌木，稀木质藤本。单叶互生，全缘；羽状脉；具叶柄和托叶。花小，单性同株或异株，多花集成腋生的花束或团伞花序；花5数；萼片宿存；花瓣小，鳞片状；雄花花盘杯状或盘状；雌花花盘圆锥状或坛状。核果或为具肉质外果皮的蒴果。本属约60种。中国9种。保护区2种。

1. 侧脉5~7对；雌花瓣被毛；核果1室·········1. 禾串树 B. balansae
1. 侧脉8~10对；雌花瓣无毛；核果2室，直径5mm············
   ······························2. 土蜜树 B. tomentosa

1. 禾串树 (多花土蜜树) **Bridelia balansae** Tutcher

乔木。叶片近革质，椭圆形或长椭圆形，全缘。花雌雄同序。核果长卵形，1室。花期3~8月，果期9~11月。

分布我国南方地区；印度和东南亚也有；生丘陵山地或山谷密林中。保护区林缘、疏林中较常见。

2. 土蜜树 Bridelia tomentosa Bl.

灌木或小乔木。幼枝、叶背、叶柄、托叶和雌花的萼片外面被毛。叶片纸质。花雌雄同株或异株。核果近圆球形。花果期几乎全年。

分布于华南和西南；亚洲东南至澳大利亚也有；生丘陵山地疏林中或平原灌木林中。保护区林缘、疏林较常见。

2. 五月茶属 Antidesma L.

乔木或灌木。单叶互生，全缘；羽状脉；叶柄短；托叶2，小。花小，雌雄异株，组成顶生或腋生的穗状花序或总状花序，有时圆锥花序；无花瓣；花萼杯状，3~5裂，稀8裂；花盘环状或垫状。核果，通常卵珠状。本属约170种。中国11种。保护区1种。

酸味子（日本五叶茶）**Antidesma japonicum** Sieb. et Zucc.

灌木。叶纸质至近革质，椭圆形、长椭圆形至长圆状披针形。总状花序顶生。核果椭圆形，长约5~6mm。花期4~6月，果期7~9月。

分布我国长江以南各地区；日本和东南亚也有；生低山丘陵山坡或谷地疏林中。保护区林中偶见。

3. 叶下珠属 Phyllanthus L.

灌木或草本，少数为乔木。无乳汁。单叶，互生，通常二列，呈羽状复叶状，全缘；羽状脉；具短柄；托叶2，小，常早落。花通常小，单性，雌雄同株或异株，单生、簇生或组成聚伞、团伞、总状或圆锥花序；无花瓣；萼片2~6，离生。蒴果，熟后常开裂。本属约600种。中国32种。保护区2种。

1. 灌木……………………………………1. 越南叶下珠 P. cochinchinensis
1. 一年生草本……………………………………2. 叶下珠 P. urinaria

1. 越南叶下珠 Phyllanthus cochinchinensis (Lour.) Spreng.

灌木。叶片革质；托叶褐红色，卵状三角形。花雌雄异株。蒴果圆球形。花果期6~12月。

分布我国长江以南等地区；印度、越南、柬埔寨和老挝等地也有；生旷野、山坡灌丛、山谷疏林下或林缘。保护区可见。

2. 叶下珠 Phyllanthus urinaria L.

一年生直立草本。叶片纸质，小，二列，长圆形或倒卵形，近全缘。花雌雄同株。蒴果圆球状。花期4~6月，果期7~11月。

分布华东、华中、华南、西南等地区；日本及南亚、东南亚至南美也有；通常生于低海拔旷野平地、旱田、山地路旁或林缘。保护区旷野、路边草丛常见。

4. 算盘子属 Glochidion T. R. et G. Forst.

乔木或灌木。无乳汁。单叶互生，二列，叶片全缘；羽状脉；具短柄。花单性，雌雄同株，稀异株；聚伞花序或簇生成花束腋生；无花瓣；通常无花盘；萼片5~6。蒴果圆球形或扁球形。本属约300种。中国28种。保护区2种。

1. 灌木；枝、叶两面被柔毛，基部钝………………………………………………1. 毛果算盘子 G. eriocarpum
1. 小乔木或灌木；枝、叶两面被短柔毛，基部楔形………………………………………………2. 算盘子 G. puberum

1. 毛果算盘子 Glochidion eriocarpum Champ. ex Benth.

灌木。全株几被长柔毛。单叶互生，二列，纸质，卵形、狭卵形或宽卵形。花单生或2~4朵簇生于叶腋内。蒴果扁球状。花果期几乎全年。

分布我国长江以南地区；越南也有；生低山丘陵的山坡、山谷灌木丛中或林缘。保护区山坡灌草丛、疏林常见。

2. 算盘子 Glochidion puberum (L.) Hutch.

小乔木或灌木。单叶互生，二列，纸质或近革质，长圆形至长卵形等。雌雄同株或异株，2~5 花簇生叶腋。蒴果扁球状。花期4~8月，果期7~11月。

分布我国黄河以南地区；日本也有；生低山丘陵的山坡、溪旁灌木丛中或林缘等。保护区山坡灌草丛、疏林常见。

5. 黑面神属 Breynia J. R. et G. Forster

灌木或小乔木。单叶互生，二列，全缘，干时常变黑色；羽状脉；具叶柄和托叶。花雌雄同株，单生或数花簇生于叶腋；具有花梗；无花瓣和花盘。蒴果常呈浆果状，不开裂，具有宿存的花萼。本属约 26 种。中国 5 种。保护区 2 种。

1. 果顶端无喙·················1. 黑面神 B. fruticosa
1. 果顶端有喙·················2. 喙果黑面神 B. rostrata

1. 黑面神 Breynia fruticosa (L.) Hook. f.

灌木。叶片革质，卵形、阔卵形或菱状卵形。花小，单生或 2~4 朵簇生于叶腋内。蒴果圆球状。花期 4~9 月，果期 5~12 月。

分布我国长江以南地区；越南也有；散生于平地旷野灌木丛中或林缘。保护区拉元石坑常见。

2. 喙果黑面神 Breynia rostrata Merr.

常绿灌木或小乔。叶纸质或近革质，卵状披针形或长圆状披针形。单生或 2~3 朵雌花与雄花同簇生于叶腋内。蒴果圆球状。花期 3~9 月，果期 6~11 月。

分布我国南方地区；越南也有；生山地密林中或山坡灌木丛中。保护区林中偶见。

6. 蓖麻属 Ricinus L.

一年生草本或草质灌木。茎常被白霜。叶互生，纸质，掌状分裂，盾状着生，叶缘具锯齿；叶柄的基部和顶端均具腺体；托叶合生，凋落。花雌雄同株；无花瓣；花盘缺；圆锥花序，顶生，后变为与叶对生；雄花生于花序下部；雌花生于花序上部；均多花簇生于苞腋。蒴果。单种属。保护区有分布。

* 蓖麻 Ricinus communis L.

种的特性与属同。花期几全年或 6~9 月（栽培）。

原产非洲东北部，现世界各地多栽培；我国大部分地区有栽培；海拔 20~500m 的村旁疏林或河流两岸冲积地常有逸为野生。保护区有栽培或逸为野生。

7. 铁苋菜属 Acalypha L.

一年生或多年生草本、灌木或小乔木。叶互生，叶缘具齿或近全缘；基出脉 3~5 条或为羽状脉；有托叶。雌雄同株，稀异株；花序腋生或顶生，雌雄花同序或异序；花无花瓣，无花盘。蒴果。本属约 450 种。中国约 17 种。保护区 1 种。

铁苋菜 Acalypha australis L.

一年生草本。叶膜质，长卵形、近菱状卵形或阔披针形，边缘具圆锯。雌雄花同序。蒴果具 3 分果爿。花果期 4~12 月。

分布我国除西部高原或干燥地区外的大部分地区；东南亚也有；生于平原或山坡较湿润耕地和空旷草地。保护区路边草丛较常见。

8. 山麻杆属 Alchornea Sw.

乔木或灌木。单叶互生，边缘具腺齿，叶基有斑状腺体；羽状脉或掌状脉；托叶 2。花雌雄同株或异株；花序穗状或总状或圆锥状；雄花多朵簇生于苞腋；雌花 1 朵生于苞腋；花无花瓣；雄花萼片 2~5 裂。蒴果。本属约 70 种。中国 8 种。保护区 1 种。

红背山麻杆 Alchornea trewioides (Benth.) Muell. Arg.

灌木。叶薄纸质，阔卵形，边缘疏生具腺小齿。雌雄异株。蒴果球形，具 3 圆棱。花期 3~5 月，果期 6~8 月。

分布我国南亚热带以南地区；泰国、越南、日本等地也有；

生于平原或内陆山地矮灌丛中或疏林下或石灰岩山灌丛中。保护区山坡灌草丛常见。

9. 野桐属 Mallotus Lour.

灌木或乔木。通常被星状毛。叶互生或对生，全缘或有锯齿，稀具裂片，叶基常具腺体，有时盾状着生；掌状脉或羽状脉。花雌雄异株或稀同株；无花瓣；无花盘；花序顶生或腋生，总状花序、穗状花序或圆锥花序。蒴果。本属约140种。中国28种。保护区3种。

1. 灌木。
  2. 直立灌木··················1. 白背叶 M. apelta
  2. 攀援灌木··················2. 石岩枫 M. repandus
1. 乔木··················3. 白楸 M. paniculatus

1. 白背叶 Mallotus apelta (Lour.) Muell. Arg.

常绿灌木或小乔木。小枝、叶柄和花序均密被柔毛。叶互生，边缘具疏齿。花雌雄异株；雄花序为开展的圆锥花序或穗状；雌花序穗状。蒴果近球形。花期6~9月，果期8~11月。

分布我国南方地区；越南也有；生路边、山坡下部灌丛草坡或林缘。保护区拉元石坑常见。

2. 石岩枫 Mallotus repandus (Willd.) Muell. Arg.

攀缘状灌木。嫩枝、叶柄、嫩叶、花序和花梗密生黄色星状柔毛。叶互生，纸质或膜质，卵形或椭圆状卵形。花雌雄异株；总状花序。蒴果具2(~3)分果爿。花期3~5月，果期8~9月。

分布华南及台湾；东南亚及印度也有；生丘陵地疏林中或林缘。保护区山坡疏林偶见。

3. 白楸 Mallotus paniculatus (Lam.) Muell. Arg.

乔木或灌木。叶互生，叶背灰白色星状毛。总状花序或圆锥花序。蒴果扁球形。花期7~10月，果期11~12月。

分布我国南方地区；东南亚也有；生丘陵山地次生林中或林窗中。保护区三角山较常见。

10. 血桐属 Macaranga Thou.

乔木或灌木。幼嫩枝、叶通常被柔毛。叶互生；掌状脉或羽状脉；近基部具斑状腺体；具托叶。雌雄异株，稀同株；花序总状或圆锥状，腋生或生于已落叶腋部；无花瓣；无花盘。蒴果，开裂。本属约280种。中国16种。保护区1种。

鼎湖血桐 Macaranga sampsonii Hance

常绿灌木或小乔木。嫩枝、叶和花序均被黄褐色绒毛。叶薄革质，浅的盾状着生，三角状卵形或卵圆形。花序圆锥状。蒴果双球形。花期5~6月，果期7~8月。

生丘陵山地或山谷常绿阔叶林中，常生于林窗或沟谷林缘。保护区拉元石坑常见。

11. 巴豆属 Croton L.

乔木或灌木。通常被星状毛或鳞腺，稀近无毛。叶互生，稀对生或近轮生；羽状脉或具掌状脉；叶基常有 2 腺体；托叶早落。花序顶生或腋生，总状或穗状；萼片 5。蒴果。本属约 800 种。中国约 21 种。保护区 1 种。

毛果巴豆 Croton lachnocarpus Benth.

灌木。一年生枝条、幼叶、叶背、叶柄、花序和果均密被星状柔毛。叶纸质，长圆形至椭圆状卵形。总状花序顶生。蒴果被毛。花期 4~5 月。

分布我国南方地区；生丘陵山地疏林或灌丛中。保护区疏林中较常见。

12. 油桐属 Vernicia Lour.

落叶乔木。嫩枝被短柔毛。叶互生，全缘或 1~4 裂；叶柄顶端有 2 腺体。花雌雄同株或异株，由聚伞花序再组成伞房状圆锥花序；花瓣 5，基部爪状。果大，核果状，近球形，顶端有喙尖。本属 3 种。中国 2 种。保护区 1 种。

木油桐（千年桐）Vernicia montana Lour.

落叶乔木。叶阔卵形，裂缺常有杯状腺体，掌状脉 5 条；叶柄顶端有具柄的杯状腺体 2。花瓣白色。核果卵球状。花期 4~5 月。

分布于我国长江以南地区；东南亚也有；栽培或野生于山地疏林中。保护区鱼洞村较常见。

13. 乌桕属 Triadica Lour.

乔木或灌木。叶互生，罕近对生，全缘或有齿；羽状脉；叶柄顶端常有 2 腺体；托叶小。花单性，雌雄同株或有时异株，密集成顶生的穗状序、穗状圆锥或总状花序；无花瓣和花盘。蒴果，稀浆果状。本属约 120 种。中国 9 种。保护区 3 种。

1. 叶纸质，较小，宽不及 9cm。
  2. 叶椭圆形，长 5~10cm，宽 3~5cm…1. 山乌桕 T. cochinchinensis
  2. 叶菱形，长 3~8cm，宽 3~8cm……………2. 乌桕 T. sebiferum
1. 叶革质，大，近圆形，宽 6~12cm…3. 圆叶乌桕 T. rotundifolium

1. 山乌桕 Triadica cochinchinensis Lour.

落叶乔木。叶互生，纸质；叶柄顶端具 2 毗连的腺体。花单性，雌雄同株。蒴果。种子外被蜡质层。花期 4~6 月，果期 8~9 月。

分布于我国南方地区；南亚及东南亚也有；生丘陵低山的山坡混交林或灌丛林中。保护区上水库常见。

2. 乌桕 Triadica sebiferum (L.) Small

落叶乔木。各部均无毛而具乳状汁液。叶互生，纸质。花单性，雌雄同株。蒴果。种子外被蜡质。花期 4~8 月，果期 9~10 月。

分布于我国黄河以南地区；日本、越南、印度也有；生旷野、沟边、塘边或疏林中。保护区三角山较常见。

3. 圆叶乌桕 Triadica rotundifolium (Hemsl.) Esser

落叶乔木。叶互生，近革质，叶片近圆形，顶端圆，腹面绿色，背面苍白色。花单性，雌雄同株。蒴果近球形。种子扁球形。花期 4~6 月。

分布我国云南、贵州、广西、广东和湖南；越南也有；喜生于阳光充足的石灰岩山地，为钙质土的指示植物。保护区偶见。

14. 大戟属 Euphorbia L.

一年生、二年生或多年生草本、灌木，或乔木。具白色乳汁。叶常互生或对生，常全缘；叶常无叶柄；托叶常无。杯状聚伞花序（大戟花序），单生或组成复花序，多生于枝顶或植株上部，少数腋生；花常无被。蒴果，常分裂。本属约2000种，是被子植物中特大属之一。中国约80种（含引种归化）。保护区2种。

1. 斜长草本；高达60cm；叶大，宽达10mm以上····················
·· 1. 飞扬草 E. hirta
1. 匍匐小草本；叶小，宽约5mm············· 2. 通奶草 E. hypericifolia

1. 飞扬草 Euphorbia hirta L.

一年生草本。茎被粗硬毛。叶对生，披针状长圆形至卵状披针形，两面均具毛。花序多数。蒴果三棱状。花果期6~12月。

分布我国长江以南地区；世界热带、亚热带广布；生路旁、草丛、灌丛及山坡，多见于沙质土。保护区路边草丛常见。

136A. 交让木科 Daphniphyllaceae

乔木或灌木，无毛。单叶互生，常聚集于小枝顶端，全缘，叶面具光泽；多少具长柄；无托叶。花序总状，腋生；花单性异株；花萼3~6裂或具3~6萼片，宿存或脱落；无花瓣。核果卵形或椭圆形。单属科，约30种。中国10种。保护区1属2种。

交让木属 Daphniphyllum Bl.

属的特征与科同。本属约30种。中国10种。保护区2种。

1. 叶背和果具白粉·································· 1. 虎皮楠 D. oldhamii
1. 叶背和果无白粉························ 2. 假轮叶虎皮楠 D. subverticillatum

1. 虎皮楠 Daphniphyllum oldhamii (Hemsl.) Rosenth.

乔木、小乔木或灌木。叶纸质，倒卵状披针形或长圆状披针形。花单性异株。核果椭圆或倒卵圆形。花期3~5月，果期8~11月。

分布我国长江以南各地区；生丘陵山地阔叶林中。保护区林中偶见。

2. 通奶草 Euphorbia hypericifolia L.

一年生草本。茎直立。叶对生，狭长圆形或倒卵形，两面被疏毛。花序数个簇生于叶腋或枝顶。蒴果三棱状。花果期8~12月。

分布我国长江以南地区；广布于世界热带和亚热带；生旷野荒地、灌丛及田间。保护区旷野较常见。

2. 假轮叶虎皮楠 Daphniphyllum subverticillatum Merr.

灌木。叶在小枝顶端近轮生，厚革质，长圆形或长圆状披针形，叶背无粉，无乳突体；叶柄上面具槽。花未见。果较小。果期11月。

我国广东特产；生海拔450~500m的林中。保护区林下可见。

139. 鼠刺科 Escalloniaceae

小乔木或灌木。单叶互生，稀对生或轮生，叶缘常具腺齿或刺齿；托叶小，线形，早落或无托叶。花两性，稀为雌雄异株或杂性，辐射对称，常组成顶生或腋生的总状花序或短的聚伞花序；花萼基部合生，稀离生，萼齿5，宿存；花瓣5，分离或合生成筒；雄蕊5，罕4或6；花柱2，合生。蒴果或浆果。本科约7属150种。中国2属13种。保护区1属1种。

鼠刺属 Itea L.

常绿或落叶，灌木或乔木。单叶互生，边缘常具腺齿或刺状齿；具柄。花小，白色，辐射对称，两性或杂性；总状花序或总状圆锥花序；萼筒杯状，基部与子房合生；萼片5，宿存；花瓣5。蒴果先端2裂，仅基部合生，具宿存的萼片及花瓣。本属约15种。中国15种。保护区1种。

鼠刺 Itea chinensis Hook. et Arn.

常绿灌木或小乔木。叶薄革质，倒卵形或卵状椭圆形，边缘上部具小齿。腋生总状花序。蒴果长圆状披针形。花期3~5月，果期5~12月。

分布华南、西南及福建；喜马拉雅地区和越南、老挝也有；常见于山地、山谷、疏林、路边及溪边。保护区山坡林内较常见。

142. 绣球花科 Hydrangeaceae

落叶或常绿草本、灌木或木质藤本。单叶对生或互生，稀轮生，全缘或有齿；无托叶。伞房式或圆锥式的复合聚伞花序或为总状花序；花两性，一型，或花序中央为孕性花，边缘有少数不孕性放射花；不孕花大，由白色花瓣状萼片组成；孕性花为完全花，小。蒴果或浆果。种子有翅或无。本科17属约250种。中国11属120余种。保护区3属3种。

1. 灌木或亚灌木。
　　2. 花柱3~6，细长⋯⋯⋯⋯⋯⋯⋯⋯⋯1. 常山属 Dichroa
　　2. 花柱1，粗短⋯⋯⋯⋯⋯⋯⋯⋯⋯2. 绣球属 Hydrangea
1. 攀援灌木，以气生根攀附于他物上⋯⋯3. 冠盖藤属 Pileostegia

1. 常山属 Dichroa Lour.

落叶灌木。叶对生，稀上部互生。花两性，一型，无不孕花，排成伞房状圆锥或聚伞花序；萼筒倒圆锥形，裂片5~6；花瓣5~6，分离，稍肉质。浆果，略干燥，不开裂。本属约12种。中国6种。保护区1种。

常山 Dichroa febrifuga Lour.

落叶灌木。单叶对生，叶形大小变异大，边缘具齿。伞房状圆锥花序顶生。浆果蓝色。花期2~4月，果期5~8月。

分布我国黄河以南地区；日本及南亚、东南亚也有；生海拔200~2000m的阴湿林中。保护区山地沟谷林中较常见。

2. 绣球属 Hydrangea L.

常绿或落叶亚灌木、灌木或小乔木，少数为木质藤本或藤状灌木。叶对生或轮生；托叶缺。聚伞花序排成伞形状、伞房状或圆锥状，顶生；苞片早落；花二型，极少一型；不育花萼片2~5，花瓣状，分离，偶有基部稍连合；孕性花较小，具短柄，生于花序内侧。蒴果。本属约73种。中国33种。保护区1种。

狭叶绣球花 Hydrangea lingii G. Hoo

灌木。单叶对生，狭椭圆形，较小，边缘略具疏小齿，两面无毛。伞房状聚伞花序短小。蒴果香炉形。花期4~5月，果期9~11月。

分布我国广东、福建；生山谷密林或疏林下或山坡灌丛中。保护区沟谷林中偶见。

3. 冠盖藤属 Pileostegia Hook. f. et Thoms.

常绿攀援状灌木，常以气生根攀附于他物上。叶对生。伞房状圆锥花序，常具二歧分枝；花两性，小；花冠一型；无不孕花；萼裂片4~5；花瓣4~5，花蕾时覆瓦状排列，上部连合成冠盖状，早落。蒴果陀螺状。本属2种。中国2种。保护区1种。

冠盖藤 Pileostegia viburnoides Hook. f. et Thoms.

常绿攀援灌木。叶对生，薄革质，椭圆状倒披针形或长椭圆形。伞房状圆锥花序顶生。蒴果圆锥形。花期7~8月，果期9~12月。

分布我国长江以南各地区；日本、越南、印度也有；生低山山谷林中。保护区上水库偶见。

143. 蔷薇科 Rosaceae

落叶或常绿，草本、灌木或乔木。有刺或无刺。叶互生，稀对生，单叶或复叶；有显明托叶，稀无托叶。花两性，稀单性，通常整齐；花轴上端发育成碟状、钟状、杯状、坛状或圆筒状的花托，在花托边缘着生萼片、花瓣和雄蕊；萼片和花瓣同数，通常4~5；雄蕊5至多数。蓇葖果、瘦果、梨果或核果，稀蒴果。本科约124属3300余种。中国51属1000余种。保护区12属29种2变种。

1. 子房下位、半下位，稀上位，心皮(1~)2~5；梨果或浆果状。
  2. 伞形或总状花序，有时花单生⋯⋯⋯⋯1. 梨属 Pyrus
  2. 复伞房花序或圆锥花序，有花多朵。
    3. 心皮一部分离生，子房半下位⋯⋯⋯2. 石楠属 Photinia
    3. 心皮全部合生，子房下位。
      4. 花序圆锥状稀总状；果期萼片宿存⋯3. 枇杷属 Eriobotrya
      4. 花序总状稀圆锥状；果期萼片脱落⋯⋯⋯⋯⋯⋯⋯⋯⋯⋯⋯⋯⋯⋯⋯⋯⋯4. 石斑木属 Rhaphiolepis
1. 子房上位，少数下位；瘦果或核果。
  5. 常具复叶，极稀单叶；心皮常多数；瘦果；萼宿存。
    6. 草本⋯⋯⋯⋯⋯⋯⋯⋯⋯⋯⋯⋯5. 蛇莓属 Duchesnea
    6. 常为灌木。
      7. 瘦果或小核果，着生在扁平或隆起的花托上⋯⋯⋯⋯⋯⋯⋯⋯⋯⋯⋯⋯⋯⋯⋯⋯6. 悬钩子属 Rubus
      7. 瘦果，着生在肉质萼筒内形成蔷薇果⋯⋯7. 蔷薇属 Rosa
  5. 单叶；心皮常为1，少数2或5；核果；萼常脱落。
    8. 花瓣和萼片多细小，通常不易分清，10~12(~15)⋯⋯⋯⋯⋯⋯⋯⋯⋯⋯⋯⋯⋯⋯⋯⋯⋯8. 臀果木属 Pygeum
    8. 花瓣和萼片均大形，各5。
      9. 幼叶多为席卷式，果实有沟。
        10. 侧芽3，两侧为花芽，具顶芽⋯⋯9. 桃属 Amygdalus
        10. 侧芽单生，顶芽缺⋯⋯⋯⋯10. 李属 Prunus
      9. 幼叶常为对折式，果实无沟。
        11. 花较大，花单生或数朵着生于短总状或伞房状花序⋯⋯⋯⋯⋯⋯⋯⋯⋯⋯⋯⋯⋯⋯⋯⋯11. 樱属 Cerasus
        11. 花小型，10朵或更多着生于总状花序上⋯⋯⋯⋯⋯⋯⋯⋯⋯⋯⋯⋯⋯⋯⋯⋯12. 桂樱属 Laurocerasus

1. 梨属 Pyrus L.

落叶乔木或灌木，稀半常绿乔木。有时具刺。单叶互生，稀分裂；有叶柄与托叶。花先于叶开放或同时开放；伞形总状花序；萼片5，反折或开展；花瓣5，具爪，白色稀粉红色。梨果，果肉多汁，富石细胞。本属约25种。中国14种。保护区1种1变种。

1. 叶阔卵形，基部圆⋯⋯⋯⋯⋯⋯⋯⋯1. 豆梨 P. calleryana
1. 叶卵形或菱状卵形，基部楔形⋯⋯⋯⋯⋯⋯⋯⋯⋯⋯⋯⋯⋯⋯⋯⋯⋯⋯⋯⋯2. 楔叶豆梨 P. calleryana var. koehnei

1. 豆梨 Pyrus calleryana Dcne.

落叶乔木。叶薄革质，宽卵形至卵形，边缘有钝齿，两面无毛。伞形总状花序。梨果球形。花期4月，果期8~9月。

分布我国黄河以南地区；越南北部也有；适生于温暖潮湿气候，生山坡、平原或山谷杂木林中。保护区桂峰山较常见。

2. 楔叶豆梨 Pyrus calleryana var. koehnei (Schneid.) T. T. Yü

与豆梨的主要区别在于：叶片多卵形或菱状卵形，顶端急尖或渐尖，基部宽楔形。子房3~4室。

分布我国广东、广西、福建和浙江；越南（北部）也有；生山坡、平原或山谷杂木林中。保护区山坡疏林偶见。

2. 石楠属 Photinia Lindl.

落叶或常绿乔木或灌木。叶互生；有托叶。花两性，多数，成顶生伞形、伞房或复伞房花序；萼筒杯状、钟状或筒状，有短萼片5；花瓣5。梨果，微肉质，成熟时不裂开；有宿存萼片。本属60余种。中国40余种。保护区5种。

1. 嫩枝被长柔毛·················1. 饶平石楠 P. raupingensis
1. 嫩枝无毛。
 2. 中脉于叶面凹陷·············2. 陷脉石楠 P. impressivena
 2. 中脉于叶面不凹陷。
  3. 叶背面有黑色小腺点·········3. 桃叶石楠 P. prunifolia
  3. 叶背面无小腺点。
   4. 花2~9，成伞形花序··········
   ·······················4. 小叶石楠 P. parvifolia
   4. 花多数，成顶生复伞房花序·······5. 光叶石楠 P. glabra

1. 饶平石楠 Photinia raupingensis K. C. Kuan

常绿乔木。叶革质，长圆形、倒卵形或长圆椭圆形，边缘中上部有细锯齿。花顶生，成复伞房花序。果实卵形。花期4月，果期10~11月。

产我国广东、广西；生于山坡杂木林中。保护区桂峰山少见。

2. 陷脉石楠 Photinia impressivena Hayata

落叶灌木或小乔木。叶常聚生枝顶；薄革质，边缘疏生细齿，两面无毛。伞房花序顶生，无毛。果实卵状椭圆形。花期4月，果期10月。

分布我国广东、广西、福建。生杂木林中。保护区三角山偶见。

3. 桃叶石楠 Photinia prunifolia (Hook. et Arn.) Lindl.

常绿乔木。叶革质，长圆形或长圆披针形，边缘有密生具腺细锯齿；叶柄具多数腺体。花多数。小梨果椭圆形。花期3~4月，果期10~11月。

分布华东、华南及西南；生山地疏林中。保护区鱼洞村偶见。

4. 小叶石楠 Photinia parvifolia (E. Pritz.) C. K. Schneid.

落叶灌木或小乔木。叶草质，椭圆形或椭圆状卵形。花2~9，成顶生伞房花序。果实椭圆形或卵形。花期4~5月，果期7~8月。

分布我国黄河以南地区；朝鲜、日本也有；生山坡灌丛中。保护区偶见。

5. 光叶石楠 Photinia glabra (Thunb.) Maxim.

常绿乔木。叶片革质，椭圆形、长圆形或长圆倒卵形，边缘有疏生浅钝细锯齿。花顶生复伞房花序。果实卵形，无毛。花期4~5月，果期9~10月。

分布我国长江以南地区；日本、缅甸也有；生海拔500~800m的山坡杂木林中。保护区山谷林中偶见。

3. 枇杷属 Eriobotrya Lindl.

常绿乔木或灌木。单叶互生，边缘有锯齿或近全缘；羽状网脉显明；通常有叶柄或近无柄；托叶多早落。花成顶生圆锥花序，常有绒毛；萼筒杯状或倒圆锥状；萼片5，宿存；花瓣5，倒卵形或圆形，无毛或有毛。梨果肉质或干燥。本属约30种。中国13种。保护区2种。

1. 叶较小，宽5cm以内，背面近无毛········1. 香花枇杷 E. fragrans
1. 叶大，宽3~9cm，背面密被锈色绒毛··········2. 枇杷 E. japonica

1. 香花枇杷 Eriobotrya fragrans Champ. ex Benth.

常绿小乔木或灌木。叶片革质，长圆状椭圆形。圆锥花序顶生。梨果球形。花期4~5月，果期8~9月。

分布我国广东、广西；越南也有；生山坡丛林中。保护区上水库偶见。

2. * 枇杷 Eriobotrya japonica (Thunb.) Lindl.

常绿小乔木。叶片革质，叶多形，基部全缘。圆锥花序顶生。梨果球形或长圆形。花期10~12月，果期翌年5~6月。

分布我国长江以南各地区，多栽培；日本、印度和东南亚也有；保护区有栽培。

4. 石斑木属 Rhaphiolepis Lindl.

常绿灌木或小乔木。单叶互生；具短柄；托叶早落。花序总状、伞房状或圆锥状；萼筒钟状至筒状，下部与子房合生，萼片5，脱落；花瓣5，有短爪。小梨果核果状。本属约15种。中国7种。保护区1种。

石斑木 Rhaphiolepis indica (L.) Lindl. ex Ker Gawl.

常绿灌木。叶聚生枝顶，革质，卵形、长圆形，边缘具细钝齿。顶生圆锥花序或总状花序。果球形。花期4月，果期7~8月。

分布我国长江以南各地区；日本和东南亚也有；生山坡、路边或溪边灌木林中。保护区三角山常见。

5. 蛇莓属 Duchesnea J. E. Smith

多年生草本。匍匐茎细长，在节处生不定根。基生叶数片，茎生叶互生，皆为三出复叶；有长叶柄；小叶片边缘有锯齿。花多单生于叶腋；无苞片；副萼片、萼片及花瓣各5；萼片宿存；花瓣黄色；花托半球形或陀螺形。瘦果微小，扁卵形。本属5~6种。中国2种。保护区1种。

蛇莓 Duchesnea indica (Andr.) Focke

多年生草本。三出复叶；小叶片倒卵形至菱状长圆形，边缘有钝锯齿，具小叶柄。花单生叶腋。瘦果卵形。花期6~8月，果期8~10月。

分布我国辽宁以南各地区；亚洲东部广布；生山坡、河岸、潮湿的地方。保护区小杉村较常见。

6. 悬钩子属 Rubus L.

落叶灌木、半灌木或多年生匍匐草本，稀常绿。具皮刺、针刺或刺毛及腺毛。叶互生，单叶、掌状复叶或羽状复叶，边缘常具锯齿或裂片；有叶柄。花两性，稀单性而雌雄异株，组成聚伞状圆锥花序、总状花序等；花白色或红色。由小核果集生花托而成聚合果。本属700余种。中国194种。保护区11种1变种。

1. 羽状复叶。
　　2. 小叶 5~7 ·················· 1. 空心泡 R. rosaefolius
　　2. 小叶 3 ·················· 2. 白花悬钩子 R. leucanthus
1. 单叶。
　　3. 直立灌木。
　　　　4. 托叶与叶柄合生；子房被毛 ········ 3. 山莓 R. corchorifolius
　　　　4. 托叶与叶柄分离；子房无毛 ········ 4. 木莓 R. swinhoei
　　3. 攀援或匍匐灌木。
　　　　5. 匍匐灌木，茎常伏地生根 ········ 5. 寒莓 R. buergeri
　　　　5. 攀援灌木。
　　　　　　6. 叶两面无毛 ·················· 6. 蒲桃叶悬钩子 R. jambosoides
　　　　　　6. 叶两面被毛或仅背面被毛。
　　　　　　　　7. 花组成大型圆锥花序。
　　　　　　　　　　8. 枝密被红褐色腺毛、刺毛和长柔毛；叶 3~5 裂 ········
　　　　　　　　　　　　 ·················· 7. 五裂悬钩子 R. lobatus
　　　　　　　　　　8. 枝的被毛与上不同；叶不裂或 3~7 浅裂。
　　　　　　　　　　　　9. 枝被粗伏毛；叶不裂，基部钝圆 ··············
　　　　　　　　　　　　　 ·················· 8. 梨叶悬钩子 R. pirifolius
　　　　　　　　　　　　9. 枝被短柔毛；叶 3~7 浅裂，基部心形 ············
　　　　　　　　　　　　　 ·················· 9. 高梁泡 R. lambertianus
　　　　　　　　7. 花组成总状花序或近总状花序。
　　　　　　　　　　10. 叶面被粗毛和泡状凸起，托叶大，羽状深裂 ········
　　　　　　　　　　　　 ·················· 10. 粗叶悬钩子 R. alceaefolius
　　　　　　　　　　10. 叶面无泡状凸起，托叶宽倒卵形。
　　　　　　　　　　　　11. 叶边缘 3~5 浅裂 ········ 11. 锈毛莓 R. reflexus
　　　　　　　　　　　　11. 叶边缘 3~7 深裂 ····················
　　　　　　　　　　　　　 ······ 12. 深裂悬钩子 R. reflexus var. lanceolobus

1. 空心泡（蔷薇叶悬钩子）Rubus rosaefolius Smith

直立或攀援灌木。羽状复叶，边缘有尖锐重锯齿。花萼外被柔毛和腺点；花瓣白色。聚合果红色。花期3~5月，果期6~7月。

分布我国长江以南地区；南亚、东南亚、大洋洲、非洲、马达加斯加也有；生山地杂木林内阴处、草坡或高山腐殖质土壤上。保护区三角山偶见。

2. 白花悬钩子 Rubus leucanthus Hance

攀援灌木。枝上部和花序基部常为单叶，革质，卵形或椭圆形。花3~8朵形成伞房状花序。聚合果红色。花期4~5月，果期6~7月。

分布华南、西南及福建；东南亚也有；在低海拔至中海拔疏林中常见。保护区蓄能水电站较常见。

3. 山莓（麻叶悬钩子）Rubus corchorifolius L. f.

直立灌木。单叶，卵形至卵状披针形；下面中脉疏生小皮刺。花单生或少数生于短枝上。聚合果红色。花期2~3月，果期4~6月。

分布除我国东北、西北、西南外的地区；朝鲜、日本、缅甸、越南也有；生海拔200~2200m的向阳山坡、溪边、山谷、荒地和疏密灌丛中潮湿处。保护区石心村偶见。

4. 木莓 Rubus swinhoei Hance

落叶或半常绿灌木。单叶，叶形变化较大；上面中脉具毛，下面密被灰色绒毛或近无毛。花瓣白色。聚合果黑紫色。花期5~6月，果期7~8月。

分布我国长江以南地区；日本也有；生山坡疏林或灌丛中或溪谷及杂木林下。保护区偶见。

5. 寒莓 Rubus buergeri Miq.

直立或匍匐小灌木。叶卵形至近圆形，边缘5~7浅裂。短总状花序，顶生或腋生。聚合果紫黑色。花期7~8月，果期9~10月。

分布我国长江以南地区；日本、韩国也有；生中低海拔的阔叶林下或山地疏密杂林内。保护区桂峰山偶见。

6. 蒲桃叶悬钩子 Rubus jambosoides Hance

攀援灌木。单叶，革质，披针形，两面无毛。花单生于叶腋。果实卵球形。花期2~3月，果期4~5月。

分布我国湖南、福建、广东；生低海拔山路旁或山顶涧边。保护区上水库偶见。

蔷薇科 Rosaceae

7. 五裂悬钩子 Rubus lobatus T. T. Yu et L. T. Lu

攀援灌木。单叶，近圆形，基部心形，两面均被柔毛，沿脉具刺毛。花成大型圆锥花序。聚合果近球形。花期6~7月，果期8~9月。

分布我国广东和广西；生山地路旁或山谷灌丛中。保护区拉元石坑偶见。

8. 梨叶悬钩子 Rubus pirifolius Smith

攀援灌木。单叶，近革质，卵形、卵状长圆形；两面叶脉有柔毛。圆锥花序顶生。聚合果带红色。花期4~7月，果期8~10月。

分布我国福建、台湾、广东、广西、贵州、四川、云南；泰国、越南、老挝、柬埔寨、印度尼西亚、菲律宾也有；生低海拔至中海拔的山地较荫蔽处。保护区安山村东门山较常见。

9. 高梁泡 Rubus lambertianus Ser.

半落叶藤状灌木。单叶宽卵形，两面被疏毛，有细锯齿。圆锥花序顶生；花瓣白色。聚合果小。花期7~8月，果期9~11月。

分布我国黄河以南地区；日本也有；生低海山坡、山谷或路旁灌木丛中阴湿处或林缘及草坪。保护区上水库较常见。

10. 粗叶悬钩子 Rubus alceaefolius Poir.

攀援灌木。全株各部被黄色至锈色长柔毛。叶近圆形。顶生狭圆锥花序或近总状。聚合果红色。花期7~9月，果期10~11月。

分布我国长江以南地区；日本和东南亚也有；生向阳山坡、山谷杂木林内或沼泽灌丛中以及路旁岩石间。保护区较常见。

11. 锈毛莓 Rubus reflexus Ker Gawl.

攀援灌木。枝被锈色绒毛，具疏小皮刺。单叶，心状长卵形。花瓣白色。果实近球形。花期6~7月，果期8~9月。

分布华东、华南；生山坡、山谷灌丛或疏林中。保护区疏林中较常见。

12. 深裂悬钩子 Rubus reflexus var. lanceolobus Metc.

与锈毛莓的主要区别在于：叶片边缘 5~7 深裂，裂片披针形或长圆披针形。

分布华南及福建；生低海拔的山谷或水沟边疏林。保护区溪边偶见。

7. 蔷薇属 Rosa L.

直立、蔓延或攀援灌木。多数有皮刺、针刺或刺毛，稀无刺。叶互生，奇数羽状复叶；小叶边缘有齿。花单生或成伞房状，稀复伞房状或圆锥状花序；花白色、黄色、粉红色至红色。瘦果着生在肉质萼筒内形成蔷薇果。本属约 200 种。中国 93 种。保护区 2 种。

1. 花小，直径2~2.5cm；果小，直径约5mm⋯⋯⋯⋯⋯⋯⋯⋯⋯⋯⋯⋯⋯⋯⋯⋯⋯⋯⋯⋯⋯1. 小果蔷薇 R. cymosa
1. 花大，直径5~8cm；果大，直径约2cm⋯⋯2. 金樱子 R. laevigata

1. 小果蔷薇 Rosa cymosa Tratt.

攀援灌木。小叶片卵状披针形或椭圆形，边缘有尖锐细齿。花瓣白色。果球形。花期 5~6 月，果期 7~11 月。

分布我国长江以南地区；老挝、越南也有；多生于向阳山坡、路旁、溪边或丘陵地。保护区路旁、溪边灌草丛较常见。

2. 金樱子 Rosa laevigata Michx.

常绿攀援灌木。小叶片各式卵形或倒卵形，边缘有锐齿。花单生于叶腋。果常梨形。花期 4~6 月，果期 7~11 月。

分布我国黄河以南地区；越南也有；喜生于向阳的山野、田边、溪畔灌木丛中。保护区小杉村较常见。

8. 臀果木属 Pygeum Gaertn.

常绿乔木或灌木。叶互生，全缘，叶基常有 1 对腺体；托叶小，早落。总状花序腋生；花两性或单性；萼筒倒圆锥形、钟形或杯形，果时脱落，仅残存环形基部；花瓣与萼片同数或缺。果实为核果。本属 40 余种。中国约 6 种。保护区 1 种。

臀果木（臀形果）**Pygeum topengii Merr.**

常绿乔木。叶互生，卵状椭圆形或椭圆形，全缘，叶基部有 2 腺体。总状花序有花 10 余朵。核果肾形。花期 6~9 月，果期冬季。

分布华南、西南及福建；常见于山谷、路边、溪旁或疏密林内及林缘。保护区林中较常见。

9. 桃属 Amygdalus L.

落叶乔木或灌木。腋芽常 3 枚或 2~3 枚并生，两侧为花芽，中间是叶芽。常先花后叶，稀花叶同时开放；叶柄或叶边常具腺体。花单生，稀 2 花生于 1 芽内，粉红色，罕白色，几无梗或具梗。核果，外被毛，腹部有明显的缝合线。本属约 40 多种。中国 12 种。保护区 1 种。

* 桃 Amygdalus persica L.

落叶乔木。叶长圆披针形至倒卵状披针形，叶缘具齿；叶柄常具腺体。花粉红色。核果。花期 3~4 月，果期 5~9 月。

原产我国，各地区广泛栽培；世界各地均有栽植。保护区村边或山坡下部常有栽培。

蔷薇科 Rosaceae

10. 李属 Prunus L.

落叶小乔木或灌木。单叶互生，叶基常有2小腺体；有叶柄；托叶早落。花单生或2~3花簇生，具短梗，先叶开放或与叶同时开放；有小苞片，早落。萼片和花瓣均为5数，覆瓦状排列。核果，外面有沟，无毛，常被蜡粉。本属30余种。中国原生或栽培7种。保护区1种。

* 李 Prunus salicina Lindl.

落叶乔木。叶长圆倒卵形、长椭圆形，稀长圆卵形，两面无毛。通常3花并生。核果多形。花期4月，果期5~8月。

分布我国黄河以南少区，多栽培。保护区山下部有栽培。

11. 樱属 Cerasus Mill.

落叶乔木或灌木。腋芽单生或3枚并生，中间为叶芽，两侧为花芽。先花后叶或同时开放；具叶柄；叶柄、托叶和锯齿常有腺体。花常数花着生在伞形、伞房状或短总状花序上，或1~2花生于叶腋内；花瓣白色或粉红色。核果成熟时肉质多汁，不开裂。本属约100余种。中国100余种。保护区1种。

钟花樱花（福建山樱花）**Cerasus campanulata** (Maxim.) A. N. Vassiljeva

落叶乔木或灌木。叶片卵形至卵状椭圆形，薄革质；叶柄顶端常有2腺体；核果卵球形。花期2~3月，果期4~5月。

分布华东、华南；日本和越南也有；生山谷林中及林缘。保护区山谷林中少见。

12. 桂樱属 Laurocerasus Tourn. ex Duh.

常绿乔木或灌木，罕落叶。叶互生，叶基部或叶柄常有腺体；托叶小，早落。花常两性，排成总状花序，常单生稀簇生于叶腋或去年生小枝叶痕的腋间；苞片小，早落；萼5裂，裂片内折；花瓣白色，通常比萼片长2倍以上。果实为核果，干燥。本属约280种。中国约有100种。保护区2种。

1. 叶背有腺点，边全缘，基部有2枚腺体·················
··1. 腺叶桂樱 L. phaeosticta
1. 叶背无腺点，边缘有针状锯齿，基部有1~2对腺体···········
··2. 刺叶桂樱 L. spinulosa

1. 腺叶桂樱 Laurocerasus phaeosticta (Hance) Schneid.

常绿灌木或小乔木。叶片近革质，顶端长尾尖，全缘，两面无毛，下面散生黑色小腺点。总状花序单生于叶腋。果实近球形。花期4~5月，果期7~10月。

分布我国长河以南地区；南亚及越南、泰国也有；生疏密杂木林内或混交林中，也见于山谷、溪旁或路边。保护区桂峰山少见。

2. 刺叶桂樱 Laurocerasus spinulosa (Sieb. et Zucc.) C. K. Schneid.

常绿乔木。叶片草质至薄革质，长圆形或倒卵状长圆形；叶基具1~2对腺体。总状花序单生于叶腋。核果椭圆形。花期9~10月，果期11月至翌年3月。

分布我国长江以南地区；日本、菲律宾也有；生山坡阳处疏密杂木林中或山谷、沟边阴暗阔叶林下及林缘。保护区山谷林偶见。

111

146. 含羞草科 Mimosaceae

常绿或落叶乔木或灌木，有时为藤本，稀草本。叶互生，通常为二回羽状复叶，稀一回或变为叶状柄，有鳞片或无；叶柄具显著叶枕；羽片常对生；叶轴或叶柄上常有腺体；托叶有或无，或呈刺状。花小，两性，有时单性，组成头状、穗状或总状花序或再排成圆锥花序；具苞片。荚果。种子扁平；种皮坚硬。本科约64属2950种。中国17属65种。保护区4属7种。

1. 花丝分离·····················1. 金合欢属 Acacia
1. 花丝连合呈管状。
  2. 乔木。
    3. 荚果通常不卷曲或扭转·········2. 合欢属 Albizia
    3. 荚果通常卷曲或扭转·······3. 猴耳环属 Archidendron
  2. 草本或灌木····················4. 含羞草属 Mimosa

1. 金合欢属 Acacia Mill.

灌木、小乔木或攀援藤本。二回羽状复叶；小叶通常小而多对；或为叶状柄；总叶柄及叶轴上常有腺体。花小，两性或杂性，3~5基数，大多为黄色，少数白色；穗状花序或头状花序。荚果，直或弯曲。种子扁平而硬。本属约1200种。中国野生及栽培的约18种。保护区2种。

1. 长大后小叶退化，叶柄变为叶状柄，叶状柄革质，披针形，长6~10cm，宽5~13mm················1. 台湾相思 A. confusa
1. 小叶30~54对，线形，长5~10mm，宽0.5~1.5mm ················2. 羽叶金合欢 A. pennata

1. 台湾相思 Acacia confusa Merr.

常绿乔木。叶柄变为叶状柄，革质，披针形，两面无毛。头状花序球形。荚果扁平。花期3~10月，果期8~12月。

分布华东、华南及云南；菲律宾、印度尼西亚、斐济也有；生丘陵坡地，耐干旱。保护区山坡林中较常见。

2. 羽叶金合欢 Acacia pennata (L.) Willd.

攀援多刺藤本。总叶柄基部及叶轴上部有凸起的腺体1枚；头状花序圆球形。荚果带状。花期3~10月，果期7月至翌年4月。

分布我国云南、广东、福建；亚洲和非洲热带地区广布；多生于低海拔的疏林中，常攀附于灌木或小乔木的顶部。保护区鱼洞村偶见。

2. 合欢属 Albizia Durazz.

乔木或灌木，稀为藤本。二回羽状复叶；羽片1至多对；总叶柄及叶轴上有腺体；小叶对生，1至多对。花小，常二型，5基数，两性，稀杂性，组成头状、聚伞或穗状花序，再排成腋生或顶生的圆锥花序。荚果带状。本属约118种。中国16种。保护区1种。

天香藤 Albizia corniculata (Lour.) Druce

攀援灌木或藤本。二回羽状复叶；总叶柄近基部有1腺体；头状花序有花6~12。荚果带状。花期4~7月，果期8~11月。

分布我国广东、广西和福建；东南亚也有；生旷野或山地疏林中，常攀附于树上。保护区桂峰山较常见。

3. 猴耳环属 Archidendron F. Muell.

乔木或灌木。托叶小，有时变为针状刺；二回羽状复叶；小叶数对至多对，叶柄上有腺体。花小，5基数，通常白色，组成头状花序或穗状花序，单生叶腋或簇生枝顶，或再排成圆锥花序。荚果通常旋卷或弯曲，稀劲直，扁平或肿胀。本属约94种。中国11种。保护区2种。

1. 小叶对生，羽片3~8对·················1. 猴耳环 A. clypearia
1. 小叶互生，羽片1~2对·················2. 亮叶猴耳环 A. lucidum

1. 猴耳环 Archidendron clypearia (Jack) Nielsen

常绿乔木。二回羽状复叶；总叶柄具4棱，密被毛；小叶革质，斜菱形。花具短梗，数朵聚成小头状花序。荚果旋卷。种子间缢缩。花期2~6月，果期4~8月。

分布华东、华南和云南；热带亚洲广布；生沟谷、溪边常绿阔叶林中。保护区桂峰山较常见。

2. 亮叶猴耳环 Archidendron lucidum (Benth.) Nielsen

常绿小乔木。叶轴及叶柄基部有腺体；小叶2~5对，斜卵形。头状花序球形。荚果旋卷成环状。种子间缢缩。花期4~6月，果期7~12月。

分布我国长江以南地区；印度和越南也有；生疏或密林中或林缘灌木丛中。保护区小杉村较常见。

4. 含羞草属 Mimosa L.

多年生、有刺草本或灌木，稀为乔木或藤本。托叶小，钻状；二回羽状复叶，小叶触之常闭合而下垂；叶轴上通常无腺体；小叶细小，多数。花小，两性或杂性，通常4~5数，头状花序或穗状花序，花序单生或簇生；花萼钟状，具齿；花瓣下部合生。荚果长椭圆形或线形，有荚节3~6。本属约500种。中国4种。保护区2种。

1. 落叶灌木；花白色·················1. 光荚含羞草 M. bimucronata
1. 草本；花淡红色·················2. 含羞草 M. pudica

1. 光荚含羞草（簕仔树）**Mimosa bimucronata** O. Kuntze

落叶大灌木。二回羽状复叶，羽片6~7对，叶轴无刺被毛，小叶线形。头状花序球形。荚果带状。花期3~9月，果期10~11月。

原产热带美洲；分布我国广东南部沿海地区；逸生于疏林下。保护区三角山常见。

2. 含羞草 Mimosa pudica L.

披散亚灌木状草本。小叶线状长圆形，边缘具刚毛。头状花序圆球形。花小，淡红色。荚果长圆形。花期3~10月，果期5~11月。

原产热带美洲，现广布于世界热带地区；华南有逸生；生旷野荒地、灌木丛中。保护区三角山较常见。

147. 苏木科 Caesalpiniaceae

乔木或灌木，有时为藤本，很少草本。叶互生，一回或二回羽状复叶或具单小叶，稀为单叶；小叶中脉常居中。花两性，稀单性，组成总状或圆锥花序，稀穗状花序；有小苞片；花托极短，杯状或管状；萼片5或4，离生或下部合生；花瓣常5；雄蕊常10枚或少，稀多数。荚果开裂或不裂而呈核果状或翅果状。本科约153属2175种。中国21属约113种。保护区4属10种。

1. 叶为一回羽状复叶或仅具单小叶，或为单叶；花托短陀螺状或延长为圆筒状。
　2. 单叶，全缘或2裂，有时分裂为2小叶·················1. 羊蹄甲属 Bauhinia
　2. 复叶，有时仅具1对小叶或单小叶···2. 山扁豆属 Chamaecrista
1. 叶通常为二回羽状复叶；花托盘状。
　3. 植株具不分枝的刺·················3. 云实属 Caesalpinia
　3. 植株常具分枝的枝刺·················4. 皂荚属 Gleditsia

1. 羊蹄甲属 Bauhinia L.

乔木、灌木或攀援藤本。单叶，全缘，先端凹缺或分裂为2裂片；基出脉3至多条。花两性，稀单性，组成总状、伞房或圆锥花序；苞片早落；花托短陀螺状或延长为圆筒状；萼杯状，佛焰状或于开花时分裂为5萼片；花瓣5，常具瓣柄。荚果，带状或线形，通常扁平。本属约300种。中国47种。保护区4种。

1. 总状花序。
  2. 叶背面密被锈色毛；总状花序短··················
    ···············1. 阔裂叶羊蹄甲 B. apertilobata
  2. 叶背面被紧贴的短柔毛，渐变无毛或近无毛；总状花序长······
    ···············2. 龙须藤 B. championii
1. 伞房式总状花序。
  3. 基出脉7条················3. 首冠藤 B. corymbosa
  3. 基出脉9~11条············4. 粉叶羊蹄甲 B. glauca

1. 阔裂叶羊蹄甲 Bauhinia apertilobata Merr. et F. P. Metcalf

藤本。具卷须。嫩枝、叶柄及花序各部均被短柔毛。叶纸质，卵形、阔椭圆形或近圆形。花瓣淡绿白色。荚果倒披针形或长圆形。花期5~7月，果期8~11月。

分布我国广东、广西、福建和江西；生山谷和山坡的疏林、密林或灌丛中。保护区安山村东门山偶见。

2. 龙须藤 Bauhinia championii (Benth.) Benth.e

藤本。有卷须。叶纸质，卵形或心形，上面无毛，下面被短柔毛。总状花序狭长；花瓣白色。荚果倒卵状长圆形或带状。花期6~10月，果期7~12月。

分布我国长江以南地区；印度、越南和印度尼西亚也有；生低海拔至中海拔的丘陵灌丛或山地疏密林中。保护区较常见。

3. 首冠藤 Bauhinia corymbosa Roxb. ex DC.

木质藤本。叶纸质，近圆形，常两面无毛；七基出脉。伞房花序式的总状花序顶生于侧枝上；花白色。荚果带状长圆形。花期4~6月，果期9~12月。

分布我国广东、海南；世界各地栽培观赏；生山谷疏林中或山坡阳处。保护区三角山较常见。

4. 粉叶羊蹄甲 Bauhinia glauca (Wall. ex Benth.) Benth.

木质藤本。叶纸质，近圆形，下面疏被柔毛。伞房花序式的总状花序顶生或与叶对生。荚果薄带状。花期4~6月，果期7~9月。

分布华南地区及云贵；印度、印度尼西亚及中南半岛也有；生山坡阳处疏林中或山谷庇荫的密林或灌丛中。保护区山坡灌丛偶见。

2. 山扁豆属 Chamaecrista

灌木或草本。叶羽状复叶，常有腺体。花黄色或红色；萼片5；花瓣5。荚果。种子具有光滑或有凹痕的种皮。本属约600种。中国30余种。保护区1种。

山扁豆 Chamaecrista mimosoides (L.) E. Greene

一年生或多年生亚灌木状草本。偶数羽状复叶；叶柄顶部有1腺体；小叶线状镰形。花序腋生。荚果镰形。果期通常8~10月。

原产美洲热带；生坡地或空旷地的灌木丛或草丛中。保护区旷野偶见。

3. 云实属 Caesalpinia L.

乔木、灌木或藤本。通常有刺。二回羽状复叶；小叶大或小。总状花序或圆锥花序腋生或顶生；花中等大或大，通常美丽，黄色或橙黄色；花托凹陷，萼片离生；花瓣5，最上方1枚较小，色泽、形状及被毛常与其余4枚不同。荚果。本属约150种。中国17种。保护区2种。

1. 小叶4~6对，羽片2~3对，稀4对·············1. 华南云实 C. crista
1. 小叶15~20对，羽片7~12对················2. 小叶云实 C. millettii

1. 华南云实（刺果苏木）Caesalpinia crista Linn.

有刺藤本。各部均被黄色柔毛。小叶4~6对，膜质，长圆形，基部斜，两面均被黄色柔毛。总状花序腋生。荚果长圆形。花期8~10月，果期10月至翌年3月。

分布我国广东、广西和台湾；印度、斯里兰卡、缅甸、泰国、柬埔寨、越南、马来西亚和波利尼西亚群岛也有；生丘陵山地疏林或灌丛中。保护区山坡灌丛偶见。

2. 小叶云实 Caesalpinia millettii Hook. et Arn.

有刺藤本。各部被锈色短柔毛。小叶互生，长圆形，两面被锈色毛。圆锥花序腋生。荚果倒卵形。花期8~9月，果期12月。

分布我国广东、广西、湖南及江西的南部；生山脚灌丛中或溪水旁。保护区山脚灌丛偶见。

4. 皂荚属 Gleditsia L.

落叶乔木或灌木。叶互生，常簇生，一回和二回偶数羽状复叶常并存；叶轴和羽轴具槽；小叶多数，近对生或互生，边缘具细锯齿或钝齿，稀全缘；托叶小，早落。花杂性或单性异株，淡绿色或绿白色，组成腋生或顶生的穗状或总状花序，稀圆锥花序；花瓣3~5，稍不等。荚果扁。本属约16种。中国产6种。保护区3种。

1. 小叶斜椭圆形至菱状长圆形，中脉在基部明显偏斜···1. 华南皂荚 G. fera
1. 小叶卵形、卵状披针形或长椭圆形，中脉在小叶基部居中或微偏斜。
  2. 攀援灌木；小叶3~9对················2. 皂荚 G. sinensis
  2. 直立木本；小叶11~18对·········3. 美国皂荚 G. triacanthos

1. 华南皂荚 Gleditsia fera (Lour.) Merr.

小乔木至乔木。叶为一回羽状复叶；小叶5~9对，斜椭圆形至菱状长圆形。花杂性。荚果扁平。花期4~5月，果期6~12月。

分布华东、华南；越南也有；生山地缓坡、山谷林中或村旁路边阳处。保护区阔叶林中偶见。

2. 皂荚 Gleditsia sinensis Lam.

乔木或小乔木。叶为一回羽状复叶；小叶3~9对，卵状披针形至长圆形。花序腋生或顶生。荚果带状。花期3~5月，果期5~12月。

分布我国秦岭以南地区；生山坡林中或谷地、路旁。保护区阔叶林中偶见。

* 3. 美国皂荚 Gleditsia triacanthos L.

落叶乔木。小叶 11~18 对，纸质，椭圆状披针形，微偏斜。总状花序常生于叶腋或顶生。荚果带形。种子多数。花期 4~6 月，果期 10~12 月。

原产美国；我国部分地区有栽培；常生于溪边和低地潮湿肥沃的土壤上，多单株生长。保护区河边有栽培。

148. 蝶形花科 Papilionaceae

乔木、灌木、藤本或草本。有时具刺。叶互生，稀对生，通常为羽状复叶或掌状复叶，多为 3 小叶，稀单叶或退化为鳞片状叶；叶轴或叶柄上无腺体；托叶常存在，有时变刺；小托叶有或无。花两性，单生或组成总状或圆锥花序，稀头状或穗状花序；有大小苞片；花冠蝶形；花瓣 5，两侧对称。荚果。本科约 425 属 12000 多种。中国 128 属 1372 种。保护区 21 属 31 种 3 变种 1 亚种。

1. 花丝全部分离，或在近基部处部分连合。
    2. 攀援灌木；单叶·················1. 藤槐属 Bowringia
    2. 直立木本；羽状复叶·················2. 红豆属 Ormosia
1. 花丝全部或大部分连合成雄蕊管，雄蕊单体或二体。
    3. 花药两型，有时长短交互排列··········3. 猪屎豆属 Crotalaria
    3. 花药同型或近同型，也不分成长短交互而生。
        4. 荚果横向断裂或缢缩成荚节，每节具 1 种子。
            5. 荚果背缝线深凹入形成一个缺口·················
            ·················4. 长柄山蚂蝗属 Hylodesmum
            5. 荚果背腹两缝线缢缩或腹缝线劲直·········5. 山蚂蝗属 Desmodium
        4. 荚果不横向断裂成节荚，种子 1 至多颗。
            6. 草本；植株被"丁"字毛；总状花序腋生·················
            ·················6. 木蓝属 Indigofera
            6. 木本；植株不被"丁"字毛；花序总状、圆锥状或单花，顶生或腋生。

7. 单叶·················7. 葫芦茶属 Tadehagi
7. 复叶。
    8. 一回羽状复叶，小叶常多于3片。
        9. 草本，稀为小灌木或半灌木·········8. 黄耆属 Astragalus
        9. 木本。
            10. 乔木、灌木或木质藤本·········9. 黄檀属 Dalbergia
            10. 攀援木质藤本。
                11. 托叶早落或宿存·········10. 鸡血藤属 Callerya
                11. 无托叶·················11. 鱼藤属 Derris
    8. 三出羽状复叶，小叶常3片。
        12. 直立。
            13. 草本·················12 鸡眼草属 Kummerowia
            13. 灌木。
                14. 花序包藏于宿存的叶状苞片·················
                ·················13. 排钱树属 Phyllodium
                14. 无上述叶状苞片。
                    15. 荚果膨胀·········14. 千斤拔属 Flemingia
                    15. 荚果不膨胀·········15. 胡枝子属 Lespedeza
        12. 攀援。
            16. 木质藤本·················16. 密花豆属 Spatholobus
            16. 草质藤本。
                17. 小叶和花萼通常具黄色腺点·················
                ·················17. 野扁豆属 Dunbaria
                17. 小叶花萼无腺点。
                    18. 花柱常膨大、变扁或旋卷，常具髯毛·················
                    ·················18. 豇豆属 Vigna
                    18. 花柱通常圆柱形，无髯毛。
                        19. 花瓣不等长·········19. 黧豆属 Mucuna
                        19. 花瓣等长。
                            20. 翼瓣和龙骨瓣的瓣柄短于瓣片·········
                            ·················20. 葛属 Pueraria
                            20. 翼瓣和龙骨瓣的瓣柄比瓣片长·········
                            ·················21. 山黑豆属 Dumasia

1. 藤槐属 Bowringia Camp. ex Benth.

攀援灌木。单叶，较大；托叶小。总状花序腋生；花萼膜质，先端截形；花冠白色，旗瓣圆形，具柄，翼瓣镰状长圆形，龙骨瓣与翼瓣相似，稍大；雄蕊 10，分离或基部稍连合。荚果卵形或球形。种子长圆形或球形，褐色。本属 4 种。中国 1 种。保护区有分布。

藤槐 Bowringia callicarpa Camp. ex Benth.

攀援灌木。单叶，近革质，长圆形或卵状长圆形，两面几无毛。总状花序或排列成伞房状。荚果卵形或卵球形，具 1~2 颗种子。

花期4~6月，果期7~9月。

分布我国福建（南部）、广东、广西、海南；越南也有；生低海拔山谷林缘或河溪旁，常攀援于其他植物上。保护区桂峰山较常见。

2. 红豆属 Ormosia Jacks.

乔木。小枝常绿色。奇数羽状复叶，叶互生；小叶对生；具托叶或无，无小托叶。圆锥花序或总状花序顶生或腋生；花萼钟形，5齿裂，上方2齿常连合；花冠白色或紫色，长于花萼。荚果。本属100种。中国37种。保护区2种。

1. 小叶3~11；种子1·················1. 软荚红豆 O. semicastrata
1. 小叶5~7；种子1~5···············2. 木荚红豆 O. xylocarpa

1. 软荚红豆 Ormosia semicastrata Hance

常绿乔木。奇数羽状复叶；小叶卵状长椭圆形或椭圆形；叶轴、叶柄及小叶柄有柔毛，后脱落。圆锥花序顶生或生叶腋。荚果小。种子1。花期4~5月。

分布华东、华南；生山地、路旁、山谷杂木林中。保护区鸡枕山、古田村偶见。

3. 猪屎豆属 Crotalaria L.

草本、亚灌木或灌木。茎枝圆或四棱形。单叶或三出复叶；托叶有或无。总状花序顶生、腋生、与叶对生或密集枝顶形似头状；花萼二唇形或近钟形；花冠黄色或深紫蓝色。荚果。本属约550种。中国42种。保护区4种。

1. 叶为三出复叶·····················1. 猪屎豆 C. pallida
1. 叶为单叶。
　2. 叶较大，倒披针形，长5~15cm，宽2~4cm············
　　·····························2. 大猪屎豆 C. assamica
　2. 叶较小，倒披针形或线状披针形，长1.5~8cm，宽0.3~1.7cm。
　　3. 叶倒披针形，长1.5~4cm，宽0.3~1.7cm···3. 响铃豆 C. albida
　　3. 叶线状披针形，长3~8cm，宽0.5~1cm
　　　·····························4. 野百合 C. sessiliflora

1. 猪屎豆 Crotalaria pallida Ait.

多年生亚灌木。小叶长圆形或椭圆形，下面略被毛。总状花序顶生。荚果长圆形。花果期9~12月。

分布我国长江以南地区；美洲、非洲和亚洲热带、亚热带地区广布；生荒山草地及沙质土壤之中。保护区旷野偶见。

2. 木荚红豆 Ormosia xylocarpa Chun ex Merr. et H. Y. Chen

常绿乔木。枝、叶柄、叶轴等被黄毛。奇数羽状复叶；小叶厚革质，边缘微向下反卷。圆锥花序顶生。荚果压扁。花期6~7月，果期10~11月。

分布我国南方地区；生溪边疏林或密林内。保护区阔叶林中偶见。

2. 大猪屎豆 Crotalaria assamica Benth.

直立高大草本。托叶细小，线形；单叶，纸质，下面被毛。总状花序顶生或腋生，有花20~30。荚果长圆形。花果期5~12月。

分布华南、西南及台湾；南亚及中南半岛也有；生山坡路边及山谷草丛中。保护区旷野偶见。

3. 响铃豆 Crotalaria albida Heyne ex Roth

多年生直立草本。单叶，叶片倒卵形、长圆状椭圆形或倒披针形。总状花序顶生或腋生。荚果短圆柱形。花果期 5~12 月。

分布我国长江以南地区；南亚、东南亚及南太平洋诸岛也有；生荒地路旁及山坡疏林下。保护区拉元石坑偶见。

4. 野百合 Crotalaria sessiliflora L.

直立草本。单叶，形状变异较大，两端渐尖。总状花序顶生。荚果短圆柱形。花果期 5 月至翌年 2 月。

分布我国辽宁以南地区；日本、朝鲜、南亚、东南亚及南太平洋诸岛也有；生荒地路旁及山谷草地。保护区路旁草地偶见。

4. 长柄山蚂蝗属 Hylodesmum H. Ohashi et R. R. Mill

多年生草本或亚灌木状。羽状复叶；小叶 3~7，全缘或浅波状；有托叶和小托叶。花序顶生或腋生，总状花序；具苞片；通常无小苞片；花萼宽钟状。荚果具果颈，有荚节 2~5。本属约 14 种。中国 10 种。保护区 1 种。

细长柄山蚂蝗 Hylodesmum leptopus (A. Gray ex Bentham) H. Ohashi et R. R. Mill

亚灌木。小叶卵形至卵状披针形，顶端长渐尖；侧生小叶基部极偏斜。花序顶生。荚果扁平，果颈长 10~12cm。花果期 8~9 月。

分布我国长江以南地区及台湾；东南亚也有；生山谷密林下或溪边密荫处。保护区蓄能水电站偶见。

5. 山蚂蝗属 Desmodium Desv.

草本、亚灌木或灌木。羽状三出复叶或单叶；具托叶和小托叶；小叶全缘或浅波状。总状花序或圆锥花序；苞片宿存或早落；小苞片有或缺；花萼钟状；花冠白色、粉红色或紫色。荚果。本属约 350 种。中国 32 种。保护区 4 种。

1. 叶柄两侧有窄翅··················1. 小槐花 D. caudatum
1. 叶柄两侧无窄翅。
　2. 匍匐亚灌木··················2. 假地豆 D. heterocarpon
　2. 直立亚灌木。
　　3. 顶生小叶上面疏被伏毛或无毛；果长 2~6cm·············
　　　·····················3. 大叶拿身草 D. laxiflorum
　　3. 顶生小叶两面疏被毛；果长 1.5~2cm··················
　　　·····················4. 南美山蚂蝗 D. tortuosum

1. 小槐花 Desmodium caudatum (Thunb.) H. Ohashi

常绿灌木或亚灌木。小叶近革质或纸质，全缘。总状花序顶生或腋生。荚果线形，扁平。花期 7~9 月，果期 9~11 月。

分布我国长江以南地区；南亚、东南亚及日本也有；生山坡、路旁草地、沟边、林缘或林下。保护区路边、沟边、林缘较常见。

2. 假地豆 Desmodium heterocarpon (L.) DC.

小灌木或亚灌木。羽状三出复叶；小叶纸质，椭圆或倒卵形。总状花序顶生或腋生。荚果狭长圆形。花期 7~10 月，果期 10~11 月。

分布我国长江以南各地区；东南亚、日本、大洋洲也有；生山坡草地、水旁、灌丛或林中。保护区旷野较常见。

蝶形花科 Papilionaceae

3. 大叶拿身草 Desmodium laxiflorum DC.

直立或平卧灌木或亚灌木。叶羽状三出复叶；小叶 3，顶生小叶卵形或椭圆形略大。总状花序腋生或顶生。荚果腹背缝线在荚节处稍缢缩。花期 8~10 月，果期 10~11 月。

分布我国长江以南地区；南亚及东南亚也有；生次生林林缘、灌丛或草坡。保护区旷野、灌丛中偶见。

4. 南美山蚂蝗 Desmodium tortuosum (Sw.) DC.

多年生直立草本。羽状三出复叶；小叶 3，稀仅 1 小叶，小叶纸质，椭圆形、卵形或菱形。总状花序顶生或腋生。荚果窄长圆形。花果期 7~9 月。

原产南美和西印度；广东有逸生；逸生于荒地、平原。保护区旷野逸生。

6. 木蓝属 Indigofera L.

灌木或草本，稀小乔木。奇数羽状复叶；托叶脱落或留存；小托叶有或无；小叶通常对生。总状花序腋生，少数成头状、穗状或圆锥状；苞片常早落；花萼钟状或斜杯状。荚果线形或圆柱形。本属 750 余种，中国 79 种。保护区 1 变种。

宜昌木蓝 Indigofera decora var. **ichangensis** (Craib.) Y. Y. Fang et C. Z. Zheng

灌木。小叶卵状披针形、卵状长圆形，两面无毛。总状花序直立。荚果圆柱形。花期 4~6 月，果期 6~10 月。

分布我国长江以南地区；日本也有；生灌丛或杂木林中。保护区拉元石坑偶见。

7. 葫芦茶属 Tadehagi Ohashi

灌木或亚灌木。叶仅具单小叶；叶柄有宽翅；翅顶有小托叶 2。总状花序顶生或腋生，通常每节生 2~3 花；花萼钟状，5 裂，上部 2 裂片完全合生；花瓣具脉，旗瓣圆形、宽椭圆形或倒卵形。荚果。本属约 6 种，中国 2 种。保护区 1 种。

葫芦茶 Tadehagi triquetrum (L.) Ohashi

灌木或亚灌木。小叶纸质，狭披针形至卵状披针形，顶端急尖。总状花序顶生和腋生。荚果有荚节 5~8。花期 6~10 月，果期 10~12 月。

分布我国南方地区；东南亚及澳大利亚也有；生荒地或山地林缘、路旁等。保护区桂峰山较常见。

8. 黄耆属（黄芪属）Astragalus L.

草本。羽状复叶；小叶全缘，不具小托叶。总状花序，稀花单生，腋生；花紫红色；苞片小，膜质；花萼管状或钟状，萼筒基部近偏；雄蕊二体，均能育，花药同型。荚果形状多样。本属约 3000 种。中国 401 种。保护区 1 种。

紫云英 Astragalus sinicus L.

二年生草本。奇数羽状复叶，卵形，具缘毛；具短柄。总状花序生呈伞形。荚果线状长圆形。种子肾形。花期 2~6 月，果期 3~7 月。

分布我国长江流域各地区；生山坡、溪边及潮湿处。保护区偶见。

9. 黄檀属 Dalbergia L. f.

乔木、灌木或木质藤本。奇数羽状复叶；托叶小，早落；小叶互生；无小托叶。花小，通常多数，组成顶生或腋生圆锥花序；花萼钟状，裂齿5；花冠白色、淡绿色或紫色。荚果。本属约100种。中国29种。保护区2种。

1. 小叶7~13，较大，大于10mm·················1. 藤黄檀 D. hancei
1. 小叶25~35，较小，不及5mm···············2. 香港黄檀 D. millettii

1. 藤黄檀 Dalbergia hancei Benth.

藤本。奇数羽状复叶；小叶较小，互生，狭长圆或倒卵状长圆形。总状花序短。荚果常有1颗种子。花期4~5月，果期7~8月。

分布我国长江以南地区；生山坡灌丛中或山谷溪旁。保护区桂峰山较常见。

2. 香港黄檀 Dalbergia millettii Benth.

藤本。小叶12~17对，紧密，线形或狭长圆形，两面无毛。圆锥花序腋生；花冠白色；花瓣具柄，旗瓣圆形。荚果长圆形至带状，扁平。花期5~6月。

分布华南部分地区；生山地林中或灌丛中，山沟溪旁及有小树林的坡地常见。保护区三角山偶见。

10. 鸡血藤属 Callerya Endlicher

藤本、灌木，稀乔木。托叶无毛，多为落叶。花在腋生或末端总状花序中既不成对也不成簇，有时形成腋生或顶生圆锥花序。荚果，薄至厚木质，扁平或膨大。本属约200种。中国18种。保护区3种1变种。

1. 小叶多于1对。
  2. 叶卵形或阔披针形，叶面非光亮。
    3. 小叶披针形至狭长圆形···········1. 香花鸡血藤 C. dielsiana
    3. 小叶卵形至阔披针形···············
      ····················2. 异果鸡血藤 C. dielsiana var. heterocarpa
  2. 叶卵状披针形，叶面光亮·········3. 亮叶鸡血藤 C. nitida
1. 小叶1对，偶有2对·····················4. 喙果鸡血藤 C. tsui

1. 香花鸡血藤 Callerya dielsiana (Harms) P. K. Lôc ex Z. Wei et Pedley

攀援灌木。奇数羽状复叶；小叶2对，纸质，披针形，叶面有光泽。圆锥花序顶生。荚果无果颈。花期5~9月，果期6~11月。

分布我国黄河以南地区；越南、老挝也有；生山坡杂木林与灌丛中，或谷地、溪沟和路旁。保护区常见。

2. 异果鸡血藤 Callerya dielsiana var. heterocarpa (Chun ex T. C. Chen) X. Y. Zhu ex Z. Wei et Pedley

与香花鸡血藤的主要区别在于：小叶较宽大；果瓣薄革质；

种子近圆形。

分布江西、福建、广东、广西、贵州。保护区山坡杂木林缘或灌丛中可见。

3. 亮叶鸡血藤 Callerya nitida (Benth.) R. Geesink

攀援灌木。羽状复叶2对，硬纸质，卵状披针形或长圆形。圆锥花序顶生；花单生。荚果线状长圆形。种子栗褐色。花期5~9月，果期7~11月。

分布我国江西、福建、台湾、广东、海南、广西、贵州；生海拔800m的海岸灌丛或山地疏林中。保护区偶见。

4. 喙果鸡血藤 Callerya tsui (Gagnep.) Schot

藤本。奇数羽状复叶；小叶近革质；网脉两面明显隆起。圆锥花序顶生。荚果肿胀，有果颈。花期7~9月，果期10~12月。

分布华南及西南地区；生山地杂木林中。保护区鱼洞村偶见。

11. 鱼藤属 Derris Lour.

木质藤本，稀直立灌木或乔木。奇数羽状复叶；托叶小；小叶对生，全缘，无小托叶。总状花序或圆锥花序；花萼钟状或杯状；花冠白色、紫红色或粉红色，长于花萼。荚果。本属约800种。中国25种。保护区1种。

中南鱼藤 Derris fordii Oliv.

攀援状灌木。奇数羽状复叶；小叶2~3对，卵状椭圆形至椭圆形，两面无毛。圆锥花序腋生。荚果薄革质。花期4~5月，果期10~11月。

分布我国长江以南地区；生山地路旁或山谷的灌木林或疏林中。保护区路石心村偶见。

12. 鸡眼草属 Kummerowia Schindl.

一年生草本。常多分枝。叶为三出羽状复叶；托叶大而宿存。花通常1~2朵簇生于叶腋；小苞片4，生于花萼下方；花小，旗瓣与冀瓣近等长，通常均较龙骨瓣短。荚果。本属2种。中国2种。保护区1种。

鸡眼草 Kummerowia striata (Thunb.) Schindl.

一年生草本。小叶纸质，倒卵形、长倒卵形或长圆形，全缘。花单生或2~3朵簇生于叶腋。荚果圆形或倒卵形。花期7~9月，果期8~10月。

分布我国东北、华北、华东、中南、西南等地；东北亚也有；生路旁、田边、溪旁、沙质地或缓山坡草地。保护区三角山较常见。

13. 排钱树属 Phyllodium Desv.

灌木或亚灌木。三出羽状复叶；具托叶和小托叶。伞形花序，在枝先端排列呈总状圆锥花序状；花萼钟状；花冠白色至淡黄色或稀为紫色。荚果腹缝线稍缢缩呈浅波状。本属6种。中国4种。保护区2种。

1. 小叶两面被毛····················1. 毛排钱树 P. elegans
1. 小叶上面无毛····················2. 排钱树 P. pulchellum

1. 毛排钱树 Phyllodium elegans (Lour.) Desv.

灌木。茎、枝和叶柄均密被黄色绒毛。小叶革质，两面均密被绒毛。叶状苞片排列成总状圆锥花序状。荚果通常有荚节3~4。花期7~8月，果期10~11月。

分布华南、福建、云南等；东南亚也有；生平原、丘陵荒地或山坡草地、疏林或灌丛中。保护区路边旷野较常见。

2. 排钱树 Phyllodium pulchellum (L.) Desv.

灌木。小叶革质,顶生小叶常卵形,边缘稍呈波状。伞形花序有花 5~6;叶状苞片排列成总状圆锥花序状。荚果通常有荚节 2。花期 7~9 月,果期 10~11 月。

分布华东、华南及云南;东南亚、大洋洲也有;生丘陵荒地、路旁或山坡疏林中。保护区桂峰山较常见。

14. 千斤拔属 Flemingia Roxb.ex W.T.Ait.

灌木或亚灌木。叶为指状 3 小叶或单叶,下面常有腺点。总状或复总状花序;苞片 2 列;小苞片缺;花萼 5 裂。荚果椭圆形。本属约 40 种。中国 15 种。保护区 1 种。

大叶千斤拔 Flemingia macrophylla (Willd.) Kuntze ex Merr.

直立灌木。小叶宽披针形至椭圆形,两面仅叶脉被毛。总状花序常数个聚生于叶腋;花冠紫红色。荚果椭圆形。花期 6~9 月,果期 10~12。

分布我国长江以南地区;南亚、东南亚也有;常生长于旷野草地上或灌丛中,山谷路旁和疏林阳处也有生长。保护区山坡灌草丛偶见。

15. 胡枝子属 Lespedeza Michx.

多年生草本、亚灌木或灌木。三出羽状复叶;托叶小,无小托叶;小叶全缘,网状脉。花 2 至多数组成腋生的总状花序或花束;有苞片和小苞片;花常二型,一种有花冠,结实或不结实,另一种为闭锁花(花冠退化不伸出花萼),结实。荚果。本属约 60 余种。中国 26 种。保护区 1 种 1 亚种。

1. 小灌木;小叶楔形,宽 1~1.5cm ············· 1. 截叶铁扫帚 L. cuneata
1. 大灌木;小叶椭圆形,宽 1~3cm ·······································
·····························2. 美丽胡枝子 L. thunbergii subsp. formosa

1. 截叶铁扫帚 Lespedeza cuneata (Dum. -Cours.) G. Don

小灌木。小叶具小刺尖。总状花序腋生。荚果,被伏毛和宿存萼。花期 7~8 月,果期 9~10 月。

分布我国长江以南地区;东北亚、南亚、澳大利亚也有;生山坡路旁。保护区山坡路旁较常见。

2. 美丽胡枝子 Lespedeza thunbergii subsp. formosa (Vogel) H. Ohashi

直立灌木。各部略被毛。小叶形态多变,常椭圆形或卵形。总状花序腋生。荚果表面被疏柔毛。花期 7~9 月,果期 9~10 月。

分布我国黄河以南地区;日本、朝鲜、印度也有;生山坡、路旁及林缘灌丛中。保护区较常见。

16. 密花豆属 Spatholobus Hassk.

木质攀援藤本。羽状复叶具 3 小叶;托叶小,早落;小托叶宿存或脱落。圆锥花序腋生或顶生;花小而多,通常数朵密集于花序轴或分枝的节上;苞片和小苞片小;花萼钟状或筒状,二唇形;花冠凸出于萼外,各瓣具瓣柄。荚果。本属约 30 种。中国 10 种。保护区 1 种。

密花豆 Spatholobus suberectus Dunn

攀援藤本。小叶纸质或近革质,顶生小叶多宽椭圆形,侧生小叶两侧不对称。圆锥花序腋生或顶生。荚果近镰形。花期 6 月,果期 11~12 月。

分布我国西南和华南;生山地疏林或密林沟谷或灌丛中。保护区鱼洞村偶见。

蝶形花科 Papilionaceae

17. 野扁豆属 Dunbaria Wight et Arn

平卧或缠绕状草质或木质藤本。羽状 3 小叶；小叶下面有明显的腺点。花单生或总状花序；苞片早落或缺；小苞片缺，稀存；花萼钟状。荚果线形或线状长圆形。本属约 25 种。中国 8 种。保护区 1 种。

圆叶野扁豆 Dunbaria rotundifolia (Lour.) Merr.

多年生缠绕藤本。叶具羽状 3 小叶；小叶纸质，叶缘波状。花 1~2 朵腋生。荚果线状长椭圆形。花果期 9~10 月。

分布我国长江以南地区；东南亚也有；常生山坡灌丛中和旷野草地上。保护区旷野草丛偶见。

18. 豇豆属 Vigna Savi

缠绕或直立草本，稀为亚灌木。羽状复叶具 3 小叶；托叶盾状着生或基着。总状花序或 1 至多花的花簇腋生或顶生；花萼 5 裂，二唇形；花冠白色、黄色、蓝色或紫色。荚果线形或线状长圆形、圆柱形或扁平。本属约 100 种。中国 14 种。保护区 1 种。

赤小豆 Vigna umbellata (Thunb.) Ohwi et Ohashi

一年生缠绕草本。小叶纸质，卵形或披针形；叶脉被毛。总状花序腋生。荚果线状圆柱形，无毛。花期 5~8 月。

原产亚洲热带地区；我国南部野生或栽培。保护区旷野偶见。

19. 黧豆属 Mucuna Adans.

多年生或一年生木质或草质藤本。托叶和小托叶常脱落；三出羽状叶；小叶大。花序腋生或生于老茎上，近聚伞状，或为假总状或紧缩的圆锥花序；花萼钟状；花冠伸出萼外，深紫色、红色、浅绿色或近白色。荚果常具翅。本属 100~160 种。中国约 15 种。保护区 1 种。

白花油麻藤 Mucuna birdwoodiana Tutch.

常绿大型木质藤本。三出羽状复叶；小叶近革质；叶脉两面凸起。总状花序生于老枝上或叶腋。荚果带形。花期 4~6 月，果期 6~11 月。

分布华东、华南及西南；生山地阳处、路旁、溪边，常攀援在乔、灌木上。保护区桂峰山较常见。

20. 葛属 Pueraria DC.

缠绕藤本。三出羽状复叶；有大小托叶；小叶大。总状花序或圆锥花序；花通常数朵簇生于花序轴各节上；花萼钟状；花冠天蓝色或紫色，旗瓣基部有附属体及内向的耳。荚果线形，稍扁或圆柱形，2 瓣裂。本属约 35 种。中国 10 种。保护区 1 种 1 变种。

1. 苞片比小苞片长 ············· 1. 葛 P. montana
1. 苞片不比小苞片长 ············· 2. 葛麻姆 P. montana var. lobata

1. 葛 Pueraria montana (Lour.) Merr.

粗壮藤本。小叶 3 裂，顶生小叶宽卵形或斜卵形。总状花序。荚果长椭圆形。花期 9~10 月，果期 11~12 月。

分布我国南北各地，除青藏及新疆外，几遍全国；东南亚至澳大利亚也有；生山地疏或密林中。保护区桂峰山常见。

2. 葛麻姆 Pueraria montana var. lobata (Willdenow) Maesen et S. M. Almeida ex Sanjappa et Predeep

与葛的主要区别在于：顶生小叶宽卵形，长大于宽，两面均被长柔毛。花期7~9月，果期10~12月。

分布我国长江以南地区及台湾；日本、东南亚也有；生旷野灌丛中或山地疏林下。保护区常见。

21. 山黑豆属 Dumasia DC.

藤本。三出复叶，叶缘全缘，叶背密被粗毛；有托叶和小托叶。总状花序；花萼筒状，顶端截平。荚果线形。本属约10种。中国有9种。保护区1种。

山黑豆 Dumasia truncata Sieb. et Zucc.

多年生藤本。叶具羽状3小叶；小叶膜质，通常两面无毛。总状花序腋生。荚果倒披针形。种子扁球形。花期8~9月，果期10~11月。

分布我国浙江、安徽、湖北；日本也有；常生于海拔380~1000m的山地路旁潮湿地。保护区偶见。

151. 金缕梅科 Hamamelidaceae

常绿或落叶乔木和灌木。叶互生，稀对生；具羽状脉或掌状脉；常有叶柄；有托叶，早落或无。花排成头状花序、穗状花序或总状花序，两性，或单性而雌雄同株，稀雌雄异株，有时杂性；萼裂片与花瓣4~5数。蒴果。本科约27属140种。中国17属74种。保护区7属7种。

1. 叶为掌状脉。
    2. 托叶大，脱落后在节上留有环状痕迹··················
    ···1. 马蹄荷属 Exbucklandia
    2. 托叶线形，脱落后无环状痕迹·········2. 枫香属 Liquidambar
1. 叶为羽状脉。
    3. 花序为头状花序。
        4. 有托叶；无花瓣；果序球形·········3. 蕈树属 Altingia
        4. 无托叶；有花瓣；果序头状·········4. 红花荷属 Rhodoleia
    3. 花序为总状、穗状花序。
        5. 花两性，有花瓣，子房半下位·········5. 秀柱花属 Eustigma
        5. 花单性或杂性，无花瓣，子房上位。
            6. 花萼筒极短，果时不宿存·········6. 蚊母树属 Distylium
            6. 花萼筒壶形，果时不规则开裂··················
            ···································7. 假蚊母树属 Distyliopsis

1. 马蹄荷属 Exbucklandia R. W. Brown

常绿乔木。节膨大，有托叶环痕。叶阔卵圆形，全缘或掌状浅裂；掌状脉；托叶2。头状花序常腋生，有7~16花，具花序柄；花两性或杂性同株；花瓣线形，白色，或无花瓣。头状果序有7~16蒴果。本属4种。中国3种。保护区1种。

大果马蹄荷 Exbucklandia tonkinensis (Lecomte) Hung T. Chang

常绿乔木。叶革质，阔卵形，基部阔楔形，无毛。头状花序单生。蒴果表面有小瘤状凸起。花期5~7月，果期8~9月。

分布我国南部及西南各地区；越南北部也有；生高海拔山地常绿阔叶林中。保护区山地常绿阔叶林中偶见。

2. 枫香树属 Liquidambar L.

落叶乔木。叶互生，掌状分裂，边缘有锯齿；具掌状脉；托叶线形，早落。花单性，雌雄同株；无花瓣。头状果序圆球形；有蒴果多数。本属5种。中国2种。保护区1种。

枫香树 Liquidambar formosana Hance

落叶乔木。叶薄革质，阔卵形，掌状3裂，边缘有锯齿，齿尖有腺状突。花单性，同株。头状果序圆球形。花期3~5月，果期6~9月。

分布我国秦岭淮河以南地区；越南北部及韩国也有；性喜阳光，多生于平地、村落附近，及低山的次生林中。保护区较常见。

我国广东特有植物。保护区山地林中较常见。

5. 秀柱花属 Eustigma Gardn. et Champ

常绿乔木。枝和叶常有星毛。顶芽裸露。叶互生，椭圆形，全缘或靠近先端有齿；具羽状脉；有叶柄；托叶细小，线形，早落。花两性，排成总状花序，基部有2总苞片，每朵花有1苞片，2小苞片；花梗短；萼筒倒圆锥形，与子房合生；花瓣5。蒴果木质。本属3种。中国3种。保护区1种。

秀柱花 Eustigma oblongifolium Gardn. et Champ.

灌木或小乔木。叶革质，矩圆形或矩圆披针形，通常全缘。总状花序。蒴果长2cm，无毛。花期4~6月，果期6~9月。

分布华东、华南部分地区；生阔叶林中。保护区阔叶林中偶见。

3. 蕈树属 Altingia Noronha

常绿乔木。叶卵形至披针形，全缘或有锯齿；具羽状脉；托叶细小，早落。花单性，雌雄同株，无花瓣。雄花排成头状或短穗状花序，常再排成总状花序。头状果序近球形，基部平截；蒴果，室间裂开；无宿存萼齿和花柱。本属约12种。中国8种。保护区1种。

蕈树 Altingia chinensis (Champ. ex Benth.) Oliv. ex Hance

常绿乔木。叶革质或厚革质，倒卵状矩圆形，无毛，边缘有钝锯齿。雄花短穗状花序，雌花头状花序，单生或数个排成圆锥花序。头状果序近于球形。花期3~4月，果期7~9月。

分布华南、华东和云南；越南北部也有；生丘陵低山沟谷溪边常绿阔叶林中。保护区上水库常见。

6. 蚊母树属 Distylium Sieb. et Zucc.

常绿灌木或小乔木。叶互生，全缘，偶有小齿密；托叶披针形，早落；羽状脉。花单性或杂性；雄花常与两性花同株，排成腋生穗状花序；萼筒极短，萼齿2~6；无花瓣。蒴果木质。本属18种。中国12种。保护区1种。

蚊母树 Distylium racemosum Siebold et Zucc.

灌木或中乔木。嫩枝、芽体、叶柄被鳞垢。叶革质，椭圆形或倒卵状椭圆形，全缘。总状花序。蒴果卵圆形。花期4~6月，果期6~8月。

分布华东、华南；东亚也有。保护区阔叶林中偶见。

4. 红花荷属 Rhodoleia Champ. ex Hook. f.

常绿乔木或灌木。叶互生，卵形至披针形，全缘，下面有粉白蜡被；具羽状脉，基部常有不强烈的三出脉。花序头状，腋生，有5~8花；花两性；萼筒极短；花瓣2~5，红色。蒴果上半部室间及室背裂开为4片；果皮较薄。本属9种。中国6种。保护区1种。

红花荷（红苞木）**Rhodoleia championii Hook. f.**

常绿乔木。叶厚革质，卵形，顶端钝或略尖，有三出脉，下面灰白色。头状花序。头状果序有蒴果5，蒴果卵圆形。花期3~4月。

7. 假蚊母树属 Distyliopsis P. K. Endress

常绿乔木。叶互生，全缘，近无毛；羽状脉或兼具三出脉；托叶早落。花杂性，通常雄花和两性花同株，排成短圆锥状或总状花序，腋生或顶生，少花；花坛状或杯状；萼片和花瓣缺。蒴果木质。本属 6 种。中国 5 种。保护区 1 种。

尖叶假蚊母树（尖叶水丝梨）Distyliopsis dunnii (Hemsl.) P. K. Endress

灌木或小乔木。叶革质，矩圆形或卵状矩圆形，全缘。雄花与两性花排成总状或穗状花序。蒴果卵圆形。花期 4~6 月，果期 6~9 月。

分布我国南方地区；老挝也有；生沟谷林中。保护区山谷林中偶见。

159. 杨梅科 Myricaceae

常绿或落叶乔木或灌木。单叶互生，全缘或有齿、或浅裂，稀成羽状中裂；无托叶或有；羽状脉；具叶柄。花通常单性，风媒；无花被，无梗，呈穗状花序；雌雄异株或同株，稀具两性花而成杂性同株；花序单生或簇生叶腋，或者复合成圆锥状花序。核果小坚果状，或为球状较大核果，外表布满乳头状凸起。本科 3 属 50 余种。中国 1 属 4 种。保护区 1 属 1 种。

杨梅属 Myrica L.

常绿或落叶乔木或灌木。单叶，常聚生枝顶，有腺体。花单性；穗状花序单一或分枝，直立或向上倾斜，或稍俯垂状。核果小坚果状，或为较大的具肉质外果皮的核果。本属约 50 种。中国 4 种。保护区 1 种。

杨梅 Myrica rubra (Lour.) Sieb. et Zucc.

常绿乔木。叶革质，无毛，常聚生枝顶，长椭圆状或楔状披针形至倒卵形。花雌雄异株。核果球状。花期 4 月，果期 6~7 月。

分布我国长江以南地区；日本、朝鲜、菲律宾也有；喜酸性土壤，生山地阳坡或山谷林中。保护区山地林中较常见。

161. 桦木科 Betulaceae

落叶乔木或灌木。小枝及叶有时具腺体。单叶，互生，叶缘具重锯齿或单齿，较少具浅裂或全缘；叶脉羽状，侧脉直达叶缘或向上连结；托叶分离，早落，稀宿存。花单性，雌雄同株，风媒；雄花序顶生或侧生；雌花序为球果状、穗状、总状或头状，直立或下垂。果为小坚果或坚果。本科 6 属 100 余种。中国 6 属约 70 种。保护区 1 属 1 种。

桤木属 Alnus Mill.

落叶乔木或灌木。树皮光滑。叶脉羽状，明显；托叶早落。花单性，雌雄同株；雄花序生于上一年枝条的顶端；雌花序单生或聚成总状或圆锥状，生叶腋或短枝上。果序球果状；每个果苞内具 2 小坚果；小坚果小，扁平，具翅。本属 40 余种。中国 10 种。保护区 1 种。

江南桤木 Alnus trabeculosa Hand.-Mazz.

落叶乔木。叶多为倒卵状矩圆形、倒披针状矩圆形或矩圆形，上面无毛，下面具腺点。雌花总状花序。果序矩圆形；小坚果宽卵形。

分布我国长江以南及河南南部；日本也有；生山谷或河谷的林中、岸边或村落附近。保护区高海拔林中较常见。

163. 壳斗科 Fagaceae

常绿或落叶乔木，稀灌木。单叶，互生，罕轮生，全缘或具齿，或不规则的羽状裂；托叶早落。花单性同株，稀异株，或同序；柔荑花序；雄花序下垂或直立，整序脱落；雌花序直立，花单朵散生或3至数朵聚生成簇，分生于总花序轴上成穗状。坚果，底部至全果被壳斗包围；壳斗具刺或鳞片状或环状。本科7~12属900~1000种。中国7属294种。保护区4属30种。

1. 冬季落叶；无顶芽 ··················· 1. 栗属 Castanea
1. 常绿；有顶芽。
  2. 雄花序下垂 ················· 2. 青冈属 Cyclobalanopsis
  2. 雄花序直立。
    3. 壳斗常有刺，大部分全包坚果 ······· 3. 锥栗属 Castanopsis
    3. 壳斗无刺，通常杯状 ·············· 4. 柯属 Lithocarpus

1. 栗属 Castanea Mill.

常绿或落叶乔木，稀灌木。单叶，互生，罕轮生，全缘或具齿，或不规则的羽状裂；托叶早落。花单性同株，稀异株，或同序；柔荑花序；雄花序下垂或直立，整序脱落；雌花序直立，花单朵散生或3至数朵聚生成簇，分生于总花序轴上成穗状。坚果，底部至全果被壳斗包围；壳斗具刺或鳞片状或环状。本属12~17种。中国4种。保护区1种。

锥栗 Castanea henryi (Skan) Rrhder et E. H. Wilson

落叶大乔木。叶长圆形或披针形，叶缘裂齿具长尖，仅叶脉两侧有疏长毛。雄花序长5~16cm，花簇有花1~3 (~5)朵；每壳斗有雌花1（偶有2或3）朵。成熟壳斗近圆球形。花期5~7月，果期9~10月。

广布于我国秦岭南坡以南、五岭以北各地；生丘陵山地落叶或常绿的混交林中。保护区山地阔叶林中偶见。

2. 青冈属 Cyclobalanopsis Oerst.

常绿乔木。树皮通常平滑，稀深裂。叶螺旋状互生；羽状脉。花单性，雌雄同株；雄花序为下垂柔荑花序，花单朵散生或数朵簇生于花序轴；雌花单生或排成穗状，单生于总苞内。壳斗呈杯形等形状包着坚果部分，无刺；小苞片轮状排列，愈合成为同心环带；常具1坚果。本属150种。中国69种。保护区9种。

1. 叶边缘全缘或有时有1~2钝齿。
  2. 叶柄长2cm以上。
    3. 叶中脉于叶面凹下；壳斗包着坚果2/3 ················· 1. 饭甑青冈 C. fleuryi
    3. 叶中脉于叶面凸起；壳斗包着坚果1/3~1/2 ················· 2. 大叶青冈 C. jenseniana
  2. 叶柄长2cm以内。
    4. 叶中脉于叶面凸起，叶柄长小于5mm ················· 3. 竹叶青冈 C. neglecta
    4. 叶中脉于叶面凹陷，叶柄长大于5mm。
      5. 叶侧脉每边10~15条 ················· 4. 福建青冈 C. chungii
      5. 叶侧脉每边5~10条。
        6. 成熟叶背面无毛 ················· 5. 雷公青冈 C. hui
        6. 成熟叶背面被星状绒毛 ······ 6. 岭南青冈 C. championii
1. 叶边缘有尖锐锯齿。
  7. 小枝无毛。
    8. 叶柄长达3.5cm，叶面中脉微凹 ················· 7. 青冈 C. glauca
    8. 叶柄长2cm以内，叶面中脉平坦 ················· 8. 小叶青冈 C. myrsinaefolia
  7. 小枝被毛 ················· 9. 槟榔青冈 C. bella

1. 饭甑青冈 Cyclobalanopsis fleuryi (Hick. et A. Camus) Chun ex Q. F.

常绿乔木。叶革质，长椭圆形或卵状长椭圆形，叶背粉白色。壳斗钟形或近圆筒形，包着坚果约2/3。花期3~4月，果期10~12月。

分布我国江西、福建、广东、海南、广西、贵州、云南等地区；越南也有；生山地密林中。保护区山地偶见。

2. 大叶青冈 Cyclobalanopsis jenseniana (Hand.-Mazz.) W. C. Cheng et T. Hong ex Q. F. Zheng

常绿乔木。叶片薄革质，长椭圆形或倒卵状长椭圆形，较大，无毛。雄花序密集，长5~8cm，花序轴及花被有疏毛；雌花序长3~5(~9)cm。壳斗杯形，包着坚果1/3~1/2。花期4~6月，果期翌年10~11月。

分布我国长江以南地区；生丘陵山地阔叶林中。保护区偶见。

3. 竹叶青冈 Cyclobalanopsis neglecta Schott.

乔木。叶片薄革质，集生于枝顶，无毛。雌花序着生花2至数朵。果序常有1果；壳斗盘形或杯形；小苞片合生成4~6条同心环带。花期2~3月，果期翌年8~11月。

分布华南；越南也有；生山地密林中。保护区上水库林中偶见。

4. 福建青冈 *Cyclobalanopsis chungii* (Metc.) Y. C. Hsu et H. W. Jen ex Q. F. Zhang

常绿乔木。叶薄革质，常椭圆形，叶缘不反卷，顶端有疏浅齿，稀全缘。雌花序长 1.5~2cm，有 2~6 花。壳斗盘形，包着坚果基部，6~7 条同心环带。

分布华东、华南；生山地背阴山坡、山谷疏或密林中。保护区小杉村偶见。

5. 雷公青冈（胡氏青冈）*Cyclobalanopsis hui* (Chun) Chun ex Y. C. Hsu et H. W. Jen

常绿乔木。叶片薄革质，长椭圆形、倒披针形或椭圆状披针形，叶缘反曲。雌花序长 1~2cm，有 2~5 花。壳斗浅碗形至深盘形，包着坚果基部。花期 4~5 月，果期 10~12 月。

分布华南地区；生山地杂木林或湿润密林中。保护区三角山较常见。

6. 岭南青冈 *Cyclobalanopsis championii* (Benth.) Oerst.

常绿乔木。叶厚革质，常聚生枝顶，倒卵形，全缘，叶背密生星状绒毛。雄花序长 4~8cm，全体被褐色绒毛；雌花序长达 4cm，有 3~10 花。壳斗碗形，包着坚果 1/4~1/3；小苞片合生成 4~7 条同心环带。花期 12 月至翌年 3 月，果期 11~12 月。

分布我国南亚热带以南地区；生丘陵低山常绿林中。保护区上水库偶见。

7. 青冈 *Cyclobalanopsis glauca* (Thunb.) Oerst.

常绿乔木。叶革质，倒卵状椭圆形或长椭圆形，叶缘中上部有疏锯齿，叶背常有白色鳞秕。雄花序长 5~6cm，花序轴被苍色绒毛。壳斗碗形，包着坚果 1/3~1/2。花期 4~5 月，果期 10 月。

分布我国黄河以南地区；日本、朝鲜、印度也有；生山坡或沟谷，是山地常绿阔叶林或常绿、落叶阔叶混交林的主要树种。保护区山地林中较常见。

8. 小叶青冈（杨梅叶青冈）*Cyclobalanopsis myrsinaefolia* (Bl.) Oerst.

常绿乔木。叶卵状披针形或椭圆状披针形，叶缘中上部有细锯齿，无毛，叶背粉白色。雄花序长 4~6cm；雌花序长 1.5~3cm。壳斗杯形，包着坚果 1/3~1/2；坚果卵形或椭圆形。花期 6 月，果期 10 月。

分布我国黄河以南地区；日本、越南、老挝也有；生丘陵山谷、阴坡杂木林中。保护区山地林中偶见。

壳斗科 Fagaceae

8. 小枝被淡褐色毛；壳斗外壁全部被刺遮盖，刺长 8~15mm
   ··· 6. 红锥 C. hystrix
8. 小枝被锈色毛；壳斗外壁仅部分被刺遮盖，刺长 6~10mm
   ··· 7. 栲 C. fargesii
  7. 当年生小枝无毛；叶大，宽 5cm 以上 ········ 8. 钩锥 C. tibetana
5. 当年生叶背面无毛，也无鳞秕。
  9. 叶边缘有齿 ·································· 9. 桂林栲 C. chinensis
  9. 叶边缘全缘或仅有 1~2 齿。
   10. 壳斗连刺直径 2~3cm ···················· 10. 甜槠 C. eyrei
   10. 壳斗连刺直径 4~8cm。
    11. 壳斗的刺极密，完全遮盖壳斗外壁 ······························
       ······································· 11. 吊皮锥 C. kawakamii
    11. 刺连成 4~5 个鸡冠状刺环，不完全遮盖壳斗外壁 ············
       ······································· 12. 黑叶锥 C. nigrescens

1. 米槠 Castanopsis carlesii (Hemsl.) Hayata

大乔木。叶二列，披针形或卵形，全缘，稀有疏齿。雄花圆锥花序近顶生。壳斗为疣状体。花期 3~6 月，果翌年 9~11 月成熟。

分布我国长江以南各地区；生山地或丘陵常绿或落叶阔叶混交林中。保护区山地林中较常见。

9. 槟榔青冈 Cyclobalanopsis bella (Chun et Tsiang) Chun ex Y. C. Hsu et H. W. Jen

常绿乔木。叶片薄革质，长椭圆状披针形，叶缘中部以上有锯齿。雌花序长 1~2cm，通常有 2~3 花。壳斗盘形，包着坚果基部。花期 2~4 月，果期 10~12 月。

分布华南地区；生丘陵山地林中，喜湿润环境。保护区林中偶见。

3. 锥栗属 Castanopsis (D. Don) Spach

常绿乔木。有顶芽。当年生枝常有纵脊棱。叶二列，互生或螺旋状排列，叶背被毛或鳞腺，或二者兼有；托叶早落。花雌雄异序或同序，花序直立，穗状或圆锥花序。壳斗全包或包一部分坚果，具刺。本属约 120 种。中国 58 种。保护区 12 种。

1. 壳斗外壁仅有鳞片，无针刺。
  2. 叶小，宽 3cm 以内 ··························· 1. 米槠 C. carlesii
  2. 叶大，宽 5cm 以上 ··························· 2. 黧蒴锥 C. fissa
1. 壳斗外壁有粗细不等的针刺。
  3. 有 (1~)2~3 坚果。
   4. 当年生叶两面不同色，背面有红色鳞秕；坚果无毛 ············
      ······································· 3. 罗浮栲 C. fabri
   4. 当年生叶两面同色，背面无红色鳞秕；坚果被毛 ···············
      ······································· 4. 鹿角锥 C. lamontii
  3. 有 1 坚果。
   5. 当年生叶背面被毛或被红色鳞秕。
    6. 叶背面密被绒毛 ························ 5. 毛锥 C. fordii
    6. 叶背面被红色鳞秕。
     7. 当年生小枝被毛；叶宽 1~5cm。

2. 黧蒴锥 Castanopsis fissa (Champ. ex Benth.) Rehder et E. H. Wilson

乔木。叶二列，薄革质或纸质，稍大，倒卵状披针形或长圆形。雄花多为圆锥花序；花序轴无毛。壳斗被蜡鳞，无刺，果熟时基部连成 4~5 个同心环。花期 4~6 月，果 10~12 月成熟。

分布我国长江以南地区；越南北部也有；生山地疏林中，阳坡较常见。保护区次生林先锋树种。

3. 罗浮栲 Castanopsis fabri Hance

乔木。叶二列，厚革质，稍大，叶背带灰白色。雄花序单穗腋生。壳斗近球形，排成间断的4~6环。坚果1~3。花期4~5月，果翌年10~12月成熟。

分布我国长江以南各地区；越南、老挝也有；生山坡或山谷林中。保护区优势树种之一。

4. 鹿角锥 Castanopsis lamontii Hance

大乔木。叶厚纸质或近革质，椭圆形、卵形或长圆形，全缘或有时在顶部有少数裂齿。壳斗有坚果，常2~3个。花期3~5月，果翌年9~11月成熟。

分布华东、华南及西南南部；越南北部也有；生山地疏或密林中。保护区小杉村常见。

5. 毛锥 Castanopsis fordii Hance

乔木。芽鳞、一年生枝、叶柄、叶背及花序轴均密被长绒毛。叶革质，长椭圆形或长圆形。壳斗密聚果序轴，有1坚果。花期3~4月，果翌年9~10月成熟。

分布华东、华南；生山地灌木或乔木林中，在河溪两岸分布较多，是萌生林的先锋树种之一。保护区林中较常见。

6. 红锥 （刺栲） Castanopsis hystrix Hook. f. et Thomson ex A. DC.

大乔木。叶纸质或薄革质，披针形，叶背被蜡鳞层。雄花序为圆锥花序或穗状花序。壳斗有1坚果，全包。花期4~6月，果翌年8~11月成熟。

分布我国南亚热带以南地区；南亚至东南亚也有；生海拔30~1600m的缓坡及山地常绿阔叶林中，稍干燥及湿润地方。保护区下部林中偶见。

7. 栲 （川鄂栲、红背栲） Castanopsis fargesii Franch.

乔木。枝、叶均无毛。叶二列，革质，长椭圆形或披针形，叶背蜡鳞层厚。雄花穗状或圆锥状。壳斗刺被毛，坚果1。花期4~8月，果翌年同期成熟。

分布我国长江以南各地区；生坡地或山脊杂木林中，有时成小片纯林。保护区山坡林中常见。

8. 钩锥 Castanopsis tibetana Hance

常绿大乔木。叶二列，厚革质，较大，卵状椭圆形至长椭圆形，叶背密被鳞层。壳斗大，刺常基部合生成刺束，有1坚果。花期4~5月，果翌年8~10月成熟。

分布我国长江以南地区；生于山地杂木林中较湿润地方或溪边、路旁等。保护区桂峰山偶见。

9. 桂林栲 Castanopsis chinensis (Spreng.) Hance

大乔木。叶厚纸质或近革质，披针形，叶缘至少在中部以上有锐裂齿。雄花穗状或圆锥。坚果圆锥形。花期5~7月，果翌年9~11月成熟。

分布我国广东、广西和贵州西南、云南东南部；越南也有；生于丘陵山地林中。保护区下部阔叶林或针阔叶混交林中常见。

10. 甜槠 Castanopsis eyrei (Champ ex Benth.) Tutcher

乔木。叶近二列，略有甜味，革质，常卵形；老叶叶背略带银灰色。雄花序穗状或圆锥花序。壳斗刺密集而较短，有1坚果。花期4~6月，果翌年9~11月成熟。

分布我国长江以南地区，但海南、云南不产；生丘陵或山地疏或密林中，是常绿阔叶林和针阔叶混交林中的主要树种。保护区优势种之一。

11. 吊皮锥（格氏栲）Castanopsis kawakamii Hayata

大乔木。叶二列，革质，卵形或披针形，全缘，叶两面同色。雄花序多为圆锥花序。壳斗全包，坚果1，圆球形。花期3~4月，果翌年8~10月成熟。

分布我国台湾、福建、江西3省南部及广东、广西（东南部）；越南也有；生山地疏或密林中。保护区林中偶见。

12. 黑叶锥 Castanopsis nigrescens Chun et C. C. Huang

乔木。枝、叶均无毛。叶革质，卵形、卵状椭圆形，全缘。雄花序穗状或圆锥花序。壳斗近圆球形，每壳斗有1坚果。花期5~6月，果翌年9~10月成熟。

分布我国中亚热带以南地区；生于阔叶林中。保护区拉元石坑偶见。

4．柯属（石砾属）Lithocarpus Bl.

常绿乔木，稀灌木状。枝有顶芽。叶非二列，全缘或有裂齿，背面被毛或否，常有鳞秕。穗状花序直立，单穗腋生，常雌雄同序；雄花序有时多穗排成复穗状或圆锥状；1~2雌花一簇，稀3朵。壳斗无刺，通常杯状，有1坚果。本属300余种。中国123种。保护区8种。

1. 叶全缘。
    2. 成熟壳斗全包坚果或包着坚果绝大部分。
        3. 果脐凸起·················1. 大叶苦柯 L. paihengii
        3. 果脐凹陷·················2. 南川柯 L. rosthornii
    2. 成熟壳斗包着坚果底部。
        4. 植株各部分无毛。
            5. 壳斗浅碟状或上宽下窄的短漏斗状，宽8~14mm············
            ·················3. 木姜叶柯 L. litseifolius

5. 壳斗浅碗状至近于平展的浅碟状,宽 10~20mm ··· **4. 硬壳柯 L. hancei**
　　4. 嫩枝、叶及叶柄、花序轴、果序轴被毛 ······ **5. 柯 L. glaber**
1. 叶边有锯齿。
　　6. 成熟壳斗全包坚果或绝大部分。
　　　7. 嫩枝被粗长毛；叶长 12~23cm,侧脉 15~22 对,叶背被毛 ·· **6. 紫玉盘柯 L. uvariifolius**
　　　7. 嫩枝被短柔毛；叶长约 10cm,侧脉 9~15 对,叶背无毛或仅中脉被短毛 ······················ **7. 烟斗柯 L. corneus**
　　6. 成熟壳斗包着坚果 1/2 以下 ············ **8. 港柯 L. harlandii**

1. 大叶苦柯 Lithocarpus paihengii Chun et Tsiang

乔木。枝、叶无毛。叶厚革质,卵状椭圆形或长椭圆形,全缘；叶脉在叶背明显凸起。雄穗状花序单穗腋生或多穗排成圆锥花序。壳斗圆或扁圆形,包着坚果绝大部分。花期 5~6 月,果翌年 10~11 月成熟。

分布华东、华南；生于山地杂木林中。保护区山地林中少见。

2. 南川柯 Lithocarpus rosthornii (Schott.) Barn.

乔木。叶厚纸质,倒卵状椭圆形或倒披针形,全缘。雄花序呈圆锥状,稀单穗腋生。壳斗包着坚果约 1/2~3/4。花期 8~10 月,果翌年同期成熟。

分布南亚热带以南地区；产我国广东中部至西南部、广西南部及西南部、贵州东北部及四川；生于山地常绿阔叶林中。保护区鱼洞村偶见。

3. 木姜叶柯（甜茶石砾、多穗柯）Lithocarpus litseifolius (Hance) Chun

乔木。叶纸质至近革质,椭圆形、倒卵状椭圆形或卵形,全缘。雄穗状花序多穗排成圆锥花序,少有单穗腋生。壳斗浅碟状。花期 5~9 月,果翌年 6~10 月成熟。

分布我国秦岭南坡以南各地区；越南、老挝、缅甸也有；山地常绿林的常见树种,喜阳光,耐旱,在次生林中生长良好。保护区三角山见。

4. 硬壳柯 Lithocarpus hancei (Benth.) Rehd.

乔木。除花序轴及壳斗被灰色短柔毛外各部均无毛。叶薄纸质至硬革质,叶形变异大。雄穗状花序通常多穗排成圆锥花序。壳斗浅碗状至浅碟状,包着坚果不到 1/3；坚果扁圆形。花期 4~6 月,果翌年 9~12 月成熟。

分布我国秦岭南坡以南各地；生丘陵山地常绿阔叶林中。保护区拉元石坑可见。

5. 柯 Lithocarpus glaber (Thunb.) Nakai

乔木。嫩枝、嫩叶背及花序轴密被灰黄色短绒毛。叶革质或厚纸质,倒卵形、倒卵状椭圆形。雄穗状花序多排成圆锥花序或单穗腋生。壳斗碟状或浅碗状,包基部；坚果椭圆形。花期 7~11 月,果翌年同期成熟。

分布我国秦岭南坡以南各地；日本也有；生丘陵低山坡地杂木林中,较喜阳。保护区石心村可见。

6. 紫玉盘柯 Lithocarpus uvariifolius (Hance) Rehd.

乔木。嫩、叶柄、叶背中脉、侧脉及花序轴均密被粗糙长毛。雄花序穗状，单或多穗聚生于枝顶部。壳斗深碗状或半圆形，包着坚果一半以上。花期5~7月，果翌年10~12月成熟。

分布我国广东、广西及福建；生山地常绿阔叶林、马尾松针阔叶混交林中。保护区山地林中较常见。

7. 烟斗柯 Lithocarpus corneus (Lour.) Rehd.

乔木。叶常聚生于枝顶部，纸质或革质，椭圆形，两面同色，叶背被鳞腺。雌花通常着生于雄花序轴的下段。壳斗碗状或半圆形，包果约1/2至大部分。花期5~7月，果翌年约同期成熟。

分布华东、华南及西南；越南北部也有；生山地常绿阔叶林中，阳坡或较干燥地方也常见。保护区较常见。

8. 港柯 Lithocarpus harlandii (Hance) Rehd.

乔木。枝、叶及芽鳞均无毛。叶硬革质，披针形，叶缘上段有波齿，稀全缘，叶背有蜡鳞层。雄圆锥花序由多个穗状花序组成；雌花每3花一簇或全为单花散生于花序轴上。壳斗浅碗状。花期5~6月，果翌年9~10月成熟。

分布我国南方地区；生山地常绿阔叶林中。保护区上水库偶见。

165. 榆科 Ulmaceae

常绿或落叶乔木或灌木。顶芽通常早死，其下的腋芽代替顶芽。单叶互生，稀对生，常二列，有锯齿或全缘，基部偏斜或对称；羽状脉或基部三出脉，稀基五出脉或掌状三出脉；有柄；托叶常早落。单被花两性，稀单性或杂性；雌雄异株或同株；花序聚伞状，或簇生或单生，生叶腋。果为翅果、核果或小坚果。本科16属约230种。中国8属46种。保护区2属3种1变种。

1. 冬季落叶；无顶芽·················1.朴属 Celtis
1. 常绿；有顶芽·················2.山黄麻属 Trema

1. 朴属 Celtis L.

常绿或落叶乔木。单叶互生，有锯齿或全缘；具三出脉或3~5对羽状脉；有柄；托叶早落或包着冬芽。花小，两性或单性，有柄，集成小聚伞花序或圆锥花序，或因总梗短缩而化成簇状，或因退化而花序仅具一两性花或雌花；雄花序常生叶腋。果为核果。本属约60种。中国11种。保护区1种。

假玉桂 Celtis timorensis Span.

常绿乔木。叶革质，卵状椭圆形或卵状长圆形，近全缘至中部以上具浅钝齿。小聚伞圆锥花序具10花左右。常3~6果在一果序上；果宽卵状。

分布华南、西南及西藏南部、福建；南亚至东南亚也有；多生于路旁、山坡、灌丛至林中。保护区桂峰山偶见。

2. 山黄麻属 Trema Lour.

小乔木或大灌木。单叶互生，卵形至狭披针形，边缘有细锯齿，基部三出脉；托叶离生，早落。花单性或杂性，有短梗，多数密集成聚伞花序而成对生于叶腋。核果小，直立，卵圆形或近球形，具宿存的花被片和柱头。本属约15种。中国6种。保护区2种1变种。

1. 叶背面无毛或被疏柔毛。
  2. 叶膜质，干时淡黄色，常两面平滑无毛·················1. 光叶山黄麻 T. cannabina
  2. 叶纸质，干时变黑色，叶面粗糙·················2. 山油麻 T. cannabina var. dielsiana
1. 叶背面密被长银色丝质柔毛·················3. 山黄麻 T. tomentosa

1. 光叶山黄麻 Trema cannabina Lour.

灌木或小乔木。单叶互生，近膜质，卵形或卵状矩圆形，边缘具圆齿，基部有明显的三出脉。花单性，雌雄同株。核果小。花期3~6月，果期9~10月。

分布我国长江以南地区；日本、南亚至东南亚、大洋洲也有；生低海拔丘陵山地的河边、旷野或山坡疏林、灌丛较向阳湿润土地。保护区桂峰山较常见。

2. 山油麻 Trema cannabina var. dielsiana (Hand.-Mazz.) C. J. Chen

与光叶山黄麻的主要区别在于：小枝紫红色，后渐变棕色，密被斜伸的粗毛。叶薄纸质，叶面被糙毛，粗糙。雄聚伞花序长过叶柄；雄花被片卵形。

分布我国长江以南地区；印度、缅甸、中南半岛、马来半岛、印度尼西亚、日本和大洋洲也有；生向阳山坡灌丛中。保护区山谷较常见。

3. 山黄麻 Trema tomentosa (Roxb.) Hara

小乔木。小枝灰褐色至棕褐色，密被短绒毛。单叶互生，宽卵形或卵状矩圆形，边缘有细锯齿，两面近于同色。核果小。花期3~6月，果期9~11月。

分布我国长江以南地区；喜马拉雅地区、东南亚及日本和大洋洲也有；生湿润的河谷和山坡混交林中，或空旷的山坡。保护区拉元石坑常见。

167. 桑科 Moraceae

乔木或灌木，藤本，稀为草本。通常具乳液，有刺或无刺。叶互生，稀对生，全缘或具锯齿，分裂或不分裂，叶脉掌状或为羽状；托叶2枚，通常早落。花小，单性，雌雄同株或异株，无花瓣；花序腋生，典型成对，花序各式，常头状或为隐头花序。果为瘦果或核果状，或成聚花果和隐花果。本科约53属1400种。中国9属144种。保护区7属19种3变种。

1. 无乳汁 ··· 1. 水蛇麻属 Fatoua
1. 有乳汁。
　2. 雄蕊在花芽时内折，花药外向。
　　3. 雌雄花序均为假穗状或柔荑花序 ············ 2. 桑属 Morus
　　3. 雄花序假穗状或总状，雌花序为球形头状花序。
　　　4. 乔木、灌木或为藤状灌木；雌花被管状 ···············
　　　　·································· 3. 构属 Broussonetia
　　　4. 攀援灌木；雌花被壶形 ··········· 4. 牛筋藤属 Malaisia
　2. 雄蕊在芽时直立，稀内折，花药内向，稀外向。
　　5. 花生于壶形花序托内壁 ························ 5. 榕属 Ficus
　　5. 花序托盘状或为圆柱状或头状。
　　　6. 雄花序圆柱状或头状 ············ 6. 波罗蜜属 Artocarpus
　　　6. 雄花序圆柱头状或穗状 ················· 7. 柘属 Maclura

1. 水蛇麻属 Fatoua Gaud.

草本。叶互生，边缘具锯齿；托叶早落。花单性同株，雌雄花混生，组成腋生头状聚伞花序；具小苞片；雄花被片4深裂；雌花被4~6裂。瘦果小，斜球形，微扁，为宿存花被包围。本属2种。中国2种。保护区1种。

水蛇麻 Fatoua villosa (Thunb.) Nakai

一年生草本。叶膜质，卵圆形至宽卵圆形，边缘具齿，两面被粗糙贴伏柔毛。花单性，聚伞花序腋生。瘦果略扁。花期5~8月。

分布我国长江以南地区及河北；东南亚也有；多生于荒地或道旁，或岩石及灌丛中。保护区路边旷野偶见。

2. 桑属 Morus L.

落叶乔木或灌木。无刺。叶互生，边缘具锯齿；基生叶脉三至五出，侧脉羽状；托叶侧生，早落。花雌雄异株或同株异序，

雌雄花序均为穗状；聚花果（俗称桑）为多数包藏于肉质花被片内的核果组成；外果皮肉质；内果皮壳质。本属约 16 种。我国 11 种。保护区 1 种。

鸡桑 Morus australis Poir.

小乔木。叶卵形，边缘具粗锯齿，表面粗糙，密生短刺毛。雄花绿色，具短梗，花被片卵形；雌花序球形。聚花果短椭圆形。花期 3~4 月，果期 4~5 月。

分布我国大部分地区；亚洲地区均有分布；常生于海拔 500~1000m 的石灰岩山地或林缘及荒地。保护区有栽培。

3. 构属 Broussonetia L'Hert. ex Vent.

乔木或灌木，或为攀缘藤状灌木。有乳液。叶互生，边缘具锯齿；基生叶脉三出，侧脉羽状。花单性，雌雄异株或同株；雄花为下垂柔荑花序或球形头状花序；雌花密集成球形头状花序，苞片棍棒状，宿存，花被管宿存。聚花果球形。本属约 4 种。中国 4 种。保护区 1 变种。

藤构 Broussonetia kaempferi var. australis T. Suzuki

蔓性灌木。叶互生，螺旋状排列，卵状椭圆形，边缘锯齿细，齿尖具腺体，表面无毛，稍粗糙。花雌雄异株。聚花果。花期 4~6 月，果期 5~7 月。

分布我国长江以南地区；多生于山谷灌丛中或沟边山坡路旁。保护区路边、溪旁较常见。

4. 牛筋藤属 Malaisia Blanco

无刺攀援灌木。叶羽状脉，全缘或具不明显钝齿；托叶侧生。花雌雄异株；雄花序为密集穗状花序，腋生，分枝或不分枝；雄花花被片 3~4 裂；雌花序近球形。果序近球形；核果包藏于带肉质宿存花被内。单种属。保护区有分布。

牛筋藤 Malaisia scandens (Lour.) Planch.

种的特征与属同。花期春夏季。

分布我国南亚热带以南地区；东南亚至澳大利亚也有；常生于丘陵灌木丛中。保护区林缘灌丛偶见。

5. 榕属 Ficus L.

乔木或灌木，有时为攀援状，或为附生。具乳液。叶互生，稀对生，全缘或具锯齿或分裂，无毛或被毛；托叶合生，包围顶芽，早落，遗留环状疤痕。花雌雄同株或异株，生于肉质壶形花序托内壁成隐头花序。榕果腋生或生于老茎，口部苞片覆瓦状排列，基生苞片 3，早落或宿存，有时苞片侧生，有或无总梗。本属约 1000 种。中国约 99 种。保护区 13 种 2 变种。

1. 花序簇生于无叶的短枝或树干上。
　2. 叶对生···1. 对叶榕 F. hispida
　2. 叶互生···2. 水同木 F. fistulosa
1. 花序生于小枝叶腋或已落叶的叶腋或无叶的小枝上。
　3. 花序无或近于无总花梗。
　　4. 灌木；叶较小，椭圆形，3~5 深裂········3. 粗叶榕 F. hirta
　　4. 乔木；叶较大，直径达 25cm，广卵形，3~5 浅裂···············
　　　···4. 黄毛榕 F. esquiroliana
　3. 花序有总花梗。
　　5. 花序基部收狭成柄。
　　　6. 花序梨形。
　　　　7. 叶无毛，叶顶端渐尖；花序梨形，长 2~3.5cm；果成熟时无毛···5. 舶梨榕 F. pyriformis
　　　　7. 叶被毛，叶顶端短尖；花序近梨形，长 0.8~2.3cm；果成熟时被毛·······························6. 石榕树 F. abelii
　　　6. 花序球形。
　　　　8. 叶边全缘或呈浅波状，有时有不规则的齿缺···············
　　　　　···7. 台湾榕 F. formosana
　　　　8. 叶边全缘。
　　　　　9. 叶大，宽达 13cm，椭圆状倒卵形，基部心形···············
　　　　　　···8. 天仙果 F. erecta
　　　　　9. 叶较小，宽不及 6cm，倒披针形，基部楔形···············
　　　　　　···9. 琴叶榕 F. pandurata
　　5. 花序基部圆形或钝。
　　　10. 花序干后有褐色的秕糠状小鳞片···································
　　　　···10. 青藤公 F. langkokensis
　　　10. 花序的被盖物有时为柔毛。
　　　　11. 叶基部钝或圆；花序生于已落叶的小枝上···············
　　　　　···11. 笔管榕 F. subpisocarpa
　　　　11. 叶基部楔形；花序生于叶腋。
　　　　　12. 茎直立。
　　　　　　13. 花序梗长 1~3mm···································
　　　　　　　·······················12. 长叶冠毛榕 F. gasparriniana var. esquirolii
　　　　　　13. 花序梗长 5~20mm······13. 变叶榕 F. variolosa
　　　　　12. 茎攀援。
　　　　　　14. 叶一型，卵形至长椭圆形···································
　　　　　　　······························14. 爬藤榕 F. sarmentosa var. impressa
　　　　　　14. 叶二型，卵状心形和卵状椭圆形···························
　　　　　　　···15. 薜荔 F. pumila

1. 对叶榕 Ficus hispida L. f.

常绿灌木或小乔木。叶通常对生，厚纸质，全缘或有钝齿，粗糙，两面被粗毛。雄花花被片3，薄膜状；雌花无花被。榕果陀螺形。花果期6~7月。

分布华南至西南；喜马拉雅及东南亚至澳大利亚也有；喜生于沟谷潮湿地带或路旁湿地。保护区溪边较常见。

2. 水同木 Ficus fistulosa Reinw. ex Bl.

常绿小乔木。叶互生，纸质，倒卵形至长圆形，表面无毛，背面微被柔毛或黄色小突体。雄花和瘿花生于同一榕果内壁。榕果近球形。花果期5~7月。

分布华南及云南；南亚至东南亚也有；生溪边岩石上或森林中。保护区溪边林中常见。

3. 粗叶榕（五指毛桃） Ficus hirta Vahl

常绿灌木或小乔木。嫩枝中空。小枝、叶和榕果均被长硬毛。叶互生，纸质，多型，边缘具细锯齿。榕果成对腋生或生于已落叶枝上。花果期几全年。

分布我国长江以南地区；喜马拉雅地区、东南亚也有；生丘陵低山坡地、林下、路边、旷野等。保护区三角山常见。

4. 黄毛榕 Ficus esquiroliana Lévl.

常绿小乔木。叶互生，纸质，广卵形，急渐尖，基部浅心形，表面疏生长毛，背面被褐黄色长毛。榕果腋生，圆锥状椭圆形。花期5~7月，果期7月。

分布华南、西南及台湾；东南亚也有；生温暖潮湿的溪边湿地。保护区小杉村常见。

5. 舶梨榕 Ficus pyriformis Hook. et Arn

灌木。叶纸质，倒披针形至倒卵状披针形，全缘稍背卷，背面微被柔毛和细小疣点。榕果单生叶腋，梨形。花期12月至翌年6月。

分布我国广东、福建；越南北部也有；常生于溪边林下潮湿地带。保护区常见。

6. 石榕树 Ficus abelii Miq.

灌木。小枝、叶柄密生灰白色粗短毛。叶纸质，窄椭圆形至倒披针形，全缘，叶背密被毛，基生侧脉对生。榕果近梨形。花期5~7月。

分布华南、华东、西南；南亚及越南也有；生溪边灌丛。保护区拉元石坑常见。

7. 台湾榕 Ficus formosana Maxim.

常绿灌木。小枝、叶柄、叶脉幼时疏被短柔毛。叶膜质，倒披针形，全缘或在中部以上有疏钝齿裂。榕果卵状球形。花期4~7月。

分布我国长江以南地区；越南北部也有；多生溪沟旁湿润处。保护区溪边偶见。

8. 天仙果 Ficus erecta Thunb.

落叶小乔木或灌木。叶厚纸质，倒卵状椭圆形，表面疏生柔毛，背面被柔毛。榕果球形或梨形。花果期5~6月。

分布我国长江以南地区；日本、越南也有；生山坡林下或溪边。保护区溪边林中偶见。

9. 琴叶榕 Ficus pandurata Hance

常绿小灌木。小枝、嫩叶幼时被白色柔毛。叶纸质，倒卵状披针形或披针形，表面无毛。榕果椭圆形。花果期6~8月。

分布我国东南部及广东、广西；越南也有；生山地、旷野或灌丛林下。保护区灌丛中较常见。

10. 青藤公 Ficus langkokensis Drake

乔木。叶互生，纸质，椭圆状披针形至椭圆形，全缘，两面无毛，叶背红褐色，叶基三出脉。榕果球形。

分布华南、福建及云南；印度、老挝、越南也有；生山谷林中或沟边。保护区桂峰山偶见。

11. 笔管榕 Ficus subpisocarpa Gagnep.

落叶乔木。叶互生或簇生，近纸质，无毛，椭圆形至长圆形，边缘全缘或微波状。榕果扁球形。花果期4~6月。

分布华东、华南及云南；东南亚和日本也有；生丘陵山地沟谷湿润处或岩石上。保护区山谷林中较常见。

12. 长叶冠毛榕 Ficus gasparriniana var. esquirolii (Lévl. et Vant.) Corner

灌木。叶纸质，披针形，全缘，表面粗糙，具瘤体，背面微被毛。榕果具柄，球形或椭圆状球形。花期5~7月。

分布华南、西南；生山地沟边或山坡灌丛中。保护区上水库偶见。

13. 变叶榕 Ficus variolosa Lindl. ex Benth.

常绿灌木或小乔木。叶薄革质，狭椭圆形至椭圆状披针形，全缘。榕果球形。花果期12月至翌年6月。

分布我国长江以南地区；越南、老挝也有；常生于溪边林下潮湿处或疏林下。保护区疏林下较常见。

14. 爬藤榕 Ficus sarmentosa var. impressa (Champ. ex Benth.) Corner

常绿灌木。叶革质，无毛或被硬毛，卵形至长椭圆形，表面无毛或具糙毛。榕果近球形至倒卵圆形。花果期3~6月。

分布我国台湾沿海岛屿；菲律宾、印度尼西亚（苏拉威西、马鲁古群岛）、巴布亚新几内亚也有。保护区偶见。

15. 薜荔（凉粉果）Ficus pumila L.

常绿攀援或匍匐灌木。叶二型，叶卵状心形，薄革质。榕果单生叶腋；瘿花果梨形。花果期5~8月。

分布我国长江以南各地区及陕西；日本和越南也有；生路边、老墙、石上等。保护区鱼洞村较常见。

6. 波罗蜜属 Artocarpus J. R. et G. Forst.

乔木。有乳液。单叶互生，螺旋状排列或2列，革质，全缘或羽状分裂；叶脉羽状，稀基三出脉；托叶成对，常大而抱茎，脱落后形成托叶环痕。花单性，雌雄同株，密集于球形或椭圆形的花序轴上；头状花序腋生或生于老茎发出的短枝上，通常具梗。聚花果大或较小。本属约50种。中国14种。保护区2种。

1. 叶较大，长7~22cm，宽3~8.5cm，背面被灰色短绒毛………………………………………………………………1. 白桂木 A. hypargyreus
1. 叶较小，长3.5~12.5cm，宽1.5~3.5cm，背面被毛………………………………………………………………2. 二色波罗蜜 A. styracifolius

1. 白桂木 Artocarpus hypargyreus Hance ex Benth.

常绿大乔木。叶互生，革质，椭圆形至倒卵形，全缘，网脉很明显。花序单生叶腋。聚花果直径3~4cm。花期春夏。

分布我国广东及沿海岛屿和海南、福建、江西、湖南、云南（东南部）；生丘陵低山常绿阔叶林中。保护区拉元石坑偶见。

2. 二色波罗蜜（小叶胭脂）Artocarpus styracifolius Pierre

常绿大乔木。叶互生，二列，皮纸质，长圆形或倒卵状披针形，上面生疏毛，背面被白毛；网脉明显。花雌雄同株；花序单生叶腋。聚花果球形。花期秋初，果期秋末冬初。

分布我国广东，海南，广西（龙津、大瑶山），云南（屏边、河口、西畴、麻栗坡、马关）；越南、老挝也有；生丘陵山地林中。保护区拉元石坑偶见。

7. 柘属 Maclura Nuttall

乔木或小乔木，或为藤状灌木。有乳液。具枝刺。单叶互生，全缘。花单性，雌雄异株；球形头状花序，常每花 2~4 苞片，附着于花被片上；花被片通常为 4，分离或下半部合生，具腺体；雌花无梗，花被片肉质。聚花果肉质。本属约 6 种。中国 5 种。保护区 1 种。

构棘 Maclura cochinchinensis (Lour.) Corner

直立或攀援状灌木。叶革质，倒卵形、椭圆状卵形或倒披针状长圆形，全缘，两面无毛。花序腋生。聚花果肉质。花期夏初，果期夏秋季。

分布我国亚热带地区；日本及南亚、东南亚至澳大利亚也有；生阳光充足的山地、沟边林缘或灌丛。保护区鱼洞村偶见。

169. 荨麻科 Urticaceae

草本、亚灌木或灌木，稀乔木或攀援藤本。有时有刺毛。茎常富含纤维，有时肉质。叶互生或对生，单叶；托叶存在，稀缺。花极小，单性，稀两性；花序雌雄同株或异株，由若干小的团伞花序排成聚伞状等各式花序。果实为瘦果，有时为肉质核果状，常包被于宿存的花被内。本科 47 属约 1300 种。中国 25 属 341 种。保护区 8 属 16 种。

1. 雌蕊无花柱。
    2. 叶对生···1. 冷水花属 Pilea
    2. 叶互生···2. 赤车属 Pellionia
1. 雌蕊大多数有花柱。
    3. 柱头舌状或丝形。
        4. 柱头在果时宿存·······················3. 苎麻属 Boehmeria
        4. 柱头花后脱落。
            5. 叶基三出脉，不达叶尖···········4. 雾水葛属 Pouzolzia
            5. 叶基三出脉，直达叶尖···········5. 糯米团属 Gonostegia
    3. 柱头多样，头状、画笔头状、环状、盾状、卵状等，但不呈丝形。
        6. 雌花被在果时干燥或膜质···········6. 微柱麻属 Chamabainia
        6. 雌花被在果时多少肉质。
            7. 雌花与果有肉质透明的花托·······7. 紫麻属 Oreocnide
            7. 雌花与果无肉质花托···············8. 水麻属 Debregeasia

1. 冷水花属 Pilea Londl.

草本或亚灌木，稀灌木。无刺毛。叶对生；具柄，稀同对的一片近无柄；叶片同对的近等大或极不等大，对称，边缘具齿或全缘；具三出脉，稀羽状脉。花雌雄同株或异株；花序单生或成对腋生；花单性，稀杂性；雄花 4 或 5 基数；雌花常 3 基数。瘦果卵形或近圆形。本属约 400 种。中国约 80 种。保护区 3 种。

1. 叶基部着生。
    2. 叶特小，宽仅 2~5mm·················1. 小叶冷水花 P. microphylla
    2. 叶较大，宽 2~7cm·····················2. 冷水花 P. notata
1. 叶盾状着生······························3. 盾叶冷水花 P. peltata

1. 小叶冷水花 Pilea microphylla (L.) Liebm.

纤细小草本。叶很小，同对不等大，倒卵形至匙形，全缘，稍反曲。雌雄同株。瘦果卵形。花期夏秋，果期秋季。

原产南美洲，现亚洲、非洲热带广布；我国热带、亚热带广布；生路边和墙脚等潮湿处。保护区村旁常见。

2. 冷水花 Pilea notata C. H. Wright

多年生草本。叶纸质，同对的近等大，狭卵形、卵状披针形或卵形，两面密布，基出脉 3。花雌雄异株。瘦果圆卵形。花期 6~9 月，果期 9~11 月。

分布我国秦岭以南地区；日本也有；生于山谷、溪旁或林下阴湿处。保护区较常见。

3. 盾叶冷水花 Pilea peltata Hance

肉质草本。叶常集生于茎顶端；叶肉质，常盾状着生，近圆形，边缘有疏齿。雌雄同株或异株。瘦果卵形。花期 6~8 月，果期 8~9 月。

分布华南地区；越南北部也有；常生于石灰岩山上石缝或灌丛下阴处。保护区石心村偶见。

2. 赤车属 Pellionia Gaudich.

草本或亚灌木。叶互生，二列，两侧不等，狭侧向上，宽侧向下，边缘全缘或有齿；具三出脉、半离基三出脉或羽状脉；钟乳体纺锤形或无；托叶2。花序雌雄同株或异株；雄花序聚伞状，常具梗；雌花序无梗或具梗，由于分枝密集而呈球状，并具密集的苞片。瘦果小，卵形或椭圆形，稍扁。本属约60种。中国约20种。保护区4种。

1. 匍匐或平卧草本。
   2. 叶顶端钝或圆·················1. 短叶赤车 P. brevifolia
   2. 叶顶端渐尖·················2. 赤车 P. radicans
1. 直立草本或亚灌木。
   3. 直立草本·················3. 华南赤车 P. grijsii
   3. 亚灌木···················4. 蔓赤车 P. scabra

1. 短叶赤车 Pellionia brevifolia Benth.

小草本。叶草质，斜椭圆形或斜倒卵形，边缘上部有疏齿；半离基三出脉。花序雌雄异株或同株。瘦果狭卵球形。花期5~7月。

分布华中、华东和华南；日本也有；生山地林中、山谷溪边或石边。保护区较常见。

2. 赤车 Pellionia radicans (Sieb. et Zucc.) Wedd.

多年生草本。叶草质，斜狭菱状卵形或披针形；半离基三出脉。花序通常雌雄异株。瘦果近椭圆球形。花期5~10月。

分布我国长江以南地区；越南、日本等地也有；生山地山谷林下、灌丛中阴湿处或溪边。保护区偶见。

3. 华南赤车 Pellionia grijsii Hance

多年生直立草本。叶草质，斜长椭圆形、斜长圆状倒披针形，有齿，下面沿脉网有短糙毛。花序雌雄同株或异株。瘦果椭圆球形。花期冬季至翌年春季。

分布华南、华东南部及云南；生山谷林下、石上或沟边。保护区常见。

4. 蔓赤车 Pellionia scabra Benth.

亚灌木。叶片草质，斜狭菱状倒披针形或斜狭长圆形，边缘上部有疏齿，两面被毛。花序通常雌雄异株。瘦果近椭圆球形。花期春季至夏季。

分布我国长江以南地区；越南、日本也有；生山谷溪边或林中。保护区三角山偶见。

3. 苎麻属 Boehmeria Jacq.

灌木、小乔木、亚灌木或多年生草本。叶互生或对生，边缘有齿，不分裂，稀2~3裂；基出脉3条；托叶通常分生，脱落。

团伞花序生于叶腋，或排列成穗状花序或圆锥花序；雄花有退化雌蕊；雌花花被管状，顶端缢缩。瘦果通常卵形。本属约120种。中国约32种。保护区4种。

1. 叶对生。
  2. 叶缘上、下裂齿大小差异不大，无重锯齿。
    3. 团伞花序在穗状花序上呈密集或稍密的串珠状排列⋯⋯⋯⋯⋯⋯⋯⋯⋯⋯⋯⋯⋯⋯⋯⋯⋯⋯⋯1. 海岛苎麻 B. formosana
    3. 团伞花序在穗状花序上呈稀疏串珠状排列⋯⋯⋯⋯⋯⋯⋯⋯⋯⋯⋯⋯⋯⋯⋯⋯⋯⋯⋯⋯⋯⋯2. 水苎麻 B. macrophylla
  2. 叶缘上、下裂齿大小差异悬殊，顶部裂齿巨大，具重锯齿⋯⋯⋯⋯⋯⋯⋯⋯⋯⋯⋯⋯⋯⋯⋯⋯3. 野线麻 B. japonica
1. 叶互生⋯⋯⋯⋯⋯⋯⋯⋯⋯⋯⋯⋯⋯⋯⋯⋯⋯⋯4. 苎麻 B. nivea

1. 海岛苎麻 Boehmeria formosana Hayata

多年生草本或亚灌木。叶对生或近对生，草质，长圆状卵形、长圆形或披针形。穗状花序通常单性，雌雄异株。瘦果近球形。花期7~8月。

分布我国长江以南地区；日本也有；生丘陵、低山或中山疏林下、灌丛中或沟边。保护区偶见。

2. 水苎麻 Boehmeria macrophylla Hornem.

亚灌木或多年生草本。叶对生或近对生，卵形或椭圆状卵形，边缘自基部之上有小齿。穗状花序单生叶腋。花期7~9月。

分布西南及华南；越南、缅甸等地也有；生山谷林下或沟边。保护区偶见。

3. 野线麻 Boehmeria japonica (L. f.) Miq.

亚灌木或多年生草本。叶对生，纸质，近圆形、圆卵形或卵形，边缘在基部之上有粗齿。雌雄异株。瘦果倒卵球形。花期6~9月。

分布我国黄河以南地区；日本也有；生丘陵或低山山地灌丛中、疏林中、田边或溪边。保护区少见。

4. 苎麻 Boehmeria nivea (L.) Gaudich.

亚灌木或灌木。叶互生，草质，通常圆卵形或宽卵形，基部近截形或宽楔形，边缘在基部之上有粗齿，叶背密被雪白色毡毛。圆锥花序腋生。瘦果近球形。花期8~10月。

分布我国黄河以南地区；日本、越南也有；生山谷林边、旷野或路边灌草丛。保护区路边较常见。

4. 雾水葛属 Pouzolzia Gaudich.

灌木、亚灌木或多年生草本。叶互生，稀对生，边缘具齿或全缘，基出脉3；钟乳体点状；托叶分生，常宿存。团伞花序；苞片膜质，小；雄花花被片4~5，镊合状排列，基部合生；雌花花被管状。瘦果卵球形；果皮壳质，常有光泽。本属约60种。中国8种。保护区1种。

雾水葛 Pouzolzia zeylanica (L.) Benn. et R. Br.

多年生草本。叶片草质，卵形或宽卵形，全缘，两面有疏伏毛。团伞花序通常两性。瘦果卵球形。花期秋季。

分布我国长江以南地区；亚洲热带地区广布；生旷野湿处。保护区旷野较常见。

5. 糯米团属 Gonostegia Turcz.

多年生草本或亚灌木。叶对生或在同一植株上部的互生，下部的对生，边缘全缘；基出脉3~5条，侧出的一对脉直达叶尖；钟乳体点状。团伞花序两性或单性，生于叶腋；雄花花蕾顶部截平，呈陀螺形；雌花花被管状。瘦果卵球形。本属约12种。中国4种。保护区1种。

糯米团 Gonostegia hirta (Bl. ex Hassk.) Miq.

多年生蔓性草本。叶对生，草质或纸质，宽披针形至狭披针形、狭卵形等，全缘。团伞花序腋生。瘦果小卵球形。花期5~9月。

分布我国黄河以南地区；亚洲热带、亚热带地区和澳大利亚也有；生丘陵或低山林中、灌丛、沟边草地。保护区上水库常见。

6. 微柱麻属 Chamabainia Wight

多年生草本。叶对生，边缘有齿；基出脉3；钟乳体点状；托叶分生，膜质，宿存。团伞花序单性，雌雄同株或雌雄异株，稀两性；雄花花被片3~4，下部合生；雌花花被管状。瘦果近椭圆球形，包于宿存花被内。单种属。保护区有分布。

微柱麻 Chamabainia cuspidata Wight

种的特征与属同。花期6~8月。

分布我国长江以南地区；南亚及越南北部也有；生山地林中、灌丛中、沟边或石上。保护区山地林下沟边偶见。

7. 紫麻属 Oreocnide Miq.

灌木和乔木。无刺毛。叶互生；基出3脉或羽状脉；钟乳体点状；托叶离生，脱落。花单性，雌雄异株；花序二至四回二歧聚伞状分枝、二叉分枝或呈簇生状，团伞花序生于分枝的顶端，密集成头状。瘦果；花托肉质，包着果的大部分。本属约18种。中国10种。保护区1种。

紫麻 Oreocnide frutescens (Thunb.) Miq.

灌木至小乔。叶常生枝顶，草质，卵形、狭卵形，稀倒卵形，边缘具粗齿。团伞花簇生于上年生枝和老枝上。瘦果卵球状。花期3~5月，果期6~10月。

分布我国黄河以南地区；日本和中南半岛也有；生山谷和林缘半阴湿处或石缝。保护区山谷林下偶见。

8. 水麻属 Debregeasia Gaudich.

灌木或小乔木。无刺毛。叶互生，具柄，边缘具齿，基出3脉，下面被白色或灰白色毡毛；托叶干膜质，柄内合生，顶端2裂，不久脱落。花单性，雌雄同株或异株。瘦果浆果状，常梨形或壶形。本属约6种。中国6种。保护区1种。

鳞片水麻 Debregeasia squamata King ex Hook. f.

落叶矮灌木。叶薄纸质，卵形或心形，边缘具齿，两面被毛，基出脉3条。花序雌雄同株。瘦果浆果状。花期8~10月，果期10月至翌年1月。

分布我国云南（东南部）、贵州（南部）、福建（西南部）和广西、广东、海南；越南、马来西亚也有；常生溪谷两岸阴湿的灌丛中。保护区溪边湿地偶见。

171. 冬青科 Aquifoliaceae

常绿或落叶乔木或灌木。树皮常平滑。单叶互生，稀对生或假轮生；托叶细小，早落或缺。花小，辐射对称，单性，稀两性或杂性，雌雄异株，腋生或顶生，排成聚伞状、伞形、总状或圆锥状花序，稀单生；花萼4~8，分离或基部合生；花瓣4~8，分离或基部合生；雄蕊与花瓣同数并与其互生。浆果状核果。本科4属500~600种。中国1属约204种。保护区1属15种。

冬青属 Ilex L.

常绿或落叶乔木或灌木。单叶，互生，全缘或具齿；具柄；托叶小，宿存或早落。花小，白色、粉红色或红色，常雌雄异株，有时杂性，排成腋生聚伞花序、伞形花序；花萼盘状，4~8裂；花瓣4~8，基部连合而开展或离生而近直立。浆果状核果，熟时红色或黑色。本属400种以上。中国约204种。保护区15种。

1. 落叶乔木或灌木；枝常有长枝和短枝，当年生枝有明显皮孔。
   2. 雌花花序梗长10~20mm·················1. 秤星树 I. asprella
   2. 雌花花序梗长2~7mm···············2. 小果冬青 I. micrococca
1. 常绿乔木或灌木；全为长枝，当年生枝无明显皮孔。
   3. 雌花序单生于当年生叶腋内。
     4. 雄花序单生于当年生枝的叶腋内。
       5. 叶边缘有齿·····················3. 广东冬青 I. kwangtungensis
       5. 叶片全缘。
         6. 植株密被锈色短毛··············4. 黄毛冬青 I. dasyphylla
         6. 植株无毛······················5. 铁冬青 I. rotunda
     4. 雄花序簇生于二年生枝的叶腋内。
       7. 叶较小，长1~3.5cm，宽0.5~1.5cm················
       ······························6. 齿叶冬青 I. crenata
       7. 叶较大，长2.5~10cm，宽1.5~4cm。
         8. 雄聚伞花序有1~3花·············7. 三花冬青 I. triflora
         8. 雄聚伞花序有1~5花·············8. 绿冬青 I. viridis
   3. 雌花序及雄花序均生于二年生或老枝的叶腋内。

9. 雌花序的单个分枝具单花；果分核4。
   10. 幼枝被短柔毛；叶柄较短，长2~4mm··············
      ···························9. 灰冬青 I. cinerea
   10. 幼枝无毛或近无毛；叶柄较长，长5~9mm··········
      ···························10. 台湾冬青 I. formosana
9. 雌花序的单个分枝伞形花序；果分核常6~7。
   11. 果分核背部有4条纵沟············11. 毛冬青 I. pubescens
   11. 果分核背部平。
     12. 果梗长1~2.5mm。
       13. 叶片纸质或薄革质，长圆形，长1~2.5cm，宽5~12mm··········12. 矮冬青 I. lohfauensis
       13. 叶片厚革质，倒卵形，长2.5~3.5cm，宽1~2mm
        ···························13. 青茶香 I. hanceana
     12. 果梗长8~20mm。
       14. 叶片背面无腺点··········14. 厚叶冬青 I. elmerrilliana
       14. 叶片背面有腺点··········
        ···················15. 谷木叶冬青 I. memecylifolia

1. 秤星树 Ilex asprella (Hook. et Arn.) Champ. ex Benth.

落叶灌木。叶膜质，在枝上互生，在短枝上簇生，卵形或椭圆形，边缘具齿。花白色。果黑色，球形。花期3月，果期4~10月。

分布我国长江以南地区；菲律宾、越南也有；生丘陵山地灌丛中。保护区桂峰山常见。

2. 小果冬青 Ilex micrococca Maxim.

落叶乔木。叶膜质或纸质，卵形、卵状椭圆形或卵状长圆形，两面无毛。伞房状二至三回聚伞花序单生于当年生枝的叶腋内。果熟时红色。花期5~6月，果期9~10月。

分布我国长江以南地区；日本和越南也有；生山地常绿阔叶林中。保护区拉元石坑偶见。

3. 广东冬青 Ilex kwangtungensis Merr.

常绿灌木或小乔木。叶近革质，卵状椭圆形、椭圆状披针形，稍反卷。复合聚伞花序单生于当年生枝的叶腋内。果椭圆形。花期6月，果期8~11月。

分布我国长江以南地区；生于海拔300~1000m的山坡常绿阔叶林和灌木丛中。保护区偶见。

4. 黄毛冬青 Ilex dasyphylla Merr.

常绿灌木或乔木。小枝、叶柄、叶片、花梗及花萼均密被锈黄色瘤基短硬毛。叶革质，卵形、卵状椭圆形至卵状披针形。花红色。果球形。花期5月，果期8~12月。

分布我国广东、广西、福建和江西；生山地疏林或路旁灌丛。保护区三角山偶见。

5. 铁冬青（救必应）Ilex rotunda Thunb.

常绿灌木或乔木。叶薄革质或纸质，卵形、倒卵形或椭圆形，全缘，稍反卷。聚伞花序或伞形状花序具2~13花。果近球形。花期4月，果期8~12月。

分布我国长江以南地区；日本、朝鲜、越南也有；常生于山下疏林或沟、溪边。保护区林中较常见。

6. 齿叶冬青 Ilex crenata Thunb.

多枝常绿灌木。叶生于一至二年生枝上，革质，倒卵形，顶端圆形，边缘具圆齿。花序多生当年枝叶腋。果直径6~8mm。花期5~6月，果期8~10月。

分布我国长江以南地区；日本、朝鲜也有；生丘陵、山地杂木林或灌木丛中。保护区偶见。

7. 三花冬青 Ilex triflora Bl.

常绿灌木或小乔木。叶近革质，椭圆形、长圆形或卵状椭圆形，边缘具近波状线齿。1~3 雄花排成聚伞花序，1~5 雌花簇生于叶腋。果球形。花期 5~7 月，果期 8~11 月。

分布我国长江以南地区；南亚至东南亚也有；生丘陵山地疏林、阔叶林、针阔混交林或灌丛林中。保护区上水库常见。

8. 绿冬青 Ilex viridis Champ. ex Benth.

常绿灌木或小乔木。叶革质，倒卵形、倒卵状椭圆形或阔椭圆形，边缘略外折，具齿。雄花、雌花生叶腋。果球形或略扁球形。花期 5 月，果期 10~11 月。

分布我国长江以南地区；生山地和丘陵地区的常绿阔叶林下、疏林及灌木丛中。保护区小杉村常见。

9. 灰冬青 Ilex cinerea Champ. ex Benth.

常绿灌木或小乔木。叶生于一至二年生枝上，革质，长圆状倒披针形，具小齿。花淡黄绿色，4 基数；雄花为一至二回三歧式聚伞花序簇生。果球形，成熟时红色。花期 3~4 月，果期 9~10 月。

分布我国广东、海南；越南也有；生高海拔林中。保护区桂峰山偶见。

10. 台湾冬青 Ilex formosana Maxim.

常绿灌木或乔木。叶革质或近革质，椭圆形或长圆状披针形，边缘具疏齿，两面无毛。花序生于二年生枝叶腋。果近球形。花期 3 月下旬至 5 月，果期 7~11 月。

分布我国长江以南地区；菲律宾也有；生山地常绿阔叶林中、林缘、灌木丛中或溪旁。保护区偶见。

11. 毛冬青 Ilex pubescens Hook. et Arn.

常绿灌木或小乔木。叶纸质或膜质，椭圆形或长卵形，两面被长硬毛。花序簇生于一至二年生枝的叶腋内。果球形。花期 4~5 月，果期 8~11 月。

分布我国长江以南地区；生山坡常绿阔叶林中或林缘、灌木丛中及溪旁、路边。保护区上水库常见。

12. 矮冬青 Ilex lohfauensis Merr.

常绿灌木或小乔木。叶薄革质或纸质，长圆形或椭圆形，全缘，稍反卷。花序簇生叶腋。果球形。花期 6~7 月，果期 8~12 月。

分布我国长江以南各地区；生山坡常绿阔叶林中、疏林中或灌木丛中。保护区小杉村常见。

13. 青茶香（青茶冬青） Ilex hanceana Maxim.

常绿灌木或小乔木。叶生于一至三年生枝上，叶片厚革质，倒卵形或倒卵状长圆形，全缘；侧脉在两面均不明显。花序簇生于二年生枝叶腋。果球形。花期 5~6 月，果期 7~12 月。

分布华南和福建；生于高海山坡灌木中。保护区上水库林中偶见。

14. 厚叶冬青 Ilex elmerrilliana S. Y. Hu

常绿灌木或小乔木。叶厚革质，椭圆形或长圆状椭圆形，全缘，两面无毛。花序簇生叶腋。果球形。花期4~5月，果期7~11月。

分布我国长江以南地区；生于山地常绿阔叶林中、灌丛中或林缘。保护区上水库偶见。

15. 谷木叶冬青 Ilex memecylifolia Champ. ex Benth

常绿乔木。叶革质至厚革质，卵状长圆形或倒卵形，全缘，两面无毛。花序簇生于二年生枝的叶腋内；花白色。果球形。花期3~4月，果期7~12月。

分布华东、华南和贵州；越南北部也有；常生于疏林、杂木林中、山坡密林、灌丛中或路边。保护区上水库林中偶见。

173. 卫矛科 Celastraceae

常绿或落叶乔木或灌木，或为攀援藤本。单叶互生或对生；具柄；托叶小而早落或缺。两性花或退化为单性花，细小，辐射对称，通常淡绿色，排成腋生或顶生的聚伞或圆锥花序或有时单生；花萼小，4~5裂，宿存；花瓣4~5，稀不存在，分离。蒴果、浆果、核果或翅果。本科约60属850种。中国12属201种。保护区2属5种。

1. 藤本；叶互生·················1. 南蛇藤属 Celastrus
1. 灌木或乔木；叶对生·············2. 卫矛属 Euonymus

1. 南蛇藤属 Celastrus L.

落叶或常绿藤状灌木或藤本。小枝圆柱形。单叶互生，边缘具各种齿；叶脉羽状；托叶小，早落。花常单性，雌雄异株，组聚伞花序排成圆锥状或总状；花黄绿色或黄白色；萼5裂；花瓣5。蒴果近球形。本属30余种。中国25种。保护区2种。

1. 叶多椭圆形或长方形，长5~10cm，宽2.5~5cm；果3室·············1. 过山枫 C. aculeatus
1. 叶长方窄椭圆形至椭圆倒披针形，长7~12cm，宽1.5~6cm；果1室·············2. 青江藤 C. hindsii

1. 过山枫 Celastrus aculeatus Merr.

小枝密被棕褐色短毛。叶多椭圆形或长方形，边缘具疏齿，两面常光滑无毛。聚伞花序腋生或侧生。蒴果球状。种子新月状。花期3~4月，果期6~10月。

分布我国长江以南地区；生山坡湿地或溪边灌丛中。保护区偶见。

2. 青江藤 Celastrus hindsii Benth.

常绿藤本。单叶互生；叶纸质或革质，长方窄椭圆形至椭圆倒披针形。顶生聚伞圆锥花序。蒴果近球状，1室1种子。花期5~7月，果期7~10月。

分布我国长江以南地区；喜马拉雅地区、越南、马来西亚也有；生丘陵山地灌丛或山地林中。保护区三角山常见。

2. 卫矛属 Euonymus L.

常绿、半常绿或落叶灌木或小乔木，或藤本。枝常具方棱。叶对生。聚伞圆锥花序；花两性，较小，花 4~5 数；花瓣多为白绿色或黄绿色，偶为紫红色。蒴果近球状、倒锥状，不分裂或上部 4~5 浅凹，或 4~5 深裂至近基部，成熟时胞间开裂。本属约 130 种。中国 90 种。保护区 3 种。

1. 攀援灌木，有气生根·················1. 扶芳藤 E. fortunei
1. 非攀援灌木，无气生根。
  2. 叶卵状椭圆形，长 5~12cm，宽 2~4cm；花 5 基数············
    ······································2. 疏花卫矛 E. laxiflorus
  2. 叶卵形、倒卵形，长 5~8cm，宽 2.5~4cm；花 4 基数··········
    ······································3. 中华卫矛 E. nitidus

1. 扶芳藤 Euonymus fortunei (Turcz.) Hand.-Mazz.

常绿藤状灌木。叶薄革质，椭圆形、长方椭圆形或长倒卵形，边缘齿浅不明显。聚伞花序 3~4 次分枝。蒴果近球状。花期 6 月，果期 10 月。

分布我国长江以南地区；印度、印度尼西亚、日本、韩国、老挝、缅甸、菲律宾、泰国、越南也有；生山坡丛林中。保护区上水库偶见。

2. 疏花卫矛 Euonymus laxiflorus Champ. ex Benth.

灌木。叶纸质或近革质，卵状椭圆形或椭圆形，全缘或具不明显的锯齿。聚伞花序分枝疏松。蒴果紫红色。花期 3~6 月，果期 7~11 月。

分布华东、华南及西南；越南也有；生丘陵山地常绿阔叶林中。保护区上水库较常见。

3. 中华卫矛 (短圆叶卫矛) Euonymus nitidus Benth.

常绿灌木或小乔木。叶革质，倒卵形、阔椭圆形或阔披针形，顶端长渐尖头，近全缘。聚伞花序 1~3 次分枝。蒴果三角卵圆状。花期 3~5 月，果期 6~10 月。

分布我国广东、福建和江西；孟加拉国、柬埔寨、日本、越南也有；生林内、山坡、路旁等较湿润处。保护区林中较常见。

179. 茶茱萸科 Icacinaceae

乔木、灌木或藤本。有些具卷须或白色乳汁。单叶互生，稀对生，常全缘，稀分裂或有细齿；常羽状脉，稀掌状脉；无托叶。花两性或有时退化成单性而雌雄异株，极稀杂性或杂性异株，辐射对称，通常具短柄或无柄，排列成穗状、总状、圆锥或聚伞花序；花序腋生、顶生或稀对叶生。果核果状，有时为翅果。本科约 58 属 400 种。中国 13 属 22 种。保护区 1 属 1 种。

定心藤属 Mappianthus Hand.-Mazz.

木质藤本。被硬粗伏毛。卷须粗壮，与叶轮生。叶对生或近对生，全缘，革质；羽状脉；具柄。花单性，雌雄异株，花极小，被硬毛，形成短而少花、两侧交替腋生的聚伞花序；花冠钟状漏斗形，肉质，被毛。核果长卵圆形。本属 2 种。中国 1 种。保护区有分布。

定心藤 (甜果藤) Mappianthus iodoides Hand.-Mazz.

木质藤本。叶对生，长椭圆形至长圆形，顶端渐尖至尾状；叶脉在背面凸起明显。花序交替腋生。核果椭圆形。花期 4~8 月，果期 6~12 月。

分布华南、西南；越南也有；常生丘陵山地林中或溪边，攀援于树上。保护区上水库偶见。

182. 铁青树科 Olacaceae

常绿或落叶乔木、灌木或藤本。单叶，互生，稀对生，全缘，稀叶退化为鳞片状；羽状脉，稀三或五出脉；无托叶。花小，通常两性，辐射对称，排成总状花序状、穗状花序状、圆锥花序状、头状花序状或伞形花序状的聚伞花序，或二歧聚伞花序，稀花单生。核果或坚果，宿存花萼包或不包果。本科26属260种。中国5属9种。保护区1属1种。

青皮木属 Schoepfia Schreb.

小乔木或灌木。单叶互生；羽状脉。花小，两性，排成腋生的蝎尾状或螺旋状的聚伞花序，稀花单生；花萼筒与子房贴生，结实时增大；花冠管状，5裂片。坚果，成熟时几全部被增大成壶状的花萼筒所包围。本属约40种。中国4种。保护区1种。

青皮木（华南青皮木）Schoepfia jasminodora Sieb. et Zucc.

落叶小乔木或灌木。叶互生，纸质，卵形或长卵形。2~9花排成螺旋状聚伞花序；花叶同放。果椭圆或长圆。花期3~5月，果期4~6月。

分布我国长江以南地区；生中海拔山谷、沟边、山坡、路旁密林或疏林中。保护区上水库偶见。

185. 桑寄生科 Loranthaceae

多为半寄生性灌木，稀草本，寄生于木本植物的枝上，少数为寄生于根部的陆生小乔木或灌木。叶对生，稀互生或轮生，通常厚而革质，全缘，有的退化为鳞片叶；无托叶。花两性或单性，具苞片或小苞片；花被3~8，花瓣状或萼片状；副萼短或无副萼；雄蕊与花被片同数。果为浆果，果皮具黏胶质，稀核果。本科约65属1300种。中国11属约64种。保护区3属5种。

1. 苞片小，非总苞状。
   2. 花冠无冠管，花瓣离生…………1. 离瓣寄生属 Helixanthera
   2. 花冠具冠管…………………2. 钝果寄生属 Taxillus
1. 苞片大，轮生，呈总苞状………3. 大苞寄生属 Tolypanthus

1. 离瓣寄生属 Helixanthera Lour.

寄生性灌木。叶对生或互生，稀近轮生；侧脉羽状。总状花序或穗状花序，腋生，稀顶生；花两性，4~6数，辐射对称，每花具1苞片；花托卵球形至坛状；花瓣离生。浆果，顶端具宿存副萼。种子1。本属约50种。中国约7种。保护区1种。

离瓣寄生 Helixanthera parasitica Lour.

灌木。叶对生，纸质或薄革质，卵形至卵状披针形；侧脉两面明显。总状花序，腋生小枝；花托椭圆状。果椭圆状。花期1~7月，果期5~8月。

分布我国长江以南地区；柬埔寨、印度尼西亚、老挝、马来西亚、缅甸、尼泊尔、菲律宾、泰国等地也有；生海拔20~1500m沿海平原或山地常绿阔叶林中，寄生锥属、柯属、樟属、榕属植物及荷树、油桐、苦楝等多种植物上。保护区偶见。

2. 钝果寄生属 Taxillus Van Tiegh.

寄生性灌木。叶对生或互生；侧脉羽状。伞形花序，稀总状花序，腋生，具2~5花；花4~5数，两侧对称，每花具1苞片；花托椭圆状或卵球形；花冠蕾时管状，稍弯，花时顶部分裂，裂片4~5，反折。浆果。本属约25种。中国18种。保护区3种。

1. 成长叶两面无毛………………………1. 广寄生 T. chinensis
1. 成长叶背面被红褐色或锈色星状毛。
   2. 叶长6~8cm，宽2~3.5cm，被锈色绒毛………
   …………………………2. 锈毛钝果寄生 T. levinei
   2. 叶长7~9cm，宽3.5~5.5cm，叶背被红褐色星状绒毛………
   …………………………3. 桑寄生 T. sutchuenensis

1. 广寄生 Taxillus chinensis (DC) Danser

灌木。叶对生或近对生，厚纸质，卵形至长卵形，顶端圆钝。伞形花序。果椭圆状或近球形。花果期4月至翌年1月。

分布华南、福建；东南亚也有；寄生龙眼、荔枝、杨桃、油茶、油桐、橡胶树、榕树、木棉或马尾松等多种植物上。保护区偶见。

2. 锈毛钝果寄生 Taxillus levinei (Merr.) H. S. Kiu

寄生灌木。嫩枝、叶、花序和花均密被锈色绒毛。叶互生或近对生，革质，卵形，顶端圆钝，稀急尖，基部近圆形。伞形花序。果卵球形。花期9~12月，果期翌年4~5月。

分布我国长江以南地区；生平地或山谷常绿阔叶林中，常寄生油茶、樟树或壳斗科植物上。保护区偶见。

3. 桑寄生 Taxillus sutchuenensis (Lecomte) Danser

寄生灌木。叶近对生或互生，革质，卵形、长卵形或椭圆形，顶端圆钝，下面被绒毛。总状花序。果椭圆状。花期 6~8 月。

分布我国黄河以南地区；生山地阔叶林中，寄生桑树、梨树、李树、梅树、油茶、厚皮香、漆树、核桃或壳斗科、桦木科等植物上。保护区安山村东门山常见。

3. 大苞寄生属 Tolypanthus (Bl.) Reichb.

寄生性灌木。叶互生或对生；具叶柄。密簇聚伞花序，腋生，具 3~6 花，花梗短或几无；每花具 1 苞片，苞片叶状；花两性，5 数，辐射对称；花托卵球形；副萼杯状；花冠在成长的花蕾时管状，开花时顶部 5 分裂，反折。浆果椭圆状。本属约 5 种。中国 2 种。保护区 1 种。

大苞寄生 Tolypanthus maclurei (Merr.) Danser

寄生灌木。幼枝、叶密被黄褐色或锈色星状毛。叶薄革质，互生或近对生，稀簇生。密簇聚伞花序。果椭圆状。花期 4~7 月，果期 8~10 月。

分布华南、东南及贵州；生山地、山谷或溪畔常绿阔叶林中，寄生油茶、槠木、柿树、紫薇或杜鹃属、杜英属、冬青属等植物上。保护区上水库偶见。

186. 檀香科 Santalaceae

乔木、灌木或草本，有时寄生于其他树上或根上。单叶互生或对生，全缘，有时退化为鳞片。花常淡绿色，两性或单性，辐射对称，单生或排成各式花序；萼花瓣状，常肉质，裂片 3~6；无花瓣；有花盘；雄蕊 3~6，与萼片对生。果为核果或坚果。本科 36 属 500 种。中国 7 属 33 种。保护区 1 属 1 种。

寄生藤属 Dendrotrophe Miq.

半寄生木质藤本。叶互生，全缘；叶脉基出，3~11 条，侧脉在基部以上呈弧形。花小，腋生，单生，簇生或集成聚伞花序或伞形花序；花被 5~6 裂，与花盘离生，内面在雄蕊后面有疏毛 1 撮或有舌状物 1 条。核果，具宿存花被裂片。本属约 10 种。中国 6 种。保护区 1 种。

寄生藤 Dendrotrophe varians (Bl.) Miq.

半寄生木质藤本。叶厚，软革质，叶倒卵形至阔椭圆形，基三出脉。花通常单性，雌雄异株。核果卵状。花期 1~3 月，果期 6~8 月。

分布我国广东、广西、云南、福建；越南也有；生丘陵山地灌丛或疏林中，寄生其他植物的地下茎或根上。保护区鱼洞村较常见。

189. 蛇菰科 Balanophoraceae

寄生性一年生或多年生肉质草本。无正常根，靠根茎上的吸盘寄生于寄主植物的根上。根茎粗，通常分枝，表面常有疣瘤或星芒状皮孔，顶端具开裂的裂鞘。花茎圆柱状，通常红色；花序顶生，肉穗状或头状；花单性，雌雄花同株或异株；雄花常比雌花大。坚果小，脆骨质或革质。本科 18 属约 50 种。中国 2 属 13 种。保护区 1 属 1 种。

蛇菰属 Balanophora J. R. et G. Forst.

肉质草本。根茎分枝或不分枝，表面具疣瘤、星芒状皮孔和方格状凸起，皱褶或皱缩。肉穗花序仅具单性花或雌花、雄花同株；花茎直立，通常圆柱状；花小；花序轴卵圆形、球形、穗状或圆柱状，常具色。果坚果状；外果皮脆骨质。本属约 19 种。中国 12 种。保护区 1 种。

葛菌（红冬蛇菰）Balanophora harlandii Hook. f.

寄生小草本。根茎苍褐色，扁球形或近球形，表面粗糙，密被小斑点，呈脑状皱褶。花淡红色；鳞苞片5~10，多少肉质，红色或淡红色，长圆状卵形，聚生于花茎基部；花雌雄异株。花期9~11月。

分布我国广东、广西和云南；印度、泰国也有；生荫蔽林中湿润的腐殖质土壤深厚处。保护区偶见。

190. 鼠李科 Rhamnaceae

灌木、攀援灌木或乔木。具刺或无刺。单叶互生或近对生，全缘或具齿；具羽状脉或基生三至五出脉；托叶小或变为刺状。花小，整齐，两性，稀杂性或退化成单性而雌雄异株，常排成聚伞花序，或有时总状或圆锥状，或有时单生或簇生；花萼通常钟状，淡黄绿色；花瓣4~5。核果或蒴果，无翅或具翅。本科约50属900余种。中国13属137种。保护区4属6种。

1. 果实顶端无纵向的翅，或周围有木栓质或木质化的圆翅。
  2. 核果……………………………………1. 勾儿茶属 Berchemia
  2. 浆果状核果或蒴果状核果。
    3. 花具明显的梗，排成腋生聚伞花序……2. 鼠李属 Rhamnus
    3. 花无梗，排成穗状花序或穗状圆锥花序………………
      ……………………………………3. 雀梅藤属 Sageretia
1. 果实球形，顶端具纵向伸长为长圆形的翅………………
  …………………………………………4. 翼核果属 Ventilago

1. 勾儿茶属 Berchemia Neck.

攀援或直立灌木。枝无毛平滑，无托叶刺。叶互生，全缘，叶基部对称；具羽状平行脉。花序顶生或兼腋生，通常由1至数花簇生排成聚伞花序，再总状或圆锥状，稀1~3花腋生；花两性，具梗，无毛，5基数；花盘10裂，果时包其基部。核果2室，近圆或倒卵状，紫红色或紫黑色。本属约32种。中国19种。保护区2种。

1. 叶卵形、卵状椭圆形，长5~8cm，宽3~5cm，顶端急尖，侧脉9~11对………………………………1. 多花勾儿茶 B. floribunda
1. 叶椭圆形，长1~2cm，宽4~15mm，顶端圆钝，侧脉4~5对……
  ……………………………………………2. 铁包金 B. lineata

1. 多花勾儿茶 Berchemia floribunda (Wall.) Brongn.

攀援或直立灌木。叶纸质；上部叶较小，卵形；下部叶较大，椭圆形至矩圆形，无毛。宽聚伞圆锥花序。核果圆柱状椭圆形。花期7~10月，果期翌年4~7月。

分布我国黄河以南地区；喜马拉雅地区及越南、日本也有；生丘陵山地山坡、沟谷、林缘、林下或灌丛中。保护区山坡灌丛、林缘较常见。

2. 铁包金 Berchemia lineata (L.) DC.

藤状或矮灌木。叶纸质，矩圆形或椭圆形，具小尖头，两面无毛。花白色。核果圆柱形。花期7~10月，果期11月。

分布我国广东、广西、福建和台湾；印度、越南和日本也有；生低海拔的山野、路旁或开旷地上。保护区路旁旷野较常见。

2. 鼠李属 Rhamnus L.

落叶或常绿灌木或乔木。叶互生或近对生，边缘有锯齿或稀全缘；具羽状脉；托叶小，早落，稀宿存。花小，两性，或单性而雌雄异株，单生或数花簇生，或排成腋生聚伞花序、聚伞总状或聚伞圆锥花序；花黄绿色。浆果状核果。本属约150种。中国57种。保护区1种。

长叶冻绿 Rhamnus crenata Sieb. et Zucc.

落叶灌木或小乔木。叶纸质，倒卵状椭圆形、椭圆形或倒卵形，边缘具齿。花白色。核果球形或倒卵状球形。花期5~8月，果期8~10月。

分布我国黄河以南地区；东北亚及东南亚也有；生丘陵低山林下或灌丛中。保护区桂峰山偶见。

3. 雀梅藤属 Sageretia Brongn.

攀援或直立灌木，稀小乔木。无刺或具枝刺。小枝互生或近对生。叶纸质至革质，互生或近对生，边缘具锯齿，稀近全缘；叶脉羽状，平行；具柄；托叶小，脱落。花两性，5基数，花小，排成穗状或穗状圆锥花序，稀总状花序；花盘厚，肉质，壳斗状。浆果状核果。本属约35种。中国19种。保护区2种。

1. 叶长圆形，长9~17cm，宽4~6cm，两面无毛，柄长8~15mm……
  …………………………………………1. 钩刺雀梅藤 S. hamosa
1. 叶圆形、椭圆形，长1~4cm，宽7~25mm，叶上面无毛，背面被绒毛，柄长2~7mm………………………………2. 雀梅藤 S. thea

1. 钩刺雀梅藤 Sageretia hamosa (Wall.) Brongn.

常绿藤状灌木。叶革质，矩圆形或长椭圆形，边缘具细锯齿。通常2~3花簇生成顶生或腋生穗状或穗状圆锥花序。核果近球形。花期7~8月，果期8~10月。

分布我国长江以南地区；东南亚也有；生山坡灌丛或林中。保护区小杉村偶见。

2. 雀梅藤 Sageretia thea (Osbeck) M. C. Johnst.

攀援或直立灌木。叶纸质，常椭圆形、矩圆形或卵状椭圆形，边缘具细锯齿，叶背有时沿脉被毛。花黄色。核果熟时黑色。花期7~11月，果期翌年3~5月。

分布我国长江以南地区；朝鲜、日本、越南、印度也有；常生丘陵、山地林下或灌丛中，喀斯特灌丛多见。保护区旱生灌丛偶见。

4. 翼核果属 Ventilago Gaertn.

攀援灌木，稀小乔木。叶互生；具明显的网状脉。花小，两性，5基数，数花簇生或排成顶生或腋生的聚伞总状或聚伞圆锥花序；花萼5裂；花瓣顶端凹缺；花盘厚，肉质，五边形。核果球形，不开裂，基部包着宿存萼筒，上端具翅。本属约40种。中国约6种。保护区1种。

翼核果 Ventilago leiocarpa Benth.

藤状灌木。单叶互生，薄革质，卵状矩圆形或卵状椭圆形，两面无毛；网脉明显。花小。核果具翅。花期3~5月，果期4~7月。

分布华南、东南及云南；印度、缅甸、越南也有；生丘陵低山疏林下或灌丛中。保护区上水库偶见。

191. 胡颓子科 Elaeagnaceae

常绿或落叶灌木或攀援藤本，稀乔木。有刺或无刺，全体被银白色或褐色至锈盾形鳞片或星状绒毛。单叶互生，稀对生或轮生，全缘；羽状叶脉；具柄；无托叶。花两性或单性，稀杂性，单生或数花组成腋生伞形总状花序，通常整齐，白色或黄褐色，具香气。坚果或瘦果，为增厚的萼管所包围而呈核果状。本科3属90余种。中国2属约74种。保护区1属2种。

胡颓子属 Elaeagnus L.

常绿或落叶灌木或小乔木。单叶互生，叶片披针形至椭圆形或卵形，全缘。花两性，稀杂性，单生或1~7花簇生于叶腋或叶腋短小枝上，成伞形总状花序；通常具花梗。坚果，为膨大肉质萼管所包围而呈核果状，红色或黄红色。本属约90种。中国约67种。保护区2种。

1. 嫩枝棕黄色；叶背黄白色或银白色；花单生或2~5朵排成总状花序··············1. 蔓胡颓子 E. glabra
1. 嫩枝锈色；叶背初时淡红棕色，后变青灰色；花数至10朵排成总状花序··············2. 胡颓子 E. pungens

1. 蔓胡颓子 Elaeagnus glabra Thunb.

常绿蔓性或攀援灌木。全体被银白色或褐色鳞片或星状毛。叶薄革质，卵形或卵状椭圆形，全缘。花淡白色。果实矩圆形。花期9~11月，果期翌年4~5月。

分布我国长江以南地区；日本也有；生山坡向阳林中或林缘。保护区小杉村偶见。

2. 胡颓子 Elaeagnus pungens Thunb.

常绿直立灌木。叶革质，椭圆形或阔椭圆形，下面密被银白色和少数褐色鳞片。花白色或淡白色。果实椭圆形。花期9~12月，果期翌年4~6月。

分布我国长江以南地区；日本也有；生向阳山坡或路旁。保护区桂峰山偶见。

193. 葡萄科 Vitaceae

木质藤本，稀草质藤本。具卷须，或灌木而无卷须。单叶、羽状或掌状复叶，互生；具托叶。花小，两性或杂性同株或异株，排成伞房状多歧聚伞花序、复二歧聚伞花序或圆锥状多歧聚伞花序，4~5基数；萼呈碟形或浅杯状；花瓣与萼片同数；雄蕊与花瓣对生。果实为浆果。有种子1至数颗。本科14属9700余种。中国8属146余种。保护区4属5种1变种。

1. 花通常5数。
 2. 卷须多叉状分枝或不分枝，顶端不扩大为吸盘⋯⋯⋯⋯⋯⋯⋯⋯⋯⋯⋯⋯⋯⋯⋯1. 蛇葡萄属 Ampelopsis
 2. 卷须为总状分枝，顶端扩大成吸盘⋯2. 地锦属 Parthenocissus
1. 花通常4数。
 3. 花柱明显，柱头不分裂⋯⋯⋯⋯⋯⋯3. 乌蔹莓属 Cayratia
 3. 花柱不明显或较短，柱头通常4裂，稀不规则分裂⋯⋯⋯⋯⋯⋯⋯⋯⋯⋯⋯⋯⋯⋯⋯⋯⋯⋯⋯⋯⋯⋯⋯4. 崖爬藤 Tetrastigma

1. 蛇葡萄属 Ampelopsis Michx.

木质藤本。叶为单叶、羽状复叶或掌状复叶，互生。花5数，两性或杂性同株，组成伞房状多歧聚伞花序或复二歧聚伞花序；花盘发达，边缘波状浅裂。浆果球形。本属30余种。中国17种。保护区2种1变种。

1. 二回羽状复叶。
 2. 小枝、叶柄和花序轴被毛⋯⋯⋯1. 广东蛇葡萄 A. cantoniensis
 2. 小枝、叶柄和花序轴无毛⋯⋯2. 显齿蛇葡萄 A. grossedentata
1. 单叶⋯⋯⋯⋯⋯⋯3. 牯岭蛇葡萄 A. glandulosa var. kulingensis

1. 广东蛇葡萄（粤蛇葡萄）**Ampelopsis cantoniensis** (Hook. et Arn.) K. Koch

木质藤本。一至二回羽状复叶；小叶变化大，通常卵形至卵状椭圆形。花序为伞房状多歧聚伞花序。果实近球形。种子2~4。花期4~7月，果期8~11月。

分布我国长江以南地区；日本、马来西亚、泰国、越南也有；生山谷林中或山坡灌丛。保护区三角山偶见。

2. 显齿蛇葡萄 Ampelopsis grossedentata (Hand.-Mazz.) W. T. Wang

木质藤本。叶为一至二回羽状复叶；小叶卵圆形、卵椭圆形或长椭圆形，两面均无毛。花序为伞房状多歧聚伞花序。果近球形。花期5~8月，果期8~12月。

分布我国南方地区；越南也有；生沟谷林中或山坡灌丛。保护区三角山偶见。

3. 牯岭蛇葡萄 Ampelopsis glandulosa var. kulingensis (Rehder) Momiyama

木质藤本。叶为单叶，五角形，上部侧角明显外倾，边缘有急尖锯齿；五基出脉。花蕾卵圆形；花瓣5，卵椭圆形。果实近球形。花期5~7月，果期8~9月。

分布我国长江以南地区；生沟谷林下或山坡灌丛。保护区沟谷林下偶见。

2. 地锦属 Parthenocissus Planch.

木质藤本。卷须总状多分枝，嫩时顶端膨大或细尖微卷曲而不膨大，后遇附着物扩大成吸盘。叶为单叶、3小叶或掌状5小叶，互生。花5数，两性，组成圆锥状或伞房状疏散多歧聚伞花序；花瓣展开。浆果球形。本属约13种。中国10种。保护区1种。

绿叶地锦 Parthenocissus laetevirens Rehd.

木质藤本。叶为掌状 5 小叶；小叶倒卵长椭圆形或倒卵披针形，边缘上部有齿。多歧聚伞花序圆锥状。果实球形。花期 7~8 月，果期 9~11 月。

分布我国长江以南及河南南部；生山谷林中或山坡灌丛，攀援树上或崖石壁上。保护区三角山偶见。

3. 乌蔹莓属 Cayratia Juss.

木质藤本。卷须通常二至三叉分枝。叶为 3 小叶或鸟足状 5 小叶，互生。花 4 数，两性或杂性同株；伞房状多歧聚伞花序或复二歧聚伞花序；花瓣展开，各自分离脱落。浆果球形或近球形。本属 60 余种。中国 17 种。保护区 1 种。

角花乌蔹梅 Cayratia corniculata (Benth.) Gagnep.

多年生草质藤本。小叶长椭圆形、卵圆形或倒卵椭圆形，边缘前半部疏生小锯齿。复伞形花序。浆果圆形。花期 4~6 月，果期 11~12 月。

分布我国广东、福建；生山谷阴湿处。保护区山谷林缘偶见。

4. 崖爬藤属 Tetrastigma (Miq.) Planch.

木质稀草质藤本。卷须不分枝或二叉分枝。叶通常掌状 3~5 小叶或鸟足状 5~7 小叶，稀单叶，互生。花 4 数，通常杂性异株，组成多歧聚伞花序，或伞形或复伞形花序；花瓣展开，各自分离脱落。浆果球形、椭圆形或倒卵形。本属 100 余种。中国 45 种。保护区 1 种。

扁担藤 Tetrastigma planicaule (Hook.) Gagnep.

木质大藤本。叶为掌状 5 小叶；小叶各式披针形，顶端渐尖或急尖，边缘有齿，两面无毛。花序腋生。果实近球形。花期 4~6 月，果期 8~12 月。

分布我国南亚热带以南地区；东南亚也有；生山谷林中。保护区鸡枕山、古田村偶见。

194. 芸香科 Rutaceae

常绿或落叶乔木、灌木或草本，稀攀援性灌木。通常有油腺点，有或无刺，无托叶。叶互生或对生；单叶或复叶。花两性或单性，稀杂性同株，辐射对称，很少两侧对称；聚伞花序，稀总状或穗状花序，罕单花和叶上生花；花 4 或 5 数。果为蓇葖果、蒴果、翅果、核果，或具翼，或果皮稍近肉质的浆果。本科约 155 属 1600 种。中国 22 属约 126 种。保护区 7 属 14 种。

1. 蓇葖果。
　2. 叶对生。
　　3. 雄花的雄蕊 8 ·················· 1. 蜜茱萸属 Melicope
　　3. 雄花的雄蕊 4 或 5 ·················· 2 吴茱萸属 Evodia
　2. 叶互生 ·················· 3. 花椒属 Zanthoxylum
1. 不为蓇葖果。
　4. 乔木或灌木。
　　5. 单身复叶 ·················· 4. 柑橘属 Citrus
　　5. 不为单身复叶。
　　　6. 单叶 ·················· 5. 茵芋属 Skimmia
　　　6. 羽状复叶 ·················· 6. 九里香属 Murraya
　4. 木质攀援藤本 ·················· 7. 飞龙掌血属 Toddalia

1. 蜜茱萸属 Melicope

乔木或灌木。叶对生或互生；单小叶或三出叶，稀羽状复叶；透明油点甚多。花单性，由少数花组成腋生的聚伞花序；萼片及花瓣各 4；花瓣镊合状排列，盛花时花瓣顶部向内反卷。成熟的果（蓇葖）开裂为 4 分果瓣。本属约 50 种。中国 2 种。保护区 1 种。

三桠苦（三叉苦）Melicope pteleifolia (Champ. ex Benth.) T. G. Hartley

半常绿乔木。小叶长椭圆形，两端尖，全缘，油点多。聚伞圆锥花序腋生。蓇葖果淡黄色或茶褐色，每分果瓣有 1 种子。花期 4~6 月，果期 7~10 月。

分布华南、华南及西南等地区；越南、老挝、泰国等地也有；生较荫蔽的山谷湿润地方，阳坡灌木丛中也有生长。保护区山坡疏林较常见。

2. 吴茱萸属 Evodia J. R. et G. Forst.

常绿或落叶灌木或乔木。单叶、3 小叶或羽状复叶；叶及小叶均对生；常有油点。聚伞圆锥花序；花单性，雌雄异株；萼片及花瓣均 4 或 5。蓇葖果，成熟时沿腹、背二缝线开裂，顶端有或无喙状芒尖；外果皮有油点。本属约 150 种。中国约 20 种。保护区 3 种。

1. 雌花彼此疏离，结果时果亦疏离。
   2. 7~11 小叶，狭椭圆形，背被灰色毡毛及细小腺点·············
   ·· 1. 华南吴茱萸 E. austrosinensis
   2. 5~11 小叶，卵形至披针形，两面无毛················
   ·· 2. 楝叶吴茱萸 E. glabrifolia
1. 雌花密集成簇，结果时果密集成团·········· 3. 吴茱萸 E. rutaecarpa

1. 华南吴茱萸 Evodia austrosinensis Hand.-Mazz.

速生乔木。羽状复叶；小叶卵状椭圆形或长椭圆形，两面被毛，叶背具腺点。聚伞圆锥花序顶生。蓇葖果。花期 6~7 月，果期 9~11 月。

分布我国广东、广西及云南；越南也有；生山地疏林或沟谷中。保护区三角山偶见。

2. 楝叶吴茱萸 Evodia glabrifolia (Champ. ex Benth.) Huang

落叶乔木。羽状复叶；小叶斜卵状披针形，两则明显不对称，油点不明显，无毛。聚伞圆锥花序顶生。蓇葖果。花期 7~9 月，果期 10~12 月。

分布华东、华南及云南等地区；不丹、印度、印度尼西亚、日本、马来西亚、缅甸、菲律宾、泰国、越南也有；多生于平地常绿阔叶林中及山谷较湿润的地段。保护区山谷林中偶见。

3. 吴茱萸 Evodia rutaecarpa Benth.

小乔木或灌木。叶有小叶 5~11，小叶薄至厚纸质，两面及叶轴被长柔毛，油点大且多。花序顶生。蓇葖果；每分果瓣有 1 种子。花期 4~6 月，果期 8~11 月。

分布我国秦岭以南各地（除海南岛）；日本也有；生疏林或灌木丛中，多见于向阳坡地。保护区偶见。

3. 花椒属 Zanthoxylum L.

乔木或灌木，或木质藤本。茎枝常有皮刺。叶互生，奇数羽叶复叶，稀单或 3 小叶；小叶互生或对生，全缘或通常叶缘有小裂齿，齿缝处常有较大的油点。圆锥花序或伞房状聚伞花序，顶生或腋生；花单性；花被片 1~2 轮。蓇葖果；外果皮红色，有油点。本属约 250 种。中国 41 种。保护区 5 种。

1. 花被1轮·· 1. 竹叶花椒 Z. armatum
1. 花被2轮。
   2. 灌木或乔木。
      3. 小叶斜方形、倒卵形，长 4~7cm··· 2. 簕欓花椒 Z. avicennae
      3. 小叶椭圆形，长 10~20cm··· 3. 大叶臭花椒 Z. myriacanthum
   2. 攀援灌木。
      4. 羽状 3~7 小叶，顶端急尾尖，叶缘缺口处有 1 腺体···········
      ·· 4. 两面针 Z. nitidum
      4. 羽状 5~25 小叶，顶端尾状骤尖········ 5. 花椒簕 Z. scandens

1. 竹叶花椒 Zanthoxylum armatum DC.

落叶小乔木。叶互生，奇数羽状复叶；小叶对生，通常披针形或椭圆形。花序近腋生或顶生。蓇葖果紫红色。花期 4~5 月，果期 8~10 月。

分布我国黄河以南地区；东亚、东南亚至南亚也有；生丘陵低山的坡地灌草丛、疏林等地，石灰岩山地亦常见。保护区石心村常见。

2. 簕欓花椒 Zanthoxylum avicennae (Lam.) DC.

落叶乔木。各部无毛。奇数羽状复叶；小叶对生或近对生，斜卵形、斜长方形或呈镰刀状。花序顶生。果淡紫红色。花期 6~8 月，果期 10~12 月。

分布我国南方地区；菲律宾、越南（北部）也有；生低海拔平地、坡地或谷地，多见于次生林中。保护区次生林中较常见。

3. 大叶臭花椒（大叶臭椒）Zanthoxylum myriacanthum Wall. ex Hook. f.

落叶乔木。奇数羽状复叶；小叶对生，宽卵形、卵状椭圆形，两面无毛，油点多且大。花序顶生。蓇葖果红褐色。花期 6~8 月，果期 9~11 月。

分布我国南亚热带以南地区；越南、印度也有；生丘陵低山坡地疏或密林中。保护区三角山偶见。

4. 两面针 Zanthoxylum nitidum (Roxb.) DC.

木质藤本。羽状复叶；小叶对生，硬革质，阔卵形或近圆形，边缘常有疏齿；叶脉两面常有针刺。花序腋生。蓇葖果红褐色。花期 3~5 月，果期 9~11 月。

分布华南、东南及西南地区；印度、印度尼西亚、马来西亚、缅甸、尼泊尔、新几内亚、菲律宾、泰国、越南也有；生丘陵山地的疏林、灌丛中，荒山草坡的有刺灌丛中较常见。保护区小杉村偶见。

5. 花椒簕 Zanthoxylum scandens Bl.

攀援灌木。奇数羽状复叶；小叶 5~25，或更多；小叶卵形、卵状椭圆形或斜长圆形。花序腋生或兼有顶生。蓇葖果紫红色。花期 3~5 月，果期 7~8 月。

分布我国长江以南各地区；东南亚各国也有；生丘陵低山山坡灌木丛或疏林下。保护区偶见。

4. 柑橘属 Citrus L.

小乔木。单身复叶；叶缘有细钝裂齿，稀全缘，密生有芳香气味的透明油点。花两性，或退化成单性，单花腋生或数花簇生，或为少花的总状花序；花萼杯状，5~3 浅裂；花瓣 5，常背卷，白色或背面紫红色，芳香；花盘明显，有密腺。柑果。约 20 种。中国约 15 种。保护区 2 种。

1. 嫩枝、叶背、花萼和子房密被柔毛；种子大而多，有明显脊棱·············1. 柚 C. maxima
1. 全株无毛，刺少；单小叶；单花或 2~3 花簇生；种子较小而平滑·······················2. 柑橘 C. reticulata

1. * 柚 Citrus maxima (Burm.) Merr.

常绿乔木。嫩枝、叶背、花梗、花萼及子房均被柔毛。单身复叶，质厚，阔卵形或椭圆形。总状花序。果圆球形。花期 4~5 月，果期 9~12 月。

分布我国长江以南各地，最北限见于河南省信阳及南阳一带，全为栽培种；东南亚各国有栽种。保护区有栽培。

2. * 柑橘 Citrus reticulata Blanco.

常绿小乔木。单身复叶；叶片披针形、椭圆形或阔卵形，大小变异较大，稀全缘。花单生或 2~3 花簇生。柑果。花期 4~5 月，果期 10~12 月。

产我国秦岭南坡以南；广泛栽培，很少半野生。保护区有栽培。

5. 茵芋属 Skimmia Thunb.

常绿灌木或小乔木。单叶，互生，全缘，常聚生于枝顶；密生透明油点。花单性或杂性，白或黄色；花序顶生；萼片4或5，基部合生；花瓣4或5，覆瓦状排列，有油点。有浆汁液的核果，红或蓝黑色。本属约6种。中国5种。保护区1种。

乔木茵芋 Skimmia arborescens T. Anderson ex Gamble

小乔木。叶较薄，椭圆形或长圆形，两面无毛。花序长2~5cm；苞片阔卵形。果圆球形，蓝黑色。花期4~6月，果期7~9月。

分布华南和西南；喜马拉雅地区也有；生山地林中。保护区山地林中偶见。

6. 九里香属 Murraya Koenig ex L.

无刺灌木或小乔木。奇数羽状复叶。伞房状聚伞花序，顶生或兼有腋生；花蕾椭圆形；萼片及花瓣均5，稀4。浆果。本属约12种。中国9种。保护区1种。

九里香 Murraya exotica L.

小乔木。叶有3~5（~7）小叶，小叶倒卵形或倒卵状椭圆形；小叶柄甚短。花多朵聚成伞状，为短缩的圆锥状聚伞花序；花白色；萼片卵形；花瓣5，长椭圆形。果橙黄色至朱红色，阔卵形或椭圆形，有时圆球形。花期4~8月，也有秋后开花，果期9~12月。

分布华南、东南及西南地区；东南亚也有；生低丘陵或海拔高的山地疏林或密林中，石灰岩地区较常见。保护区石心村偶见。

7. 飞龙掌血属 Toddalia A. Juss.

木质攀援藤本，通常蔓生。枝干多钩刺。叶互生，指状三出叶；密生透明油点。花单性，近于平顶的伞房状聚伞花序或圆锥花序；萼片及花瓣均5或有时4；萼片基部合生；花瓣镊合状排列。核果近圆球形，有黏胶质液。单种属。保护区有分布。

飞龙掌血 Toddalia asiatica (L.) Lam.

种的特征与属同。花期几乎全年，果期多在秋冬季。

分布我国秦岭南坡以南各地；亚洲东及东南部、非洲东及西南部也有；常见于疏残灌丛或次生林中，在常绿林中石灰岩山地也常见。保护区山坡灌丛较常见。

197. 楝科 Meliaceae

乔木或灌木，稀为亚灌木。叶互生，很少对生，通常羽状复叶，很少3小叶或单叶；小叶对生或互生，很少有锯齿，基部多少偏斜。花两性或杂性异株，辐射对称，通常组成圆锥花序，间为总状花序或穗状花序；花通常5基数，间为少基数或多基数。果为蒴果、浆果或核果，开裂或不开裂。本科约50属650种。中国17属40种。保护区3属3种。

1. 花丝合生。
  2. 偶数羽状复叶；小叶全缘··················1. 麻楝属 Chukrasia
  2. 一至三回羽状复叶；小叶通常有锯齿或全缘······2. 楝属 Melia
1. 花丝分离················3. 香椿属 Toona

1. 麻楝属 Chukrasia A. Juss.

高大乔木。叶通常为偶数羽状复叶，有时为奇数羽状复叶；小叶全缘。花两性，长圆形；圆锥花序；花萼短，浅杯状，4~5齿裂；花瓣4~5，彼此分离，旋转排列。果为木质蒴果，3室。单种属。保护区有分布。

* 麻楝 Chukrasia tabularis A. Juss.

种的特征与属同。花期3~5月，果期7~8月。

分布我国长江以南各地区；东南亚各国也有；生丘陵低山山坡灌木丛或疏林下。保护区偶见。

2. 楝属 Melia L.

落叶乔木或灌木。叶互生，一至三回羽状复叶。圆锥花序腋生，多分枝，由多个二歧聚伞花序组成；花两性；花萼 5~6 深裂，覆瓦状排列；花瓣 5~6，白色或紫色，分离。核果。本属约 3 种。中国 2 种。保护区 1 种。

楝（苦楝）**Melia azedarach** L.

落叶乔木。二至三回奇数羽状复叶；小叶对生，卵形、椭圆形至披针形，边缘有钝锯齿。圆锥花序约与叶等长。核果球形至椭圆形。花期 4~5 月，果期 10~12 月。

分布我国黄河以南各地区；亚洲热带、亚热带地区广布；生低海拔旷野、路旁或疏林中。保护区安山村东门山较常见。

3. 香椿属 Toona Roem.

乔木。叶互生；羽状复叶；小叶全缘，稀具疏小齿。花小，两性，组成聚伞花序，再排成顶生或腋生的大圆锥花序；花萼短，管状，5 齿裂或分裂为 5 裂片；花瓣 5，远长于花萼，与花萼裂片互生，分离。蒴果。本属约 5 种。中国 4 种。保护区 1 种。

红椿 Toona ciliata Roem.

落叶大乔木。羽状复叶；小叶对生或近对生，纸质，长圆状卵形或披针形，全缘。圆锥花序顶生。蒴果长椭圆形。种子两端具翅。花期 4~6 月，果期 10~12 月。

分布华南、西南及福建；东南亚多国也有；多生于低海拔沟谷林中或山坡疏林中。保护区山谷林中偶见。

198. 无患子科 Sapindaceae

乔木或灌木，有时为草质或木质藤本。羽状复叶或掌状复叶，稀单叶，互生，通常无托叶。聚伞圆锥花序顶生或腋生；苞片和小苞片小；花通常小，单性，很少杂性或两性，辐射对称或两侧对称。果为室背开裂的蒴果，或不开裂而浆果状或核果状，全缘或深裂为分果爿，1~4 室。本科约 150 属约 2000 种。中国 21 属 52 种。保护区 4 属 4 种。

1. 攀援藤本 ················· 1. 倒地铃属 Cardiospermum
1. 直立木本。
  2. 果皮革质。
    3. 小叶 3~5 对；萼裂片覆瓦状排列 ······ 2. 龙眼属 Dimocarpus
    3. 小叶 2~3 对；萼裂片镊合状排列 ········ 3. 荔枝属 Litchi
  2. 果皮肉质 ················· 4. 无患子属 Sapindus

1. 倒地铃属 Cardiospermum L.

叶互生，通常为二回三出复叶或二回三裂；托叶小，早落；小叶分裂或有齿缺，常有透明腺点。圆锥花序腋生，苞片和小苞片钻形；花单性，两侧对称，具细长、有关节的花梗。蒴果。本属约 12 种。中国 1 种。保护区有分布。

倒地铃 Cardiospermum halicacabum L.

草质攀援藤本。二回三出复叶；小叶近无柄，薄纸质。圆锥花序少花。蒴果梨形、陀螺状倒三角形。花期夏秋季，果期秋季至初冬。

分布我国东部、南部和西南部；世界热带、亚热带广布；生长于田野、灌丛、路边和林缘。保护区路边、林缘偶见。

2. 龙眼属 Dimocarpus Lour.

乔木。偶数羽状复叶，互生。聚伞圆锥花序，顶生或近枝顶丛生，被星状毛或绒毛；苞片和小苞片均小而钻形；花单性，雌雄同株；花瓣 5，或 1~4，有时无花瓣。果深裂为 2 或 3 果爿。本属约 20 种。中国 4 种。保护区 1 种。

*** 龙眼 Dimocarpus longan** Lour.

常绿乔木。偶数羽状复叶，互生；小叶常 4~5 对，薄革质，全缘，叶面常波状。聚伞圆锥花序大型。果近球形。花期春夏间，果期夏季。

我国西南部至东南部栽培很广；亚洲南部和东南部也常有栽培。保护区有栽培。

3. 荔枝属 Litchi Sonn.

乔木。偶数羽状复叶，互生；无托叶。聚伞圆锥花序顶生，被金黄色短绒毛；苞片和小苞片均小；花单性，雌雄同株；萼杯状，4或5浅裂；无花瓣。果深裂为2或3果爿，卵圆形或近球形。本属2种。中国1种。保护区有分布。

*荔枝 Litchi chinensis Sonn.

常绿乔木。偶数羽状复叶；小叶2~4对，披针形或卵状披针形，全缘。花序顶生。果卵圆形至近球形。花期春季，果期夏季。

分布我国南亚热带以南地区；现世界热带都有栽培。保护区有栽培。

4. 无患子属 Sapindus L.

偶数羽状复叶，很少单叶，互生，无托叶；小叶全缘，对生或互生。聚伞圆锥花序大型，多分枝，顶生或在小枝顶部丛生；苞片和小苞片均小而钻形；花单性。果深裂为3分果爿，通常仅1或2枚发育，近球形。本属约13种。中国4种。保护区1种。

无患子 Sapindus saponaria L.

落叶大乔木。小叶5~8对，通常近对生，叶片长椭圆状披针形或稍呈镰形，两面无毛或背面微毛。花序顶生。果的发育分果爿近球形。花期春季，果期夏秋。

分布我国东部、南部至西南部；日本、中南半岛、印度等地也有栽培。保护区桂峰山偶见。

198B. 伯乐树科 Bretschneideraceae

落叶乔木。叶互生；奇数羽状复叶；小叶对生或下部的互生，有小叶柄，全缘，羽状脉；无托叶。花大，两性，两侧对称，组成顶生、直立的总状花序；花萼阔钟状，5浅裂；花瓣5，分离，覆瓦状排列，不相等。果为蒴果，3~5瓣裂；果瓣厚，木质。单属科。中国1种。保护区有分布。

伯乐树属 Bretschneidera Hemsl.

属的特征与科同。单种属。保护区1种。

伯乐树 Bretschneidera sinensis Hemsl.

种的特征与属同。花期3~9月，果期5月至翌年4月。

分布我国长江以南地区；越南北部也有；生中海拔的山地林中。保护区鱼洞村山地林中偶见。

200. 槭树科 Aceraceae

落叶乔木或灌木，稀常绿。叶对生；具叶柄；无托叶；单叶稀羽状或掌状复叶，不裂或掌状分裂。花序伞房状、穗状或聚伞状，近顶生；花序的下部常有叶，稀无叶；花小，绿色或黄绿色，稀紫色或红色，整齐，两性、杂性或单性，雄花与两性花同株或异株。果为小坚果，常有翅，又称翅果。本科2属约131种。中国2属约101种。保护区1属2种。

槭属 Acer L.

乔木或灌木，落叶或常绿。叶对生。花序由着叶小枝的顶芽生出，下部具叶，或由小枝旁边的侧芽生出，下部无叶；花小，整齐，雄花与两性花同株或异株；稀单性，雌雄异株；萼片与花瓣均4或5。果实系2枚相连的小坚果。本属约129种。中国99种。保护区2种。

1. 叶革质，披针形、长圆披针形⋯⋯⋯⋯⋯⋯1. 罗浮枫 A. fabri
1. 叶纸质，常3裂，稀5裂⋯⋯⋯⋯⋯⋯⋯⋯2. 岭南枫 A. tutcheri

1. 罗浮枫 Acer fabri Hance

常绿乔木。叶革质，披针形、长圆披针形或长圆倒披针形，全缘。花杂性，常伞房花序。翅果。花期3~4月，果期9月。

分布我国广东、广西、华中及四川等地区；越南也有；生于中高海拔疏林中。保护区山地林中偶见。

2. 岭南枫 Acer tutcheri Duthie

落叶乔木。叶纸质，基部圆形或近于截形，3裂，中裂片和侧裂片均系三角状卵形，顶端锐尖。圆锥花序顶生。翅果。花期春季，果期9月。

分布我国南方地区；生中高海拔疏林中。保护区山地林中偶见。

201. 清风藤科 Sabiaceae

落叶或常绿乔木、灌木或攀援木质藤本。叶互生；单叶或奇数羽状复叶；无托叶。花两性或杂性异株，辐射对称或两侧对称，通常排成腋生或顶生的聚伞花序或圆锥花序，有时单生；萼片5；花瓣5；雄蕊5。核果，1室不开裂。种子单生。本科3属100余种。中国2属46种。保护区2属6种。

1. 乔木或直立灌木；单叶或羽状；雄蕊仅2枚发育··1. 泡花树属 Meliosma
1. 攀援木质藤本；单叶；雄蕊全部发育············2. 清风藤属 Sabia

1. 泡花树属 Meliosma Bl.

常绿或落叶乔木或灌木。叶片全缘或多少有锯齿。花两性，两侧对称；圆锥花序；萼片4~5；花瓣5；大小极不相等。核果小，近球形或梨形；中果皮肉质。本属约50种。中国约29种。保护区3种。

1. 叶背不为苍白色。
   2. 叶下面脉腋无髯毛··1. 香皮树 M. fordii
   2. 叶下面脉腋有髯毛··2. 山榄叶泡花树 M. thorelii
1. 叶背粉绿色··3. 樟叶泡花树 M. squamulata

1. 香皮树（罗浮泡花树）Meliosma fordii Hemsl.

乔木。小枝、叶柄、叶背及花序被褐色平伏柔毛。单叶，近革质，倒披针形或披针形。圆锥花序顶生或近顶生。核果。花期5~7月，果期8~10月。

分布我国长江以南地区；东南亚也有；生常绿阔叶林中。保护区桂峰山偶见。

2. 山榄叶泡花树 Meliosma thorelii Lecomte

乔木。单叶，革质，倒披针状椭圆形或倒披针形，全缘或中上部有小锯齿。圆锥花序顶生或生于上部叶腋。核果。花期夏季，果期10~11月。

分布我国南亚热带以南地区；越南、老挝也有；生常绿阔叶林中。保护区小杉村偶见。

3. 樟叶泡花树 Meliosma squamulata Hance

常绿乔木。单叶，具纤细的长叶柄，叶革质，椭圆形或卵形。圆锥花序顶生或腋生。核果。花期夏季，果期9~10月。

分布华南、东南及西南地区；日本也有；生常绿阔叶林中。保护区上水库林中较常见。

2. 清风藤属 Sabia Colelbr.

落叶或常绿攀援木质藤本。叶为单叶，全缘。花小，两性，很少杂性，辐射对称，单生于叶腋；萼片绿色、白色、黄色或紫色；花瓣5。果有2分果爿，1枚发育成核果；中果皮肉质。本属约30种。中国约17种。保护区3种。

1. 叶背苍白色 ······························ 1. 灰背清风藤 S. discolor
1. 叶背不为苍白色。
   2. 花序为聚伞花序排成的狭长的圆锥花序 ················· 2. 柠檬清风藤 S. limoniacea
   2. 花序为聚伞花序 ············· 3. 尖叶清风藤 S. swinhoei

1. 灰背清风藤（白背清风藤）Sabia discolor Dunn

常绿攀援木质藤本。叶纸质，卵形、椭圆状卵形或椭圆形，两面均无毛。聚伞花序呈伞状。核果红色或蓝色。花期3~4月，果期5~8月。

分布华东、华南地区；生丘陵低山坡地灌木林、疏林中。保护区山坡林中偶见。

2. 柠檬清风藤（毛萼清风藤）Sabia limoniacea Wall. et Hook. f. et Thomson

常绿攀援木质藤本。叶革质，椭圆形、长圆状椭圆形或卵状椭圆形，两面均无毛。聚伞花序有2~4花，再排成狭长的圆锥花序。核果近圆形或近肾形。花期8~11月，果期翌年1~5月。

分布我国云南、广东；南亚至东南亚多国也有；生山地密林中。保护区山地林中偶见。

3. 尖叶清风藤 Sabia swinhoei Hemsl.

常绿攀援木质藤本。叶纸质，椭圆形、卵状椭圆形、卵形或宽卵形。聚伞花序有花2~7。核果深蓝色。花期3~4月，果期7~9月。

分布我国长江以南地区；生山谷林间。保护区偶见。

204. 省沽油科 Staphyleaceae

乔木或灌木。叶对生或互生；奇数羽状复叶，稀单叶；有托叶，稀无；具齿。花整齐，两性或杂性，稀为雌雄异株，在圆锥花序上花少；萼片5，分离或连合，覆瓦状排列；花瓣5，覆瓦状排列。果实为蒴果状，常为多少分离的蓇葖果或不裂的核果或浆果。本科3属约50种。中国3属20种。保护区1属2种。

山香圆属 Turpinia Vent.

乔木或灌木。叶对生；无托叶；奇数羽状复叶或为单叶。圆锥花序开展，顶生或腋生；花小，白色，整齐，两性；萼片5；花瓣5，圆形。浆果。本属30~40种。中国13种。保护区2种。

1. 单叶 ······························ 1. 锐尖山香圆 T. arguta
1. 羽状复叶 ························· 2. 山香圆 T. montana

1. 锐尖山香圆 Turpinia arguta (Lindl.) Seem.

落叶灌木。单叶，对生，厚纸质，椭圆形或长椭圆形。顶生圆锥花序。浆果近球形。花期3~4月，果期9~10月。

分布我国南方地区；生山地疏林、灌丛林中或林缘。保护区上水库偶见。

2. 山香圆 Turpinia montana (Bl.) Kurz.

小乔木。叶对生，羽状复叶；小叶对生，纸质，长圆形至长圆状椭圆形，两面无毛。圆锥花序顶生。浆果球形。花果期8~12月。

分布我国南部和西南部；东南亚也有；生山地密林中。保护区鸡枕山、古田村偶见。

205. 漆树科 Anacardiaceae

乔木或灌木，稀为木质藤本或亚灌状草本。叶互生，稀对生；单叶、掌状3小叶或奇数羽状复叶；无托叶或托叶不显。花小，辐射对称，两性或多为单性或杂性，排列成顶生或腋生的圆锥花序；花常双被，稀单被或无被；花萼3~5裂；花瓣3~5。果多为核果。本科约77属600余种。中国17属55种。保护区3属3种。

1. 心皮通常4~5，子房4~5室·············1. 南酸枣属 Choerospondias
1. 心皮3，子房1室。
  2. 圆锥花序顶生；果成熟后外果皮与中果皮连合·············
  ······················2. 盐肤木属 Rhus
  2. 圆锥花序腋生；果成熟后外果皮与中果皮分离·············
  ······················3. 漆属 Toxicodendron

1. 南酸枣属 Choerospondias Burtt et Hill

落叶大乔木。奇数羽状复叶互生，常聚生枝顶；小叶对生，具柄。花单性或杂性异株；雄花和假两性花排列成腋生或近顶生的聚伞圆锥花序；雌花通常单生于上部叶腋；花萼浅杯状，5裂；花瓣5。核果卵圆形或长圆形或椭圆形。单种属。保护区有分布。

南酸枣 Choerospondias axillaris (Roxb.) B. L. Burtt et A. W. Hill

种的特征与属同。花期春季，果期夏末。

分布我国长江以南地区；日本、印度和中南半岛也有；生山坡、丘陵或沟谷林中。保护区山坡林中较常见。

2. 盐肤木属 Rhus (Tourn.) L.

落叶灌木或乔木。叶互生；奇数羽状复叶、3小叶或单叶。花小，杂性或单性异株，多花；聚伞圆锥花序或复穗状花序；苞片宿存或脱落；花萼5裂，宿存；花瓣5。核果球形。本属约250种。中国6种。保护区1种。

盐肤木 Rhus chinensis Mill.

落叶小乔木或灌木。奇数羽状复叶；小叶自下而上逐渐增大，小叶对生，卵形至长圆形。圆锥花序宽大。核果球形。花期8~9月，果期10月。

分布我国除东北、新疆、内蒙外的全国各地区；东南亚和东亚也有；生向阳山坡、沟谷、溪边的疏林或灌丛中。保护区山坡灌草丛、疏林常见。

3. 漆树属 Toxicodendron (Tourn.) Mill.

落叶乔木或灌木，稀为木质藤本。具白色乳汁。叶互生；奇数羽状复叶或掌状3小叶；小叶对生，叶轴通常无翅。花序腋生，聚伞圆锥状或聚伞总状；花小，单性异株；苞片早落，花萼5裂，宿存；花瓣5。核果近球形或侧向压扁。本属20余种。中国16种。保护区1种。

野漆 Toxicodendron succedaneum (L.) O. Kuntze

落叶乔木或小乔木。奇数羽状复叶互生，常集生枝顶；小叶对生或近对生，长圆状椭圆形、阔披针形或卵状披针形。圆锥花序腋生。核果偏斜。花期4~5月，果期9~10月。

分布华北至长江以南各地区；东亚、东南亚也有；生丘陵山地灌草丛、疏林。保护区山坡灌草丛见。

206. 牛栓藤科 Connaraceae

常绿或落叶灌木、小乔木或藤本。叶互生；奇数羽状复叶，有时仅具1~3小叶；小叶全缘，稀分裂，无托叶。花两性，稀单性，辐射对称；花序腋生、顶生或假顶生，为总状花序或圆锥花序；萼片5，稀4，常宿存；花瓣5，稀4；雄蕊5或10，稀4＋4，成2轮。蓇葖果，沿腹缝线开裂，稀周裂或不裂。本科24属约390种。中国6属9种。保护区1属1种。

红叶藤属 Rourea Aubl.

攀援藤本，灌木或小乔木。嫩叶红色。奇数羽状复叶，经常具多对小叶，稀仅具1小叶。聚伞花序排成圆锥花序，具苞片和小苞片；花两性，5数；萼片宿存；花瓣为萼片长2~3倍，无毛。蓇葖果单生。本属90余种。中国3种。保护区1种。

小叶红叶藤 Rourea microphylla (Hook. et Arn.) Planch.

攀援灌木。奇数羽状复叶；小叶片坚纸质至近革质，卵形、披针形或长圆披针形，全缘，两面无毛。圆锥花序。蓇葖果。花期3~9月，果期5月至翌年3月。

分布我国南亚热带以南地区；南亚、东南亚也有；生丘陵低山的山坡或疏林中。保护区山坡灌丛较常见。

207. 胡桃科 Juglandaceae

落叶或半常绿乔木或小乔木。叶互生或稀对生；无托叶；奇数或稀偶数羽状复叶；小叶对生或互生，具或不具小叶柄，羽状脉，边缘具锯齿或稀全缘。花单性，雌雄同株；花序单性或稀两性；雄花序常柔荑花序，单独或数条成束，生于叶腋或芽鳞腋内；雌花序穗状，顶生。果为假核果或坚果状，具翅或无。本科8属约60种。中国7属20种。保护区1属2种。

黄杞属 Engelhardtia Lesch. ex Bl.

落叶或半常绿乔木或小乔木。叶互生；常为偶数羽状复叶；小叶全缘或具锯齿。花单性，雌雄同株或稀异株；花序柔荑状。果序长而下垂；果实坚果状，具翅。本属约8种。中国5种。保护区2种。

1. 小枝苍白色；小叶1~2对·················1. 白皮黄杞 E. fenzelii
1. 小枝褐色；小叶3~5对·················2. 黄杞 E. roxburghiana

1. 白皮黄杞（少叶黄杞）Engelhardtia fenzelii Merr.

乔木。偶数羽状复叶；小叶片椭圆形至长椭圆形，全缘，顶端短渐尖或急尖。雌雄同株或稀异株。坚果具翅。花期7月，果期9~10月。

分布华东和华南；生中高海拔林中或山谷。保护区山地林中偶见。

2. 黄杞 Engelhardtia roxburghiana Wall.

半常绿乔木。偶数羽状复叶；小叶片革质，长椭圆状披针形至长椭圆形，两面具光泽。雌雄同株或稀异株。坚果具翅。花期5~6月，果期8~9月。

分布我国长江以南地区；东南亚也有；生中低海拔林中。保护区小杉村较常见。

209. 山茱萸科 Cornaceae

乔木或灌木，稀常绿或草木。单叶对生，稀互生或近于轮生；叶脉羽状，稀掌状；全缘或有锯齿；无托叶或托叶纤毛状。花两性或单性异株，为圆锥、聚伞、伞形或头状等花序；有苞片或总苞片；花3~5数；花萼管状，与子房合生，先端有齿状裂片；花瓣通常白色。果为核果或浆果状核果。本科15属约119种。中国9属约60种。保护区2属3种1亚种。

1. 直立圆锥花序·················1. 桃叶珊瑚属 Aucuba
1. 伞形花序·················2. 山茱萸属 Cornus

1. 桃叶珊瑚属 Aucuba Thunb.

常绿小乔木或灌木。枝、叶对生。叶边缘具齿；叶柄较粗壮。花单性，雌雄异株，常1~3束组成圆锥花序或总状圆锥花序；雌花序常短于雄花序；花4数；萼片小；花瓣镊合状排列。核果肉质，圆柱状或卵状，熟后红色。本属约11种。中国11种。保护区2种。

1. 叶长椭圆形或椭圆形·················1. 桃叶珊瑚 A. chinensis
1. 叶常为倒心脏形或倒卵形·················2. 倒心叶珊瑚 A. obcordata

1. 桃叶珊瑚 Aucuba chinensis Benth.

常绿小乔木或灌木。叶革质，对生，长椭圆形或椭圆形，边缘微反卷。圆锥花序顶生。核果圆柱状或卵状。花期1~2月，果期翌年2月。

分布我国南亚热带以南地区；缅甸、越南也有；常生于常绿阔叶林中。保护区偶见。

2. 倒心叶珊瑚 Aucuba obcordata (Rehder) Fu ex W. K. Hu et T. P. Soong

常绿小乔木。叶厚纸质，常为倒心脏形或倒卵形，叶边缘具缺刻状粗锯齿。雄花序为总状圆锥序。果卵圆形。花期3~4月，果期11月以后。

分布我国陕西（南部）、湖北、湖南、广东、广西、四川、贵州、云（南北部）等地区；常生海拔1300m的林中。保护区偶见。

2. 山茱萸属 Cornus L.

常绿或落叶小乔木或灌木。叶卵形、椭圆形或长圆披针形；侧脉3~7对；具叶柄。花序伞形，常在发叶前开放，有白色花瓣状的总苞片4；花小，两性；花萼管状，先端有齿状裂片4；花瓣4，分离，稀基部近于合生。果为聚合状核果，球形或扁球形。本属10种。中国10种。保护区1种1亚种。

1. 叶下面密被或疏被贴生短柔毛…1. 香港四照花 C. hongkongensis
1. 叶下面疏被褐色粗毛……………………………………
  …………………2. 褐毛四照花 C. hongkongensis subsp. ferruginea

1. 香港四照花 Cornus hongkongensis Hemsl.

乔木或灌木。叶对生，薄革质至厚革质，椭圆形至长椭圆形。头状花序球形。聚合状核果球形。花期5~6月，果期11~12月。

分布我国长江以南地区；老挝、越南也有；生中高海拔湿润山谷的密林或混交林中。保护区三角山偶见。

2. 褐毛四照花 Cornus hongkongensis subsp. **ferruginea** (Y. C. Wu) Q. Y. Xiang

小乔木或灌木。叶对生，纸质或亚革质，狭长椭圆形或长椭圆形，全缘。头状花序球形。果序球形。花期6月，果期10~12月。

分布我国广东、广西及贵州；生山谷密林中。保护区蓄能水电站偶见。

210. 八角枫科 Alangiaceae

落叶乔木或灌木，稀攀援。极稀有刺。枝常呈"之"字形。单叶互生，全缘或掌状分裂，基部两侧常不对称；羽状叶脉或基出3~7掌状脉；有叶柄；无托叶。花序腋生，聚伞状，极稀伞形或单生；小花梗常分节；苞片早落；花两性，淡白色或淡黄色；花萼小；花瓣4~10，线形。核果，顶端有宿存的萼齿和花盘。单属科，30余种。中国9种。保护区1属2种。

八角枫属 Alangium Lam.

属的特征与科同。本属30余种。中国9种。保护区2种。

1. 叶下面无黄褐色丝状微绒毛………………1. 八角枫 A. chinense
1. 叶下面有黄褐色丝状微绒毛………………2. 毛八角枫 A. kurzii

1. 八角枫 Alangium chinense (Lour.) Harms

落叶乔木或灌木。叶纸质，近圆形或椭圆形、卵形，不裂或3~9裂。聚伞花序腋生。核果卵圆形。花期5~7月和9~10月，果期7~11月。

分布我国黄河流域以南地区；东南亚及非洲东部也有；生丘陵低山疏林或次生林中。保护区三角山较常见。

2. 毛八角枫 Alangium kurzii Craib

落叶小乔木或灌木。叶互生，纸质，近圆形或阔卵形，偏斜，全缘。聚伞花序有 5~7 花。核果椭圆形或矩圆状椭圆形。花期 5~6 月，果期 9 月。

分布我国长江以南地区；东南亚也有；生丘陵低山疏林或次生林中。保护区山坡林中偶见。

212. 五加科 Araliaceae

乔木、灌木或木质藤本，稀多年生草本。有刺或无刺。叶互生，稀轮生；单叶、掌状复叶或羽状复叶；托叶通常与叶柄基部合生成鞘状，稀无托叶。花整齐，两性或杂性，稀单性异株，聚生为伞形、头状、总状或穗状，常再组成圆锥状复花序；花梗具关节或无；苞片宿存或早落；小苞片不显著。果实为浆果或核果。本科 80 属 900 余种。中国 22 属 160 余种。保护区 6 属 7 种 1 变种。

1. 攀援藤本。
  2. 植物体有刺⋯⋯⋯⋯⋯⋯⋯⋯⋯1. 五加属 Eleutherococcus
  2. 植物体无刺⋯⋯⋯⋯⋯⋯⋯⋯⋯⋯2. 常春藤属 Hedera
1. 直立木本。
  3. 单叶⋯⋯⋯⋯⋯⋯⋯⋯⋯⋯⋯⋯3. 树参属 Dendropanax
  3. 复叶。
    4. 掌状复叶⋯⋯⋯⋯⋯⋯⋯⋯⋯4. 鹅掌柴属 Schefflera
    4. 多回羽状复叶。
      5. 植物体无刺；小叶片边缘全缘⋯5. 幌伞枫属 Heteropanax
      5. 植物体有刺；小叶片边缘具锯齿⋯⋯⋯6. 楤木属 Aralia

1. 五加属 Eleutherococcus Maxim.

灌木，直立或蔓生，稀为乔木。掌状复叶；小叶 3~5。花两性，稀单性异株；伞形花序或头状花序通常组成复伞形花序或圆锥花序；萼筒边缘有小齿，稀全缘；花瓣 5，稀 4。果实球形或扁球形。本属约 40 种。中国 18 种。保护区 2 种。

1. 叶有 5 小叶⋯⋯⋯⋯⋯⋯⋯⋯⋯⋯1. 刚毛白簕 E. setosus
1. 叶有 3 小叶⋯⋯⋯⋯⋯⋯⋯⋯⋯⋯2. 白簕 E. trifoliatus

1. 刚毛白簕 Eleutherococcus setosus (H. L. Li) Y. R. Ling

常绿灌木。掌状复叶，小叶 5；纸质，稀膜质，椭圆状卵形至椭圆状长圆形。复伞形花序或圆锥花序。果扁球形。花期 8~11 月，果期 9~12 月。

分布华南、东南及西南地区；生林荫下或林缘湿润地。保护区鱼洞村有分布。

2. 白簕（三叶五加）Eleutherococcus trifoliatus (L.) S. Y. Hu

常绿灌木。掌状复叶，小叶 3；小叶纸质，稀膜质，椭圆状卵形至椭圆状长圆形，稀倒卵形。复伞形或圆锥花序。果扁球形。花期 8~11 月，果期 9~12 月。

分布我国秦岭南坡以南各地区；印度、越南、菲律宾也有；生于村落、山坡路旁、林缘和灌丛中。保护区路旁林缘较常见。

2. 常春藤属 Hedera L.

常绿攀援灌木。有气生根。叶为单叶；叶片在不育枝上的通常有裂片或裂齿，在花枝上的常不分裂；叶柄细长；无托叶。伞形花序单个顶生，或几个组成顶生短圆锥花序；苞片小；花梗无关节；花两性；花瓣 5。果实球形。本属约 5 种。中国 2 种。保护区 1 种。

常春藤 Hedera nepalensis var. sinensis (Tobler) Rehder

常绿攀援灌木。叶片革质，叶形变异大，不育枝上常为三角状。伞形花序单个顶生。果实球形。花期9~11月，果期翌年3~5月。

分布我国黄河以南地区；越南也有；常攀援于林缘树木、林下路旁、岩石和房屋墙壁上。保护区有分布。

3. 树参属 Dendropanax Decne. Planch.

直立无刺无毛灌木或乔木。叶为单叶，不分裂或有时掌状2~5深裂；常有半透明红棕色或红黄色腺点。伞形花序单生或数个聚生成复伞形花序；花两性或杂性；花5基数。果实球形或长圆形。本属约80种。中国16种。保护区2种。

1. 花柱顶端离生⋯⋯⋯⋯⋯⋯⋯⋯⋯⋯⋯⋯⋯1. 树参 D. dentiger
1. 花柱合生成短柱状⋯⋯⋯⋯⋯⋯⋯⋯⋯⋯2. 变叶树参 D. proteus

1. 树参 Dendropanax dentiger (Harms) Merr.

乔木或灌木。叶厚纸质或革质，密生粗大半透明红棕色腺点，叶形变异很大。伞形花序顶生。果实长圆形。花期8~10月，果期10~12月。

分布我国长江以南地区；东南亚也有；生高海拔常绿阔叶林或灌丛中。保护区上水库偶见。

2. 变叶树参 Dendropanax proteus (Champ. ex Benth.) Bench.

直立灌木。叶片革质、纸质或薄纸质，无腺点，叶形变异很大。伞形花序单生或2~3个聚生。果实球形。花期8~9月，果期9~10月。

分布于华南、东南及云南；生山谷溪边较阴湿的密林下，也生于向阳山坡路旁。保护区上水库林中较常见。

4. 鹅掌柴属 Schefflera J. R. G. Forst.

直立无刺乔木或灌木，有时攀援状。掌状复叶或单叶。花聚生成总状、伞形或头状，再组成圆锥花序；花梗无关节；萼筒全缘或有细齿；花瓣5~11。果实球形，近球形或卵球形。本属约200种。中国37种。保护区1种。

鹅掌柴（鸭脚木）Schefflera heptaphylla (L.) Frodin

常绿乔木或灌木。掌状复叶；小叶片纸质至革质，椭圆形、长圆状椭圆形或倒卵状椭圆形。圆锥花序顶生。果球形。花果期11~12月。

广布于我国西藏（察隅）、云南、广西、广东、浙江、福建和台湾；日本、越南和印度也有；为热带、亚热带地区常绿阔叶林常见的植物，有时也生于阳坡上。保护区小杉村常见。

5. 幌伞枫属 Heteropanax Seem.

灌木或乔木。无刺。叶大，三至五回羽状复叶；托叶和叶柄基部合生。花杂性，聚生为伞形花序，再组成大圆锥花序；苞片和小苞片宿存；花梗无关节；萼筒边缘通常有5小齿；花瓣5。果实侧扁。本属约5种。中国5种。保护区1种。

短梗幌伞枫 Heteropanax brevipedicellatus H. L. Li

常绿灌木或小乔木。叶大，四至五回羽状复叶；小叶片纸质，较小，椭圆形至狭椭圆形。圆锥花序大而顶生。果实扁球形。花期11~12月，果期翌年1~2月。

分布我国广东、广西和江西南部；越南也有；生于低丘陵森林中和林缘路旁的荫蔽处。保护区小杉村偶见。

6. 楤木属 Aralia L.

小乔木、灌木或多年生草本。叶大，一至数回羽状复叶；托叶和叶柄基部合生，稀不明显或无托叶。花杂性，聚生为伞形花序，稀为头状花序，再组成圆锥花序；苞片和小苞片宿存或早落；花梗有关节；花5基数。果实球形。本属30余种。中国30种。保护区1种。

台湾毛楤木（黄毛楤木）**Aralia decaisneana** Hance

灌木。叶为二回羽状复叶；小叶片革质，卵形至长圆状卵形，边缘有细尖锯齿。圆锥花序大。果实球形。花果期10月至翌年2月。

分布我国长江以南地区；生阳坡或疏林中。保护区山坡林缘较常见。

213. 伞形科 Apiaceae

一年生至多年生草本，罕灌木。茎直立或匍匐上升。叶互生，一回掌状分裂或一至四回羽状分裂的复叶，或一至二回三出式羽状分裂的复叶，稀单叶；叶柄基部有叶鞘；通常无托叶。花小，两性或杂性，成顶生或腋生的复伞形花序或单伞形花序，稀头状花序；伞形花序的基部有总苞片。果常为干果。本科250~455属3300~3700种。中国约100属600余种。保护区6属7种1变种。

1. 直立草本。
  2. 外果皮平滑或有柔毛。
    3. 分生果的合生面平直⋯⋯⋯⋯⋯⋯⋯⋯1. 当归属 Angelica
    3. 分生果的合生面深陷或中空。
      4. 总苞片和小总苞片均发达，大而宿存⋯⋯⋯⋯⋯⋯⋯⋯⋯⋯⋯⋯⋯⋯⋯⋯⋯⋯⋯⋯⋯2. 鸭儿芹属 Cryptotaenia
      4. 总苞片缺乏或少数，狭小而凋落⋯⋯3. 茴芹属 Pimpinella
  2. 外果皮有皮刺、小瘤或薄鳞片⋯⋯⋯⋯4. 变豆菜属 Sanicula
1. 匍匐草本。
  5. 心皮5棱⋯⋯⋯⋯⋯⋯⋯⋯⋯⋯⋯⋯⋯5. 积雪草属 Centella
  5. 心皮3棱⋯⋯⋯⋯⋯⋯⋯⋯⋯⋯⋯⋯⋯6. 天胡荽属 Hydrocotyle

1. 当归属 **Angelica** L.

二年生或多年生草本。叶三出式羽状分裂或羽状多裂。复伞形花序，顶生和侧生；总苞片和小总苞片多数至少数，稀缺少；花白色带绿色，稀为淡红色或深紫色。果实卵形至长圆形。本属约90种。中国45种。保护区1种。

紫花前胡（前胡）**Angelica decursiva** (Miq.) Franch. et Sav.

多年生草本。叶片三角形至卵圆形，坚纸质，一回三全裂或一至二回羽状分裂。复伞形花序顶生和侧生。果实长圆形至卵状圆形。花期8~9月，果期9~11月。

分布我国辽宁、河北及黄河以南地区；东北亚也有；生山坡林缘、溪沟边或杂木林灌丛中。保护区山坡林缘偶见。

2. 鸭儿芹属 **Cryptotaenia** DC.

草本。茎直立，有分枝。叶片三出式分裂；小叶片倒卵状披针形、菱状卵形或近心形，边缘有重锯齿，缺刻或不规则的浅裂。花序为复伞形花序或呈圆锥状；伞辐少数，不等长；花瓣白色。分生果长圆形。本属5~6种。中国1种。保护区有分布。

鸭儿芹 Cryptotaenia japonica Hassk.

多年生草本。基生叶或上部叶有柄；小叶片边缘有不规则的尖锐重锯齿。复伞形花序呈圆锥状。分生果线状长圆形。花期4~5月，果期6~10月。

分布我国黄河以南地区；朝鲜、日本也有；通常生山沟及林下较阴湿处。保护区溪边湿地偶见。

3. 茴芹属 **Pimpinella** L.

一年生、二年生或多年生草本。茎通常直立，稀匍匐。具叶柄，基部成鞘；茎生叶与基生叶异形或同形，茎上部叶通常无柄，只有叶鞘。复伞形花序顶生和侧生；花瓣白色。果实卵形、长卵形或卵球形。本属约150种。中国41种。保护区1种。

异叶茴芹 Pimpinella diversifolia DC.

多年生草本。叶片三出分裂，裂片卵圆形，两侧的裂片基部偏斜，纸质。复伞形花序顶生和侧生。果卵球形。花果期5~10月。

分布我国黄河以南地区；喜马拉雅地区及越南、日本也有；生山坡草丛中、沟边或林下。保护区溪边草丛偶见。

4. 变豆菜属 Sanicula L.

二年生或多年生草本。叶有柄或近无柄，叶柄基部成叶鞘；叶片近圆形或圆心形至心状五角形；掌状或三出式3裂。单伞形花序或为不规则伸长的复伞形花序。果长椭圆状卵形或近球形，表面密生皮刺或瘤状凸起。约37种。中国17种。保护区2种。

1. 总苞片和茎生叶退化或细小··············1. 薄片变豆菜 S. lamelligera
1. 总苞片和茎生叶发达··············2. 直刺变豆菜 S. orthacantha

1. 薄片变豆菜 Sanicula lamelligera Hance

多年生矮小草本。基生叶圆心形或近五角形，掌状3裂，裂片常再2深裂；茎生叶细小，3裂至不分裂。小伞形花序。果实长卵形或卵形。花果期4~11月。

分布我国长江以南地区；日本也有；生山坡林下、溪边及湿润的沙质土壤。保护区溪边草地偶见。

2. 直刺变豆菜 Sanicula orthacantha S. Moore

多年生草本。基生叶圆心形或心状五角形，掌状3全裂，边缘有不规则的锯齿或刺毛状齿。花瓣倒卵形；两性花。果实卵形。花果期4~9月。

产我国各地；生于山涧林下、路旁、沟谷及溪边等处。保护区偶见。

5. 积雪草属 Centella L.

多年生匍匐草本。叶有长柄，圆形、肾形或马蹄形，边缘有钝齿。单伞形花序，梗极短，单生或2~4个聚生于叶腋，伞形花序；花近无柄，草黄色、白色至紫红色；苞片2；萼齿细小；花瓣5。果实肾形或圆形，两侧扁压。本属约20种。中国1种。保护区有分布。

积雪草（崩大碗）Centella asiatica (L.) Urban

多年生草本。单叶，膜质至草质，圆形、肾形或马蹄形，边缘有钝锯齿。伞形花序聚生于叶腋。果圆球形。花果期4~10月。

分布我国黄河以南地区；南亚、东南亚和日本及大洋洲、非洲（中南部）也有；喜生阴湿的草地或水沟边。保护区三角山常见。

6. 天胡荽属 Hydrocotyle L.

多年生草本。茎细长，匍匐或直立。叶片心形、圆形、肾形或五角形。花序通常为单伞形花序，细小，有多数小花；花序梗通常生自叶腋；花白色、绿色或淡黄色；无萼齿。果心状圆形。本属约75种。中国10余种。保护区1种1变种。

1. 叶片较大，通常5~7浅裂··············1. 红马蹄草 H. nepalensis
1. 叶片较小，3~5深裂几达基部··············
··············2. 破铜钱 H. sibthorpioides var. batrachium

1. 红马蹄草 Hydrocotyle nepalensis Hook.

多年生草本。单叶，膜质至硬膜质，圆形或肾形，裂片有钝锯齿。伞形花序。果基部心形。花果期5~11月。

分布我国黄河以南地区；印度、马来西亚、印度尼西亚也有；生山坡、路旁、阴湿地、水沟和溪边草丛中。保护区溪边草地偶见。

2. 破铜钱 Hydrocotyle sibthorpioides var. batrachium (Hance) Hand.-Mazz. ex R. H. Shan

多年生草本。单叶，膜质至草质，圆形或肾圆形，裂片均呈楔形。伞形花序。果略呈心形。花果期4~9月。

分布我国长江以南地区；朝鲜、日本、东南亚至印度也有；通常生长在湿润的草地、河沟边、林下。保护区溪边草地较常见。

214. 桤叶树科 Clethraceae

落叶灌木或乔木，稀常绿。嫩枝和嫩叶常有星状毛或单毛。单叶互生，常聚生枝顶；有叶柄；无托叶。花两性，稀单性，整齐，常成顶生稀腋生的单总状花序或分枝成圆锥状或近于伞形状的复总状花序；花序轴和花梗被毛；苞片早落或宿存；花5数，稀6。果为蒴果，近球形，有宿存的花萼及花柱，室背开裂。单属科，70余种。中国7种。保护区1属1种。

桤叶树属 Clethra L.

属的特征与科同。本属70余种。中国7种。保护区1种。

云南桤叶树（江南山柳、贵定桤叶树）Clethra delavayi Franch.

落叶灌木或小乔木。叶纸质，卵状椭圆形或长圆状椭圆形，边缘具腺齿。总状花序单一。蒴果近球形。花期7~8月，果期9~10月。

分布我国长江以南地区；不丹、印度（东北部）、缅甸、越南也有；生丘陵低山疏林或密林中。保护区桂峰山较常见。

215. 杜鹃花科 Ericaceae

常绿、半常绿或落叶灌木或乔木，地生或附生。单叶互生，稀交互对生，罕假轮生；革质，稀纸质；全缘或具齿，不分裂，被各式毛或鳞片，或均无；不具托叶。花单生或组成总状、圆锥状或伞形总状花序，顶生或腋生，两性，辐射对称或略两侧对称；具苞片；花瓣合生，稀离生。蒴果或浆果，少有浆果状蒴果。本科约103属3350种。中国15属约757种。保护区3属10种1变种。

1. 花药有附属物；蒴果室背开裂。
　2. 总状或圆锥花序 ················· 1. 金叶子属 Craibiodendron
　2. 伞形或伞房花序 ················· 2. 吊钟花属 Enkianthus
1. 花药无附属物；蒴果室间开裂 ········· 3. 杜鹃属 Rhododendron

1. 金叶子属 Craibiodendron W. W. Smith

灌木至乔木。单叶互生，通常全缘。总状或圆锥花序，顶生或腋生；有苞片和小苞片；花梗短；花萼5深裂，宿存；花冠短钟形，5齿裂。蒴果扁球形，室背开裂；果爿5。本属5种。中国4种。保护区1变种。

广东假木荷（广东金叶子）Craibiodendron scleranthum var. kwangtungense (S. Y. Hu) Judd

常绿乔木。叶互生，革质，椭圆形或披针形，全缘；网脉明显。总状花序腋生。蒴果扁球形。花期5~6月，果期7~8月。

分布我国广东、广西地区；生丘陵山地疏林中。保护区疏林中偶见。

2. 吊钟花属 Enkianthus Lour.

落叶或极少常绿灌木，稀为小乔木。枝常轮生。叶互生，全缘或具锯齿，常聚生枝顶；具柄。单花或为顶生、下垂的伞形花序或伞形总状花序；花梗细长，花开时常下弯；花萼5裂，宿存；花冠钟状或坛状，5浅裂；雄蕊10，分离，花药顶端具1直芒。蒴果椭圆形，5棱，室背开裂为5片。本属约13种。中国9种。保护区2种。

1. 叶全缘或上部具疏齿，边缘反卷⋯⋯⋯1. 吊钟花 E. quinqueflorus
1. 叶有齿，边缘不反卷⋯⋯⋯⋯⋯2. 齿缘吊钟花 E. serrulatus

1. 吊钟花 Enkianthus quinqueflorus Lour.

灌木或小乔木。叶常密集于枝顶，互生，革质，两面无毛，边缘反卷；中脉在两面清晰。伞房花序顶生。蒴果5棱。花期3~5月，果期5~7月。

分布我国长江以南地区；越南也有；生中高海拔山坡灌丛中。保护区三角山、鸡枕山常见。

2. 齿缘吊钟花 Enkianthus serrulatus (E. H. Wilson) C. K. Schneid.

落叶小乔木。叶密集枝顶，厚纸质，长圆形或长卵形，背面中脉下部被白色柔毛。伞形花序顶生。蒴果椭圆形。种子瘦小。花期4月，果期5~7月。

产我国长江以南地区；生海拔800~1800m的山坡。保护区山地疏林偶见。

3. 杜鹃花属 Rhododendron L.

常绿、落叶或半落叶灌木或乔木，有时矮小成垫状，地生或附生。单叶，互生，全缘，稀有不明显的小齿。花芽被多数形态大小有变异的芽鳞；花显著，形小至大，通常排列成伞形总状或短总状花序，稀单花，通常顶生，少有腋生；花冠合生成多种形状，色艳；花药无附属物。蒴果自顶部向下室间开裂。本属约960种。中国约542种。保护区8种。

1. 枝轮生；雄蕊不定数⋯⋯⋯⋯⋯⋯⋯1. 满山红 R. mariesii
1. 枝不轮生；雄蕊定数。
  2. 落叶。
    3. 雄蕊10⋯⋯⋯⋯⋯⋯⋯⋯⋯⋯⋯⋯2. 杜鹃 R. simsii
    3. 雄蕊5⋯⋯⋯⋯⋯⋯⋯⋯⋯⋯⋯3. 岭南杜鹃 R. mariae
  2. 常绿。
    4. 雄蕊5。
      5. 花冠白色或淡紫色⋯⋯⋯⋯4. 白马银花 R. hongkongense
      5. 花冠淡紫色、紫色或粉红色⋯⋯⋯5. 马银花 R. ovatum
    4. 雄蕊10。
      6. 叶边缘密被长刚毛和疏腺头毛⋯⋯⋯⋯⋯⋯⋯⋯⋯⋯⋯⋯⋯⋯⋯⋯⋯⋯⋯⋯⋯⋯⋯⋯⋯6. 刺毛杜鹃 R. championiae
      6. 叶边缘不密被长刚毛和疏腺头毛。
        7. 子房和花梗被腺头刚毛⋯⋯⋯⋯7. 弯蒴杜鹃 R. henryi
        7. 子房和花梗不被腺头刚毛⋯⋯⋯⋯⋯⋯⋯⋯⋯⋯⋯⋯⋯⋯⋯⋯⋯⋯⋯⋯⋯8. 毛棉杜鹃花 R. moulmainense

1. 满山红 Rhododendron mariesii Hemsl. et E. H. Wilson

落叶灌木。叶厚纸质或薄革质，常集生枝顶，椭圆形、卵状披针形或三角状卵形。花冠紫红色。蒴果椭圆状卵球形。花期4~5月，果期6~11月。

分布我国黄河以南地区；生丘陵山地稀疏灌丛。保护区桂峰山常见。

2. 杜鹃 Rhododendron simsii Planch.

落叶灌木。叶革质，常集生枝端，卵形、椭圆状卵形，具细齿。花簇生枝顶。子房卵球形，10室。蒴果卵球形。花期4~5月，果期6~8月。

分布我国长江以南地区；生海拔500~1200m的山地疏灌丛或松林下。保护区常见。

3. 岭南杜鹃（紫花杜鹃）Rhododendron mariae Hance

落叶灌木。叶革质，集生枝端，椭圆状披针形至椭圆状倒卵形。伞形花序顶生。蒴果长卵球形。花期3~6月，果期7~11月。

分布我国长江以南地区；生中高海拔山坡灌丛中。保护区桂峰山常见。

4. 白马银花 Rhododendron hongkongense Hutch.

常绿灌木。叶革质，集生枝顶，椭圆形、椭圆状卵形或倒卵状披针形。花单生枝顶叶腋花芽内。蒴果圆球形至广卵圆形。花期3~4月，果期7~12月。

分布我国江西、广东、香港；生海拔300~800m的常绿阔叶林中。保护区山地疏林偶见。

5. 马银花 Rhododendron ovatum (Lindl.) Planch. ex Maxim.

常绿灌木。叶革质，卵形或椭圆状卵形，无毛；侧脉和细脉不明显。花单生枝顶叶腋。蒴果阔卵球形。花期4~5月，果期7~10月。

分布我国长江以南地区；生灌丛林中。保护区山地林中较常见。

6. 刺毛杜鹃（粘毛杜鹃）Rhododendron championae Hook.

常绿灌木。叶厚纸质，长圆状披针形，顶端渐尖，基部楔形或近圆，两面被刚毛。伞形花序生枝顶叶腋。蒴果圆柱形。花期4~5月，果期5~11月。

分布我国华南、华东地区；生中高海拔山谷疏林内。保护区山地疏林偶见。

7. 弯蒴杜鹃（罗浮杜鹃、毛缘杜鹃）Rhododendron henryi Hance

常绿灌木或小乔木。叶革质，常集生枝顶，近于轮生，椭圆状卵形或长圆状披针形。伞形花序生枝顶叶腋。蒴果圆柱形。花期3~4月，果期7~12月。

分布华南、华东地区；生丘陵低山常绿阔叶林中。保护区次生林中较常见。

8. 毛棉杜鹃花 Rhododendron moulmainense Hook. f.

灌木或小乔木。叶厚革质，集生枝端，长圆状披针形或椭圆状披针形，两面无毛。数个伞形花序生枝顶叶腋。蒴果圆柱状。花期4~5月，果期7~12月。

分布华东、华南、西南地区；中南半岛及印度尼西亚也有；生中高海拔灌丛或疏林中。保护区高海拔坡地疏林或灌丛较常见。

216. 越橘科 Vacciniaceae

落叶或常绿灌木或小乔木，有时附生。单叶，互生。花两性，通常小型，腋生或顶生，组成总状花序，很少单生或成对着生；花萼 4~5 裂，裂片小；花冠合瓣，4~5 浅裂，有时 4 深裂；雄蕊 8~10，花丝通常与花冠管基部连合；有花盘。浆果 4~10 室，顶端常有宿存的花萼裂片。本科约 22 属 400 种。中国 5 属约 80 种。保护区 1 属 2 种 1 变种。

乌饭树属 Vaccinium L.

常绿或落叶灌木或小乔木，少数附生。单叶互生，稀假轮生，全缘或有锯齿；具叶柄；叶基部有或无侧生腺体。总状花序，顶生，腋生或假顶生，稀腋外生，或花少数簇生叶腋，稀单花腋生；通常有苞片和小苞片；花小；花冠坛状、钟状或筒状。浆果球形，顶部有宿存萼片。本属约 300 种。中国约 65 种。保护区 2 种 1 变种。

1. 萼齿边缘不被纤毛。
   2. 叶较大，长 4~9cm ················· 1. 南烛 V. bracteatum
   2. 叶较小，长 1.1~4cm ····· 2. 小叶南烛 V. bracteatum var. chinense
1. 萼齿边缘被纤毛 ················· 3. 流苏萼越橘 V. fimbricalyx

1. 南烛（乌饭树） **Vaccinium bracteatum** Thunb.

常绿灌木或小乔木。叶片薄革质，椭圆形、菱状椭圆形、披针状椭圆形至披针形，两面无毛。总状花序顶生和腋生。浆果熟时紫黑色。花期 6~7 月，果期 8~10 月。

分布华东、华中、华南至西南；东亚至东南亚也有；生丘陵山地林内或灌丛中。保护区山地疏林或灌丛偶见。

2. 小叶南烛（小叶乌饭树） **Vaccinium bracteatum** var. **chinense** (Lodd.) Chun ex Sleumer

与南烛的主要区别在于：叶较小，长 1.1~4cm，宽 0.7~1.4cm；植株各部分近于无毛或少毛。

分布我国广东、广西；生于山地林下。保护区高海拔林下偶见。

3. 流苏萼越橘 Vaccinium fimbricalyx Chun et W. P. Fang

常绿灌木。叶多数，散生，叶片革质，椭圆状披针形、卵状披针形至披针形。总状花序腋生。浆果球形。

分布我国广东、广西；生山顶疏林林缘。保护区三角山顶部偶见。

221. 柿树科 Ebenaceae

乔木或灌木。单叶，互生，稀对生，二列，全缘；无托叶；具羽状叶脉。花多半单生，通常雌雄异株，或为杂性；雌花腋生，单生；雄花常生在小聚伞花序上或簇生，或为单生，整齐；花萼 3~7 裂，多少深裂，在雌花或两性花中宿存；花冠 3~7 裂。浆果多肉质。本科 2~6 属 450 余种。中国 1 属约 58 种。保护区 1 属 4 种。

柿树属 Diospyros L.

落叶或常绿乔木或灌木。花单性；聚伞花序；雄花序腋生在当年生枝上，或很少在较老的枝上侧生；雌花常单生叶腋；萼通常深裂；花冠壶形、钟形或管状，浅裂或深裂。浆果肉质，宿存萼常增大。本属约 400 余种。中国约 58 种。保护区 4 种。

1. 果较小，直径不超过 2cm。
   2. 果卵形或长圆形 ················· 1. 乌材 D. eriantha
   2. 果球形 ················· 2. 罗浮柿 D. morrisiana
1. 果较大，直径超过 2cm。
   3. 果直径 3.5~8.5cm ················· 3. 柿 D. kaki
   3. 果直径 2.5~3.5cm ················· 4. 延平柿 D. tsangii

1. 乌材 Diospyros eriantha Champ. ex Benth.

常绿乔木或灌木。叶纸质，长圆状披针形，顶端短渐尖，边缘微背卷。花序腋生。果几无柄。花期 7~8 月，果期 10 月至翌年 1~2 月。

分布我国广东、广西和台湾；东南亚也有；生低海拔山地疏林、密林或灌丛中，或在山谷溪畔林中。保护区鱼洞村较多见。

2. 罗浮柿 Diospyros morrisiana Hance

落叶乔木或小乔木。除芽、花序和嫩梢外，各部分无毛。叶薄革质，长椭圆形或卵形。雄花序聚伞花序式；雌花单生叶腋。果球形。花期 5~6 月，果期 11 月。

分布我国长江以南地区；越南北部也有；生山坡、山谷疏林或密林中或灌丛中。保护区小杉村常见。

越橘科 Vacciniaceae/ 柿树科 Ebenaceae/ 山榄科 Sapotaceae/ 肉实树科 Sarcospermataceae

3. *柿 Diospyros kaki Thunb.

落叶大乔木。叶纸质，卵状椭圆形至倒卵形或近圆形；新叶疏生柔毛后无毛。花雌雄异株。果形多种，无毛。花期5~6月，果期9~10月。

原产我国长江流域；现大部分均有栽培。保护区有栽培。

4. 延平柿（油杯子）**Diospyros tsangii** Merr.

灌木或小乔木。嫩枝、叶上面脉、叶柄被毛。叶纸质，长圆形或长圆椭圆形。聚伞花序短小。果扁球形。花期2~5月，果期8月。

分布我国广东、福建、江西等地；生灌木丛中或阔叶混交林中。保护区偶见。

222. 山榄科 Sapotaceae

乔木或灌木。有时具乳汁，幼嫩部分常被锈色绒毛。单叶互生，近对生或对生，有时密聚于枝顶，通常革质，全缘；羽状脉；托叶早落或无托叶。花单生或通常数花簇生叶腋或老枝上，有时排列成聚伞花序，稀成总状或圆锥花序，两性，稀单性或杂性，辐射对称；具小苞片。果为浆果，有时为核果状。本科35~75属约800种。中国14属28种。保护区1属2种。

铁榄属 Sinosideroxylon (Engl.) Aubr.

乔木，稀灌木。叶互生；羽状脉疏离，具小脉；无托叶。花小，簇生叶腋，有时排列成总状花序；无梗或具梗；花萼5裂，稀6裂；花冠宽或管状钟形，裂片5，稀6。浆果卵圆形或球形。本属4种。中国3种。保护区2种。

1. 花排列成总状或圆锥花序；果卵球形⋯1. 铁榄 S. pedunculatum
1. 花单生或2~5朵簇生叶腋；果椭圆形⋯⋯⋯⋯⋯⋯⋯⋯⋯⋯⋯⋯⋯⋯⋯⋯⋯⋯⋯⋯2. 革叶铁榄 S. wightianum

1. 铁榄 Sinosideroxylon pedunculatum (Hemsl.) H. Chuang

乔木。叶互生，聚生枝顶，革质，卵形或卵状披针形，两面无毛。1~3花簇生于腋生的花序梗上。浆果卵球形。花期5~7月，果期8~10月。

分布华南和云南；越南也有；生山坡尤其是喀斯特密林中。保护区沟谷林中偶见。

2. 革叶铁榄 Sinosideroxylon wightianum (Hook. et Arn.) Aubrév.

小乔木或灌木。叶椭圆形至披针形或倒披针形，上面有光泽。花绿白色。浆果椭圆形。花期5~6月，果期8~10月。

分布华南及西南；越南也有；生山坡灌丛及混交林中。保护区三角山偶见。

222A. 肉实树科 Sarcospermataceae

常绿乔木或灌木。具乳汁。单叶，对生、近对生或有时互生；羽状脉，侧脉腋内常有腺孔；托叶小，早落。花两性，辐射对称，排成腋生的总状花序或圆锥花序；苞片小；萼5裂；花冠近钟状，5裂；发育雄蕊5，着生于花冠喉部或裂片基部与花冠对生；不育雄蕊与花冠裂片互生。核果。单属科，约9种。中国5种。保护区1属1种。

肉实树属 Sarcosperma Hook.

属的特征与科同。本属约9种。中国5种。保护区1种。

肉实树（水石梓）**Sarcosperma laurinum** (Bench.) Hook. f.

常绿乔木。叶近革质，常倒卵形或倒披针形，两面无毛。总状花序或为圆锥花序腋生。核果长圆形或椭圆形。花期8~9月，果期12月至翌年1月。

分布我国南亚热带以南地区；越南北部也有；生丘陵低山的山谷或溪边林中。保护区山谷常绿阔叶林中偶见。

223. 紫金牛科 Myrsinaceae

灌木、乔木或攀援灌木，稀藤本或近草本。单叶互生，稀对生或近轮生，全缘或具各式齿；通常具腺点或脉状腺条纹，稀无；无托叶。总状、伞房、伞形、聚伞或再组成圆锥花序或花簇生；具苞片，有的具小苞片；花通常两性或杂性，稀单性，有时雌雄异株或杂性异株，辐射对称，4或5数，稀6数。浆果核果状。本科32~35属1000余种。中国6属约120种。保护区4属19种1亚种。

1. 不攀援。
   2. 花不簇生。
      3. 子房上位··················1. 紫金牛属 Ardisia
      3. 子房半下位或下位··········2. 杜茎山属 Maesa
   2. 花通常簇生··················3. 铁仔属 Myrsine
1. 攀援灌木························4. 酸藤子属 Embelia

1. 紫金牛属 Ardisia Sw.

小乔木、灌木或亚灌木状近草本。叶互生；全缘或具波状圆齿、锯齿或啮蚀状细齿；具边缘腺点或无。聚伞花序、伞房花序、伞形花序或由上述花序组成的圆锥花序、金字塔状的大型圆锥花序；两性花，通常为5数，稀4数。浆果核果状，球形或扁球形。本属约300种。中国65种。保护区10种。

1. 叶基生，呈莲座状。
   2. 叶面的毛基部隆起如小瘤··········1. 虎舌红 A. mamillata
   2. 叶面的毛基部不隆起··············2. 莲座紫金牛 A. primulifolia
1. 叶不基生。
   3. 叶全缘··························3. 罗伞树 A. quinquegona
   3. 叶有锯齿。
      4. 叶具啮蚀状细齿················4. 九节龙 A. pusilla
      4. 叶具各式圆齿。
         5. 矮小灌木；直立茎高10~15cm····5. 九管血 A. brevicaulis
         5. 较大灌木；植株超过20cm。
            6. 叶多少有毛。
               7. 花序通常无叶···········6. 少年红 A. alyxiifolia
               7. 花序具少数退化叶或叶状苞片
                  ························7. 山血丹 A. lindleyana
            6. 叶两面无毛。
               8. 花枝通常无叶··········8. 百两金 A. crispa
               8. 花枝通常具叶。
                  9. 伞形花序或聚伞花序····9. 朱砂根 A. crenata
                  9. 复伞房状伞形花序······10. 大罗伞树 A. hanceana

1. 虎舌红 Ardisia mamillata Hance

常绿矮小灌木。全株常被紫红色毛。叶互生或簇生于茎顶端，坚纸质，倒卵形至长圆状倒披针形。伞形花序。果鲜红色。花期6~7月，果期11月至翌年1月。

分布华南、西南及福建；越南也有；生丘陵低山常绿阔叶林下阴湿处。保护区拉元石坑常见。

2. 莲座紫金牛 Ardisia primulifolia Gardn. et Champ.

常绿矮小灌木或近草本。叶互生或基生呈莲座状，椭圆形或

长圆状倒卵形。聚伞花序或亚伞形花序。果鲜红色。花期 6~7 月，果期 11~12 月。

分布华东、华南及云南；越南也有；生山坡密林下阴湿处。保护区上水库偶见。

3. 罗伞树 Ardisia quinquegona Bl.

常绿灌木至小乔木。叶坚纸质，长圆状披针形、椭圆状披针形至倒披针形。聚伞花序或亚伞形花序。果扁球形。花期 5~6 月，果期 12 月或翌年 2~4 月。

分布华南、东南及云南；日本至东南亚也有；生丘陵低山的山坡疏密林中，或林中溪边阴湿处。保护区拉元石坑常见。

4. 九节龙 Ardisia pusilla A. DC.

常绿亚灌木。叶对生或近轮生；叶坚纸质，椭圆形或倒卵形，叶面被糙伏毛，背面被柔毛。伞形花序。果红色。花果期 5~7 月，罕见于 12 月。

产我国长江以南地区；朝鲜、日本、菲律宾也有；生山谷密林下阴湿处；保护区山谷林内偶见。

5. 九管血 （小罗伞树）Ardisia brevicaulis Diels

常绿矮小灌木。叶坚纸质，狭卵形或卵状披针形，或椭圆形至近长圆形，近全缘。伞形花序。果有腺点。花期 6~7 月，果期 10~12 月。

分布我国长江以南地区；生海拔 400~1260m 的丘陵低山密林下阴湿处。保护区桂峰山偶见。

6. 少年红 Ardisia alyxiifolia Tsiang ex C. Chen

小灌木。叶厚坚纸质至革质，卵形、披针形至长圆状披针形，顶端渐尖，齿间具腺点。花瓣白色。果球形。花期 6~7 月，果期 10~12 月。

分布华南和西南；生山谷疏、密林下或坡地；保护区上水库偶见。

7. 山血丹 （斑叶朱砂根）Ardisia lindleyana D. Dietrich

常绿灌木或小灌木。叶革质，长圆形至椭圆状披针形，近全缘或具微波状齿，齿尖具边缘腺点。亚伞形花序。果深红色。花期 5~7 月，果期 10~12 月。

分布我国长江以南地区；生丘陵低山的山谷、山坡密林下，水旁和阴湿的地方等。保护区上水库常见。

8. 百两金 Ardisia crispa (Thunb.) A. DC.

小灌木。叶片膜质或近坚纸质，椭圆状披针形或狭长圆状披针形，两面无毛。亚伞形花序。果球形。花期5~6月，果期10~12月。

分布我国长江流域以南各地区；日本、印度尼西亚也有；生山谷、山坡，疏密林下或竹林下。保护区偶见。

9. 朱砂根 Ardisia crenata Sims

常绿灌木。叶革质，椭圆形、椭圆状披针形至倒披针形，具明显的边缘腺点。伞形花序或聚伞花序。果鲜红色。花期5~6月，果期10~12月。

分布我国长江以南地区；日本、东南亚也有；生丘陵低山疏林或密林中，或针阔叶混交林中。保护区拉元石坑常见。

10. 大罗伞树 (郎伞木) Ardisia hanceana Mez

灌木。叶片坚纸质，椭圆状或长圆状披针形，齿尖具腺点，两面无毛。复伞房状伞形花序。果球形。花期5~6月，果期11~12月。

分布我国长江以南地区；越南也有；生山谷山坡林下阴湿处。保护区上水库偶见。

2. 杜茎山属 Maesa Forsk.

灌木、大灌木，稀小乔木。叶全缘或具各式齿。总状花序或成圆锥花序，腋生，稀顶生或侧生；花5数，两性或杂性，小；花冠白色或浅黄色，钟形至管状钟形。肉质浆果或干果，球形或卵圆形，宿存萼包果一半以上。本属约200种。中国29种。保护区2种。

1. 花冠裂片较花冠管短或仅有花冠管的1/3或更短···1. 杜茎山 M. japonica
1. 花冠裂片与花冠管等长或略长··············2. 鲫鱼胆 M. perlarius

1. 杜茎山 Maesa japonica (Thunb.) Moritzi. ex Zoll.

灌木。叶片革质，叶形多变，几全缘或中部以上具疏齿，两面无毛。总状花序或圆锥花序腋生。果球形。花期1~3月，果期10月或翌年5月。

分布我国西南至台湾以南各地区；日本、越南也有；生山坡或石灰山杂木林下阴处，或路旁灌木丛中。保护区小杉村常见。

2. 鲫鱼胆 Maesa perlarius (Lour.) Merr.

常绿灌木。叶纸质或近坚纸质，广椭圆状卵形至椭圆形。总状花序或圆锥花序腋生。果球形。花期3~4月，果12月至翌年5月。

产我国四川（南部）、贵州至台湾以南沿海各地区；越南、泰国也有；生丘陵低山的山坡、路边的疏林或灌丛中湿润的地方。保护区山谷常见。

3. 铁仔属 Myrsine L.

矮小灌木或小乔木。被毛或无毛。叶通常具锯齿，稀全缘。伞形花序或花簇生，腋生、侧生或生于无叶的老枝叶痕上，每花基部具1苞片；花4~5数，两性或杂性；花萼近分离或连合，宿存；花瓣几分离。浆果核果状，球形或近卵形。本属5~7种。中国4种。保护区3种。

1. 叶有锯齿。
　　2. 花通常4数··················1. 针齿铁仔 M. semiserrata
　　2. 花通常5数··················2. 光叶铁仔 M. stolonifera
1. 叶全缘··························3. 密花树 M. seguinii

1. 针齿铁仔 Myrsine semiserrata Wall.

大灌木或小乔。叶片坚纸质至近革质，椭圆形至披针形，两面无毛。伞形花序或花簇生腋生。果球形。花期2~4月，果期10~12月。

分布我国长江以南地区；印度、缅甸也有；生山坡疏、密林内或路旁、沟边、石灰岩山坡等阳处。保护区上水库偶见。

2. 光叶铁仔 Myrsine stolonifera (Koidz.) Walker

灌木。叶片坚纸质至近革质，椭圆状披针形，两面无毛。伞形花序或花簇生，腋生或生于裸枝叶痕上。果球形。花期4~6月，果期几全年。

分布我国长江以南地区；日本也有；生疏、密林中潮湿的地方。保护区小杉村偶见。

3. 密花树 Myrsine seguinii H. Lév.

常绿小乔木。叶革质，长圆状倒披针形至倒披针形，全缘，两面无毛。伞形花序或花簇生。果球形或近卵形。花期4~5月，果期10~12月。

分布我国西南至台湾；缅甸、越南、日本也有；生中高海拔的混交林中或苔藓林中，亦见于林缘、路旁等灌木丛中。保护区小杉村常见。

4. 酸藤子属 Embelia Burm. f.

攀援灌木或藤本，稀直立或乔木状。总状花序、圆锥花序、伞形花序或聚伞花序，顶生、腋生或侧生，基部具苞片；花通常单性，同株或异株，4或5数；花萼基部连合；花瓣分离或仅基部连合，稀成管状。浆果核果状，球形或扁球形。本属约140种。中国20种。保护区4种1亚种。

1. 小枝通常二列，密被锈色长柔毛··········1. 当归藤 E. parviflora
1. 小枝不为上述形态。
　　2. 叶全缘。
　　　　3. 总状花序。
　　　　　　4. 叶片较大，长3~4cm···········2. 酸藤子 E. laeta
　　　　　　4. 叶片较大，长4~9.5cm········3. 平叶酸藤子 E. undulata
　　　　3. 圆锥花序······4. 厚叶白花酸藤果 E. ribes subsp. pachyphylla
　　2. 叶有锯齿····························5. 密齿酸藤子 E. vestita

1. 当归藤 Embelia parviflora Wall. ex A. DC.

常绿攀援灌木或藤本。叶坚纸质，卵形，全缘，具缘毛。亚伞形花序或聚伞花序。果暗红色。花期12月至翌年5月，果期5~7月。

分布华东、华南、西南及西藏；印度、缅甸、印度尼西亚也有；生丘陵低山的山间密林中或林缘，或灌木丛中，喜湿润肥沃土壤。保护区罕见。

2. 酸藤子 Embelia laeta (L.) Mez

常绿攀援灌木或藤本。叶坚纸质,倒卵形或长圆状倒卵形,无腺点。总状花序。果球形。花期12月至翌年3月,果期4~6月。

分布华东、华南及云南;东南亚多国也有;适应性较广,生山坡疏、密林下或疏林缘或开阔的草坡、灌木丛中。保护区常见。

3. 平叶酸藤子(长叶酸藤子) **Embelia undulata (Wall.) Mez**

常绿攀援灌木或藤本。叶坚纸质,倒披针形或狭倒卵形,全缘,两面无毛。总状花序。果球形或扁球形。花期6~8月,果期11月至翌年1月。

分布我国云南和广东;喜马拉雅地区也有;生丘陵低山的山谷、山坡疏密林中或路边灌丛中。保护区偶见。

4. 厚叶白花酸藤果(厚叶白花酸藤子) **Embelia ribes subsp. pachyphylla (Chun ex C. Y. Wu et C. Chen) Pipoly et C. Chen**

常绿攀援灌木。叶片厚,革质或几肉质,倒卵状椭圆形或长圆状椭圆形,全缘。圆锥花序顶生。花期1~7月,果期5~12月。

分布我国广东、广西和云南;印度尼西亚,菲律宾,越南也有;生丘陵低山的山坡灌木丛中或疏、密林中;保护区山坡林中偶见。

5. 密齿酸藤子(多脉酸藤子) **Embelia vestita Roxb.**

常绿攀援灌木或藤本。叶坚纸质,长圆状卵形至椭圆状披针形,两面无毛。总状花序腋生。果具腺点。花果期10月至翌年3月。

分布我国云南、广东;生丘陵低山的山谷或山坡疏、密林中,或溪边、河边林中。保护区山谷林中偶见。

224. 安息香科 Styracaceae

乔木或灌木。常被星状毛或鳞片状毛。单叶,互生;无托叶。总状花序、聚伞花序或圆锥花序,很少单花或数花丛生,顶生或腋生;小苞片小或无,常早落;花两性,很少杂性,辐射对称;花萼杯状、倒圆锥状或钟状;花冠合瓣,极少离瓣;雄蕊常为花冠裂片数的2倍。核果、蒴果稀为浆果,具宿存花萼。本科约12属130种。中国9属54种。保护区3属3种。

1. 子房下位················1. 木瓜红属 Rehderodendron
1. 子房上位。
　　2. 花丝仅基部连合,稀离生,近等长··········2. 安息香属 Styrax
　　2. 花丝几一半连合成管,5长5短······3. 赤杨叶属 Alniphyllum

1. 木瓜红属 Rehderodendron Hu

落叶乔木。叶边缘有锯齿。总状花序或圆锥花序,生于去年小枝的叶腋;花开于长叶前或与叶同时开放;花萼钟形,5深裂,基部稍合生。果实有5~10棱,宿存花萼几包围果实的全部。本属约5种。中国5种。保护区1种。

广东木瓜红 Rehderodendron kwangtungense Chun

高大乔木。叶纸质至革质,长圆状椭圆形或椭圆形,边缘有疏离锯齿。花序梗、花梗、小苞片和花萼均密被灰黄色星状短柔毛。果单生。种子长圆状线形。花期3~4月,果期7~9月。

产我国长江以南地区;生海拔100~1300m的密林中。保护区密林偶见。

2. 安息香属 Styrax L.

乔木或灌木。单叶互生，多少被星状毛或鳞片状毛，极少无毛。总状花序、圆锥花序或聚伞花序，极少单花或数花聚生，顶生或腋生；小苞片小，早落；花萼杯状、钟状或倒圆锥状，顶端常5齿；花冠常5深裂。核果肉质，不开裂或不规则3瓣开裂。本属约120种。中国31种。保护区1种。

栓叶安息香 Styrax suberifolius Hook. et Arn.

落叶乔木。叶互生，革质，椭圆形或椭圆状披针形，近全缘。总状花序或圆锥花序。果实卵状球形。花期3~5月，果期9~11月。

分布我国长江流域以南各地区；越南也有；生丘陵低山常绿阔叶林中，属喜光树种，生长迅速。保护区桂峰山偶见。

3. 赤杨叶属 Alniphyllum Matsum

落叶乔木。叶边缘有锯齿。总状花序或圆锥花序，顶生或腋生；花两性，有长梗；花梗与花萼之间有关节；小苞片小，早落；花萼杯状，顶端有5齿；花冠钟状，5深裂。蒴果长圆形。本属3种。中国3种。保护区1种。

赤杨叶（拟赤杨）Alniphyllum fortunei (Hemsl.) Makino

落叶乔木。叶纸质，椭圆形、宽椭圆形或倒卵状椭圆形，叶背灰白色，有时被白粉。总状花序或圆锥花序。蒴果。花期4~7月，果期8~10月。

分布我国长江以南地区；印度、缅甸、越南也有；喜光树种，适应性较强，生长迅速，生山地次生林中。保护区桂峰山常见。

225. 山矾科 Symplocaceae

灌木或乔木。单叶，互生，通常具锯齿、腺质锯齿或全缘；无托叶。花辐射对称，两性稀杂性，排成穗状花序、总状花序、圆锥花序或团伞花序，很少单生；花通常为1苞片和2小苞片所承托；萼3~5深裂或浅裂，通常5裂，通常宿存；花冠裂片3~11，通常5；雄蕊通常多数。核果，有宿存萼裂片。单属科，约300种。中国77种。保护区1属6种1变种。

山矾属 Symplocos Jacq.

属的特征与科同。本属约300种。中国77种。保护区7种。

1. 叶柄两侧有大小相间半透明的腺锯齿⋯1. 腺柄山矾 S. adenopus
1. 叶柄两侧无上述腺锯齿。
  2. 叶片纸质、薄革质，且通常有锯齿。
    3. 常绿或半常绿。
      4. 总状花序腋生⋯⋯⋯⋯⋯⋯⋯⋯⋯2. 薄叶山矾 S. anomala
      4. 不为总状花序。
        5. 核果圆柱形⋯⋯⋯⋯⋯⋯⋯⋯⋯3. 密花山矾 S. congesta
        5. 核果球形。
          6. 叶片的中脉在叶面平坦⋯⋯⋯⋯4. 光叶山矾 S. lancifolia
          6. 叶片的中脉在叶面凹下⋯⋯⋯⋯⋯⋯⋯⋯⋯⋯⋯⋯⋯⋯⋯⋯⋯⋯⋯⋯⋯5. 黄牛奶树 S. cochinchinensis var. laurina
    3. 落叶⋯⋯⋯⋯⋯⋯⋯⋯⋯⋯⋯⋯⋯⋯6. 白檀 S. paniculata
  2. 叶厚革质，通常全缘⋯⋯⋯⋯⋯⋯⋯⋯7. 老鼠矢 S. stellaris

1. 腺柄山矾 Symplocos adenopus Hance

灌木或小乔木。芽、嫩枝、嫩叶背面、叶脉、叶柄均被褐色柔毛。叶纸质，椭圆状卵形或卵形。团伞花序腋生。核果圆柱形。花期11~12月，果期翌年7~8月。

分布我国南方地区；生山地、路旁、山谷或疏林中。保护区小杉村偶见。

2. 薄叶山矾 Symplocos anomala Brand

小乔木或灌木。顶芽、嫩枝被褐色柔毛。叶薄革质，狭椭圆形、椭圆形或卵形。总状花序腋生。核果长圆形。花果期4~12月，边开花边结果。

分布我国长江以南各地区；越南也有；生于山地杂林中。保护区上水库林中偶见。

3. 密花山矾 Symplocos congesta Benth.

常绿乔木或灌木。叶近革质，两面无毛，椭圆形或倒卵形，常全缘或疏生细尖锯齿。团伞花序腋生于近枝端的叶腋。核果圆柱形。花期 8~11 月，果期翌年 1~2 月。

分布华南、华东和云南；生丘陵低山密林中。保护区上水库偶见。

4. 光叶山矾 Symplocos lancifolia Sieb. et Zucc.

常绿小乔木。芽、嫩枝、嫩叶背面脉上、花序均被黄褐色柔毛。叶纸质，卵形至阔披针形，边缘具疏浅齿。核果近球形。花期 3~11 月，果期 6~12 月。

分布长江以南地区；日本也有；生丘陵低山次生林、疏林、针阔混交林中。保护区上水库常见。

5. 黄牛奶树 Symplocos cochinchinensis var. laurina Noot.

常绿乔木。叶革质，倒卵状椭圆形或狭椭圆形，边缘有细小的锯齿。穗状花序。核果球形。花期 8~12 月，果期翌年 3~6 月。

分布我国长江以南地区；印度、斯里兰卡也有；生丘陵低山疏林、次生林或村边林内。保护区山地林中偶见。

6. 白檀 Symplocos paniculata Miq.

落叶小乔木。叶膜质或薄纸质，阔倒卵形、椭圆状倒卵形或卵形，边缘有细尖锯齿。圆锥花序有柔毛。核果卵状球形。

产东北、华北、华中、华南、西南各地；朝鲜、日本、印度也有；生海拔 760~2500m 的山坡、路边、疏林或密林中。保护区上水库偶见。

7. 老鼠矢 Symplocos stellaris Brand

常绿乔木。叶厚革质，披针状椭圆形，通常全缘。团伞花序着生枝的叶痕上。核果狭卵状圆柱形。花期 4~5 月，果期 6 月。

分布我国长江以南地区；日本也有；生丘陵山地的路旁或疏林中。保护区上水库偶见。

228. 马钱科 Loganiaceae

乔木、灌木、藤本或草本。单叶对生或轮生，稀互生，全缘或有锯齿；通常为羽状脉，稀 3~7 条基出脉；具叶柄；托叶存在或缺。花通常两性，辐射对称，单生或孪生，或组成二至三歧聚伞花序，再排成各式花序，稀呈头状；有苞片和小苞片；花萼 4~5 裂；合瓣花冠，4~5 裂或更多。果为蒴果、浆果或核果。本科约 29 属 500 种。中国 8 属 45 种。保护区 4 属 5 种。

1. 灌木 1. 醉鱼草属 Buddleja
1. 木质藤本。
　2. 蒴果,室间开裂成2果瓣 2. 钩吻属 Gelsemium
　2. 浆果,果皮不开裂。
　　3. 枝无变态枝刺 3. 蓬莱葛属 Gardneria
　　3. 枝常具钩状枝或变态枝刺 4. 马钱属 Strychnos

1. 醉鱼草属 Buddleja L.

多为灌木,少有乔木和亚灌木或亚灌木状草本。枝常对生。单叶对生,稀互生或簇生;羽状脉;叶柄短;有托叶。多花组成圆锥状、穗状、总状或头状的聚伞花序;花序1至几个腋生或顶生;苞片线形;花4数。蒴果室间开裂,或浆果不开裂。本属约100种。中国20种。保护区2种。

1. 花白色 1. 驳骨丹 B. asiatica
1. 花紫色 2. 醉鱼草 B. lindleyana

1. 驳骨丹 Buddleja asiatica Lour.

直立灌木或小乔木。幼枝、叶下面、叶柄和花序均密被灰白色毛。叶对生,膜质至纸质,狭椭圆形、披针形或长披针形。总状花序窄而长。蒴果椭圆状。花期1~10月,果期3~12月。

分布我国长江流域及以南地区;南亚、东南亚也有;生阳坡、路旁、灌草丛或林缘。保护区路旁灌草丛较常见。

2. 醉鱼草 Buddleja lindleyana Fortune

灌木。幼嫩部、叶背、花均密被星状毛和腺毛。叶对生,膜质,卵形、椭圆形至长圆状披针形。穗状聚伞花序顶生。蒴果长圆状或椭圆状。花期4~10月,果期8月至翌年4月。

分布我国长江以南地区;马来西亚、日本、美洲及非洲均有栽培;生丘陵山地路旁、河边灌木丛中或林缘。保护区偶见。

2. 钩吻属 Gelsemium elegans

木质藤本。叶对生或有时轮生,全缘;羽状脉;具短柄。花单生或组成三歧聚伞花序,顶生或腋生;花萼5深裂,裂片覆瓦状排列;花冠漏斗状或窄钟状,裂片5。蒴果。本属约3种。中国1种。保护区有分布。

钩吻(大茶药、断肠草、胡蔓藤) Gelsemium elegans (Gardn. et Champ.) Benth.

常绿木质藤本。除苞片边缘和花梗幼时被毛外,全株均无毛。叶对生,近革质,卵形至卵状披针形。花冠漏斗状。蒴果卵形或椭圆形。花期5~11月,果期7月至翌年3月。

分布我国长江以南地区;南亚、东南亚也有;生丘陵山地路旁灌丛、疏林中。保护区桂峰山常见。

3. 蓬莱葛属 Gardneria Wall.

木质藤本。单叶对生,全缘;羽状脉;具叶柄;有线状托叶。花单生、簇生或组成二至三歧聚伞花序,具长花梗;花4~5数;苞片小;花萼4~5深裂,裂片覆瓦状排列;花冠辐状,4~5裂。浆果圆球状。本属约5种。中国3种。保护区1种。

蓬莱葛 Gardneria multiflora Makino

木质藤本。叶片纸质至薄革质,椭圆形、长椭圆形或卵形。花很多而组成腋生的二至三歧聚伞花序。浆果圆球状。花期3~7月,果期7~11月。

分布我国秦岭淮河以南地区;日本、朝鲜也有;生中高海拔山坡灌木丛中或山地疏林下。保护区山地灌丛偶见。

4. 马钱属 Strychnos L.

木质藤本。常具腋生卷须或刺钩。叶对生，全缘；叶柄短。聚伞花序花腋生或顶生，再排成圆锥花序式或头状花序式；花5数；花萼裂片镊合状排列；花冠高脚碟状或近辐状，裂片薄肉质。浆果常圆球状或椭圆状，肉质。本属约190种。中国11种。保护区1种。

华马钱（三脉马钱）Strychnos cathayensis Merr.

木质藤本。叶片近革质，对生，全缘，长椭圆形至窄长圆形，无毛，常基三出脉。聚伞花序顶生或腋生。浆果圆球状。花期4~6月，果期6~12月。

分布华南、云南、台湾；越南北部也有；生山地疏林下或山坡灌丛中。保护区三角山偶见。

229. 木犀科 Oleaceae

乔木，直立或蔓灌木。叶对生，稀互生或轮生，叶腋常具芽；单叶、三出复叶或羽状复叶，稀羽状分裂，全缘或具齿；具叶柄；无托叶。花辐射对称，两性，稀单性或杂性，雌雄同株、异株或杂性异株，通常聚伞花序排列成圆锥花序，或为总状、伞状、头状花序，顶生或腋生，稀单花。翅果、蒴果、核果、浆果或浆果状核果。本科约28属600余种。中国11属178种。保护区3属6种。

1. 浆果···1. 素馨属 Jasminum
1. 核果或浆果状核果。
  2. 花不簇生·····························2. 女贞属 Ligustrum
  2. 花多簇生·····························3. 木犀属 Osmanthus

1. 素馨属 Jasminum L.

常绿或落叶小乔木，直立或攀援灌木。花两性；聚伞花序，再排列成圆锥状、总状、伞房状、伞状或头状；有苞片；花常芳香；花冠常呈白色或黄色，稀红色或紫色。浆果，熟时黑色或蓝黑色。本属200余种。中国43种。保护区3种。

1. 三小叶复叶。
  2. 顶生小叶片不明显大于侧生小叶······1. 清香藤 J. lanceolarium
  2. 顶生小叶片明显大于侧生小叶···············2. 华素馨 J. sinense
1. 单叶···3. 厚叶素馨 J. pentaneurum

1. 清香藤 Jasminum lanceolarium Roxb.

大型攀援灌木。叶革质，三出复叶；小叶片多形，常偏圆形，顶生小叶与侧生叶几等大。花冠白色。果球形或椭圆形。花期4~10月，果期6月至翌年3月。

分布我国长江以南各地；印度、缅甸、越南也有；生丘陵山地灌丛或山谷密林中。保护区山谷林中偶见。

2. 华素馨 Jasminum sinense Hemsl.

缠绕藤本。叶对生，三出复叶；小叶片纸质，卵形至卵状披针形，两面被锈色柔毛；羽状脉。聚伞花序常成圆锥状。果长圆形或近球形。花期6~10月，果期9月至翌年5月。

分布我国长江以南地区；生丘陵低山的山坡、灌丛或林中。保护区石心村偶见。

3. 厚叶素馨 Jasminum pentaneurum Hand.-Mazz.

攀援灌木。叶对生，单叶，革质，宽卵形、卵形或椭圆形，叶缘反卷，两面无毛，常具褐色腺点。聚伞花序顶生或腋生。果球形、椭圆形或肾形。花期8月至翌年2月，果期2~5月。

分布华南地区；越南也有；生山谷、灌丛或混交林中。保护区拉元石坑偶见。

2. 女贞属 Ligustrum L.

落叶或常绿、半常绿的灌木、小乔木或乔木。叶对生，单叶，叶片纸质或革质，全缘；具叶柄。聚伞花序常排列成圆锥花序，多顶生于小枝顶端，稀腋生；花两性；花萼钟状；花冠白色，花冠管长于裂片或近等长，裂片4。果为浆果状核果，稀为核果状而室背开裂。本属约45种。中国29种。保护区1种。

小蜡（小叶女贞、山指甲）Ligustrum sinense Lour.

半常绿灌木或小乔木。单叶对生，纸质或薄革质，卵形至椭圆状卵形，两面略被毛。圆锥花序顶生或腋生。果近球形。花期3~6月，果期9~12月。

产我国江苏、浙江、安徽、江西、福建、台湾、湖北、湖南、广东、广西、贵州、四川、云南；越南也有；生山坡、山谷、溪边、河旁、路边的密林、疏林或混交林中。保护区路边疏林偶见。

3. 木犀属 Osmanthus Lour.

常绿灌木或小乔木。单叶对生，厚革质或薄革质，全缘或具锯齿，两面通常具腺点；具叶柄。花两性，常因不育而成单性花，雌雄异株或杂性异株；聚伞花序簇生叶腋，或再组成短小圆锥花序；苞片2，基部合生；花萼钟状，4裂；花冠4浅裂或深裂。果为核果，椭圆形或歪斜椭圆形。本属约30种。中国23种。保护区2种。

1. 聚伞花序簇生于叶腋 ················1. 木犀 O. fragrans
1. 聚伞花序组成短小圆锥花序 ············2. 牛矢果 O. matsumuranus

1. *木犀（桂花）Osmanthus fragrans (Thunb.) Lour.

常绿乔木或灌木。叶对生，革质，椭圆形、长椭圆形或椭圆状披针形，常上半部具细齿。聚伞花序簇生于叶腋。核果椭圆形。

花期9~10月，果期翌年3月。

原产我国西南部；现各地有广泛栽培。保护区常见。

2. 牛矢果 Osmanthus matsumuranus Hayata

常绿灌木或乔木。叶薄革质或厚纸质，倒披针形，两面无毛，具腺点。聚伞花序组成短小圆锥花序。果椭圆形。花期5~6月，果期11~12月。

分布我国长江以南地区；印度和东南亚也有；生林中和灌丛中。保护区次生林中较常见。

230. 夹竹桃科 Apocynaceae

乔木、直立灌木或木质藤木，或多年生草本。具乳汁或水液。无刺，稀有刺。单叶对生、轮生，稀互生，全缘，稀有细齿；羽状脉；通常无托叶。花两性，辐射对称，单生或多花组成聚伞花序，顶生或腋生；花萼裂片5，稀4；花冠合瓣，裂片5，稀4；雄蕊5。果为浆果、核果、蒴果或蓇葖果。本科约250属2000余种。中国44属145种。保护区6属6种。

1. 草本 ·····························1. 长春花属 Catharanthus
1. 藤本。
  2. 花冠裂片顶部延长成长尾带状·········2. 羊角拗属 Strophanthus
  2. 花冠高脚碟状，花冠筒圆筒状，顶部稍收缩。
    3. 果链珠状 ··················3. 链珠藤属 Alyxia
    3. 果不呈链珠状。
      4. 浆果 ··················4. 山橙属 Melodinus
      4. 蓇葖果。
        5. 花序聚伞状，有时呈聚伞圆锥状，分歧较少 ················
        ·····················5. 络石属 Trachelospermum
        5. 聚伞花序圆锥状，3次以上分歧···6. 水壶藤属 Urceola

1. 长春花属 Catharanthus G. Don

一年生或多年生草本。叶草质，对生。2~3花组成聚伞花序，顶生或腋生；花萼5深裂；花冠高脚碟状，花冠喉部紧缩，内面具刚毛。蓇葖果双生，直立，圆筒状，具条纹。本属约190种。中国1种。保护区有分布。

*长春花 Catharanthus roseus (L.) G. Don

半灌木。叶膜质，倒卵状长圆形，顶端浑圆，基部渐狭而成叶柄。聚伞花序腋生或顶生。蓇葖果双生。花果期几乎全年。

原产非洲东部；我国栽培于西南、中南及华东等地区。保护区有栽培。

2. 羊角拗属 Strophanthus DC.

小乔木或灌木。叶对生；羽状脉。聚伞花序顶生；花大；花萼 5 深裂；花冠漏斗状，裂片 5，在花蕾时向右覆盖，裂片顶部延长成一长尾带状，冠檐喉部有副花冠。蓇葖果木质，叉生。本属约 60 种。中国 2 种。保护区 1 种。

羊角拗 Strophanthus divaricatus (Lour.) Hook. et Arn.

灌木。叶薄纸质，椭圆状长圆形或椭圆形，全缘。聚伞花序顶生。蓇葖果广叉开。花期 3~7 月，果期 6 月至翌年 2 月。

分布我国广东、广西、云贵和福建；越南、老挝也有；生丘陵山地、路旁疏林中或山坡灌木丛中。保护区桂峰山偶见。

4. 山橙属 Melodinus J. R. Forst. et G. Forst.

木质藤本。叶对生；羽状脉；具柄。三歧圆锥状或假总状的聚伞花序顶生或腋生；花萼 5 深裂；花冠高脚碟状，裂片 5，扩展，向左覆盖；花冠喉部的副花冠成鳞片状 5~10 枚。浆果肉质。本属约 53 种。中国 11 种。保护区 1 种。

尖山橙 Melodinus fusiformis Champ. ex Benth.

木质藤本。幼枝、嫩叶、叶柄、花序被短柔毛。单叶对生，椭圆形或长椭圆形。聚伞花序生于侧枝的顶端。浆果椭圆形。花期 4~9 月，果期 6 月至翌年 3 月。

分布我国广东、广西和贵州；生山地疏林中或山坡路旁、山谷水沟旁。保护区安山村东门山偶见。

3. 链珠藤属 Alyxia Banks ex R. Br.

藤状灌木。叶对生，或 3~4 叶轮生。花小；总状式聚伞花序；具小苞片；花萼 5 深裂；花冠高脚碟状，裂片 5，向左覆盖。核果，卵形或长椭圆形，通常连结成链珠状，稀单生或对生。本属约 112 种。中国 18 种。保护区 1 种。

链珠藤 Alyxia sinensis Champ. ex Benth.

藤状灌木。除花梗、苞片及萼片外，其余无毛。叶革质，通常卵圆形或倒卵形。聚伞花序腋生或近顶生。核果卵形。花期 4~9 月，果期 5~11 月。

分布我国长江以南地区；常生于山坡矮林或灌木丛中。保护区三角山偶见。

5. 络石属 Trachelospermum Lem.

攀援灌木。具白色乳汁。叶对生；具羽状脉。花序聚伞状，有时呈聚伞圆锥状，顶生、腋生或近腋生；花白色或紫色；花萼 5 裂，内面基部具腺体；花冠高脚碟状，5 棱，顶端 5 裂。蓇葖果双生，长圆状披针形。本属约 30 种。中国 6 种。保护区 1 种。

络石 Trachelospermum jasminoides (Lindl.) Lem.

常绿木质藤本。叶对生；椭圆形至卵状椭圆形或宽倒卵形。花白色。蓇葖果双生，叉开。花期 3~7 月，果期 7~12 月。

分布于我国黄河以南地区；日本、朝鲜、越南也有；生山野、溪边、路旁、林缘或杂木林中，常缠绕于树上或攀援于墙壁上、岩石上。保护区桂峰山偶见。

1. 花丝离生⋯⋯⋯⋯⋯⋯⋯⋯⋯⋯⋯⋯1. 白叶藤属 Cryptolepis
1. 花丝合生。
 2. 每花药有2花粉块。
  3. 花粉块下垂⋯⋯⋯⋯⋯⋯⋯⋯2. 鹅绒藤属 Cynanchum
  3. 花粉块直立或平展。
   4. 生在合蕊冠上的副花冠低矮或完全退化⋯⋯⋯⋯⋯⋯
    ⋯⋯⋯⋯⋯⋯⋯⋯⋯⋯⋯⋯ 3. 匙羹藤属 Gymnema
   4. 生在雄蕊背部或合蕊冠上的副花冠健全地发育。
    5. 花冠高脚碟状⋯⋯⋯⋯⋯⋯⋯4. 牛奶菜属 Marsdenia
    5. 花冠辐状或坛状。
     6. 花粉块长圆状伸长⋯⋯⋯⋯5. 眼树莲属 Dischidia
     6. 花粉块球状或长圆状⋯⋯⋯⋯6. 娃儿藤属 Tylophora
 2. 每花药有4花粉块⋯⋯⋯⋯⋯⋯⋯7. 弓果藤属 Toxocarpus

6. 水壶藤属 Urceola Roxburgh

木质大藤本。具乳汁。叶对生；羽状脉。聚伞花序圆锥状，广展，多次分歧；花萼5深裂，内面有腺体；花冠近坛状，花冠筒卵形钟状，花冠裂片5，向右覆盖。蓇葖果双生，叉开，圆筒状。本属约15种。中国2种。保护区1种。

酸叶胶藤 Urceola rosea (Hook. et Arn.) D. J. Middleton

木质大藤本。叶对生，纸质，阔椭圆形，两面无毛，叶背被白粉。聚伞花序圆锥状。蓇葖果2，叉开近直线。花期4~12月，果期7月至翌年1月。

分布我国长江以南地区；东南亚也有；生于山地杂木林山谷中、水沟旁较湿润的地方。保护区鸡枕山、古田村偶见。

1. 白叶藤属 Cryptolepis R. Br.

木质藤本。具乳汁。叶对生；具柄；羽状脉。聚伞花序；花萼5裂；花冠高脚碟状，裂片5，向右覆盖；副花冠着生于花冠筒里面。蓇葖果双生。种子顶端具白色绢质种毛。本属约12种。中国2种。保护区1种。

白叶藤 Cryptolepis sinensis (Lour.) Merr.

柔弱木质藤本。叶长圆形，两端圆形，无毛，叶背苍白色。聚伞花序顶生或腋生。蓇葖果长披针形或圆柱状。花期4~9月，果期6月至翌年2月。

分布华南、西南及台湾；南亚、东南亚也有；生丘陵山地灌木丛中。保护区灌丛中偶见。

231. 萝藦科 Asclepiadaceae

具有乳汁的多年生草本、藤本、直立或攀援灌木。叶对生或轮生，全缘；羽状脉；叶柄顶端通常具有丛生的腺体，稀无叶；通常无托叶。聚伞花序通常伞形，有时成伞房状或总状，腋生或顶生；花两性，整齐，5数。蓇葖果双生，或因1枚不发育而成单生。种子顶端具种毛。本科约180属2200种。中国44属270种。保护区7属7种。

2. 鹅绒藤属 Cynanchum L.

灌木或多年生草本，直立或攀援。叶对生。聚伞花序多数呈伞形状；多花，花小型或稀中型，各种颜色；花萼5深裂，基部内面有小腺体；副花冠膜质或肉质，5裂或杯状或筒状。蓇葖果双生或1枚不发育，无毛或具软刺或具翅。本属约200种。中国57种。保护区1种。

刺瓜 Cynanchum corymbosum Wight

多年生草质藤本。叶对生，薄纸质，卵形或卵状长圆形；叶脉被毛。伞房状或总状聚伞花序腋外生。蓇葖果纺锤状。花期5~10月，果期8月至翌年1月。

分布于我国南方地区；东南亚也有；生山地溪边、河边灌木丛中及疏林潮湿处。保护区溪边湿地偶见。

3. 匙羹藤属 Gymnema R. Br.

木质藤本或藤状灌木。具乳汁。叶对生；具柄；羽状脉。聚伞花序伞形状，腋生；花序梗单生或丛生；花萼5裂片，内面基部有5~10腺体，稀无腺体；花冠近辐状、钟状或坛状，裂片5，旋转；副花冠着生在花冠筒内。蓇葖果双生，披针状圆柱形。本属约25种。中国8种。保护区1种。

匙羹藤 Gymnema sylvestre (Retz.) R. Br. ex Sm.

木质藤本。叶倒卵形或卵状长圆形，仅叶脉上被微毛。聚伞花序伞形状。蓇葖卵状披针形。花期5~9月，果期10月至翌年1月。

分布华东、华南及云南；印度、东南亚至澳大利亚、热带非洲也有；生山坡林中或灌木丛中。保护区林缘偶见。

5. 眼树莲属 Dischidia R. Br.

藤本，常攀附在树上或石上，或攀援半灌木。具乳汁。茎肉质，节上生根。叶对生，稀无叶，肉质。聚伞花序腋生，小型；花序梗极短；花小，黄白色；花萼5深裂；花冠坛状，裂片5。蓇葖果披针状圆柱形。本属约80种。中国7种。保护区1种。

眼树莲（瓜子金）Dischidia chinensis Champ. et Benth.

藤本，常攀附于树上或石上。叶肉质，卵圆状椭圆形，顶端圆形；叶柄极短。聚伞花序腋生。蓇葖果披针状圆柱形。花期4~5月，果期5~6月。

分布我国广东、广西；越南也有；生山地潮湿杂木林中或山谷、溪边，攀附在树上或附生石上。保护区低海拔沟谷林内偶见。

6. 娃儿藤属 Tylophora R. Br.

藤本，稀多年生草本或直立小灌木。叶对生，羽状脉，稀基脉3条。伞形或短总状式的聚伞花序，腋生，稀顶生；通常总花梗曲折，单歧、二歧或多歧；花小；花萼5裂；花冠5深裂；副花冠5裂片。蓇葖果双生，稀单生。本属约60种。中国35种。保护区1种。

通天连 Tylophora koi Merr.

藤本。叶薄纸质，长圆形或长圆状披针形，大小不一；侧脉每边4~5条。聚伞花序近伞房状。蓇葖果通常单生，线状披针形。花期6~9月，果期7~12月。

分布华南、西南；越南也有；生山谷潮湿密林中或灌木丛中，常攀援于树上。保护区桂峰山偶见。

7. 弓果藤属 Toxocarpus Wight et Arn.

藤本。被长柔毛、锈色绒毛，稀无毛。叶对生，顶端具细尖头，基部双耳形。花序腋生，伞形状聚伞花序；花萼细小，5深裂；花冠辐状，稀钟状，花冠筒极短；副花冠裂片5，着生于合蕊冠基部。蓇葖果中等大，通常被绒毛。本属约40种。中国10种。保护区1种。

弓果藤 Toxocarpus wightianus Hook. et Arn.

柔弱藤本。叶对生，近革质，椭圆形或椭圆状长圆形。二歧聚伞花序腋生。蓇葖果叉开或更大。花期6~8月，果期10月至翌年1月。

分布华南、西南；越南、印度也有；生低丘陵山地、平原灌木丛中。保护区桂峰山偶见。

4. 牛奶菜属 Marsdenia R. Br.

藤本，稀直立灌木或半灌木。叶对生。聚伞花序伞形状，单生或分歧，顶生或腋生；花中等或小型；花萼深5裂；花冠钟状、坛状或高脚碟状，裂片狭窄或宽阔，向右覆盖。蓇葖果披针形或匕首状。本属约100种。中国25种。保护区1种。

蓝叶藤 Marsdenia tinctoria R. Br.

藤本。叶长圆形或卵状长圆形，先端渐尖。聚伞圆锥花序近腋生。蓇葖果具绒毛。花期3~5月，果期8~12月。

分布我国长江以南地区；东南亚也有；生潮湿杂木林中。保护区林中偶见。

232. 茜草科 Rubiaceae

乔木、灌木或草本，有时为藤本。叶对生或轮生，有时具变态叶，常全缘，稀具齿缺；具托叶，宿存或脱落。花序各式，由聚伞花序复合而成，很少单花或少花的聚伞花序；花两性、单性或杂性，通常花柱异长；花冠合瓣，通常4~5裂，稀少或多；雄蕊与花冠裂片同数而互生。果为浆果、蒴果或核果。本科约637属10700种。中国98属约676种（含引种）。保护区21属46种1亚种。

1. 藤本。
　　2. 头状花序·················1. 钩藤属 Uncaria
　　2. 花单生或为各式聚伞花序。
　　　　3. 有些花的萼裂片中有1枚极发达呈花瓣状·····
　　　　　　······················2. 玉叶金花属 Mussaenda
　　　　3. 萼裂片不呈花瓣状。
　　　　　　4. 种子具流苏状的翅········3. 流苏子属 Coptosapelta
　　　　　　4. 种子不具流苏状的翅········4. 鸡矢藤属 Paederia
1. 草本、灌木或乔木。
　　5. 叶通常4~6片，有时多片轮生··········5. 茜草属 Rubia
　　5. 叶通常对生，很少3~4片轮生。
　　　　6. 子房每室有1胚珠。
　　　　　　7. 草本················6. 丰花草属 Spermacoce
　　　　　　7. 灌木或小乔木。
　　　　　　　　8. 花冠裂片旋转状排列········7. 龙船花属 Ixora
　　　　　　　　8. 花冠裂片镊合状排列。
　　　　　　　　　　9. 果为合心皮果·······8. 巴戟天属 Morinda
　　　　　　　　　　9. 果为非心皮果。
　　　　　　　　　　　　10. 全株有臭味·······9. 粗叶木属 Lasianthus
　　　　　　　　　　　　10. 全株无臭味·······10. 九节属 Psychotria
　　　　6. 子房每室有多数胚珠。
　　　　　　11. 草本。
　　　　　　　　12. 花通常5数·········11. 蛇根草属 Ophiorrhiza
　　　　　　　　12. 花通常4数。
　　　　　　　　　　13. 种子有棱·········12. 耳草属 Hedyotis
　　　　　　　　　　13. 种子平凸·········13. 新耳草属 Neanotis
　　　　　　11. 灌木或小乔木。
　　　　　　　　14. 果干燥。
　　　　　　　　　　15. 小花组成聚伞花序······14. 水锦树属 Wendlandia
　　　　　　　　　　15. 小花组成头状花序······15. 水团花属 Adina
　　　　　　　　14. 果肉质。
　　　　　　　　　　16. 萼带腺体··········16. 腺萼木属 Mycetia
　　　　　　　　　　16. 萼不带腺体。
　　　　　　　　　　　　17. 花裂片5~12······17. 栀子属 Gardenia
　　　　　　　　　　　　17. 花裂片4~5。
　　　　　　　　　　　　　　18. 花4(~5)数······18. 狗骨柴属 Diplospora
　　　　　　　　　　　　　　18. 花5数，稀4数。
　　　　　　　　　　　　　　　　19. 果白色······19. 白香楠属 Alleizettella
　　　　　　　　　　　　　　　　19. 果不为白色。
　　　　　　　　　　　　　　　　　　20. 花序顶生······20. 乌口树属 Tarenna
　　　　　　　　　　　　　　　　　　20. 花序腋生或与叶对生，或生于无叶的节上，很少顶生···21. 茜树属 Aidia

1. 钩藤属 Uncaria Schreber

木质藤本。嫩枝方形或圆形，具钩刺。叶对生；侧脉脉腋通常有窝陷；托叶全缘或有缺刻。头状花序顶生于侧枝上，通常单生，稀分枝为复聚伞圆锥花序状；花5数；近无梗时有小苞片，有梗时无小苞片；总花梗具稀疏或稠密的毛。小蒴果2室。本属34种。中国12种。保护区2种。

1. 花冠长约7mm················1. 钩藤 U. rhynchophylla
1. 花冠长14~15mm··········2. 侯钩藤 U. rhynchophylloides

1. 钩藤 Uncaria rhynchophylla (Miq.) Miq. ex Havil.

藤本。叶纸质，椭圆形或椭圆状长圆形，两面无毛。头状花序单生叶腋。果序直径10~12mm。花果期5~12月。

分布我国长江以南大部分地区；日本也有；常生于山谷溪边的疏林或灌丛中。保护区小杉村偶见。

2. 侯钩藤 Uncaria rhynchophylloides F. C. How

藤本。叶薄纸质，卵形或椭圆状卵形；脉腋窝陷有黏腋毛。头状花序单生叶腋。小蒴果倒卵状椭圆形。花果期5~12月。

我国特有，分布广东和广西；生林中或林缘。保护区林中或林缘可见。

2. 玉叶金花属 Mussaenda L.

乔木、灌木或缠绕藤本。叶对生或偶有3叶轮生；托叶生叶柄间。聚伞花序顶生；苞片和小苞片脱落；花萼管长圆形或陀螺形；萼裂片5，其中1枚或全部成花瓣状叶；花冠黄色、红色或稀为白色，裂片5。浆果肉质。本属约120种。中国约29种。保护区1种。

玉叶金花 Mussaenda pubescens W. T. Aiton

攀援灌木。叶对生或轮生，膜质或薄纸质，上面近无毛或疏被毛，下面密被短柔毛。聚伞花序顶生。浆果近球形。花期6~7月。

分布我国长江以南地区；越南也有；生灌丛、溪谷、山坡或村旁；保护区各地较常见。

3. 流苏子属 Coptosapelta Korth.

藤本或攀缘灌木。叶对生；具柄；托叶小，在叶柄间，三角形或披针形，脱落。花单生于叶腋或为顶生的圆锥状聚伞花序；萼管卵形或陀螺形，萼檐短，5裂，宿存；花冠高脚碟状，裂片5，旋转排列。蒴果近球形。本属约13种。中国1种。保护区有分布。

流苏子（流苏藤）Coptosapelta diffusa (Champ. ex Benth.) Steenis

藤本或攀援灌木。叶对生，坚纸质至革质，卵形、卵状长圆形至披针形。花单生于叶腋。蒴果稍扁球形。花期5~7月，果期5~12月。

分布我国长江以南地区；日本南部也有；生丘陵低山的林中或灌丛中。保护区三角山偶见。

4. 鸡矢藤属 Paederia L.

柔弱缠绕灌木或藤本。揉之有臭味。叶对生，稀3叶轮生，通常膜质；具柄；托叶在叶柄内，脱落。花排成腋生或顶生的圆锥花序式的聚伞花序；具小苞片或无；萼管陀螺形或卵形，萼檐4~5裂，裂片宿存；花冠管漏斗形或管形，被毛，顶部4~5裂。果球形，裂为2小坚果。本属20~30种。中国9种。保护区1种。

鸡矢藤 Paederia scandens Lour.

藤本。无毛或近无毛。叶对生，纸质或近革质，形状变化很大。聚伞花序腋生和顶生。果球形。花期5~7月。

分布我国黄河以南地区；东亚、东南亚也有；生丘陵低山的山坡、林中、林缘、沟谷边灌丛中或缠绕在灌木上。保护区三角山常见。

5. 茜草属 Rubia L.

直立或攀援草本。通常有糙毛或小皮刺。茎有直棱或翅。叶无柄或有柄，通常4~6枚有时多个轮生，极罕对生而有托叶；具掌状脉或羽状脉。花小，通常两性；有花梗；聚伞花序腋生或顶生；萼管卵圆形或球形，萼檐不明显；花冠辐状或近钟状，裂片5，稀4。果肉质浆果状，2裂。本属约70余种。中国38种。保护区2种。

1. 叶脉上无皮刺；花冠紫红色 ················· 1. 金剑草 R. alata
1. 叶脉上有倒生皮刺；花冠紫红色、绿白色或白色 ··············· ···················· 2. 多花茜草 R. wallichiana

1. 金剑草 Rubia alata Wall.

草质攀援藤本。叶4片轮生，薄革质，线形、披针状线形，边缘反卷，常有刺。花序腋生或顶生。浆果熟时黑色。花期夏初至秋初，果期秋冬季。

分布我国长江流域及其以南各地区；尼泊尔也有；常生山坡林缘或灌丛中，亦见于村边和路边。保护区小杉村偶见。

2. 多花茜草（茜草）Rubia wallichiana Decne.

草质攀援藤木。叶通常4片轮生，纸质，披针形或长圆状披针形，边缘有齿状皮刺。聚伞花序腋生和顶生。果熟时橘黄色。花期8~9月，果期10~11月。

主要分布我国北方、广东等地；东北亚也有；常生疏林、林缘、灌丛或草地上。保护区山坡疏林偶见。

6. 丰花草属 Spermacoce L.

一年生或多年生草本或亚灌木。茎和枝通常四棱柱形。叶对生；托叶与叶柄合生而成一截头状的鞘，鞘顶端具不等长的刺状毛。花微小，无梗，腋生或顶生，数花簇生或排成聚伞花序；苞片多数，线形；花冠白色，4裂。果为蒴果状。本属约150种。中国5种。保护区2种。

1. 叶较宽 ················· 1. 阔叶丰花草 S. alata
1. 叶较窄 ················· 2. 光叶丰花草 S. remota

1. 阔叶丰花草 Spermacoce alata Aubl.

披散粗壮草本。茎和枝均为明显的四棱柱形，棱上具狭翅。叶椭圆形或卵状长圆形，边缘波浪形。花数朵丛生于托叶鞘内。蒴果椭圆形。花果期5~7月。

原产南美洲；现华南逸为野生；多见于废墟和荒地上。保护区旷野多见。

茜草科 Rubiaceae

2. 光叶丰花草 Spermacoce remota Lam.

多年生草本。叶近无柄，纸质，窄椭圆形或披针形，被毛或无毛。花顶生或腋生。蒴果椭圆形。花果期6月至翌年1月。

原产美洲热带；我国广东、台湾有逸生；广布于世界热带地区；生低海拔的草地和草坡。保护区三角山常见。

7. 龙船花属 Ixora L.

常绿灌木或小乔木。叶对生，很少3叶轮生；具柄或无柄；托叶在叶柄间。花具梗或缺，排成顶生稠密或扩展伞房花序式或三歧分枝的聚伞花序，常具苞片和小苞片；萼管裂片4，罕5，裂片长于萼管或短于萼管或与萼管等长，宿存；花冠高脚碟形。核果球形或略呈压扁形。本属约300~400种。中国19种。保护区1种。

龙船花 Ixora chinensis Lam.

灌木。叶对生，披针形、长圆状披针形至长圆状倒披针形。花序顶生，多花。果近球形。花期5~7月。

分布华南及福建；东南亚也有；生丘陵山地灌丛中和疏林下。保护区林内常见。

8. 巴戟天属 Morinda L.

藤本、藤状灌木、直立灌木或小乔木。叶对生，罕3叶轮生；托叶生于叶柄内或叶柄间，分离或2枚合生成筒状。头状花序桑果形或近球形，由少数至多数花聚合而成；木本种花序单一腋生或生于一叶位而与另一叶对生，藤本种为数花序伞状排于枝顶；花无梗，两性，3~7基数；花冠白色。果为聚花核果。本属约102种。中国27种。保护区3种1亚种。

1. 花序3~7个呈伞形排列于枝顶⋯⋯⋯⋯⋯⋯1. 巴戟天 M. officinalis
1. 花序2~11个在枝顶呈伞形花序状或圆锥花序状排列。
  2. 枝叶无毛。
    3. 侧脉每边6~9对⋯⋯⋯⋯⋯⋯⋯⋯⋯⋯2. 糠藤 M. howiana
    3. 侧脉每边4~5对⋯⋯⋯⋯3. 羊角藤 M. umbellata subsp. obovata
  2. 嫩枝有毛，叶多少有毛⋯⋯⋯⋯⋯⋯⋯⋯4. 鸡眼藤 M. parvifolia

1. 巴戟天 Morinda officinalis F. C. How

藤本。叶对生，纸质，长圆形、卵状长圆形或倒卵状长圆形，全缘。花序3~7，伞形排列于枝顶。聚花核果熟时红色。花期5~7月，果期10~11月。

分布于华南及福建；中南半岛也有；生山地疏密林下和灌丛中。保护区山坡疏林偶见。

2. 糠藤（印度羊角藤、羊角藤）Morinda howiana S. Y. Hu

藤本。叶对生，纸质或革质，各式倒卵形，全缘，两面无毛。花序3~11个伞状生于枝顶。聚花核果熟时红色。花期6~7月，果熟期10~11月。

分布我国长江以南地区；攀援于山地林下、溪旁、路旁等疏林或密林的灌木上。保护区路旁疏林偶见。

3. 羊角藤 Morinda umbellata subsp. obovata Y. Z. Ruan

藤本，攀援或缠绕。叶纸质或革质，全缘，上面常具蜡质。花序3~11个伞状排列于枝顶。聚花核果。花期6~7月，果熟期10~11月。

分布我国云南、广西、广东、福建等地区；斯里兰卡、印度、马来西亚、菲律宾及大洋洲也有分布；生海拔150~950m的山地疏林中，常生于低丘陵山坡灌木丛中或路旁。保护区桂峰山可见。

187

4. 鸡眼藤（百眼藤）Morinda parvifolia Bartl. ex DC.

攀援、缠绕或平卧藤本。叶形多变，对生，卵状、倒卵状或披针状。花序 2~9 个伞状排列于枝顶。聚花核果。花期 4~6 月，果期 7~8 月。

分布华东、华南等地区；越南和菲律宾也有；生平原路旁、沟边等灌丛中或平卧于裸地上。保护区灌丛常见。

9. 粗叶木属 Lasianthus Jack

灌木。枝和小枝圆柱形，节部压扁。叶对生，2 行排列；叶片纸质或革质；侧脉弧状；托叶生叶柄间，宿存或脱落。花小，数花至多花簇生叶腋，或组成腋生、具总梗的聚伞状或头状花序，通常有苞片和小苞片；花萼 3~7 裂；花冠裂片 3~7，通常 5。核果小，熟时常为蓝色。本属约 150~170 种。中国 33 种。保护区 3 种。

1. 萼裂片比萼管短。
  2. 毛伸展··················1. 罗浮粗叶木 L. fordii
  2. 毛贴伏··················2. 日本粗叶木 L. japonicus
1. 萼裂片与萼管近等长··········3. 西南粗叶木 L. henryi

1. 罗浮粗叶木 Lasianthus fordii Hance

常绿灌木。叶具等叶性，纸质，长圆状披针形至卵形，基部楔形。花近无梗，数朵至多朵簇生叶腋。核果近球形，深蓝色。花期春季，果期秋季。

分布我国长江以南部分地区；日本和菲律宾也有；常生林缘或疏林中。保护区上水库常见。

2. 日本粗叶木 Lasianthus japonicus Miq.

灌木。枝和小枝无毛。叶近革质或纸质，长圆形或披针状长圆形，基部短尖；下面叶脉被硬毛。常 2~3 花簇生。核果球形。花期 4~5 月，果期 6~10 月。

分布我国长江以南地区；日本也有；生阔叶林下。保护区林中较常见。

3. 西南粗叶木 Lasianthus henryi Hutch.

灌木至小乔木。叶纸质，长圆形或长圆状披针形，基部有缘毛。花 2~4 朵簇生叶腋。核果近球形。花期 6 月，果期 7~10 月。

分布西南、华南；常生林缘或疏林中。保护区林中偶见。

10. 九节属 Psychotria L.

常绿灌木或小乔木，直立，稀攀缘或缠绕。叶对生，很少 3~4 叶轮生；托叶在叶柄内。花小，两性，稀杂性异株，组成顶生或很少腋生的伞房花序式或圆锥花序式聚伞花序，稀为腋生花束或头状花序；无总苞；有或无苞片；萼管短，萼檐 4~6 裂；花冠裂片 5，稀 4 或 6。浆果或核果。本属 800~1500 种。中国 18 种。保护区 4 种。

1. 攀援或匍匐藤本··················1. 蔓九节 P. serpens
1. 直立灌木或小乔木。
  2. 叶下面脉腋内有束毛··········2. 九节 P. asiatica
  2. 叶下面脉腋内无束毛。
    3. 叶侧脉 4~8 对，纤细········3. 溪边九节 P. fluviatilis
    3. 叶侧脉通常较多、较粗······4. 假九节 P. tutcheri

1. 蔓九节 Psychotria serpens L.

常绿攀援或匍匐藤本。叶对生，纸质或革质，叶形变化很大，常呈卵形或倒卵形。聚伞花序顶生。浆果状核果常白色。花期 4~6 月，果期全年。

分布我国长江以南部分地区；东亚和东南亚也有；生平地、丘陵、山地、山谷水旁的灌丛或林中，攀援在树上或石上。保护区安山村东门山常见。

2. 九节 Psychotria asiatica L.

常绿灌木或小乔木。叶对生，革质，长圆形、椭圆状长圆形等，全缘。聚伞花序通常顶生。核果红色。花果期全年。

分布我国长江以南地区；东南亚也有；生平地、山谷溪边的灌丛或林中。保护区山谷中常见。

3. 溪边九节 Psychotria fluviatilis Chun ex W. C. Chen

常绿灌木。叶对生，纸质或薄革质，倒披针形或椭圆形，全缘，无毛，稍光亮。聚伞花序顶生或腋生。核果红色。花期4~10月，果期8~12月。

分布我国广东、广西；生山谷溪边林中。保护区下水库山谷溪边林下偶见。

4. 假九节（小叶九节）**Psychotria tutcheri Dunn**

直立灌木。叶对生，纸质或薄革质，各式披针形至长圆形，全缘；侧脉4~13对，略有边脉。花冠白色或绿白色。核果红色。花期4~7月，果期6~12月。

分布华南、云南、福建；越南也有；生山坡、山谷溪边灌丛或林中。保护区小杉村偶见。

11. 蛇根草属 Ophiorrhiza L.

多年生草本，匍匐或近直立，稀亚灌状。叶对生，等大或不等大；纸质，全缘；托叶生叶柄间，托叶腋常有腺毛。聚伞花序顶生，疏散或紧密；小苞片有或无；花通常二型，为花柱异长花，稀一型；花萼小，萼裂片5或6；花冠小而近管状。蒴果僧帽状或倒心状，侧扁，室背开裂。本属约200种。中国72种。保护区2种。

1. 叶通常长椭圆形；花药均稍伸出花冠管口之外·····················
·····················1. 广州蛇根草 O. cantonensis
1. 叶通常卵形；花药均不稍伸出花冠管口之外·····················
·····················2. 日本蛇根草 O. japonica

1. 广州蛇根草 Ophiorrhiza cantonensis Hanc

匍匐草本或亚灌木。叶纸质，常长圆状椭圆形，全缘。花序顶生。蒴果僧帽状。花期冬春季，果期春夏季。

我国特有，分布长江以南地区；常生密林下沟谷边。保护区常见。

2. 日本蛇根草 Ophiorrhiza japonica Bl.

草本。叶对生，纸质，卵形、椭圆状卵形或披针形，通常两面光滑无毛。花序顶生。蒴果近僧帽状。花期冬春季，果期春夏季。

分布我国黄河以南地区；日本、越南也有；生常绿阔叶林下的沟谷沃土上。保护区常见。

藤状灌木。叶对生，膜质，长卵形或卵形，基部楔形或钝。花序腋生和顶生。蒴果室间开裂为2，顶部隆起。花果期4~12月。

分布华南、东南、西南地区；越南也有；生低海拔至中海拔沟谷灌丛或丘陵坡地，果园及疏林地较多。保护区桂峰山偶见。

2. 耳草 Hedyotis auricularia L.

多年生近直立或平卧的粗壮草本。叶纸质或薄革质，长圆形、长圆状披针形或狭椭圆形，全缘。伞房状的聚伞花序腋生。果近球形。花期3~5月，果期6月至翌年2月。

分布我国长江以南地区；越南也有；生海拔220~2000m处的山谷或溪边的林中或灌丛中。保护区可见。

12. 耳草属 Hedyotis L.

草本、亚灌木或灌木，直立或攀援。茎圆柱形或方柱形。叶对生，罕轮生或丛生状；托叶分离或基部连合成鞘状。花序顶生或腋生，通常为聚伞花序或聚伞花序再排成圆锥状、头状、伞形状或伞房状，稀为单花；苞片和小苞片有或无，有或无花梗。蒴果小，不开裂、室间或室背开裂。本属400余种。中国67种。保护区11种。

1. 藤状灌木·····················1. 牛白藤 H.hedyotidea
1. 草本。
  2. 果不开裂或仅顶部开裂。
    3. 果不开裂·················2. 耳草 H. auricularia
    3. 果开裂。
      4. 果无毛················3. 纤花耳草 H. tenelliflora
      4. 果被毛···············4. 粗叶耳草 H. verticillata
  2. 果室间开裂或室背开裂。
    5. 果室背开裂，罕有不开裂。
      6. 伞形花序···············5. 伞房花耳草 H. corymbosa
      6. 聚伞花序··············6. 白花蛇舌草 H. diffusa
    5. 果室间开裂为两个分果爿。
      7. 茎和枝具翅或方柱形。
        8. 纤细草本············7. 拟金草 H. consanguinea
        8. 粗壮草本··············8. 金草 H. acutangula
      7. 茎和枝嫩时微呈方柱形，老枝圆柱形。
        9. 花序顶生·············9. 剑叶耳草 H. caudatifolia
        9. 花序腋生。
          10. 花萼、花冠外面均被短硬毛···10. 粗毛耳草 H. mellii
          10. 花萼、花冠外面均无毛···11. 长瓣耳草 H. longipetala

3. 纤花耳草 Hedyotis tenelliflora Bl.

柔弱披散多分枝草本。叶对生，无柄，薄革质，线形或线状披针形。花1~3朵簇生于叶腋内。蒴果仅顶部开裂。花期4~11月。

分布华南、华东地区；印度及东南亚也有；生山谷两旁坡地或田埂上。保护区拉元石坑偶见。

1. 牛白藤 Hedyotis hedyotidea (DC.) Merr.

4. 粗叶耳草 Hedyotis verticillata (L.) Lam.

茜草科 Rubiaceae

一年生披散草本。叶对生，具短柄或无柄，纸质或薄革质，椭圆形或披针形，两面均被短硬毛。团伞花序腋生。蒴果卵形。花期 3~11 月。

分布华南、西南及浙江等地区；印度和东南亚也有；生低海拔至中海拔的丘陵地带的草丛或路旁和疏林下。保护区路旁草地偶见。

5. 伞房花耳草 Hedyotis corymbosa (L.) Lam.

一年生柔弱披散草本。叶对生，膜质，线形，两面略粗糙。花冠白色或粉红色。蒴果膜质。花果期几乎全年。

分布华南、华东及西南地区；亚洲热带地区、非洲、美洲也有；多见于水田和田埂或湿润的草地上。保护区三角山偶见。

8. 金草 Hedyotis acutangula Champ. ex Benth.

亚灌状草本。叶对生，革质，卵状披针形或披针形。聚伞花序顶生。蒴果室间开裂为 2。花期 5~8 月，果期 6~12 月。

分布我国广东、海南；越南也有；生低海拔的山坡或旷地上。保护区桂峰山常见。

6. 白花蛇舌草 Hedyotis diffusa (Willd.) R. J. Wang

一年生无毛纤细披散草本。叶对生，无柄，膜质，线形。花单生或双生于叶腋。蒴果膜质，扁球形。花果期 3~10 月。

分布我国华南、安徽、云南等地区；热带亚洲广布；多见于水田、田埂和湿润的旷地。保护区三角山常见。

9. 剑叶耳草 Hedyotis caudatifolia Merr. et F. P. Metcalf

亚灌状草本。叶对生，有柄，革质，通常披针形。聚伞花序排成疏散的圆锥花序式。蒴果室间开裂为 2。花期 5~6 月。

分布华南和华东；常见于丘陵低山常绿阔叶林下。保护区小杉村偶见。

7. 拟金草 Hedyotis consanguinea Hance

直立草本。叶对生，披针形或长卵形；托叶长卵形，边缘具疏离小腺齿。花序顶生或生于上部叶腋。蒴果椭圆形。花果期 6~8 月。

分布我国广东、福建、香港和澳门；生草地或水沟旁，不多见。保护区有见。

10. 粗毛耳草 Hedyotis mellii Tutch.

直立粗壮草本。叶对生，纸质，卵状披针形，两面被毛。花序顶生和腋生。蒴果椭圆形。花期 6~7 月。

分布我国南方地区；生山地丛林或山坡上。保护区路边偶见。

11. 长瓣耳草 Hedyotis longipetala Merr.

直立亚灌木。叶对生，革质，披针形至线状披针形，基部楔形。花序腋生和顶生。蒴果卵形或椭圆形。花期 4~6 月，果期 7~8 月。

分布我国广东、福建；生山顶杂木林下或路旁草地上。保护区路边偶见。

15. 水团花属 Adina Salisb.

灌木或小乔木。叶对生。头状花序不分枝，或为二歧聚伞状分枝，或为圆锥状排列；节上的托叶小，苞片状；花 5 数，近无梗；花白色；花柱伸出，与头状花序组成绒球状。果序中的小蒴果室间 4 片开裂，宿存萼裂片留附于蒴果的中轴上。本属 3 种。中国 2 种。保护区 1 种。

水团花（水杨梅） Adina pilulifera (Lam.) Franch. ex Drake

常绿灌木至小乔木。叶对生，厚纸质，椭圆形至椭圆状披针形。头状花序明显腋生。果序直径 8~10mm。花期 6~9 月，果期 7~12 月。

分布我国长江以南各地区；越南和日本也有；生丘陵低山的山谷疏林下或旷野路旁、溪边水畔。保护区鸡枕山、古田村常见。

13. 新耳草属 Neanotis Lewis

直立或平卧草本。叶对生，卵形或披针形。花细小，组成腋生或顶生松散的聚伞花序或头状花序；花冠漏斗形或管形，喉部无毛或被疏长毛，裂片 4，通常短于冠管，镊合状排列。蒴果双生，侧面压扁。本属 30 余种。中国 8 种。保护区 1 种。

薄叶新耳草 Neanotis hirsuta (L. f.) W. H. Lewis

匍匐草本。叶卵形或椭圆形，顶端短尖，基部下延至叶柄。花序腋生或顶生。蒴果扁球形。花果期 7~10 月。

分布华东、华南和云南；印度也有；生林下或溪旁湿地上。保护区偶见。

14. 水锦树属 Wendlandia Bartl. ex DC.

灌木或乔木。叶对生，很少 3 叶轮生；托叶生叶柄间。花小；无花梗或具花梗；聚伞花序排列成顶生、稠密、多花的圆锥花序式；有苞片和小苞片；萼檐 5 裂，裂片宿存；花冠顶部 5 裂，罕为 4 裂。蒴果球形。本属约 90 种。中国 31 种。保护区 1 种。

水锦树 Wendlandia uvariifolia Hance

常绿灌木或乔木。叶对生，纸质，宽椭圆形、长圆形、卵形或长圆状披针形。圆锥状的聚伞花序顶生。蒴果小。花期 1~5 月，果期 4~10 月。

分布华南、西南和台湾；越南也有；生山地林中、林缘、灌丛中或溪边。保护区林缘、溪边偶见。

16. 腺萼木属 Mycetia Reinw.

小灌木。叶对生；有叶柄；托叶通常大而叶状。聚伞花序顶生或有时腋生，稀生无叶老茎；花通常二型，为花柱异长花，有梗；苞片大而常有腺体；小苞片较小；花萼裂片常有腺体，宿存；花冠黄色或白色。果肉质，浆果状或干蒴果状。本属 30 余种。中国 15 种。保护区 1 种。

华腺萼木 Mycetia sinensis (Hemsl.) Craib

灌木或亚灌木。叶近膜质，长圆状披针形或长圆形，多少不等大。聚伞花序顶生。果熟时白色。花期 7~8 月，果期 9~11 月。

分布我国长江以南部分地区；生密林下的沟溪边或林中路旁。保护区偶见。

17. 栀子属 Gardenia Ellis

灌木或稀为乔木。无刺或稀具刺。叶对生，少有3叶轮生。花大，腋生或顶生，单生、簇生或很少组成伞房状的聚伞花序；萼管常为卵形或倒圆锥形，顶部常5~8裂，裂片宿存，稀脱落；花冠高脚碟状、漏斗状或钟状，裂片5~12。浆果平滑或具纵棱，革质或肉质。本属约250种。中国5种。保护区1种。

栀子 Gardenia jasminoides Ellis

常绿灌木。叶对生，革质，叶形多样，通常为长圆状披针形。花单生于枝顶。浆果常卵形。花期3~7月，果期5月至翌年2月。

分布我国黄河以南地区；南亚、东南亚及日本和太平洋岛屿、美洲北部也有；生旷野、丘陵、山谷、山坡、溪边的灌丛或林中。保护区上水库偶见。

18. 狗骨柴属 Diplospora DC.

灌木或小乔木。叶交互对生；托叶具短鞘和稍长的芒。聚伞花序腋生和对生，多花，密集；花4 (~5)数，小；萼管短，萼裂片常三角形；花冠高脚碟状，白色、淡绿色或淡黄色，花冠裂片旋转排列。核果近球形或椭圆球形，小，黄红色。本属20多种。中国3种。保护区2种。

1. 叶通常革质，无毛·················1. 狗骨柴 D. dubia
1. 叶通常纸质，常被毛·············2. 毛狗骨柴 D. fruticosa

1. 狗骨柴 Diplospora dubia (Lindl.) Masam.

灌木或乔木。叶交互对生，革质，卵状长圆形、长圆形、椭圆形或披针形，两面无毛。花腋生。浆果近球形。花期4~8月，果期5月至翌年2月。

分布我国长江以南地区；日本、越南也有；生山坡、山谷沟边、丘陵、旷野的林中或灌丛中。保护区小杉村常见。

2. 毛狗骨柴 Diplospora fruticosa Hemsl.

灌木或乔木。叶纸质或薄革质，长圆形、长圆状披针形或狭椭圆形，全缘。伞房状的聚伞花序腋生。果近球形。花期3~5月，果期6月至翌年2月。

分布我国长江以南地区；越南也有；生山谷或溪边的林中或灌丛中。保护区可见。

19. 白香楠属 Alleizettella Pitard

灌木。叶对生；具柄。聚伞花序生于侧生短枝的顶端或老枝的节上；花两性；萼管钟形或卵球形，檐部稍扩大，顶端5裂；花冠高脚碟状，冠管圆柱形，裂片5，短于冠管，开放时常外反。浆果球形，小；果皮平滑。本属约2种。中国1种。保护区有分布。

白果香楠 Alleizettella leucocarpa (Champ. ex Benth.) Tirveng.

常绿无刺灌木。叶对生，长圆状倒卵形、长圆形、狭椭圆形或披针形。聚伞花序有花数朵。浆果球形。花期4~6月，果期6月至翌年2月。

分布华南及福建；越南也有；生山坡、山谷溪边林中或灌丛中。保护区上水库常见。

20. 乌口树属 Tarenna Gaertn.

灌木或乔木。叶对生；具柄；托叶生在叶柄间，常脱落。花组成顶生、多花或少花、常为伞房状的聚伞花序；萼管的形状各式，顶部5裂，裂片脱落，很少宿存；花冠漏斗状或高脚碟状，顶部5裂，稀4裂。浆果革质或肉质。本属约370种。中国18种。保护区2种。

1. 种子2·················1. 假桂乌口树 T. attenuata
1. 种子7~30···········2. 白花苦灯笼 T. mollissima

1. 假桂乌口树 Tarenna attenuata (Hook. f.) Hutch.

灌木或乔木。叶纸质或薄革质，长圆状披针形或倒卵形，全缘，两面无毛。伞房状的聚伞花序顶生。浆果近球形。花期4~12月，果期5月至翌年1月。

分布华南、云南；印度、越南等也有；生旷野、林中或灌丛中。保护区偶见。

2. 白花苦灯笼 Tarenna mollissima (Hook. et Arn.) Rob.

灌木或小乔木。叶纸质，披针形、长圆状披针形或卵状椭圆形。伞房状的聚伞花序顶生。果近球形。花期5~7月，果期5月至翌年2月。

分布我国长江以南地区；越南也有；生丘陵低山的山坡、沟谷林中或灌丛中。保护区山谷偶见。

21. 茜树属 Aidia Lour.

无刺灌木或乔木，稀藤本。叶对生；具柄；托叶在叶柄间，离生或基部合生，常脱落。聚伞花序腋生或与叶对生，或生于无叶的节上，稀顶生，少花或多花，有苞片和小苞片；花两性，无梗或具梗；花5数罕4数。浆果球形，通常较小。本属50多种。中国7种。保护区3种。

1. 嫩枝、叶下面和花序均无毛或仅局部被毛。
   2. 聚伞花序紧缩成伞形花序状，总花梗极短··1. 香楠 A. canthioides
   2. 聚伞花序不紧缩成伞形花序状，总花梗较长··2. 茜树 A. cochinchinensis
1. 嫩枝、叶下面和花序均被锈色柔毛···3. 多毛茜草树 A. pycnantha

1. 香楠 Aidia canthioides (Champ. ex Benth.) Masam.

常绿灌木或乔木。叶纸质或薄革质，对生，长圆状椭圆形、长圆状披针形或披针形。聚伞花序腋生。浆果球形。花期4~6月，果期5月至翌年2月。

分布华东、华南及云南；日本、越南也有；生丘陵山地林中或灌丛中。保护区林中偶见。

2. 茜树（山黄皮） Aidia cochinchinensis Lour.

常绿灌木或小乔木。叶革质或纸质，对生，椭圆状长圆形、长圆状披针形或狭椭圆形，两面无毛。聚伞花序与叶对生。浆果球形。花期3~6月，果期5月至翌年2月。

分布我国长江以南地区；日本、南亚、东南亚至大洋洲也有；生丘陵、山坡、山谷溪边的灌丛或林中。保护区山坡林中偶见。

3. 多毛茜草树（多毛茜树）Aidia pycnantha (Drake) Tirveng.

常绿灌木或乔木。叶革质或纸质，对生，长圆形、长圆状披针形或长圆状倒披针形。聚伞花序与叶对生。浆果球形。花期3~9月，果期4~12月。

分布于我国南亚热带以南地区；越南也有；生中低海拔旷野、丘陵、山坡、山谷溪边林中或灌丛中。保护区林中较常见。

233. 忍冬科 Caprifoliaceae

落叶或常绿灌木或木质藤本，有时为小乔木，稀为多年生草本。叶对生，稀轮生，多为单叶，全缘、具齿或有时羽状或掌状分裂，具羽状脉，极少具基部或离基三出脉或掌状脉；有时为单数羽状复叶；叶柄短，有时两叶柄基部连合；通常无托叶。伞状花组成各式花序；花两性，极少杂性。浆果、核果或蒴果。本科13属约500种。中国12属200余种。保护区3属11种。

1. 藤本 ···································· 1. 忍冬属 Lonicera
1. 灌木。
　2. 单数羽状复叶 ····················· 2. 接骨木属 Sambucus
　2. 单叶 ····························· 3. 荚蒾属 Viburnum

1. 忍冬属 Lonicera L.

落叶或常绿，直立或攀援灌木，稀小乔状，有时为缠绕藤本。叶对生，稀轮生，全缘，稀具齿或分裂。花通常成对生于腋生的总花梗顶端，或花无柄而呈轮状排列于小枝顶；有苞片和小苞片，稀缺失；花冠白色、黄色、淡红色或紫红色。果实为浆果，红色、蓝黑色或黑色。约200种。中国98种。保护区4种。

1. 萼筒密被短柔毛 ····················· 1. 华南忍冬 L. confusa
1. 萼筒无毛。
　2. 苞片大，叶状 ······················ 2. 忍冬 L. japonica
　2. 苞片小，非叶状。
　　3. 叶上面网脉不明显凹陷状 ······ 3. 大花忍冬 L. macrantha
　　3. 叶上面网脉凹陷而呈明显的皱纹状 ··························
　　　 ································· 4. 皱叶忍冬 L. reticulata

1. 华南忍冬（山银花）Lonicera confusa DC.

半常绿藤本。叶对生，纸质，卵形至卵状矩圆形；叶幼时两面有毛，老时上面无毛。花冠白色变黄色。浆果黑色。花期4~5月，果期10月。

分布华南；越南北部和尼泊尔也有；生丘陵地的山坡、杂木林和灌丛中及平原旷野路旁或河边。保护区山坡灌丛偶见。

2. 忍冬（金银花）Lonicera japonica Thunb.

半常绿藤本。叶对生，纸质，卵形至矩圆状卵形；幼叶被毛，老叶面无毛。花冠白色，有时基部向阳面呈微红，后变黄色。浆果蓝黑色。花期4~6月，果期10~11月。

除我国西北及黑龙江外大部分地区有分布；日本和朝鲜也有；生于山坡灌丛或疏林中、乱石堆、山脚路旁及村庄篱笆边。保护区路旁灌草丛等较常见。

3. 大花忍冬 Lonicera macrantha (D. Don) Spreng.

半常绿藤本。叶近革质或厚纸质，卵形至披针形，顶端长渐尖或锐尖；叶脉被糙毛。双花腋生。果实黑色。花期4~5月，果熟期7~8月。

分布我国长江以南地区；喜马拉雅地区也有；生山谷和山坡林中或灌丛中。保护区林中偶见。

4. 皱叶忍冬 Lonicera reticulata Champ. ex Benth.

常绿藤本。幼枝、叶柄和花序均被黄褐色毡毛。叶对生，革质，宽椭圆形、卵形至矩圆形。花冠白变黄色。浆果蓝黑色。花期 6~7 月，果期 10~11 月。

分布华南和华东；生山地灌丛或林中。保护区拉元石坑偶见。

2. 接骨木属 Sambucus L.

落叶乔木或灌木，稀多年生高大草本。单数羽状复叶，对生；托叶叶状或退化成腺体。花序由聚伞合成顶生的复伞式或圆锥式；花小，白色或黄白色，整齐；萼筒短，萼齿 5；花冠辐状，5 裂。浆果状核果，红黄色或紫黑色。本属 20 余种。中国 4~5 种。保护区 1 种。

接骨草 Sambucus chinensis Lindl.

高大草本或半灌木。羽状复叶；小叶 2~3 对，互生或对生，狭卵形，边缘具细锯齿。复伞形花序顶生。果实红色。花期 4~5 月，果熟期 8~9 月。

分布我国黄河以南地区；日本也有；生山坡、林下、沟边和草丛中。保护区鱼洞村有分布。

3. 荚蒾属 Viburnum L.

落叶或常绿灌木或小乔。单叶，对生，稀 3 叶轮生，全缘或具齿，有时掌状分裂；有柄；托叶常微小或无。花小，两性，整齐；花序由聚伞合成顶生或侧生的伞形式、圆锥式或伞房式，稀紧缩成簇状，有时具不孕边花；苞片和小苞片常小而早落；萼齿 5，宿存；花冠常白色。果实为核果，卵圆形或圆形。本属约 200 种。中国约 74 种。保护区 6 种。

1. 落叶 ··· 1. 宜昌荚蒾 V. erosum
1. 常绿或半常绿。
  2. 圆锥花序 ·································· 2. 珊瑚树 V. odoratissimum
  2. 聚伞花序。
    3. 冬芽有 1 对鳞片 ·················· 3. 淡黄荚蒾 V. lutescens
    3. 冬芽有 2 对鳞片。
      4. 叶的侧脉 5 对以上，羽状 ·········· 4. 南方荚蒾 V. fordiae
      4. 叶的侧脉 2~4 对，基部 1 对作离基或近离基三出脉状。
        5. 叶下面有金黄色和红褐色至黑褐色两种腺 ··· 5. 金腺荚蒾 V. chunii
        5. 叶下面有黑色或栗褐色腺点 ··· 6. 常绿荚蒾 V. sempervirens

1. 宜昌荚蒾 Viburnum erosum Thunb.

落叶灌木。叶纸质，形状变化很大，卵状披针形，边缘有波状小尖齿。复伞形式聚伞花序生于短枝之顶。果实宽卵圆形。花期 4~5 月，果期 8~10 月。

分布我国大部分地区；日本和朝鲜也有；生海拔 300~1800m 的山坡林下或灌丛中。保护区偶见。

2. 珊瑚树 Viburnum odoratissimum Ker Gawl.

常绿灌木或小乔木。叶革质，椭圆形至矩圆形，边缘上部有齿，下面偶有腺点。圆锥花序顶生或生于侧生短枝上。果熟时红色变黑色。花期 4~5 月，果期 7~9 月。

分布华南及福建；东南亚也有；生山谷密林中溪涧旁庇荫处、疏林中向阳地或平地灌丛中。保护区蓄能水电站偶见。

3. 淡黄荚蒾 Viburnum lutescens Bl.

常绿灌木。叶亚革质，宽椭圆形至矩圆形，边缘中上部有粗齿。聚伞花序复伞形式。果实宽椭圆形。花期2~4月，果期10~12月。

分布我国广东、广西；东南亚也有；生山谷林中和灌丛中或河边冲积沙地上。保护区溪边灌丛偶见。

4. 南方荚蒾 Viburnum fordiae Hance

灌木或小乔木。幼枝、芽、叶柄、花序、萼和花冠外面均被毛。单叶对生，纸质，宽卵形或菱状卵形。复伞形式聚伞花序顶生。果核扁。花期4~5月，果期10~11月。

分布长江以南地区；生山谷溪涧旁疏林、山坡灌丛中或平原旷野。保护区小杉村偶见。

5. 金腺荚蒾 Viburnum chunii Hsu

常绿灌木。叶厚纸质至薄革质，卵状菱形至菱形或椭圆状矩圆形。复伞形式聚伞花序顶生。果圆形。花期5月，果期10~11月。

分布我国长江以南地区；生山谷密林中或疏林下蔽荫处及灌丛中。保护区上水库偶见。

6. 常绿荚蒾（坚荚树）Viburnum sempervirens K. Koch

常绿灌木。叶对生，革质，常椭圆形至椭圆状卵形，叶背有腺点；脉被毛。复伞形式聚伞花序顶生。果核扁圆。花期5月，果期10~12月。

分布我国广东、广西和江西；生山谷溪涧旁疏林、山坡灌丛中或平原旷野。保护区山坡疏林较常见。

235. 败酱科 Valerianaceae

二年生或多年生草本，稀亚灌木。茎直立，常中空。叶对生或基生，常一回奇数羽状分裂，具1~5对侧生裂片，有时二回奇数羽状分裂或不分裂，边缘常具锯齿；不同部位叶常不同型；无托叶。花序顶生；聚伞花序组成伞房状、复伞房状或圆锥状，稀为头状；具总苞片；花小，两性或极少单性。果为瘦果。本科13属约400种。中国3属30余种。保护区1属1种。

败酱属 Patrinia Juss.

多年生直立草本，稀为二年生。基生叶丛生，花果期常枯萎或脱落；茎生叶对生，常一至二回奇数羽状分裂或全裂，或不分裂。花序顶生，二歧聚伞花序组成的伞房花序或圆锥花序；具叶状总苞片；有小苞片；花小，萼齿5；花冠黄色，稀白色，裂片5。瘦果。本属约20种。中国11种。保护区1种。

攀倒甑（白花败酱）Patrinia villosa (Thunb.) Dufr.

多年生草本。基生叶丛生；茎生叶对生。花序顶生。瘦果倒卵形。花期8~10月，果期9~11月。

分布我国长江以南地区；日本也有；生山地林下、林缘或灌丛中、草丛中。保护区山地路旁偶见。

238. 菊科 Compositae

草本、亚灌木或灌木，稀为乔木。叶通常互生，稀对生或轮生，全缘或具齿或分裂；无托叶。花两性或单性，稀单性异株，整齐或左右对称，5基数，少数或多数花密集成头状花序或为短穗状花序，有1层或多层苞片组成的总苞；头状花序单生或多个再排成总状、聚伞状、伞房状或圆锥状。果为不开裂的瘦果。本科约1000属25000~30000种。中国200余属2000多种。保护区39属52种2变种。

1. 灌木、亚灌木或草本⋯⋯⋯⋯⋯⋯⋯⋯⋯⋯⋯1. 帚菊属 Pertya
1. 草本，不为木本。
　2. 叶边缘有针刺⋯⋯⋯⋯⋯⋯⋯⋯⋯⋯⋯⋯2. 蓟属 Cirsium
　2. 叶边缘无针刺。
　　3. 果的内层总苞片结合成囊状，外面具刺⋯⋯⋯⋯⋯⋯⋯⋯
　　　⋯⋯⋯⋯⋯⋯⋯⋯⋯⋯⋯⋯⋯⋯⋯3. 苍耳属 Xanthium
　　3. 果不为上述形状。
　　　4. 花全为管状花，无舌状花。
　　　　5. 花全部两性，相似。
　　　　　6. 叶互生。
　　　　　　7. 头状花序数个聚成复头状⋯⋯⋯⋯⋯⋯⋯⋯
　　　　　　　⋯⋯⋯⋯⋯⋯⋯⋯⋯4. 地胆草属 Elephantopus
　　　　　　7. 头状花序不聚成复头状。
　　　　　　　8. 总苞片不止 1 列⋯⋯⋯5. 斑鸠菊属 Vernonia
　　　　　　　8. 总苞片 1 列。
　　　　　　　　9. 总苞基部有数枚极小的苞片⋯⋯⋯⋯⋯⋯
　　　　　　　　　⋯⋯⋯⋯⋯⋯6. 野茼蒿属 Crassocephalum
　　　　　　　　9. 总苞基部无小苞片。
　　　　　　　　　10. 花黄色⋯⋯⋯⋯⋯7. 千里光属 Senecio
　　　　　　　　　10. 花粉红色⋯⋯⋯⋯⋯8. 一点红属 Emilia
　　　　　6. 叶常对生。
　　　　　　11. 瘦果长线形⋯⋯⋯⋯⋯⋯⋯9. 鬼针草属 Bidens
　　　　　　11. 瘦果短。
　　　　　　　12. 冠毛毛状。
　　　　　　　　13. 攀援草本；头状花序 5 或多数小花⋯⋯⋯⋯
　　　　　　　　　⋯⋯⋯⋯⋯⋯⋯⋯10. 泽兰属 Eupatorium
　　　　　　　　13. 攀援草本；头状花序 4 小花⋯⋯⋯⋯⋯⋯
　　　　　　　　　⋯⋯⋯⋯⋯⋯⋯⋯11. 假泽兰属 Mikania
　　　　　　　12. 冠毛鳞片状。
　　　　　　　　14. 鳞片短于果⋯⋯⋯12. 下田菊属 Adenostemma
　　　　　　　　14. 鳞片长于果⋯⋯⋯⋯13. 藿香蓟属 Ageratum
　　　　5. 花异型，外围雌花，中央两性花。
　　　　　15. 冠毛丰富。
　　　　　　16. 总苞片 1 列⋯⋯⋯⋯⋯⋯14. 菊芹属 Erechtites
　　　　　　16. 总苞片不止 1 列。
　　　　　　　17. 总苞片干膜质⋯⋯⋯⋯15. 鼠麴草属 Gnaphalium
　　　　　　　17. 总苞片草质。
　　　　　　　　18. 花药基部钝⋯⋯⋯⋯16. 飞蓬属 Erigeron
　　　　　　　　18. 花药基部尾状。
　　　　　　　　　19. 头状花序为伞房状⋯17. 旋覆花属 Inula
　　　　　　　　　19. 头状花序单生或排成圆锥花序⋯⋯⋯⋯
　　　　　　　　　　⋯⋯⋯⋯⋯⋯⋯18. 艾纳香属 Blumea
　　　　　15. 冠毛缺或极短。
　　　　　　20. 头状花序单生。
　　　　　　　21. 头状花序根生⋯⋯⋯⋯19. 裸柱菊属 Soliva
　　　　　　　21. 头状花序不根生。
　　　　　　　　22. 头状花序下垂⋯⋯20. 天名精属 Carpesium
　　　　　　　　22. 头状花序不下垂。
　　　　　　　　　23. 头状花序顶生⋯⋯21. 山芫荽属 Cotula
　　　　　　　　　23. 头状花序侧生⋯22. 石胡荽属 Centipeda
　　　　　　20. 头状花序不单生。
　　　　　　　24. 外围雌花花冠丝状⋯⋯⋯⋯⋯⋯⋯⋯⋯⋯
　　　　　　　　⋯⋯⋯⋯⋯⋯⋯⋯23. 白酒草属 Conyza
　　　　　　　24. 外围雌花花冠狭圆锥状或狭管状⋯⋯⋯⋯⋯
　　　　　　　　⋯⋯⋯⋯⋯⋯⋯⋯⋯24. 蒿属 Artemisia
　　　4. 外围舌状花，中部管状花。

25. 植株有乳汁。
　26. 无冠毛⋯⋯⋯⋯⋯⋯⋯⋯⋯⋯25. 稻槎菜属 Lapsanastrum
　26. 有冠毛。
　　27. 瘦果顶端有缩缢⋯⋯⋯⋯⋯26. 黄鹌菜属 Youngia
　　27. 瘦果顶端无缩缢。
　　　28. 瘦果边缘加宽成厚翅⋯⋯⋯27. 莴苣属 Lactuca
　　　28. 瘦果边缘不加宽成厚翅。
　　　　29. 瘦果有 9~12 条高起的钝纵肋⋯⋯⋯⋯⋯⋯
　　　　　⋯⋯⋯⋯⋯⋯⋯⋯⋯28. 小苦荬属 Ixeridium
　　　　29. 瘦果有 4~6 条高起的纵肋⋯⋯⋯⋯⋯⋯⋯
　　　　　⋯⋯⋯⋯⋯⋯⋯29. 假福王草属 Paraprenanthes
25. 植株无乳汁。
　30. 匍匐草本，或攀援藤本⋯⋯⋯⋯30. 蟛蜞菊属 Sphagneticola
　30. 直立草本。
　　31. 总苞片开展，匙形或线状匙形⋯⋯⋯⋯⋯⋯⋯⋯
　　　⋯⋯⋯⋯⋯⋯⋯⋯⋯⋯⋯⋯31. 豨莶属 Sigesbeckia
　　31. 总苞片不为上述形状。
　　　32. 舌状花不为黄色。
　　　　33. 叶对生。
　　　　　34. 舌状花多数⋯⋯⋯⋯⋯32. 鳢肠属 Eclipta
　　　　　34. 舌状花常 5⋯⋯⋯⋯⋯33. 牛膝菊属 Galinsoga
　　　　33. 叶互生。
　　　　　35. 头状花序狭，单个或多个成束排成间断的
　　　　　　穗状或总状花序式⋯34. 兔儿风属 Ainsliaea
　　　　　35. 头状花序不为上述形态⋯35. 紫菀属 Aster
　　　32. 舌状花黄色。
　　　　36. 叶对生。
　　　　　37. 瘦果全部肥厚⋯⋯⋯⋯36. 金钮扣属 Acmella
　　　　　37. 瘦果多少背面扁压⋯⋯⋯⋯⋯⋯⋯⋯⋯⋯
　　　　　　⋯⋯⋯⋯⋯⋯⋯⋯⋯37. 金腰箭属 Synedrella
　　　　36. 叶互生。
　　　　　38. 排列成总状花序、圆锥花序或伞房状花序或
　　　　　　复头状花序⋯⋯⋯⋯38. 一枝黄花属 Solidago
　　　　　38. 花序不为上述形状⋯39. 茼蒿属 Glebionis

1. 帚菊属 Pertya Sch. Bip.

灌木、亚灌木或多年生草本。枝纤细，斜展呈帚状或罕有近攀援状，大部分有长枝和短枝之别。叶在长枝上的互生，在短枝上的数片簇生，具柄，全缘或具齿。头状花序，腋生、顶生或簇生叶丛中，单生、双生、排成紧密的团伞花序或疏松的伞房花序。瘦果。本属约 25 种。中国 23 种。保护区 1 种。

尖苞帚菊 Pertya pungens Y. C. Tseng

亚灌木。叶互生，纸质，卵形，顶端短尖，边缘具齿，两面被毛，基三出脉。头状花序 2~4 个簇生于枝顶。瘦果纺锤形。花期 10~11 月。

我国广东特有植物；生溪边。保护区桂峰山偶见。

2. 蓟属 Cirsium Mill.

一年生、二年生或多年生草本。叶无毛至有毛，边缘有针刺。雌雄同株，极少异株；头状花序同型，在枝顶排成伞房状、伞房圆锥状、总状或集成复头状花序，稀单生茎端；总苞片多

层；小花红色、红紫色。瘦果光滑，压扁，通常有纵条纹。本属250~300种。中国50余种。保护区1种。

线叶蓟 Cirsium lineare (Thunb.) Sch.-Bip.

多年生草本。中下部叶长椭圆形、披针形或倒披针形，全部茎叶不分裂，两面被毛，边缘有细密的针刺。头状花序生顶端。瘦果倒金字塔状。花果期9~10月。

分布华东、广东、四川等地；日本也有；生山坡或路旁。保护区旷野草地偶见。

3. 苍耳属 Xanthium L.

一年生草本，亚灌状。叶互生，全缘或多少分裂；有柄。头状花序单性，雌雄同株，无或近无花序梗，在叶腋单生或密集成穗状，或成束聚生于茎枝的顶端；雄头状花序着生于茎枝的上端，球形，具多数不结果实的两性花；雌头状花序单生或密集于茎枝的下部，有2可育小花。瘦果2，藏于具钩刺总苞内。本属约25种。中国2种。保护区1种。

苍耳 Xanthium sibiricum L.

一年生草本，亚灌状。叶三角状卵形或心形，边缘有粗齿，有基三出脉。雄头状花序球形；雌头状花序椭圆形。瘦果2。花期7~8月，果期9~10月。

分布于东北、华北、华东、华南、西北及西南各地区；印度、伊朗及东北亚也有；常生于平原、丘陵、低山、荒野路边、田边。保护区村边路旁偶见。

4. 地胆草属 Elephantopus L.

多年生坚硬草本。被柔毛。叶互生，全缘或具锯齿，或少有羽状浅裂；无柄或具短柄；具羽状脉。头状花序多数，密集成团球状复头状花序，基部被数枚叶状苞片所包围，在茎和枝端单生或排列成伞房状；总苞片2层；花全部两性，同型，结实；花冠管状，檐部5裂。瘦果长圆形，具10条肋。本属约30余种。中国2种。保护区有分布。

1. 较小草本；基生叶莲座状；花红色··
···1. 地胆草 E. scaber
1. 高大草本；基生叶非莲座状；花白色··
···2. 白花地胆草 E. tomentosus

1. 地胆草 Elephantopus scaber L.

多年生草本。基部叶花期生存，莲座状，匙形或倒披针状匙形；茎叶少数而小，倒披针形或长圆状披针形。头状花序多数。瘦果小。花果期7~11月。

分布我国南方大部分地区；美洲、亚洲、非洲各热带地区广泛分布；常生于开阔山坡、路旁或山谷林缘。保护区旷野草地较常见。

2. 白花地胆草 Elephantopus tomentosus L.

多年生草本。基部叶互生，长圆状倒卵形，边缘具小锯齿；茎生叶椭圆形或长圆状椭圆形。头状花序多数。瘦果小。花果期8月至翌年5月。

分布我国广东、福建、海南、台湾；常生开阔山坡、路旁或山谷林缘。保护区旷野草地较常见。

5. 斑鸠菊属 Vernonia Schreb.

草本、灌木或乔木，稀藤本。叶互生，稀对生，全缘或具齿，两面或下面常具腺点；具柄或无柄；羽状脉，稀具近基三出脉。头状花序小或中等大，稀大，多数或较多数排列成圆锥状、伞房状或总状，或数个密集成球状，稀单生；具同型两性花，全部结实；花粉红色，淡紫色，少有白色或金黄色。瘦果具棱或肋。本属约1000种。中国27种。保护区3种。

1. 草本···1. 夜香牛 V. cinerea
1. 灌木或藤本。
  2. 攀援灌木或藤本··················2. 毒根斑鸠菊 V. cumingiana
  2. 直立灌木或小乔木··············3. 茄叶斑鸠菊 V. solanifolia

1. 夜香牛 Vernonia cinerea (L.) Less.

一年生或多年生草本。中下部叶具柄，菱状卵形、菱状长圆形或卵形，两面被毛及腺点。头状花序排成伞房状圆锥花序。瘦果无肋。花期全年。

分布我国长江以南地区；印度、日本及东南亚、非洲也有；常见于山坡旷野、荒地、田边、路旁。保护区山坡路旁灌草丛偶见。

2. 毒根斑鸠菊 Vernonia cumingiana Benth.

攀援灌木或藤本。叶具短柄，厚纸质，卵状长圆形，全缘或稀具疏浅齿，两面均有腺点。头状花序较多数。瘦果近圆柱形。花期10月至翌年4月。

分布华南、西南、东南；东南亚也有；生河边、溪边、山谷阴处灌丛或疏林中，常攀援于乔木上。保护区三角山偶见。

3. 茄叶斑鸠菊 Vernonia solanifolia Benth.

灌木或小乔木。叶具柄，卵形或卵状长圆形，两面被毛及腺点。头状花序多数。瘦果无毛。花期11月至翌年4月。

分布华南、云南、福建；东南亚也有；常生于山谷疏林中，或攀援于乔木上。保护区桂峰山偶见。

6. 野茼蒿属 Crassocephalum Moench

一年生或多年生草本。叶互生。头状花序盘状或辐射状，中等大，在花期常下垂；小花同型，多数，全部为管状，两性；总苞片1层，近等长，线状披针形，花期直立黏合成圆筒状，后开展而反折，基部有数枚不等长的外苞片；花冠细管状，裂片5。瘦果狭圆柱形，具棱条。本属约30种。中国仅1种。保护区有分布。

野茼蒿（革命菜）**Crassocephalum crepidioides** (Benth.) S. Moore

直立草本。叶草质，椭圆形或长圆状椭圆形，两面无或近无毛。头状花序数个在茎端排成伞房状。瘦果狭圆柱形。花果期7~12月。

分布我国长江以南部分地区；东南亚和非洲也有；山坡路旁、水边、灌丛中常见。保护区路旁、溪边草地常见。

7. 千里光属 Senecio L.

多年生直立或攀援草本或一年生直立草本。叶不分裂；基生叶通常具柄，无耳，三角形、提琴形，或羽状分裂；茎生叶通常无柄，大头羽状或羽状分裂，稀不分裂，边缘多少具齿，基部常具耳，羽状脉。头状花序排列成复伞房或圆锥聚伞花序，稀单生叶腋，具异型小花；花黄色。瘦果圆柱形，具肋，无毛或被柔毛。本属约1000种。中国约63种。保护区1种。

千里光 Senecio scandens Buch.-Ham. ex D. Don

多年生攀援草本。叶具柄，卵状披针形至长三角形，两面被短柔毛至无毛。头状花序排列成顶生复聚伞圆锥花序。瘦果被毛。花果期4~8月和10~12月。

分布我国长江以南地区及陕西、西藏；喜马拉雅地区、东南亚及日本也有；常生于林缘、灌丛中，攀援于灌木、岩石上或溪边。保护区小杉村较常见。

8. 一点红属 Emilia Cass.

一年生或多年生草本。常有白霜。无毛或被毛。叶互生，通常密集于基部，具叶柄；茎生叶少数，羽状浅裂、全缘或有锯齿，基部常抱茎。头状花序盘状，具同型的小花，单生或数花排成疏伞房状，具长花序梗；总苞片1层；小花多数，全部管状，两性，结实，黄色或粉红色。瘦果近圆柱形，5棱或具纵肋。本属约100种。中国3种。保护区1种。

一点红 Emilia sonchifolia (L.) DC.

一年生草本。叶质较厚；下部叶密集，大头羽状分裂；中部茎叶疏生；上部叶线形。小花粉红色或紫色。瘦果具5棱。花果期7~10月。

分布我国长江以南地区；亚洲热带、亚热带及非洲广布；常生于山坡荒地、田埂、路旁。保护区旷野草地较常见。

9. 鬼针草属 Bidens L.

一年生或多年生草本。茎直立或匍匐，常有纵纹。叶对生或有时在茎上部互生，稀三叶轮生，全缘或具齿，或一至三回三出或羽状分裂。头状花序单生茎、枝端或多数排成不规则的伞房状圆锥花序丛；总苞片通常1~2层；花杂性，外围一层为舌状花，或全为筒状花；舌状花通常白色或黄色，稀为红色。瘦果扁平或4棱。本属230余种。中国10种。保护区1种1变种。

1. 花小，直径约1cm，无舌状花·················1. 鬼针草 B. pilosa
1. 花大，直径2~4cm，有白色的舌状花···························
 ·························2. 白花鬼针草 B. pilosa var. radiata

1. 鬼针草 Bidens pilosa L.

一年生草本。下部和上部叶较小，3裂或不分裂；中部叶三出复叶或稀具5~7小叶的羽状复叶，小叶具柄。头状花序直径8~9mm。瘦果条形。花果期几全年。

产华东、华中、华南、西南各地区。原产南美；生村旁、路边及荒地中。保护区旷野路边常见。

2. 白花鬼针草 Bidens pilosa L. var. radiata Sch.-Bip.

与鬼针草的主要区别在于：头状花序边缘具5~7舌状花，舌片椭圆状倒卵形，白色，长5~8mm，宽3.5~5mm，先端钝或有缺刻。

产华东、华中、华南、西南各地区；原产南美；生村旁、路边及荒地中。保护区旷野路边常见。

10. 泽兰属 Eupatorium L.

多年生草本、亚灌木或灌木。叶对生，稀互生，全缘、具齿或三裂。头状花序小或中等大小，在茎枝顶端排成复伞房花序或单生于长花序梗上；花两性，管状，结实，花多数，少有1~4个的；总苞片多层或1~2层；花紫色、红色或白色。瘦果5棱。本属600余种。中国14种（含归化种）。保护区2种。

1. 一年生草本，高0.3~1m；叶基部楔形，三出脉············
 ·····················1. 假臭草 E. catarium
1. 多年生草本，高达2.5m；叶基部圆形，羽状脉···············
 ·····················2. 多须公 E. chinense

1. 假臭草 Eupatorium catarium Veldkamp.

一年生草本。叶对生，卵形至菱形，基部3脉。头状花序生于茎、枝端；小花25~30，蓝紫色。瘦果黑色，具白色冠毛。

原产南美；我国南方逸为野生；生林缘、路边、旷野。保护区较常见。

2. 多须公（华泽兰）Eupatorium chinense L.

多年生草本。茎枝、花序及花梗均被毛。叶对生，几无柄，具齿。头状花序多数在枝端排成大型疏散复伞房花序。瘦果5棱。花果期6~11月。

分布我国长江以南地区；印度、日本、韩国、尼泊尔也有；生山谷、山坡林缘、林下、灌丛或山坡草地上。保护区山坡林缘偶见。

11. 假泽兰属 Mikania Willd.

攀援草本。无毛。叶对生；通常有叶柄。头状花序小，排列成伞房或圆锥状花序；总苞长椭圆形或狭圆柱状，总苞片4，1层；头状花序含4两性小花，花冠管状，白色或微黄色，檐部通常扩大成钟状，顶端5齿。瘦果有4~5条棱，顶端截形。本属60余种。中国1种。保护区有分布。

微甘菊 Mikania micrantha Kunth

多年生草质或木质藤本。叶三角状卵形，边缘具数个粗齿或浅波状圆齿，无毛。头状花序多数花顶生。瘦果黑色。花期几全年。

原产中南美洲，现世界热带广布；我国华南逸为野生危害；生山坡灌木林下。保护区路边偶见。

12. 下田菊属 Adenostemma J. R. Forst. et G. Forst.

一年生草本。全株被腺毛或光滑无毛。叶对生，边缘有锯齿；三出脉。头状花序中等大小或小，多数或少数在假轴分枝的顶端排列成伞房状或伞房状圆锥花序。总苞钟状或半球形；总苞片草质，2层，近等长，分离或全长结合；花托扁平，无托毛；全部为结实的两性花；花冠白色。瘦果顶端钝圆，通常有3~5棱。本属约20种。中国1种。保护区有分布。

下田菊 Adenostemma lavenia (L.) O. Kuntze

一年生草本。基生叶花果期生存或凋萎；茎中部叶较大，长椭圆状披针形。头状花序小。瘦果小。花果期8~10月。

分布我国长江以南地区；印度、日本经东南亚至澳大利亚也有；生水边、路旁、柳林沼泽地、林下及山坡灌丛中。保护区路旁草地偶见。

13. 藿香蓟属 Ageratum L.

一年生或多年生草本或灌木。叶对生或上部叶互生。头状花序小，同型，有多数小花，在茎枝顶端排成紧密伞房状花序，稀排成疏散圆锥花序；总苞钟状；总苞片2~3层，不等长；花托平或稍凸起，无托片或有尾状托片；花全部管状，檐部顶端有5齿裂。瘦果有5纵棱。本属30余种。中国2种（外来种）。保护区1种。

藿香蓟（胜红蓟）Ageratum conyzoides L.

一年生草本。中部茎叶卵形或椭圆形，边缘有圆齿，两面被白色稀疏的柔毛。头状花序排成伞房状花序。瘦果黑褐色。花果期全年。

原产中南美洲；我国华南地区广泛逸为野生；生山谷、山坡林下或林缘、河边或山坡草地、田边或荒地上。保护区路旁草丛常见。

14. 菊芹属 Erechtites Raf.

一年生或多年生草本。叶互生，近全缘、具锯齿或羽状分裂，无毛或被柔毛。头状花序盘状，具异型小花，在茎端排成圆锥状伞房花序，基部具少数外苞片；总苞片1层；外围小花2层，雌性；中央小花细漏斗状，5齿裂。瘦果近圆柱形，具10条细肋。本属约15种。中国2逸生种。保护区1种。

菊科 Compositae

败酱叶菊芹 Erechtites valerianifolius (Link ex Sprengel) Candolle

一年生草本。叶具长柄，长圆形至椭圆形，边缘有重齿或羽状深裂，两面无毛；叶脉羽状。头状花序多数；小花多数。花期几全年。

原产南美洲；我国广东、海南和台湾有逸生；生田边、路旁。保护区偶见。

一年蓬 Erigeron annuus (L.) Pers.

一年生或二年生草本。叶中下部叶具齿。头状花序数个或多数，排列成疏圆锥花序；两性花管状，黄色。花期6~9月。

原产北美洲；我国南北地区逸为野生；常生于路边旷野或山坡荒地。保护区旷野草地偶见。

15. 鼠麴草属 Gnaphalium L.

一年生，稀多年生草本。茎直立或斜升，被白毛。叶互生，全缘；无或具短柄。头状花序小，排列成聚伞花序或圆锥状伞房花序，稀穗状、总状或紧缩而成球状，顶生或腋生，异型，盘状，外围雌花多数，中央两性花少数，全部结实；总苞片2~4层；花冠黄色或淡黄色。瘦果无毛或罕有疏短毛或有腺体。本属近200种。中国19种。保护区1种。

17. 旋覆花属 Inula L.

多年生，稀一或二年生草本，或亚灌木。常有腺，被毛。叶互生或仅生于茎基部，全缘或有齿。头状花序多数，伞房状或圆锥伞房状排列，或单生，或密集于根茎上；雌雄同株，外缘雌花，中央有多数两性花；总苞半球状、倒卵圆状或宽钟状；总苞片多层；花黄色。瘦果近圆柱形。本属约100种。中国14种。保护区1种。

羊耳菊 Inula cappa (Buch.-Ham. ex D. Don) Pruski et Anderb.

亚灌木。叶长圆形或长圆状披针形，边缘有齿，两面被毛。头状花序倒卵圆形。瘦果长圆柱形。花期6~10月，果期8~12月。

分布我国长江以南地区；南亚、东南亚也有；生荒地、灌丛或草地。保护区桂峰山偶见。

鼠曲草 Gnaphalium affine D. Don

一年生草本。全草被白色厚棉毛。叶无柄，匙状倒披针形或倒卵状匙形；叶脉1条。头状花序较多或较少数。瘦果长椭圆形。花期1~4月，果期8~11月。

分布我国除东北外的地区；亚洲多国也有；生低海拔干地或湿润草地上。保护区旷野较常见。

16. 飞蓬属 Erigeron L.

多年生，稀一年生或二年生草本，或半灌木。叶互生，全缘或具锯齿。头状花序辐射状，单生或数个，少有多数排列成总状、伞房状或圆锥状花序；总状花序半球形或钟形；总苞片数层，具1红褐色中脉；雌雄同株；花多数，异色；雌花多层，舌状；两性花管状；花全部结实。瘦果长圆状披针形，扁压。本属200余种。中国35种。保护区1种。

18. 艾纳香属 Blumea DC.

一年或多年生草本，亚灌木或藤本。茎被毛。叶互生，无柄、具柄或沿茎下延成茎翅，边缘具齿、重齿或琴状、羽状分裂，稀全缘。头状花序小或中等大，排列成圆锥花序；花黄色或紫色；外围雌花多层，能育；中央两性花能育或极少不育；总苞片多层。瘦果小，有或无棱。本属约80余种。中国30种。保护区2种。

1. 直立草本·····································1. 柔毛艾纳香 B. axillaris
1. 攀援状草质藤本·····························2. 东风草 B. megacephala

1. 柔毛艾纳香 Blumea axillaris (Lam.) DC.

草本。中下部叶倒卵状，边缘有细齿，两面被柔毛。头状花序多数；花紫红色或花冠下半部淡白色。瘦果圆柱形。花期几乎全年。

分布我国长江以南大部分地区；喜马拉雅地区、东南亚至大洋洲也有；生田野或空旷草地。保护区石心村偶见。

2. 东风草（大头艾纳香）Blumea megacephala (Randeria) C. C. Chang et Y. Q. Tseng

攀援状草质藤本。叶草质，叶面有光泽，边缘具齿。头状花序疏散，数个成总状或近伞房状，再排成圆锥花序；花黄色。瘦果 10 棱。花期 8~12 月。

分布我国长江以南地区；越南也有；生林缘或灌丛中，或山坡、丘陵阳处，极为常见。保护区林缘、路旁较常见。

19. 裸柱菊属 Soliva Ruiz et Pavon.

矮小草本。叶互生，通常羽状全裂，裂片极细。头状花序无柄，异型；边缘花数层，雌性，能育，无花冠；盘花两性，通常不育，花冠管状，略粗，基部渐狭，冠檐具极短 4 齿裂，稀 2~3 齿裂；总苞半球形；总苞片 2 层，近等长，边缘膜质；花托平，无托毛。雌花瘦果扁平，边缘有翅。本属约 8 种。中国归化 1 种。保护区有分布。

裸柱菊（座地菊）Soliva anthemifolia (Juss.) R.Br.

一年生矮小草本。叶二至三回羽状分裂，裂片线形，两面被长柔毛。头状花序近球形，无花冠。瘦果倒披针形。花果期全年。

分布我国广东、台湾、福建、江西；大洋洲也有。见于保护区的荒地、田野。

20. 天名精属 Carpesium L.

多年生草本。茎直立，多有分枝。叶互生。头状花序顶生或腋生，通常下垂；总苞盘状，苞片 3~4 层；花托扁平，秃裸而有细点；花黄色，异型；花冠筒状，顶端 3~5 齿裂；盘花两性。瘦果细长，有纵条纹。本属约 21 种。我国有 16 种。保护区 1 种。

金挖耳 Carpesium divaricatum Sieb. et Zucc.

多年生草本。叶面粗糙，长椭圆形，被白色短柔毛，沿中肋较密；叶柄与叶片连结处有狭翅，下部无翅。头状花序单生茎端及枝端。瘦果长 3~3.5mm。

分布华东、华南、华中、西南和东北各地区；日本、朝鲜也有；生路旁及山坡灌丛中。保护区偶见。

21. 山芫荽属 Cotula L.

一年生小草本。叶互生。头状花序小，有柄，盘状，两性；总苞半球形或钟状；花托无托毛；花药基部钝；花柱分枝顶端截形或钝。瘦果矩圆形或倒卵形，压扁，被腺点，边缘有宽厚的翅常伸延于瘦果顶端。本属约 75 种。我国 2 种。保护区 1 种。

芫荽菊 Cotula anthemoides L.

一年生小草本。叶互生，二回羽状分裂；基生叶倒披针状长圆形。头状花序单生枝端。瘦果倒卵状矩圆形。花果期 9 月至翌年 3 月。

分布我国云南、广东、福建等地区；中南半岛、尼泊尔、印度、巴基斯坦和非洲也有；生河边湿地，也是稻田杂草。保护区偶见。

22. 石胡荽属 Centipeda Lour.

一年生匍匐状小草本。微被毛或无毛。叶互生，楔状倒卵形，有锯齿。头状花序小，单生叶腋，无梗或有短梗，异型，盘状；

总苞半球形；总苞片2层；边缘花雌性能育，多层，花冠细管状，顶端2~3齿裂；盘花两性，能育，数朵，花冠宽管状，冠檐4浅裂。瘦果四棱形，棱上有毛，无冠状冠毛。本属6种。中国1种。保护区有分布。

石胡荽 Centipeda minima (L.) A. Br. et Aschers

一年生小草本。叶互生，楔状倒披针形，边缘有少数锯齿，无毛或背面被毛。头状花序小扁球形；盘花两性，淡紫红色。花果期6~10月。

分布我国除西北地区的全国大部分地区；亚洲东部至大洋洲也有；生旱田中或旷野沙地上。保护区旷野草地偶见。

23. 白酒草属 Conyza Less.

一或二年生或多年生草本，稀灌木。叶互生，全缘或具齿，或羽状分裂。头状花序异形，盘状，通常多数或极多数排列成总状、伞房状或圆锥状花序，少有单生；总苞片3~4层，或不明显的2~3层；花全部结实；外围的雌花多数，花冠丝状；中央的两性花少数，花冠管状。瘦果小，长圆形。本属约80~100种。中国6种。保护区2种。

1. 茎中部叶宽不及5mm；雌花花冠顶端无舌片⋯⋯⋯⋯⋯⋯⋯⋯⋯⋯⋯⋯⋯⋯⋯⋯⋯⋯1. 香丝草 C. bonariensis
1. 茎中部叶宽10mm以上；雌花花冠顶端有舌片⋯⋯⋯⋯⋯⋯⋯⋯⋯⋯⋯⋯⋯⋯⋯⋯⋯⋯2. 小蓬草 C. canadensis

1. 香丝草 Conyza bonariensis L.

一年生或二年生草本。中部以上常分枝，密被贴短毛；下部叶披针状，具粗齿或羽状浅裂；中上叶狭披针形或线形；所有叶两面被毛。头状花序多数。瘦果线状披针形。花期5~10月。

产于我国中部、东部、南部至西南部各地区；原产南美洲，现广泛分布于热带及亚热带地区；常生于荒地、田边、路旁，为一种常见的杂草。保护区偶见。

2. 小蓬草（加拿大蓬）Conyza canadensis (L.) Cronq.

一年生草本。下部叶倒披针形，基部渐狭成柄，具疏齿或全缘；中上部叶线状披针形，近无柄，全缘或具疏小齿。头状花序多数。瘦果小。花期5~9月。

我国南北各地区均有分布；原产北美；常生于旷野、荒地、田边和路旁。保护区拉元石坑较常见。

24. 蒿属 Artemisia L.

一、二年生或多年生草本，稀亚灌木。茎、枝、叶及头状花序的总苞片常被毛。叶互生，一至三回，稀四回羽状分裂，或不分裂，稀近掌状分裂，叶具齿，稀全缘；有叶柄或无；常有假托叶。头状花序小，多数或少数组成穗状、总状或复头状稀伞房状，再排成圆锥花序；总苞片2~4层。瘦果小，无冠毛。本属300多种。中国186种。保护区6种。

1. 叶不裂，偶尔浅裂。
    2. 叶倒卵形或宽匙形⋯⋯⋯⋯⋯⋯⋯⋯1. 牡蒿 A. japonica
    2. 叶卵形⋯⋯⋯⋯⋯⋯⋯⋯⋯⋯⋯⋯2. 奇蒿 A. anomala
1. 叶深裂。
    3. 叶三（至四）回栉齿状羽状深裂⋯⋯⋯⋯⋯3. 黄花蒿 A. annua
    3. 叶不为上述分裂方式。
        4. 总苞片全为半透明、膜质的苞片所组成⋯⋯⋯⋯⋯⋯⋯⋯⋯⋯⋯⋯⋯⋯⋯⋯⋯⋯4. 白苞蒿 A. lactiflora
        4. 总苞片草质。
            5.（一至）二回羽状分裂或近于大头羽状深裂⋯⋯⋯⋯⋯⋯⋯⋯⋯⋯⋯⋯⋯⋯⋯⋯⋯⋯5. 五月艾 A. indica
            5. 一回羽状深裂⋯⋯⋯⋯⋯⋯⋯⋯6. 艾 A. argyi

1. 牡蒿 Artemisia japonica Thunb.

多年生草本。茎有纵棱。叶纸质，两面无毛或初时微有毛；基生叶与茎下部叶倒卵形或宽匙形。头状花序多数。瘦果小，倒卵形。花果期7~10月。

分布华北、华东、华中、华南、西南大部分地区；日本、朝鲜、阿富汗、印度（北部）、不丹、尼泊尔、越南（北部）、老挝、泰国、缅甸、菲律宾也有；常生于林缘、林中空地、疏林下、旷野、灌丛、丘陵、山坡、路旁等。保护区村旁路边草地偶见。

2. 奇蒿 Artemisia anomala S. Moore

多年生草本。叶厚纸质或纸质；中下部叶卵形，边缘具细锯齿；上部叶小而无柄。头状花序长圆形或卵形。瘦果倒卵形或长圆状倒卵形。花果期 6~11 月。

分布我国长江以南地区及河南南部；越南也有；生低海拔地区林缘、路旁、沟边、河岸、灌丛及荒坡等地。保护区林缘、路旁偶见。

3. 黄花蒿 Artemisia annua L.

一年生草本。叶纸质；茎下部叶三至四回栉齿状羽状深裂。头状花序球形，多数；花深黄色。瘦果小，椭圆状卵形，略扁。花果期 8~11 月。

分布全国；广布于欧洲、亚洲的温带、寒温带及亚热带地区；生路旁、荒地、山坡、林缘等处。保护区荒地偶见。

4. 白苞蒿（白花蒿）Artemisia lactiflora Wall. ex DC.

多年生草本。叶纸质；基生叶及茎下部叶宽卵形或长卵形，一至二回羽状全裂，裂片具齿或全缘。头状花序少数或多数。瘦果小。花果期 8~11 月。

分布我国秦岭山脉以南的大部分地区；越南、老挝、柬埔寨、新加坡、印度（东部）、印度尼西亚也有；多生于林下、林缘、灌丛边缘、山谷等湿润或略为干燥地区。保护区山坡林缘偶见。

5. 五月艾 Artemisia indica Willd.

半灌木状草本。茎单生或少数，高 80~150cm，纵棱明显，分枝多。嫩叶被毛，老叶仅叶背密被毛。头状花序；花紫红色。瘦果长圆形或倒卵形。花果期 8~10 月。

除极干旱及高寒地区外，几遍我国；亚洲温暖地区广布；多生于低海拔或中海拔湿润地区的路旁、林缘、坡地及灌丛。保护区路旁、村边旷野常见。

6. 艾 Artemisia argyi H. Lév. ex Vaniot

多年生草本或略成亚灌状。茎、枝、叶均被毛。叶厚纸质，上面被灰白色柔毛及腺点，背面密被灰白色绒毛。头状花序椭圆形。瘦果小。花果期 7~10 月。

分布广，除极干旱与高寒地区外，几遍我国；东北亚也有；生低海拔至中海拔地区的荒地、路旁河边及山坡等地。保护区石心村较常见。

25. 稻槎菜属 Lapsanastrum L.

草本。叶边缘有锯齿或羽状深裂或全裂。头状花序同型，舌状，小，生长于茎枝顶裂；总苞圆柱状钟形或钟形；花托平，无托毛；舌状小花黄色，两性。瘦果稍压扁，长椭圆形、长椭圆状披针形或圆柱状，但稍弯曲，有 12~20 条细小肋，顶端无冠毛。本属约 10 种。中国 4 种。保护区 1 种。

稻槎菜 Lapsanastrum apogonoides (Maxim.) J. H. Pak et Bremer

一年生矮小草本。基生叶全形椭圆形、长椭圆状匙形或长匙形;全部叶质地柔软,两面同色。头状花序小。瘦果淡黄色。花果期1~6月。

分布我国长江以南地区;日本、朝鲜有分布;生田野、荒地及路边。保护区村边可见。

26. 黄鹌菜属 Youngia Cass.

一年生或多年生草本。叶羽状分裂或不分裂。头状花序小,稀中等大小,同型,舌状,具少数或多数舌状小花,在茎枝顶端或沿茎排成总状花序、伞房花序或圆锥状伞房花序;总苞3~4层;舌状小花两性,黄色,1层,5齿裂。瘦果纺锤形,有10~15条纵肋。本属约40种。中国31种。保护区1种。

黄鹌菜 Youngia japonica (L.) DC.

一年生直立草本。被毛。基生叶多形,大头羽状深裂或全裂;无茎叶或有茎叶1~2,同形并分裂。头花序含10~20枚舌状小花。瘦果无喙纵肋。花果期4~10月。

分布我国南北大部分地区;亚洲东部多国也有;生旷野、山坡、山谷及山沟林缘、林下、林间草地。保护区路旁草地较常见。

27. 莴苣属 Lactuca L.

一年生或多年生草本。叶分裂或不分裂。头状花序同型,舌状,较大,在茎枝顶端排成伞房花序、圆锥花序或总状圆锥花序;总苞卵球形,总苞片4~5层,向内层渐长,覆瓦状排裂;花托平,无托毛;舌状小花9~25,黄色,极少白色。瘦果倒卵形、椭圆形或长椭圆形,黑色。本属约7种。中国7种。保护区2种。

1. 瘦果每面有1条脉纹·················1. 翅果菊 L. indica
1. 瘦果每面有3条脉纹···········2. 毛脉翅果菊 L. raddeana

1. 翅果菊 Lactuca indica L.

一年生或二年生草本。全部茎叶线形,常线状长椭圆形,中下部叶长达21cm。头状花序,排成圆锥花序或总状圆锥花序顶生。瘦果椭圆形。花果期4~11月。

分布我国吉林及华北、华中、华东、华南、西南;东北亚和东南亚也有;生林缘或林下、水边和草地等。保护区溪边草地偶见。

2. 毛脉翅果菊 Lactuca raddeana Maxim.

二年生草本。中下部茎叶大,羽状分裂或深裂;向上的叶渐小。狭圆锥花序或伞房状圆锥花序。瘦果黑色。花果期5~9月。

分布我国南北各地;东亚至东南亚也有;生山坡林缘、灌丛中或潮湿处及田间。保护区小杉村偶见。

28. 小苦荬属 Ixeridium (A. Gray) Tzvel.

多年生草本。叶羽状分裂或不分裂;基生叶花期生存,极少枯萎脱落。头状花序多数或少数,在茎枝顶端排成伞房状花序,同型,舌状;总苞圆柱状;总苞片2~4层,外层及最外层短,内层长;舌状小花(5~)7~27,黄色。瘦果压扁或几压扁,褐色,少黑色,有8~10条高起的钝肋。本属约25种。中国13种。保护区1种。

细叶小苦荬 Ixeridium gracile (DC.) Pak et Kawano

多年生草本。叶长椭圆形、线形,两面无毛,边缘全缘。伞状花序生在茎枝顶。瘦果褐色。花果期3~10月。

分布我国大部分地区;尼泊尔、不丹、缅甸和印度(西北部)有分布;生海拔800~3000m的山坡或山谷林缘、林下、田间、荒地或草甸。保护区旷野草地可见。

29. 假福王草属 Paraprenanthes Chang ex Shih

草本。茎直立,分枝。叶不分裂或羽状分裂。头状花序小,同型,舌状,在茎枝顶端排成圆锥状或伞房状花序;总苞圆柱状,外面通常为淡红紫色;花托平,无托毛。瘦果黑色,纺锤状,粗厚,冠毛2层,纤细,白色,微糙毛状。本属12种。中国12种。保护区1种。

假福王草 Paraprenanthes sororia (Miq.) Shih

一年生草本。基生叶花期枯萎;上部茎叶小,不裂;全部叶两面无毛。头状花序多数。瘦果黑色。花果期5~8月。

分布于我国长江以南地区;日本、朝鲜、中南半岛也有;生海拔200~3200m的山坡、山谷灌丛、林下。保护区偶见。

30. 蟛蜞菊属 Sphagneticola

一年生或多年生，直立，或匍匐草本，或攀援藤本。被短糙毛。叶对生，具齿，稀全缘，不分裂。头状花序中等大，单生或2~3个同出于叶腋或枝端，异型；外围雌花1层，黄色；中央两性花较多，黄色，全部结实；总苞片2层；雌花花冠舌状；两性花花冠管状。雌花瘦果3棱；两性花瘦果浑圆。本属60余种。中国5种。保护区1种。

三裂叶蟛蜞菊（南美蟛蜞菊）Sphagneticola trilobata (L.) Prusk.

宿根性多年生匍匐草本。叶对生，草质肥厚，具光泽，椭圆形，边缘近顶部3裂。头状花序腋生。瘦果有棱。花果期几全年。

原产南美，现世界热带、亚热带逸为野生；分布我国东南至西南部各地区；生路旁、田边、沟边或湿润草地上。保护区三角山常见。

31. 豨莶属 Siegesbeckia L.

一年生直立草本。有双叉状分枝。多少有腺毛。叶对生，边缘有锯齿。头状花序小，排列成疏散的圆锥花序，有多数异型小花，外围有1~2层雌性舌状花，中央有多数两性管状花，全结实或有时中心的两性花不育；总苞片2层；花黄色。瘦果倒卵状四棱形或长圆状四棱形。本属约4种。中国3种。保护区1种。

豨莶（豨莶）Siegesbeckia orientalis L.

一年生直立草本。上部枝常复二歧分枝；基部叶花期枯萎；中部叶三角状卵圆形或卵状披针形。头状花序排列成具叶的圆锥花序。瘦果4棱。花果期4~11月。

分布我国黄河以南地区；亚洲东部、欧洲、北美等地也有；生山野、荒草地、灌丛、林缘及林下。保护区旷野偶见。

32. 鳢肠属 Eclipta L.

一年生草本。有分枝。被糙毛。叶对生，全缘或具齿。头状花序小，常生于枝端或叶腋，具花序梗，异型；总苞钟状；总苞片2层；外围的雌花2层，结实，花冠舌状，白色，全缘或2齿裂；中央的两性花多数，花冠管状，白色，结实，顶端具4齿裂。瘦果三角形或扁四角形。本属4种。中国1种。保护区有分布。

鳢肠（旱莲草）Eclipta prostrata L.

一年生草本。叶长圆状披针形或披针形，边缘具齿或波状，两面被密硬糙毛。头状花序。瘦果三棱形或扁四棱形。花果期6~9月。

分布我国各地；世界热带、亚热带地区广布；生河边、田边或路旁。保护区旷野草地较常见。

33. 牛膝菊属 Galinsoga Ruiz et Pav.

一年生草本。叶对生。头状花序小，异型，放射状，顶生或腋生，多数头状花序在茎枝顶端排成疏松的伞房花序，有长花梗；雌花1层，约4~5个，舌状，白色，盘花两性，黄色，全部结实；总苞宽钟状或半球形；苞片1~2层，约5枚。瘦果有棱，倒卵圆状三角形。本属约5种。中国2种。保护区1种。

牛膝菊 Galinsoga parviflora Cav.

一年生草本。叶对生，卵形或长椭圆状卵形，基三出脉，向上及花序下部的叶渐小，披针形。头状花序半球形。瘦果被白色微毛。花果期 7~10 月。

原产南美洲；在我国南方和西南归化；生林下、河谷地、荒野、河边、田间、溪边或市郊路旁。保护区鱼洞村偶见。

34. 兔儿风属 Ainsliaea DC.

草本。茎直立被毛或无毛。叶互生，或基生呈莲座状，或密集于茎的中部呈假轮生，具柄，全缘、具齿或中裂，被毛，极少无毛。头状花序狭，单个或多个成束排成间断的穗状或总状花序式，有时组成狭的或开展的圆锥花序，同型，盘状，全为两性能育的小花；总苞狭，圆筒形，多层。瘦果，常具 5~10 棱。本属约 70 种。中国 40 种。保护区 1 种。

蓝兔儿风 Ainsliaea caesia Hand.-Mazz.

多年生草本。叶聚生于茎中部或中部之下，呈莲座状或否，叶片纸质，披针形。头状花序。瘦果纺锤形。花期 10~12 月。

分布我国广东、湖南、江西；生山地水旁或密林中。保护区上水库偶见。

35. 紫菀属 Aster L.

多年生草本，亚灌木或灌木。茎直立。叶互生，有齿或全缘。头状花序作伞房状或圆锥伞房状排列，或单生；各有多数异型花，外围 1~2 层雌花，中央为两性花，均能结实，稀无雌花而呈盘状；总苞片 2 至多层；外围雌花冠舌状，白色、浅红色、紫色或蓝色，两性花冠黄色或带紫色。瘦果小，有 2 边肋。本属约 600 种。中国近 93 种。保护区 2 种 1 变种。

1. 叶离基三出脉，叶非线状披针形。
   2. 叶椭圆形或长椭圆状披针形，叶柄有宽翅，叶面密被糙毛·················1. 三褶脉紫菀 A. ageratoides
   2. 叶卵形或卵状披针形，叶柄近无翅，叶面密被微糙毛·················2. 微糙三脉紫菀 A. ageratoides var. scaberulus
1. 叶羽状脉，叶线状披针形·················3. 钻叶紫菀 A. subulatus

1. 三褶脉紫菀 （三脉紫菀） Aster ageratoides Turcz.

多年生草本。花、叶形态变异大而多变种。叶纸质，被毛；离基三出脉。头状花序。瘦果小。花果期 7~12 月。

广布我国大部分地区；喜马拉雅地区、东北亚也有；生林下、林缘、灌丛及山谷湿地。保护区山谷常见。

2. 微糙三脉紫菀 Aster ageratoides var. scaberulus (Miq.) Ling

与三褶脉紫菀的主要区别在于：叶片上面密被微糙毛，下面密被短柔毛，有显明的腺点，且沿脉常有长柔毛，或下面后脱毛。

分布我国长江以南地区；越南也有；生林下、林缘、灌丛及山谷湿地。保护区偶见。

3. 钻叶紫菀 Aster subulatus Michx.

一年生草本。叶互生，无柄；基部叶倒披针形；中部叶线状披针形，全缘。头状花序顶生。瘦果略有毛。

原产南美；在我国南方逸为野生。保护区路边旷野草地常见。

36. 金钮扣属 Acmella Jacq.

一年或多年生草本。叶对生，有锯齿或全缘；常具柄。头状花序单生于茎、枝顶端或上部叶腋，常具长而直的花序梗，异型而辐射状，或同型而盘状；总苞盆状或钟状；总苞片1~2层；花黄色或白色，全部结实；外围雌花1层，顶端2~3浅裂；中间两性花多数，顶端有4~5裂片。瘦果长圆形或三棱形。本属约60种。中国2种。保护区1种。

金钮扣 Acmella paniculata (Wall. ex DC.) R. K. Jansen

一年生草本。叶卵形、宽卵圆形或椭圆形，全缘，两面近无毛，有叶柄。头状花序单生；花黄色。瘦果长圆形。花果期4~11月。

分布华南、云南、台湾；日本、东南亚也有；常生田边、沟边、溪旁潮湿地、荒地、路旁及林缘。保护区路旁草地等地偶见。

37. 金腰箭属 Synedrella Gaertn.

一年生草本。叶对生，边缘有不整齐的齿刻；具柄。头状花序小，异型，无或有花序梗，簇生于叶腋和枝顶，稀单生；外围雌花1至数层，黄色；中央的两性花略少，全部结实；总苞片数个，不等大，外层叶状；雌花花冠舌状；两性花管状，檐部4浅裂。雌花瘦果有翅；两性花瘦果无翅。本属约50种。中国仅1种。保护区有分布。

金腰箭 Synedrella nodiflora (L.) Gaertn.

一年生草本。下部和上部叶具翅柄，阔卵形至卵状披针形，两面被糙毛，有近基三出主脉。头状花序常2~6个簇生于叶腋。两性花瘦果无翅，具棱。花果期6~10月。

原产美洲；我国东南至西南有归化；生旷野、耕地、路旁及宅旁。保护区路旁草地较常见。

38. 一枝黄花属 Solidago L.

多年生草本，少有半灌木。叶互生。头状花序小或中等大小，异型，辐射状，多数在茎上部排列成总状花序、圆锥花序或伞房状花序或复头状花序；总苞狭钟状或椭圆状；总苞片多层，覆瓦状；边花雌性，舌状，1层，或边缘雌花退化而与头状花序同型；盘花两性，管状，檐部稍扩大或狭钟状，顶端5齿裂。全部小花结实。瘦果近圆柱形，有8~12个纵肋。本属约120种。中国4种。保护区1种。

一枝黄花（粘糊菜、破布叶、金柴胡）Solidago decurrens Lour.

多年生草本。叶椭圆形、卵形或宽披针形，边缘中部以上有细齿或全缘。头状花序较小，在茎上部排列成总状花序。瘦果。花果期4~11月。

分布我国长江以南地区；生海拔565~2850m处的阔叶林缘、林下、灌丛中及山坡草地上。保护区偶见。

39. 茼蒿属 Glebionis L.

一年生草本。直根系。叶互生；叶羽状分裂或边缘锯齿。头状花序异型，不明显伞房花序；边缘雌花舌状，总苞宽杯状，总苞片硬草质；舌状花黄色，舌片长椭圆形或线形；两性花黄色。边缘舌状花瘦果；两性花瘦果。本属约3种。中国3种。保护区1种。

* **茼蒿** Glebionis coronaria (Linnaeus) Cassini ex Spach

一年生草本。光滑无毛或几光滑无毛。中下部茎叶长椭圆形或长椭圆状倒卵形，二回羽状分裂。头状花序单生茎顶。舌状花瘦果、管状花瘦果。花果期6~8月。

原产于地中海地区；全国各地常见栽培；由于长期栽培，有些种已归化野生，成为路边或田边杂草。保护区有栽培。

239. 龙胆科 Gentianaceae

一年生或多年生草本。茎直立或斜升，有时缠绕。单叶，稀为复叶，对生，少有互生或轮生，全缘，基部合生，筒状抱茎或为一横线所连结；无托叶。花序常为聚伞花序或复聚伞花序，稀单花顶生；花两性，稀单性，一般4~5数，稀达6~10数。蒴果2瓣裂，稀不开裂。本科约80属700种。中国22属427种。保护区2属2种。

1. 一年生草本⋯⋯⋯⋯⋯⋯⋯⋯⋯⋯⋯1. 穿心草属 Canscora
1. 多年生缠绕草本⋯⋯⋯⋯⋯⋯⋯⋯2. 双蝴蝶属 Tripterospermum

1. 穿心草属 Canscora Lam.

一年生草本。叶对生，无柄或有柄，或为圆形的贯穿叶。复聚伞花序呈假二叉状分枝或聚伞花序顶生及腋生；花4~5数；花萼筒形，深裂；花冠筒形或钟形，浅裂。蒴果内藏，成熟后2瓣裂。本属约30种。中国3种。保护区1种。

罗星草 Canscora andrographioides Griff. ex C. B. Clarke

一年生草本。茎生叶对生，叶无柄，卵状披针形。复聚伞花序呈假二叉分枝或聚伞花序顶生和腋生。蒴果内藏，矩圆形。种子圆形。花果期9~10月。

分布华南和云南；柬埔寨、印度、老挝、马来西亚、泰国、越南也有；生山谷、田地中、林下。保护区上水库偶见。

2. 双蝴蝶属 Tripterospermum Bl.

多年生缠绕草本。叶对生。聚伞花序或花腋生和顶生；花5数；花萼筒钟形，脉5条高高凸起呈翅状，稀无翅；花冠钟形或筒状钟形，裂片间有褶。浆果或蒴果2瓣裂。本属约25种。中国19种。保护区1种。

香港双蝴蝶 Tripterospermum nienkui (C. Marquand) C. J. Wu

多年生缠绕草本。基生叶丛生，卵形；茎生叶卵形或卵状披针形。花单生叶腋。浆果近圆形至短椭圆形。种子紫黑色。花果期9月至翌年1月。

分布华南、华东；越南也有；生山谷密林中或山坡路旁疏林中。保护区桂峰山偶见。

239A. 睡菜科 Menyanthaceae

多年生草本，多水生。叶通常互生，稀对生；单叶或三出复叶；无托叶。花5基数，稀4基数；花萼裂片分离或合生；花冠裂片在蕾中内向镊合状排列。蒴果，开裂或不开裂。本科5属60种。中国2属7种。保护区1属1种。

荇菜属 Nymphoides Seguier

多年生水生草本。叶基生或茎生，互生，稀对生，叶片浮于水面。花簇生节上，5数；花萼深裂近基部，萼筒短；花冠常深裂近基部呈辐状，稀浅裂呈钟形，冠筒通常甚短。蒴果成熟时不开裂。本属约40种。中国6种。保护区1种。

金银莲花 Nymphoides indica (L.) Kuntze

多年生水生草本。叶飘浮，近革质，宽卵圆形或近圆形，下面密生腺体。花多数，簇生节上。蒴果椭圆形。种子褐色，近球形。花果期8~10月。

分布我国东北、华东、华南以及河北、云南；广布于世界的热带至温带；生池塘、浅水湖、积水草坝中。保护区水塘偶见。

240. 报春花科 Primulaceae

多年生或一年生草本，稀为亚灌木。茎直立或匍匐，具互生、对生或轮生之叶，或无地上茎而叶全部基生，并常形成稠密的莲座丛。花单生或组成总状、伞形或穗状花序，两性，辐射对称；花萼通常5裂，稀4或6~9裂，宿存；花冠下部合生成筒，通常5裂，稀4或6~9裂；雄蕊与花冠裂片同数而对生。果为蒴果。本科22属近1000种。中国13属近500种。保护区1属5种。

珍珠菜属 Lysimachia L.

直立或匍匐草本，极少亚灌木。无毛或被毛，通常有腺点。叶互生、对生或轮生，全缘。花单出腋生或排成顶生或腋生的总状花序或伞形花序；总状花序常缩短成近头状或有时复出而成圆锥花序；花萼常5深裂，宿存；花冠白色或黄色，稀为淡红色或淡紫红色，常5深裂，稀6~9裂。蒴果卵圆形或球形，常5裂。本属180余种。中国138种。保护区5种。

1. 茎匍匐。
　2. 植物体具有色的腺点或腺条⋯⋯⋯⋯⋯1. 临时救 L. congestiflora
　2. 植物体不具有色腺点⋯⋯⋯⋯⋯⋯2. 巴东过路黄 L. patungensis
1. 茎直立。
　3. 叶下延至叶柄成狭翅⋯⋯⋯⋯⋯⋯3. 延叶珍珠菜 L. decurrens
　3. 叶不下延至叶柄成狭翅。
　　4. 花单出腋生或有时2~3花生于叶腋不发育的短枝端⋯⋯⋯⋯⋯⋯⋯⋯⋯⋯⋯⋯⋯⋯⋯⋯⋯4. 阔叶假排草 L. petelotii
　　4. 总状花序多花，呈长穗状⋯⋯⋯⋯⋯5. 星宿菜 L. fortunei

1. 临时救 Lysimachia congestiflora Hemsl.

茎下部匍匐，节上生根，密被柔毛。叶对生，略聚生枝顶，卵形、阔卵形以至近圆形。花2~4朵集生茎端。蒴果球形。花期5~6月，果期7~10月。

分布我国长江以南各地区及陕甘南部；喜马拉雅地区和越南也有；生水沟边、田塍上和山坡林缘、草地等湿润处。保护区上水库偶见。

2. 巴东过路黄 Lysimachia patungensis Hand.-Mazz.

多年生草本。叶对生，呈轮生状，叶片阔卵形或近圆形。花集生于茎和枝的顶端。蒴果球形。花期5~6月，果期7~8月。

分布我国湖北、湖南、广东、江西、安徽、浙江、福建；生山谷溪边和林下，垂直分布上限可达海拔1000m。保护区山谷溪边和林下偶见。

3. 延叶珍珠菜 Lysimachia decurrens G. Forst.

多年生草本。叶互生，有时近对生，叶片披针形或椭圆状披针形，干时膜质。总状花序顶生。蒴果球形或略扁。花期4~5月，果期6~7月。

分布华南、西南、华东等地区；日本及东南亚也有；生村旁荒地、路边、山谷溪边疏林下及草丛中。保护区桂峰山偶见。

4. 阔叶假排草 Lysimachia petelotii Merr.

多年生草本。叶互生，通常较明显聚集于茎端，卵圆形、椭圆形以至广卵状披针形，下面密被小腺点。花冠黄色。蒴果带白色。花期5月，果期8~9月。

分布华南、西南地区；生中高海拔混交林下。保护区上水库偶见。

5. 红根草（星宿菜）Lysimachia fortunei Maxim.

多年生草本。叶互生，近无柄，长圆状披针形至狭椭圆形，两面均有黑色腺点。总状花序顶生。蒴果球形。花期6~8月，果期8~11月。

分布华南、华中、华东各地区；日本、韩国、越南也有；生沟边、田边等低湿处。保护区桂峰山偶见。

242. 车前科 Plantaginaceae

一、二年生或多年生草本，稀小灌木，陆生、沼生，稀水生。茎常紧缩成根茎。叶常排成莲座状，或于地上茎互生、对生或轮生；单叶，全缘或具齿，稀羽状或掌状分裂；弧形脉3~11条，稀仅1中脉。穗状花序，稀总状花序或单花；花小，两性，稀杂性或单性；雌雄同株或异株。果通常为周裂的蒴果。本科3属约200种。中国1属20种。保护区1属2种。

车前属 Plantago L.

一年生、二年生或多年生草本，稀小灌木，陆生或沼生。叶紧缩成莲座状，或在茎上互生；叶形各异，稀羽状或掌状分裂；叶柄基部常扩大成鞘状。花序1至多数，出自莲座丛或茎生叶的腋部；穗状花序，稀单花；花小，两性，稀杂性或单性。蒴果周裂。190余种。中国20种（含外来种）。保护区2种。

1. 花具短梗；新鲜花药白色·······························1. 车前 P. asiatica
1. 花无梗；新鲜花药淡紫色·······························2. 大车前 P. major

1. 车前 Plantago asiatica L.

二年生或多年生草本。叶片草质，宽卵形至宽椭圆形，两面疏生短柔毛或近无毛。花序1至数个。蒴果中部或稍低处周裂。花期6~8月，果期7~9月。

我国广布；东北亚及东南亚多国也有；生草地、草甸、河滩、沟边、沼泽地、山坡路旁、田边或荒地。保护区桂峰山常见。

2. 大车前 Plantago major L.

二年生或多年生草本。叶片草质、薄纸质或纸质，宽卵形至宽椭圆形。穗状花序细圆柱状。蒴果近球形。种子卵形。花期6~8月，果期7~9月。

我国遍布；欧亚大陆广布；生草地、草甸、河滩、沟边、沼泽地、山坡路旁、田边或荒地。保护区桂峰山偶见。

243. 桔梗科 Campanulaceae

一年生或多年生草本，稀灌木、小乔木或草质藤本。大多数种类有乳汁。单叶，互生，稀对生或轮生。花常集成聚伞花序，有时为假总状、圆锥状、头状花序，稀单生；花两性，稀单性而雌雄异株，大多5数；花萼和花冠5裂，具筒或无筒合瓣。果通常为蒴果，少为浆果。本科60~70属约2000种。中国产15属约161种。保护区2属2种。

1. 缠绕藤本；花萼宽大，全缘⋯⋯⋯⋯⋯1. 金钱豹属 Campanumoea
1. 草本；花萼条状披针形，有齿⋯⋯⋯⋯⋯2. 轮钟花属 Cyclocodon

1. 金钱豹属 Campanumoea Bl.

多年生草本。茎直立或缠绕。叶常对生，少互生。单花腋生或顶生，或与叶对生，或在枝顶集成有3花的聚伞花序；花有花梗；花4~7数；花冠具明显的筒部，檐部5或6裂。果为浆果，球状。本属5种。中国5种。保护区1种。

大花金钱豹（金钱豹）Campanumoea javanica Bl.

草质缠绕藤本。叶常对生，具长柄，心形或心状卵形，边缘有浅齿，稀全缘。花单生叶腋。浆果黑紫色或紫红色，球状。花果期5~11月。

分布于华南、西南、华东等地；东南亚也有；生丘陵低山灌丛中及疏林中。保护区疏林偶见。

2. 轮钟花属 Cyclocodon Kurz

一年生或多年生草本植物。直立或上升。叶对生，稀轮生。花单生，顶生或腋生；小苞片有或无，丝状或叶状；花冠管状，4~6瓣。果为浆果。种子极多，近球形。本属约3种。中国3种。保护区1种。

轮钟花（桃叶金钱豹、长叶轮钟花）Cyclocodon lancifolius (Roxb.) Kurz

多年生或一年生草本。叶对生，叶片卵形或卵形披针形，长6~15cm。花通常单生。浆果成熟时紫黑色，球形。种子多，无毛。花果期7~11月。

分布于华南、西南、华东等地；东南亚也有；生森林、灌丛、草地中。保护区林下偶见。

244. 半边莲科 Lobeliaceae

一年生或多年生草本、亚灌木或灌木，稀为乔木或棕榈状。有乳汁，多有剧毒。单叶互生，极少对生或轮生；无托叶。花单生于叶腋或总状花序生于枝顶，或总状花序排成圆锥状；花两性，很少雌雄异株，两侧对称，5数；花萼常宿存；雄蕊与花冠同数并与其互生。浆果或各式开裂的蒴果，少为不开裂的干果。本科25属约1000种。中国2属25种。保护区1属4种。

半边莲属 Lobelia L.

草本，稀亚灌状或乔木。叶互生，排成2行或螺旋状。花单生叶腋，或总状花序顶生，或由总状花序再组成圆锥花序；花两性，稀单性而雌雄异株，5数；小苞片有或无；花萼宿存；花冠两侧对称，檐部二唇形或近二唇形，个别种所有裂片平展在一个平面，似仅半边花。蒴果，成熟后顶端2裂。本属414种。中国23种。保护区4种。

1. 矮小草本，平卧。
  2. 蒴果。
    3. 叶椭圆状披针形至条形⋯⋯⋯⋯⋯1. 半边莲 L. chinensis
    3. 叶三角状阔卵形或卵形⋯⋯⋯⋯⋯2. 卵叶半边莲 L. zeylanica
  2. 浆果⋯⋯⋯⋯⋯⋯⋯⋯⋯⋯⋯⋯⋯3. 铜锤玉带草 L. nummularia
1. 高大草本，直立⋯⋯⋯⋯⋯⋯⋯⋯⋯⋯4. 线萼山梗菜 L. melliana

1. 半边莲 Lobelia chinensis Lour.

多年生草本。叶互生，椭圆状披针形至条形，全缘或顶部有齿，无毛。花生分枝的上部叶腋。蒴果倒锥状。花果期5~10月。

分布我国长江中下游及以南各地区；印度以东的亚洲其他各国也有；生水田边、沟边及潮湿草地上。保护区溪边湿草地偶见。

2. 卵叶半边莲 Lobelia zeylanica L.

多汁草本。叶螺旋状排列，叶片三角状阔卵形或卵形，边缘锯齿状。花单生叶腋；花冠紫色、淡紫色或白色，二唇形。蒴果倒锥状至矩圆状。种子三棱状。全年均可开花结果。

分布华南、东南地区；中南半岛、斯里兰卡、巴布亚新几内亚也有；生山地林边或沟边较阴湿处。保护区溪边阴湿处偶见。

3. 铜锤玉带草 Lobelia angulata Forst.

多年生草本。叶互生，圆卵形、心形或卵形，顶端钝圆或急尖，基部斜心形，边缘有齿，两面疏生短柔毛。花单生叶腋。果为浆果。花果期几全年。

分布我国西南、华南、华东地区；喜马拉雅地区至巴布亚新几内亚也有；生田边、路旁以及丘陵、低山草坡或疏林中的潮湿地。保护区三角山偶见。

4. 线萼山梗菜 Lobelia melliana E. Wimm.

多年生草本。叶螺旋状排列，下部的早落；叶片卵状椭圆形至长披针形，顶端渐尖，基部渐狭成长翅柄。总状花序顶生。蒴果球状。花果期8~10月。

分布华东、华南；生山地林边或沟边较阴湿处。保护区溪边阴湿处偶见。

249. 紫草科 Boraginaceae

草本，少为灌木或乔木。常被硬毛。单叶，互生，稀对生，全缘或有锯齿；无托叶。聚伞花序或镰状聚伞花序，稀单生；有苞片或无苞片；花两性，辐射对称，稀两侧对称；花萼裂片5，常宿存；花冠檐部5裂；雄蕊5。果实为核果或小坚果，常具各种附属物。本科约156属2000种。中国47属294种（含引种）。保护区3属4种。

1. 草本。
  2. 小坚果具瘤状凸起……………1. 斑种草属 Bothriospermum
  2. 小坚果有锚状刺……………2. 琉璃草属 Cynoglossum
1. 乔木……………………………3. 厚壳树属 Ehretia

1. 斑种草属 Bothriospermum Bge.

一年生或二年生草本。被硬毛。茎直立或伏卧。叶互生，卵形、椭圆形、长圆形、披针形或倒披针形。花小，蓝色或白色，具柄，排列为具苞片的镰状聚伞花序；花萼5裂；花冠辐状，裂片5。小坚果4，常具各种附属物。本属约5种。中国5种。保护区1种。

柔弱斑种草 Bothriospermum zeylanicum (J. Jacq.) Druce

一年生草本。叶椭圆形或狭椭圆形，顶端钝，基部宽楔形，两面被毛。花序柔弱，细长；花冠蓝色或淡蓝色。小坚果肾形。花果期2~10月。

分布东北、华东、华南、西南各地区；东北亚、喜马拉雅地区也有；生山坡路边、田间草丛、山坡草地及溪边阴湿处。保护区路边、旷野草地较常见。

2. 琉璃草属 Cynoglossum L.

多年生草本。叶为单叶。镰状聚伞花序顶生及腋生，集为紧密或开展的圆锥状花序；花萼5裂，裂至基部；花冠通常蓝色，钟状、筒状或漏斗状，5裂，裂片卵形或圆形。喉部有5个梯形或半月形的附属物。小坚果4，卵形、卵球形或近圆球形。本属约75种。中国12种。保护区2种。

1. 叶两面密生短伏毛·················1. 琉璃草 C. furcatum
1. 叶上面密生基部具基盘的硬毛，下面密生柔毛················
··························2. 小花琉璃草 C. lanceolatum

1. 琉璃草 Cynoglossum furcatum Wall.

直立草本。基生叶及茎下部叶具柄，长圆形或长圆状披针形，两面被毛；茎上部叶无柄，被密伏的伏毛。花序顶生及腋生。小坚果卵球形。花果期5~10月。

分布我国秦岭以南地区；南亚、东南亚也有；生林间草地、向阳山坡及路边。保护区蓄能水电站偶见。

2. 小花琉璃草 Cynoglossum lanceolatum Forssk.

多年生草本。叶具柄，长圆状披针形，上面被具基盘的硬毛及稠密的伏毛，下面密生短柔毛。花序顶生及腋生。小坚果卵球形。花果期4~9月。

分布我国西南、华南及华东；柬埔寨、印度、老挝、缅甸、马来西亚等地也有；生海拔300~2800m的丘陵、山坡草地及路边。保护区偶见。

3. 厚壳树属 Ehretia L.

乔木或灌木。叶互生，全缘或具锯齿；有叶柄。聚伞花序呈伞房状或圆锥状；花萼小，5裂；花冠筒状或筒状钟形，稀漏斗状，白色或淡黄色，5裂，裂片开展或反折。核果近圆球形。本属约50种。中国14种。保护区1种。

长花厚壳树 Ehretia longiflora Champ. ex Benth.

乔木。叶椭圆形、长圆形或长圆状倒披针形，顶端急尖，基部楔形，稀圆形，全缘，无毛。聚伞花序生侧枝顶端。核果淡黄色或红色。花期4月，果期6~7月。

分布华南、东南；越南也有；生丘陵低山路边、山坡疏林及湿润的山谷密林。保护区上水库偶见。

250. 茄科 Solanaceae

一年生至多年生草本、亚灌木、灌木或小乔木。直立、匍匐或攀援。有时具刺。单叶全缘、不分裂或分裂，有时为羽状复叶，互生或在开花枝端上大小不等的2叶双生；无托叶。花单生、簇生或组成各式花序；顶生、腋生或腋外生；两性或稀杂性，5基数，稀4基数。果实为多汁浆果或干浆果，或者为蒴果。本科约95属2300种。中国20属101种。保护区3属6种。

1. 萼通常具10线状齿·················1. 红丝线属 Lycianthes
1. 萼不具10齿。
  2. 萼在果时增大成膀胱状··············2. 酸浆属 Physalis
  2. 萼不增大成膀胱状·················3. 茄属 Solanum

1. 红丝线属 Lycianthes (Dunal) Hassl.

灌木或亚灌木，稀草本。单叶，全缘，上部叶常双生。花单生或2~10(~30)簇生叶腋；花萼杯形；花冠辐状或星状。浆果小，球形。本属约180种。中国10种。保护区1种。

红丝线（十萼茄）Lycianthes biflora (Lour.) Bitter

一年生草本。叶椭圆形或狭椭圆形，顶端钝，基部宽楔形，两面被毛。花序柔弱，细长；花冠蓝色或淡蓝色。小坚果肾形。花果期2~10月。

分布东北、华东、华南、西南各地区；东北亚、喜马拉雅地区也有；生山坡路边、田间草丛、山坡草地及溪边阴湿处。保护区路边、旷野草地较常见。

2. 酸浆属 Physalis L.

一年生或多年生草本。叶不分裂或有波状齿，稀羽状深裂，互生或在枝上端大小不等2叶双生。花单独生叶腋或枝腋；花萼果时增大成膀胱状，远较浆果大，完全包围浆果，有10纵肋，五棱或十棱形；花冠白色或黄色，5浅裂或仅五角形。浆果球状，多汁。本属约75种。中国6种。保护区1种。

苦蘵（灯笼草）Physalis angulata L.

一年生草本。叶卵形至卵状椭圆形，两面近无毛，具柄。花单独生叶腋或枝腋。果萼卵球状；浆果直径约1.2cm。花果期5~12月。

分布于我国华东、华中、华南及西南；日本、印度、澳大利亚和美洲也有；生山谷林下及村边路旁。保护区路旁偶见。

3. 茄属 Solanum L.

草本、亚灌木、灌木至小乔木，有时为藤本。无刺或有刺，无毛或被毛。叶互生，稀双生，全缘，波状或做各种分裂，稀为复叶。聚伞、蝎尾状、伞状聚伞或聚伞式圆锥花序，稀单生；花两性，能孕或仅花序下部的能孕；花萼宿存；花冠常白色，或青紫色，稀红紫色或黄色。浆果或大或小，基部包宿存花萼。本属1200余种。中国41种。保护区4种。

1. 草本。
  2. 植株无刺··················1. 少花龙葵 S. americanum
  2. 植株具刺。
    3. 浆果直径约 3.5cm··············2. 牛茄子 S. capsicoides
    3. 浆果直径约 1~1.5cm··············3. 水茄 S. torvum
1. 藤本··················4. 白英 S. lyratum

1. 少花龙葵 Solanum americanum Miller

草本。叶卵形至卵状长圆形，顶端渐尖，基部楔形下延至叶柄而成翅。花序近伞形。浆果球状。种子近卵形。几全年均开花结果。

分布华南、华东和云南；马来群岛也有；生村旁、田野、路旁。保护区常见。

2. 牛茄子（颠茄）Solanum capsicoides L.

直立草本至亚灌木。植物体除茎、枝外各部均被具节的纤毛。叶阔卵形，5~7浅裂或半裂。聚伞花序腋外生。浆果熟后橙红色。花期11月至翌年5月，果期6~9月。

原产巴西；分布我国大部分地区；喜生于路旁荒地、疏林或灌木丛中。保护区路旁荒地偶见。

3. 水茄 Solanum torvum Swartz

灌木。叶单生或双生，卵形至椭圆形。伞房花序腋外生；花白色；花梗及萼外面被星状毛及腺毛。浆果黄色，圆球形。种子盘状。全年均开花结果。

分布华南、东南及云南；印度及东南亚、美洲热带等地也有；喜生于热带地方的路旁、荒地、灌木丛中、沟谷及村庄附近等潮湿地方。保护区村边常见。

4. 白英 Solanum lyratum Thunb. ex Murray

草质藤本。叶互生，多数为琴形，裂片全缘；枝上部叶有时心形，两面均被毛。聚伞花序顶生或腋外生。浆果球状。花期夏秋季，果熟期秋末。

分布我国各地；日本、朝鲜也有；喜生于山谷草地或路旁、田边。保护区路旁偶见。

251. 旋花科 Convolvulaceae

草本、亚灌木或灌木，偶为乔木、多刺矮灌或寄生植物。被毛，常有乳汁。叶互生，螺旋排列，寄生种类无叶或退化成小鳞片；常单叶，全缘、掌状或羽状分裂，甚至全裂，叶基常心形或戟形；无托叶；通常有叶柄。花通常美丽，单生叶腋，或组成各式花序；花整齐，两性，5数。常为蒴果或浆果和坚果状。本科约58属1650种以上。中国20属约129种。保护区2属6种。

1. 花冠极少黄色；瓣中带通常有2条暗色的脉···1. 番薯属 Ipomoea
1. 花冠通常黄色；瓣中带通常有5条暗色的脉··················
··················2. 鱼黄草属 Merremia

1. 番薯属 Ipomoea L.

草本或灌木，通常缠绕。叶通常具柄，全缘，或有4各式分裂。花单生或组成腋生聚伞花序或伞形至头状花序；苞片各式；萼片5，宿存；花冠漏斗状或钟状，具五角形或多少5裂的冠檐。蒴果球形或卵形。本属约500种。中国约29种。保护区5种。

1. 茎不攀援。
　　2. 叶通常为长披针形·················1. 蕹菜 I. aquatica
　　2. 叶通常为宽卵形·················2. 番薯 I. batatas
1. 茎攀援。
　　3. 叶掌状5深裂或全裂···············3. 五爪金龙 I. cairica
　　3. 叶通常不裂或深3裂。
　　　　4. 花较大，约5~8cm··············4. 牵牛 I. nil
　　　　4. 花较小，约1.5cm·············5. 三裂叶薯 I. triloba

1. * 蕹菜 Ipomoea aquatica Forsk.

一年生草本，蔓生或漂浮于水。叶片形状、大小有变化，全缘或波状，稀具齿。聚伞花序腋生。蒴果卵球形至球形。花期9~12月。

现已作为一种蔬菜广泛栽培，或有时逸为野生状态；我国中部及南部各地常见栽培；分布遍及热带亚洲、非洲和大洋洲。保护区偶见。

2. * 番薯 Ipomoea batatas (L.) Lam.

一年生草本。有块根。叶片形状、颜色常因品种不同而异，通常为宽卵形，长4~13cm，全缘或3~7裂。聚伞花序腋生。蒴果卵形或扁圆形。花期9~12月。

原产南美洲，现已广泛栽培在全世界的热带、亚热带地区；为我国南方常见的粮食作物。保护区较常见。

3. 五爪金龙 Ipomoea cairica (L.) Sweet

多年生缠绕草本。叶掌状5深裂或全裂，裂片卵状披针形。聚伞花序腋生。蒴果近球形。花几全年。

原产热带亚洲或非洲，现全球热带广布；分布华南、华东及西南地区；生平地或山地路边灌丛的向阳处。保护区路边、林缘较常见。

4. 牵牛 Ipomoea nil (L.) Roth

一年生缠绕草本。茎、叶通常被刚毛。叶宽卵形或近圆形，深或浅的3裂，叶面多少被刚毛。花腋生。蒴果近球形。种子卵状三棱形。

分布我国除西北和东北部分地区外的大部分地区；广布世界热带、亚热带地区；生山坡灌丛、干燥河谷路边、园边宅旁、山地路边。保护区桂峰山常见。

5. 三裂叶薯 Ipomoea triloba L.

草本。叶宽卵形至圆形，全缘或有粗齿或深3裂，两面无毛或散生疏柔毛。花序腋生。蒴果近球形，具花柱基形成的细尖。种子4或较少，无毛。

分布我国广东及其沿海岛屿、台湾高雄；热带美洲遍布；生丘陵、荒草地或田野。保护区三角山常见。

2. 鱼黄草属 Merremia Dennst.

草本或灌木，通常缠绕。叶通常具柄，分裂或掌状三小叶或鸟足状分裂或复出。花腋生，单生或成腋生少花至多花的具各式分枝的聚伞花序；苞片通常小；萼片5，通常具小短尖头；花冠整齐，漏斗状或钟状，白色、黄色或橘红色。蒴果4瓣裂或多少成不规则开裂。本属约80种。中国19种。保护区1种。

篱栏网 Merremia hederacea (Burm. f.) Hall. f.

缠绕或匍匐草本。茎、叶柄、花序散生小疣状突起。叶心状卵形，有时为深或浅3裂，通常边缘有不规则的裂齿。聚伞花序腋生。蒴果扁球形或宽圆锥形。

分布华南、华东部分地区；热带非洲、亚洲等地也有；生灌丛或路旁草丛。保护区路旁草丛偶见。

252. 玄参科 Scrophulariaceae

草本、灌木或少有乔木。茎常有棱。叶互生、下部对生而上部互生、全对生或轮生；无托叶。花序总状、穗状或聚伞状，常合成圆锥花序；花常不整齐；萼下位，常宿存，5少有4基数；花冠4~5裂，裂片多少不等或作二唇形；雄蕊常4；花盘常存在。果为蒴果，少有浆果状。本科约200属3000种。中国56属600多种。保护区7属19种。

1. 乔木⋯⋯⋯⋯⋯⋯⋯⋯⋯⋯⋯⋯⋯⋯⋯⋯⋯1. 泡桐属 Paulownia
1. 草本或灌木。
　　2. 植株常有星状绒毛⋯⋯⋯⋯⋯⋯⋯⋯2. 来江藤属 Brandisia
　　2. 植株无星状绒毛。
　　　　3. 叶轮生或对生，有时具二型叶⋯⋯3. 石龙尾属 Limnophila
　　　　3. 叶不轮生，不具二型叶。
　　　　　　4. 萼有明显之翅或棱⋯⋯⋯⋯⋯4. 蝴蝶草属 Torenia
　　　　　　4. 萼无翅，亦无明显之棱。
　　　　　　　　5. 植株常有腺毛，有芳香味⋯5. 毛麝香属 Adenosma
　　　　　　　　5. 植株常无腺毛，无芳香味。
　　　　　　　　　　6. 蒴果室间开裂⋯⋯⋯6. 母草属 Lindernia
　　　　　　　　　　6. 蒴果室背开裂⋯⋯⋯7. 通泉草属 Mazus

1. 泡桐属 Paulownia Sieb. et Zucc.

落叶乔木，但在热带为常绿。除老枝外全体均被毛。叶对生，大而有长柄，稀3叶轮生，心形至长卵状心形，基部心形，全缘、波状或三至五浅裂，在幼株中常具锯齿，多毛；无托叶。数花成小聚伞花序，具总花梗或无，常再排成圆锥状；萼齿5，稍不等；花冠大，紫色或白色，檐部二唇形。蒴果。本属7种。中国6种。保护区2种。

1. 花白色，仅背面稍带紫色或浅紫色⋯⋯⋯1. 白花泡桐 P. fortunei
1. 花浅紫色至蓝紫色⋯⋯⋯⋯⋯⋯⋯⋯2. 台湾泡桐 P. kawakamii

1. 白花泡桐 Paulownia fortunei (Seem.) Hemsl.

落叶乔木。幼枝、叶、花序各部和幼果均被黄褐色星状绒毛。叶片长卵状心形。花序几成圆柱形。蒴果长6~10cm。花期3~4月，果期7~8月。

分布于华南、西南、华东等地；越南、老挝也有；生低海拔的山坡、林中、山谷及荒地。保护区疏林偶见。

2. 台湾泡桐 Paulownia kawakamii T. Itô

小乔木。叶片心脏形，全缘或3~5裂或有角，两面均有黏毛，叶面常有腺。花序为宽大圆锥形。蒴果卵圆形。种子长圆形。花期4~5月，果期8~9月。

分布我国长江以南地区；生山坡灌丛、疏林及荒地。保护区疏林内偶见。

2. 来江藤属 Brandisia Hook. f. et Thoms.

直立、攀援或藤状灌木，偶有寄生。常有星状绒毛。叶对生；有短柄。花腋生，单个或成对，或形成总状花序；萼钟状，稀管状卵圆形，外面有星毛，具5齿或多少二唇状；花冠裂片二唇状；

上唇较长大，2裂，下唇较短而3裂，伸展。蒴果质厚，卵圆形，室背开裂。本属约11种。中国8种。保护区1种。

岭南来江藤 Brandisia swinglei Merr.

直立灌木或略蔓性。全体密被褐灰色星状绒毛，枝及叶上面渐变无毛。叶片卵圆形，全缘或具疏齿。花单生于叶腋。蒴果小。花期6~11月，果期12月至翌年1月。

分布华南地区；生林中及林缘。保护区上水库偶见。

3. 石龙尾属 Limnophila R. Br.

一年生或多年生草本，生于水中或水湿处。茎直立、平卧或匍匐而节上生根。叶有沉水叶和气生叶之分，前者轮生，撕裂、羽状开裂至毛发状多裂；后者对生或轮生，有柄或无柄，全缘、撕裂或羽状开裂。花单生叶腋或排列成顶生或腋生的穗状或总状花序；萼筒状，萼齿5；花冠筒状或漏斗状，5裂，裂片成二唇形。蒴果为宿萼所包，室间开裂。本属约40种。中国10种。保护区3种。

1. 叶为二型：沉水叶羽状全裂，气生叶具齿或开裂。
 2. 气生叶不开裂……………………1. 异叶石龙尾 L. heterophylla
 2. 气生叶开裂………………………2. 石龙尾 L. sessiliflora
1. 叶全部为气生叶………………………3. 大叶石龙尾 L. rugosa

1. 异叶石龙尾 Limnophila heterophylla (Roxb.) Benth.

多年生水生草本。沉水叶多裂，裂片毛发状；气生叶对生或轮生，无柄，矩圆形，无毛。顶生穗状花序。蒴果，近球形。花期7月。

分布我国广东、台湾、江西等地区；南亚及东南亚也有；生水塘中。保护区偶见。

2. 石龙尾 Limnophila sessiliflora (Vahl) Bl.

多年生两栖草本。气生叶全部轮生，椭圆状披针形，具圆齿或开裂，无毛，密被腺点。花冠紫蓝色或粉红色。蒴果近于球形。花果期7月至翌年1月。

分布于我国华中、华南等地区；东亚、东南亚部分国家有分布；生水塘、沼泽、水田或路旁、沟边湿处。保护区偶见。

3. 大叶石龙尾 Limnophila rugosa (Roth) Merr.

多年生草本。叶对生，有具狭翅的柄；叶片卵形、菱状卵形或椭圆形，边缘具圆齿，上面无毛或疏被短硬毛。花单生叶腋。蒴果卵珠形。花果期8~11月。

分布我国南方地区；日本及南亚、东南亚也有；生水旁、山谷、草地。保护区桂峰山偶见。

4. 蝴蝶草属 Torenia L.

草本。无毛或被柔毛。叶对生，具齿。花具梗，排列成总状或伞形花序，或单朵腋生或顶生；无小苞片；花萼具棱或翅，萼齿通常5；花冠筒状，上部常扩大，5裂，二唇形，上唇直立，下唇开展。蒴果矩圆形，为宿萼所包藏，室间开裂。本属约50种。中国10种。保护区5种。

1. 花黄色………………Limnophila sessiliflora……1. 黄花蝴蝶草 T. flava
1. 花不为黄色。
 2. 花排成二歧状………………………2. 二花蝴蝶草 T. biniflora
 2. 花不排成二歧状。

3. 花丝无附属物 ································· 3. 紫萼蝴蝶草 T. violacea
3. 花丝具附属物。
　4. 总状花序顶生 ································· 4. 紫斑蝴蝶草 T. fordii
　4. 花单生或3~5朵生于近顶部的叶腋 ·················
　·· 5. 长叶蝴蝶草 T. asiatica

1. 黄花蝴蝶草 Torenia flava Buch.-Ham. ex Benth.

直立草本。叶片卵形或椭圆形，先端钝，基部楔形，边缘具带短尖的圆齿。总状花序顶生；花冠裂片4，黄色。蒴果狭长椭圆形。花果期6~11月。

分布我国广东、广西、台湾等地；东南亚多国也有；生空旷干燥处及林下溪旁湿处。保护区桂峰山偶见。

2. 二花蝴蝶草 Torenia biniflora T. L. Chin et D. Y. Hong

一年生草本。全体疏被硬毛。叶片卵形或狭卵形，边缘具粗齿。花序着生于中、下部叶腋，通常成二歧状。蒴果长椭圆体状。花果期7~10月。

分布我国广东、广西；生密林下或路旁阴湿处。保护区偶见。

3. 紫萼蝴蝶草 Torenia violacea (Azaola ex Blanco) Pennell

直立草本。叶片卵形或长卵形，边缘具齿，两面疏被柔毛。花在分枝顶部排成伞形花序或单生叶腋；花冠淡黄色或白色。花果期8~11月。

分布华东、华南、西南、华中地区；柬埔寨、印度、老挝、马来西亚、菲律宾、泰国、越南也有；生山坡草地、林下、田边及路旁潮湿处。保护区溪边偶见。

4. 紫斑蝴蝶草 Torenia fordii Hook. f.

直立粗壮草本。叶片宽卵形至卵状三角形，先端略尖，基部突然收狭成宽楔形。总状花序顶生；花冠黄色。蒴果圆柱状，两侧扁。花果期7~10月。

分布我国中南、华东部分地区；生山边、溪旁或疏林下。保护区鸡枕山、古田村偶见。

5. 长叶蝴蝶草 Torenia asiatica L.

一年生草本。叶片卵形或卵状披针形，两面疏被短糙毛，边缘具齿。花单生顶部叶腋或顶生。蒴果长椭圆形。花果期5~11月。

分布我国广东、云南、广西、贵州；南亚和东南亚也有；生沟边湿润处。保护区沟边草地偶见。

5. 毛麝香属 Adenosma R. Br.

草本，直立或匍匐。被毛及腺毛。叶对生，有锯齿，被腺点。花具短梗或无梗，单生上部叶腋，常集成总状、穗状或头状花序；小苞片2；萼齿5；花冠筒状，裂片成二唇形，上唇直立，先端凹缺或全缘，下唇伸展，3裂。蒴果卵形或椭圆形，先端略具喙。本属约15种。中国4种。保护区1种。

毛麝香 Adenosma glutinosum (L.) Druce

直立草本。叶对生，有柄；叶片披针状卵形至宽卵形，边缘具齿或重齿，两面被毛，下面多腺点。总状花序。蒴果卵形。花果期7~10月。

分布华东、华南的部分地区及云南；南亚、东南亚及大洋洲也有；生丘陵山地的荒山坡、疏林下湿润处。保护区山谷偶见。

2. 长蒴母草 Lindernia anagallis (Burm. f.) Pennell

一年生匍匐草本。叶片三角状卵形、卵形或矩圆形，边缘有不明显的浅圆齿，两面无毛。花单生叶腋。蒴果较长。花期4~9月，果期6~11月。

分布我国长江以南等地区；亚洲东南部也有；多生于中低海拔林边、溪旁及田野的较湿润处。保护区溪边草地偶见。

3. 粘毛母草 Lindernia viscosa (Hornem.) Merr.

一年生草本。下部叶卵状矩圆形，顶端钝或圆，边缘有波齿，两面疏被粗毛；上部叶渐宽短。花序总状。蒴果与宿萼近等长。花期5~8月，果期9~11月。

分布我国云南、广东、江西；东南亚也有；生山地林中及岩石旁。保护区上水库偶见。

4. 荨麻母草（荨麻叶母草）**Lindernia elata (Benth.) Wettst.**

6. 母草属 Lindernia All.

草本。直立、倾卧或匍匐。叶对生，形状多变，常有齿，稀全缘；脉羽状或掌状；有柄或无。花常对生，稀单生，腋生或在茎枝顶排成总状或假伞形花序，稀呈大型圆锥花序；常具花梗，无小苞片；萼具5齿；花冠紫色、蓝色或白色，二唇形。果为蒴果，室间开裂。本属约70种。中国约29种。保护区6种。

1. 萼浅裂···1. 母草 L. crustacea
1. 萼深裂。
　2. 蒴果条状圆柱形·······························2. 长蒴母草 L. anagallis
　2. 蒴果卵球形、近球形、矩圆形或椭圆形。
　　3. 雄蕊4，均能育。
　　　4. 蒴果球形·······························3. 粘毛母草 L. viscosa
　　　4. 蒴果椭圆形·························4. 荨麻母草 L. elata
　　3. 有性雄蕊2，退化雄蕊2。
　　　5. 叶密生整齐而急尖的细锯齿········5. 旱田草 L. ruellioides
　　　5. 叶缘锯齿不明显·······················6. 泥花草 L. antipoda

1. 母草 Lindernia crustacea (L.) F. Muell

草本。叶片三角状卵形或宽卵形，边缘有浅钝锯齿，两面近无毛或背脉疏被毛。花单生叶腋或在茎枝顶成极短的总状花序。蒴果与宿萼近等长。花果期几全年。

分布于我国华东、华南、西南、华中等地；热带和亚热带广布；生田边、草地、路边等低湿处。保护区桂峰山偶见。

一年生直立草本。叶三角状卵形，顶端急尖，缘具锐齿，两面被硬毛。花多数，常成腋生总状花序。蒴果比宿萼短。花期7~10月，果期9~11月。

分布我国广东、广西、云南、福建；越南、马来半岛等地也有；生旷野草地。保护区偶见。

5. 旱田草（旱母草）Lindernia ruellioides (Colsm.) Pennell

一年生草本。叶矩圆形、椭圆形、卵状矩圆形或圆形，边缘具整齐细齿。总状花序顶生。蒴果圆柱形。花期6~9月，果期7~11月。

分布于华南、西南、华东；印度至印度尼西亚、菲律宾也有；生草地、平原、山谷及林下。保护区路旁草地偶见。

6. 泥花草 Lindernia antipoda (L.) Alston

一年生草本。叶片矩圆形、矩圆状倒披针形或几为条状披针形。花多在茎枝之顶成总状着生。蒴果圆柱形。种子为不规则三棱状卵形。花果期春季至秋季。

分布于华南、西南、华东等地；从印度到澳大利亚北部的热带和亚热带地区广布；多生于田边及潮湿的草地中。保护区三角山偶见。

7. 通泉草属 Mazus Lour.

矮小草本。茎圆，稀四方。叶多基生，莲座状或对生；上部叶则互生，基部逐渐狭窄成有翅的叶柄，边缘有齿。花小，排成顶生稍偏向一边的总状花序；苞片小，小苞片有或无；花萼漏斗状或钟形，萼齿5；花冠二唇形，紫白色。蒴果包于宿存花萼内，室背开裂。本属约35种。中国约25种。保护区1种。

通泉草（匍茎通泉草）Mazus pumilus (Burm. f.) Van Steenis

多年生草本。基生叶常多数成莲座状，倒卵状匙形，有长柄，边缘具粗齿；茎生叶在直立茎上的多互生。总状花序顶生。蒴果稍伸出于萼筒。花果期2~8月。

分布我国长江以南地区；日本也有；生潮湿的路旁、疏林中。保护区偶见。

253. 列当科 Orobanchaceae

多年生、二年生或一年生寄生草本。不含或几乎不含叶绿素。不分枝或稀分枝。叶鳞片状，螺旋状排列，或在基部密集成近覆瓦状。花多数，沿茎上部排列成总状或穗状花序，或簇生于茎端成近头状花序，极少花单生茎端；苞片1，小苞片有或无；花两性，雌蕊先熟；花冠左右对称，二唇形。蒴果，室背开裂。本科15属150多种。中国产9属42种。保护区1属1种。

野菰属 Aeginetia L.

寄生草本。茎极短，分枝或不分枝。叶鳞片状，生茎的近基部。花大，单生茎端或数花簇生茎端成缩短的总状花序；无小苞片；花梗很长，直立；花萼佛焰苞状；花冠筒状或钟状，稍弯曲，不明显的二唇形。蒴果2瓣开裂。本属4种。中国3种。保护区1种。

野菰 Aeginetia indica L.

寄生草本。全株无毛。叶疏生于茎的近基部，卵状披针形或披针形。花单生茎端；花梗紫红色。蒴果圆锥形。花期4~6月，果期6~8月。

分布于华南、西南、华东等地；南亚、东南亚及日本也有；常寄生于禾草类植物的根上。保护区三角山偶见。

254. 狸藻科 Lentibulariaceae

一年生或多年生食虫草本，陆生、附生或水生。茎及分枝常变态成根状茎、匍匐枝、叶器和假根。常无真叶而具叶器或具叶；托叶不存在。常有捕虫囊。花单生或排成总状花序；花两性；花萼宿存；花冠合生，左右对称，檐部二唇形，开裂或稀不裂。蒴果球形、卵球形或椭圆球形。本科4属230余种。中国2属19种。保护区1属2种。

狸藻属 Utricularia L.

一年生或多年生食虫草本，水生、沼生或附生。无真正的根和叶。茎枝变态成匍匐枝、假根和叶器。叶器基生呈莲座状或互生于匍匐枝上，全缘或一至多回深裂。捕虫囊生于叶器、匍匐枝及假根上。花序总状，有时简化为单花；花萼二深裂；花冠二唇形，黄色、紫色或白色，稀蓝色或红色。蒴果开裂。本属约180种。中国17种。保护区2种。

1. 叶器不为圆形……………………………1. 挖耳草 U. bifida
1. 叶器圆形……………………………2. 圆叶挖耳草 U. striatula

1. 挖耳草 Utricularia bifida L.

陆生小草本。叶器生于匍匐枝上，狭线形或线状倒披针形，膜质，无毛，具1脉。捕虫囊生于叶器及匍匐枝上。花序直立。蒴果室背开裂。花果期6至翌年1月。

分布华中、华南、西南、华东等地区；喜马拉雅地区、日本经东南亚至澳大利亚也有；生沼泽地、稻田或沟边湿地。保护区鸡枕山、古田村偶见。

2. 圆叶挖耳草 Utricularia striatula J. Smith

陆生小草本。叶器簇生成莲座状和散生于匍匐枝上，倒卵形、圆形或肾形。捕虫囊散生于匍匐枝上，斜卵球形。花序直立。蒴果斜倒卵球形。花期6~10月，果期7~11月。

分布华南、西南、华东等地区；南亚、东南亚和热带非洲也有；生潮湿的岩石或树干上，常生于苔藓丛中。保护区上水库偶见。

256. 苦苣苔科 Gesneriaceae

多年生草本或灌木，稀为乔木、一年生草本或藤本，陆生或附生。叶为单叶，不分裂，稀羽状分裂或为羽状复叶；无托叶。常为双花聚伞花序，或为单歧聚伞花序，稀为总状花序；有苞片；花两性，常左右对称，较少辐射对称。蒴果或稀为浆果。本科133属3000余种。中国56属约442种。保护区4属5种。

1. 果实为开裂的蒴果。
  2. 能育雄蕊2。
    3. 柱头1……………………………1. 唇柱苣苔属 Chirita
    3. 柱头2……………………………2. 双片苣苔属 Didymostigma
  2. 能育雄蕊4……………………………3. 马铃苣苔属 Oreocharis
1. 果实不开裂，常肉质……………………4. 线柱苣苔属 Rhynchotechum

1. 唇柱苣苔属 Chirita Buch.-Ham. ex D. Don

多年生或一年生草本。无或具地上茎。单叶，稀为羽状复叶，不分裂，稀羽状分裂，对生或簇生，稀互生；具羽状脉。聚伞花序腋生，有时多少与叶柄愈合，有少数或多数花，或为单花；苞片2，对生；萼5裂；花冠紫色、蓝色或白色，檐部二唇形。蒴果线形，室背开裂。本属约140种。中国约100种。保护区2种。

1. 花冠白色或淡紫色………………………1. 光萼唇柱苣苔 C. anachoreta
1. 花冠淡紫色或紫色………………………2. 蚂蝗七 C. fimbrisepala

1. 光萼唇柱苣苔 Chirita anachoreta (Hance) D. J. Middleton et Mich. Möller

一年生草本。叶对生；叶片薄草质，狭卵形或椭圆形，叶上面脉上无毛，边缘有小牙齿。花序腋生。蒴果无毛。种子纺锤形。花期7~9月。

分布我国中南地区、云南和台湾；东南亚多国也有；生山谷林中石上和溪边石上。保护区鱼洞村偶见。

2. 蚂蝗七 Chirita fimbrisepala (Hand.-Mazz.) Y. Z. Wang

多年生草本。叶均基生，草质，卵形、宽卵形或近圆形，边缘有齿，两面被毛。聚伞花序。蒴果长6~8cm。花期3~4月。

分布华南、华东部分地区；生山地林中石上或石崖上或山谷溪边。保护区安山村东门山偶见。

2. 双片苣苔属 Didymostigma W. T. Wang

一年生草本。叶对生，卵形；叶脉羽状。聚伞花序腋生；苞片对生；花中等大小；花萼狭钟状，5裂达基部；花冠淡紫色，筒细漏斗状，檐部二唇形，上唇2浅裂，下唇3浅裂。蒴果线形，室背纵裂。本属2种。中国2种。保护区1种。

双片苣苔 Didymostigma obtusum (C. B. Clarke) W. T. Wang

一年生草本。叶对生；叶片草质，卵形，边缘具钝锯齿，两面被柔毛。聚伞花序腋生；花冠淡紫色或白色。蒴果长4~8cm。种子椭圆形。花期6~10月。

分布我国广东、福建；生山谷林中或溪边阴处。保护区溪边偶见。

3. 马铃苣苔属 Oreocharis Benth.

多年生草本。根状茎短而粗。叶均基生。聚伞花序腋生，1至数个，有1至数花；苞片2，对生，有时无苞片；花萼钟状，5裂至近基部；花冠檐部稍二唇形或二唇形，筒部与檐部等长或较檐部长。蒴果倒披针状长圆形或长圆形。本属约28种。中国约27种。保护区1种。

长瓣马铃苣苔 Oreocharis auricula (S. Moore) C. B. Clarke

多年生草本。叶全部基生，具柄，长圆状椭圆形，边缘具钝齿至近全缘，上面被贴伏毛，下面被绵毛至近无毛。聚伞花序。蒴果。花期6~7月，果期8月。

分布我国南方部分地区；生山谷、沟边及林下潮湿岩石上。保护区上水库较常见。

4. 线柱苣苔属 Rhynchotechum Bl.

亚灌木。幼时常密被柔毛。叶对生，稀互生，长圆形或椭圆形；通常有较多近平行的侧脉；具柄。聚伞花序腋生，二至四回分枝，常有多数花；苞片对生，小；花小；花萼钟伏，5裂达基部，宿存；花冠钟状粗筒形，筒比檐部短，檐部不明显二唇形。浆果近球形，白色。本属约13种。中国5种。保护区1种。

椭圆线柱苣苔 Rhynchotechum ellipticum (Wall. ex D. Dietr.) A. DC.

亚灌木。叶对生，具柄，纸质，倒披针形或长椭圆形，具小齿，近平行。聚伞花序1~2个生叶腋。浆果白色。花期6~10月，果期8月至翌年1月。

分布华南、西南及福建；东南亚多国也有；生山谷林中或溪边阴湿处。保护区山谷林中偶见。

259. 爵床科 Acanthaceae

草本、灌木或藤本，稀为小乔木。叶对生，稀互生，极少数羽裂，无托叶。叶片、小枝和花萼上常有条形或针形的钟乳体。花两性，左右对称，无梗或有梗，常为总状、穗状或聚伞花序，伸长或头状，有时单生或簇生；苞片大或小；小苞片有或无；花萼常5裂；花冠檐部常5裂，整齐或二唇形。蒴果，室背开裂。本科约229属3400多种。中国约68属300多种。保护区8属13种。

1. 蒴果的胎座上无珠柄钩…………………1. 叉柱花属 Staurogyne
1. 蒴果的胎座上具珠柄钩。
　2. 花冠裂片为旋转状排列。
　　3. 子房每室具多数种子…………2. 水蓑衣属 Hygrophila
　　3. 子房每室具2~4种子…………3. 马蓝属 Strobilanthes
　2. 花冠裂片为覆瓦状排列。
　　4. 子房每室有3~10胚珠…………4. 穿心莲属 Andrographis
　　4. 子房每室有2胚珠。
　　　5. 总状花序和圆锥花序；花在花序上互生………………
　　　　…………………………5. 钟花草属 Codonacanthus
　　　5. 头状或穗状花序；花在花序上常对生。
　　　　6. 聚伞花序下部具2~4叶状总苞……………………
　　　　　…………………………6. 狗肝菜属 Dicliptera
　　　　6. 花序下部苞片无叶状总苞。
　　　　　7. 无细长花冠管…………………7. 爵床属 Justicia
　　　　　7. 花冠管细长，圆柱状…8. 山壳骨属 Pseuderanthemum

1. 叉柱花属 Staurogyne Wall.

草本。通常单茎。叶对生或有时上部的互生，通常全缘；常具叶柄；具羽状脉。花序总状或穗状，稀成圆锥花序或头状，顶生或腋生；总梗常有节，基部常有1对缩小的叶；花萼几裂至基部；花冠近钟形，管短。蒴果有种子12~60。本属约140种。中国17种。保护区2种。

1. 萼侧裂片顶端不为白色·················1. 弯花叉柱花 S. chapaensis
1. 萼侧裂片顶端常为白色·················2. 叉柱花 S. concinnula

1. 弯花叉柱花 Staurogyne chapaensis R. Ben.

草本。叶对生丛生，叶柄连同叶脉棕红色，叶片卵形、长圆形，边缘全缘或不明显波状。总状花序顶生或腋生，多花；花冠淡蓝紫毛。果实未见。花期 3~5 月。

分布我国广东、广西及云南东南部；越南北部有分布；生海拔 1000~1800m 的林下。保护区偶见。

2. 叉柱花 Staurogyne concinnula (Hance) O. Kuntz.

草本。茎极缩短，被长柔毛。叶对生丛状，成莲座状；叶片匙形至匙状披针形，近全缘。总状花序顶生或近顶腋生。蒴果。花期 3~5 月，果期 7~9 月。

分布我国南亚热带以南地区；日本也有；生低海拔林下。保护区林中偶见。

2. 水蓑衣属 Hygrophila R. Br.

灌木或草本。叶对生，全缘或具小齿。花无梗，2 至多花簇生于叶腋；花萼 5 深裂至中部；冠管筒状，冠檐二唇形，上唇直立 2 浅裂，下唇近直立浅 3 裂。蒴果圆筒状或长圆形，2 室。种子被白毛。本属约 100 种。中国 6 种。保护区 1 种。

水蓑衣 Hygrophila ringens (L.) R. Br. ex Spreng.

草本。叶近无柄，纸质，长椭圆形、披针形、线形。花簇生于叶腋，无梗；花萼圆筒状。蒴果干时淡褐色，无毛。花期秋季。

分布华南、西南、华东、华中等地；亚洲东南部至东部也有；生溪沟边或洼地等潮湿处。保护区山谷阴湿处偶见。

3. 马蓝属 Strobilanthes Bl.

多年生草本或灌木，稀小乔状。多为一次性结实植物。茎幼时常四棱形。叶对生。穗状花序；花冠多为淡紫色，少数为黄色、粉红色或白色。蒴果。种子被柔毛或长柔毛。本属约 250 种。中国 15 种。保护区 3 种。

1. 苞片早落。
　　2. 叶同型·························1. 板蓝 S. cusia
　　2. 叶异型·························2. 曲枝假蓝 S. dalzielii
1. 苞片宿存·························3. 薄叶马蓝 S. labordei

1. 板蓝（马蓝、南板蓝）Strobilanthes cusia (Nees) Kuntze

多年生草本。茎直立或基部外倾，通常成对分枝，幼嫩部分和花序均被毛。叶柔软，椭圆形或卵形，边缘有粗齿，两面无毛。穗状花序直立。蒴果无毛。花期 11 月。

分布我国长江以南地区；喜马拉雅地区、东南亚也有；生山谷林内潮湿处。保护区山谷林内偶见。

2. 曲枝假蓝 Strobilanthes dalzielii (W. W. Smith) Benoist

多年生草本或亚灌木。叶片卵形到卵状披针形，具显著的钟乳体，边缘有锯齿。穗状花序腋生或顶生。蒴果线形长圆形。种子 4。花期 10 月至翌年 1 月。

分布华南、西南、华东等地；老挝、越南、泰国也有分布；生林下阴湿处。保护区林下偶见。

3. 薄叶马蓝（四子马蓝、黄猄草）**Strobilanthes labordei** H. Léveillé

草本。叶纸质，卵形或近椭圆形，顶端钝，基部渐狭或稍收缩，边缘具圆齿。穗状花序短而紧密。蒴果长约10mm。花期8~12月。

分布我国长江以南地区；越南北部也有；生密林中。保护区林中偶见。

4. 穿心莲属 Andrographis Wall. ex Nees

草本或亚灌木。叶全缘。花序顶生或腋生；花具梗，通常组成疏松的圆锥花序或有时紧密总状花序呈头状；具苞片；小苞片有或无；花萼5深裂，裂片狭，等大；花冠管筒状或膨大，冠檐二唇形或稍呈二唇形。蒴果线状长圆形或线状椭圆形，两侧呈压扁状。本属约20种。中国1种。保护区有分布。

* 穿心莲（一见喜）**Andrographis paniculata** (Burm. f.) Wall. ex Nees

一年生草本。叶对生，卵状矩圆形至矩圆状披针形，顶端略钝，花序轴上叶较小。总状花序顶生和腋生。蒴果扁。花果期全年。

原产南亚；我国南方有栽培。保护区有栽培。

5. 钟花草属 Codonacanthus Nees

草本。叶对生，全缘。花小，具花梗，组成顶生和腋生的总状花序和圆锥花序；花在花序上互生，相对一侧为无花的苞片；苞片和小苞片均小，钻形；萼片深5裂，近等大；花冠钟形，5裂。蒴果。本属1种。中国1种。保护区有分布。

钟花草 Codonacanthus pauciflorus (Nees) Nees

纤细草本。茎被短柔毛。叶薄纸质，椭圆状卵形或狭披针形，两面被微柔毛。花序疏花；花在花序上互生。蒴果长1.5cm。花期10月。

分布华南、西南、华东等地；南亚和越南也有；生密林下或潮湿的山谷。保护区山谷阴湿处偶见。

6. 狗肝菜属 Dicliptera Juss.

草本。叶通常全缘或明显的浅波状。花序腋生，稀顶生，由数至多个头状花序组成聚伞形或圆锥形式；头状花序具总花梗；总苞片2，叶状对生；小苞片小；花无梗；花萼5深裂，裂片线状披针形，等大；花粉红色，冠管细长，冠檐二唇形。蒴果卵形，两侧稍扁。本属约150种。中国约5种。保护区1种。

狗肝菜 Dicliptera chinensis (L.) Juss.

草本。叶纸质，卵状椭圆形，顶端短渐尖，基部阔楔形或稍下延，两面近无毛；有叶柄。花序腋生或顶生。蒴果被毛。花果期9月至翌年2月。

分布于华南、西南、华东等地；南亚及中南半岛也有；生疏林下、溪边、路旁、村边。保护区路边草地偶见。

7. 爵床属 Justicia L.

草本。叶对生，叶面有钟乳体。花无梗，组成顶生穗状花序；苞片交互对生，每苞片中有1花；小苞片和萼裂片与苞片相似，均被缘毛；花萼不等大5裂或等大4裂，后裂片小或消失；花冠短，二唇形。蒴果小，基部具坚实的柄状部分。本属700余种。中国43种。保护区3种。

1. 花萼裂片5。
  2. 花序穗状，分枝或否，顶生或腋生 ··· 1. 华南爵床 J. austrosinensis
  2. 花1至数朵簇生于上部叶腋 ············ 2. 杜根藤 J. quadrifaria
1. 花萼裂片4 ···································· 3. 爵床 J. procumbens

1. 华南爵床 Justicia austrosinensis H. S. Lo et D. Fang

草本。茎槽内交互有白色毛。叶卵形、阔卵形或近椭圆形，有粗齿或全缘，上面散生硬毛；背面中脉上被硬毛。穗状花序腋生和顶生。

分布华南、西南及江西；生山地水边、山谷疏林或密林中。保护区疏林中偶见。

2. 杜根藤 Justicia quadrifaria (Nees) T. Anderson

草本。叶有柄，矩圆形或披针形，基部锐尖，顶端短渐尖，边缘常具小齿。花序腋生；花冠白色，具红色斑点。蒴果无毛。

分布我国长江以南地区；东南亚也有；生林间草丛中。保护区蓄能水电站偶见。

3. 爵床 Justicia procumbens L.

草本。叶椭圆形至椭圆状长圆形，顶端锐尖或钝，基部宽楔形或近圆形，两面常被短硬毛。穗状花序顶生或生上部叶腋。蒴果小。花果期几全年。

分布我国秦岭南坡以南地区；亚洲南部至澳大利亚广布；生山坡林间草丛中。保护区山坡林内偶见。

8. 山壳骨属 Pseuderanthemum Radlk.

草本或亚灌木。叶全缘或有钝齿。花无梗或具极短的花梗，组成顶生或腋生的穗状。花在花序上对生；苞片和小苞片通常小，线形；萼深5裂；花冠管细长，5裂，裂片覆瓦状排列。蒴果棒锤状。本属约50种。中国7种。保护区1种。

山壳骨（紫云杜鹃）Pseuderanthemum latifolium (Vahl) B. Hansen

多年生草本。叶椭圆形，两端渐尖，几全缘，疏具波齿；侧脉5~6条。总状花序常簇生穗状。蒴果被柔毛。花期4~6月，果期8~9月。

分布华南、西南；东喜马拉雅、中南半岛等地广布；生海拔700m的地区。保护区偶见。

263. 马鞭草科 Verbenaceae

灌木或乔木，有时为藤本，稀草本。叶对生，很少轮生或互生，单叶或掌状复叶，很少羽状复叶；无托叶。花序顶生或腋生，多数为聚伞、总状、穗状、伞房状聚伞或圆锥花序；花两性，稀杂性；花萼宿存；花冠管圆柱形，冠檐二唇形或4~5裂，稀多裂。果实为核果、蒴果或浆果状核果。本科91余属2000余种。中国20属182种。保护区5属17种1变种。

1. 木本。
  2. 单叶。
    3. 果萼不增大 ································ 1. 紫珠属 Callicarpa
    3. 萼在花后多少增大，宿存，全部或部分包被果实 ·· 2. 大青属 Clerodendrum
  2. 掌状复叶 ·· 3. 牡荆属 Vitex
1. 草本。
  2. 子房2室；果实成熟后2瓣裂 ············ 4. 马缨丹属 Lantana
  2. 子房4室；果实成熟后4瓣裂 ············ 5. 马鞭草属 Verbena

1. 紫珠属 Callicarpa L.

直立灌木，稀乔木、藤本或攀援灌木。小枝圆筒形或四棱形，被毛，稀无毛。叶对生，偶有三叶轮生，边缘有锯齿，稀全缘，通常被毛和腺点；无托叶；有柄或近无柄。聚伞花序腋生；苞片细小，稀为叶状；花小，整齐；花萼宿存；花冠紫色、红色或白色，顶端4裂。核果或浆果状，熟时紫色、红色或白色。本属140余种。中国约48种。保护区8种。

1. 植株密被黄褐色分枝绒毛 ·················· 1. 枇杷叶紫珠 C. kochiana
1. 植株不密被黄褐色分枝绒毛。
  2. 花通常有3 ························· 2. 钩毛紫珠 C. peichieniana
  2. 花通常不止3。
    3. 叶较长，可达26cm ············· 3. 广东紫珠 C. kwangtungensis
    3. 叶较短。
      4. 叶基部心形 ·························· 4. 红紫珠 C. rubella
      4. 叶基部不为心形。
        5. 叶背腺体黄色 ···················· 5. 杜虹花 C. formosana
        5. 叶背腺体红色。
          6. 叶背面密被星状柔毛 ·········· 6. 紫珠 C. bodinieri
          6. 叶背面不密被星状柔毛。
            7. 叶较窄，1.5~3cm ········· 7. 华紫珠 C. cathayana
            7. 叶较宽，5~7cm ············ 8. 多齿紫珠 C. dentosa

1. 枇杷叶紫珠 Callicarpa kochiana Makino

灌木。小枝、叶柄与花序密生黄褐色绒毛。叶长椭圆形、卵状椭圆形或长椭圆状披针形，边缘有锯齿，两面有腺点。聚伞花序3~5次分歧。果实球形。花期7~8月，果期9~12月。

分布华东、中南地区和河南南部；越南也有；生山坡或谷地溪旁林中和灌丛中。保护区蓄能水电站常见。

2. 钩毛紫珠 Callicarpa peichieniana Chun et S. L. Chen ex H. Ma et W. B. Yu

灌木。小枝圆柱形，密被钩状小糙毛和黄色腺点。叶菱状卵形或卵状椭圆形，密被黄色腺点，边缘上半部疏生小齿。聚伞花序单一。果实球形。花期6~7月，果期8~11月。

分布我国广东、广西和湖南；生林中或林边。保护区林中偶见。

3. 广东紫珠 Callicarpa kwangtungensis Chun

灌木。叶片狭椭圆状披针形、披针形或线状披针形，边缘上半部有细齿。聚伞花序3~4次分歧，具稀疏的星状毛。果实球形。花期6~7月，果期8~10月。

分布华东、华中、华南、西南地区；生山坡林中或灌丛中。保护区三角山偶见。

4. 红紫珠 Callicarpa rubella Lindl.

灌木。小枝被黄褐色星状毛及腺毛。叶倒卵形或倒卵状椭圆形，边缘具齿。聚伞花序被毛。果实紫红色。花期5~7月，果期7~11月。

分布华东、华南、西南等地；东南亚多国也有；生丘陵低山的山坡、河谷的林中或灌丛中。保护区小杉村偶见。

5. 杜虹花 Callicarpa formosana Rolfe

灌木。小枝、叶柄和花序均密被灰黄色毛。叶卵状椭圆形或椭圆形，顶端通常渐尖，基部钝或浑圆，边缘有细锯齿。聚伞花序通常4~5次分歧。果实紫色。花期5~7月，果期8~11月。

分布华东、华南；菲律宾也有；生平地、山坡和溪边的林中或灌丛中。保护区山坡林内较常见。

马鞭草科 Verbenaceae

6. 紫珠 Callicarpa bodinieri H. Levl.

灌木。小枝、叶柄和花序均被粗糠状星状毛。叶片卵状长椭圆形至椭圆形，边缘有细锯齿。聚伞花序4~5次分歧。果实球形，无毛。花期6~7月，果期8~11月。

分布我国河南及华南、华东、西南等地；越南也有；生林中、林缘及灌丛中。保护区林内常见。

7. 华紫珠 Callicarpa cathayana H. T. Chang

灌木。嫩枝被毛，后脱落。叶椭圆形或卵形，顶端渐尖，基部楔形，两面近无毛。聚伞花序细弱。果实球形。花期5~7月，果期8~11月。

分布我国长江流域及以南地区；生山坡谷地的丛林中。保护区林缘偶见。

8. 多齿紫珠 Callicarpa dentosa (H. T. Chang) W. Z. Fang

小灌木。枝条灰褐色，无毛。叶片椭圆形或长圆状披针形，顶端短尖，基部楔形或钝，密被紫红色颗状腺点。聚伞花序紧密。果实球形。花期6~7月，果期7~9月。

产我国广东韶关地区；生山坡溪边密林中。保护区偶见。

2. 大青属 Clerodendrum L.

落叶或半常绿灌木或小乔木，稀攀援状藤本或草本。单叶对生，很少浅裂至掌状分裂。聚伞花序或再组成伞房状、圆锥状花序，或短缩近头状；花萼有色泽，宿存，全部或部分包被果实。浆果状核果。本属约400种。中国34种。保护区5种。

1. 花序具花3~10，常腋生····················1. 白花灯笼 C. fortunatum
1. 花序具花10以上，常顶生。
　2. 叶片背面有盾状腺体···················2. 赪桐 C. japonicum
　2. 叶片背面无盾状腺体。
　　3. 花重瓣··························3. 重瓣臭茉莉 C. chinense
　　3. 花单瓣。
　　　4. 植株密被平展的长柔毛············4. 灰毛大青 C. canescens
　　　4. 植株散生短柔毛··················5. 尖齿臭茉莉 C. lindleyi

1. 白花灯笼（鬼灯笼）Clerodendrum fortunatum L.

灌木。嫩枝密被黄褐色短柔毛。叶纸质，长椭圆形或倒卵状披针形，叶背密生小腺点。聚伞花序腋生；花冠淡红色或白色稍带紫色。核果近球形。花果期6~11月。

分布华东、华南地区；菲律宾、越南也有；生丘陵、山坡、路边、村旁和旷野。保护区山坡灌草丛较常见。

2. 赪桐 Clerodendrum japonicum (Thunb.) Sweet

灌木。叶片圆心形，边缘有疏短尖齿，表面疏生伏毛，背面密具锈黄色盾形腺体。二歧聚伞花序组成顶生。果实椭圆状球形。花果期5~11月。

分布华东、华南、西南等地；南亚至东南亚、日本也有；生平原、山谷、溪边或疏林中或栽培于庭园。保护区溪边较常见。

3. 重瓣臭茉莉（臭茉莉）Clerodendrum chinense (Osbeck) Mabb.

灌木。叶片宽卵形到近心形，表面密被刚伏毛，背面密被柔毛。花序顶生，密集的伞房花序或聚伞花序。核果。

分布华南和西南地区；老挝、泰国、柬埔寨以及亚洲热带地区常见栽培或逸生，毛里求斯、夏威夷等地也有归化；生林中或溪边。保护区溪边较常见。

4. 灰毛大青 Clerodendrum canescens Wall.ex Walp.

灌木。叶片心形或宽卵形，少为卵形，顶端渐尖，基部心形至近截形，两面都有柔毛。聚伞花序密集成头状。核果近球形。花果期4~10月。

分布我国长江以南大部分地区；印度和越南也有；生山坡路边或疏林中。保护区桂峰山偶见。

5. 尖齿臭茉莉 Clerodendrum lindleyi Decne. ex Planch.

灌木。叶片纸质，宽卵形或心形，两面被毛，叶缘有齿。伞房状聚伞花序密集，顶生。核果近球形，大半被紫红色增大的宿萼所包。花果期6~11月。

分布我国长江以南地区；生林中、路边或溪边。保护区路边、溪边偶见。

3. 牡荆属 Vitex L.

乔木或灌木。小枝通常四棱形，无毛或微被毛。叶对生，有柄，掌状复叶；小叶3~8，稀单叶，小叶片全缘或有锯齿，浅裂至深裂。花序顶生或腋生，为有梗或无梗的聚伞花序，或再组成圆锥状、伞房状或近穗状花序；苞片小；花萼宿存；花冠二唇形，上唇2裂，下唇3裂。核果球形或卵球形。本属约250种。中国14种。保护区2种1变种。

1. 叶背面密生灰白色绒毛。
    2. 叶全缘或每边有少数粗锯齿··············1. 黄荆 V. negundo
    2. 叶边缘有粗锯齿··············2. 牡荆 V. negundo var. cannabifolia
1. 叶背面除中脉外其余均无毛··············3. 山牡荆 V. quinata

1. 黄荆 Vitex negundo L.

灌木或小乔木。掌状复叶；小叶片长圆状披针形至披针形，顶端渐尖，基部楔形，叶背密生灰白色绒毛。圆锥花序式顶生。核果近球形。花期4~6月，果期7~10月。

分布我国秦岭淮河以南地区；非洲、亚洲、南美等地也有；生山坡路旁或灌木丛中。保护区路旁灌草丛较常见。

2. 牡荆 Vitex negundo var. cannabifolia (Sieb. et Zucc.) Hand.-Mazz.

与黄荆的主要区别在于：牡荆叶片边缘有粗齿。

分布我国长江以南大部分地区及河北；日本也有；生山坡路旁或灌木丛中。保护区路旁灌草丛较常见。

马缨丹 Lantana camara L.

常绿半藤状灌木。单叶对生；叶片卵形至卵状长圆形，顶端急尖或渐尖，基部心形或楔形。头状花序腋生。果实圆球形。花期6~10月。

在我国台湾、福建、广东、广西逸为野生；世界热带地区均有分布；常生海拔80~1500m的海边沙滩和空旷地区。保护区村路边可见。

3. 山牡荆 Vitex quinata (Lour.) F. N. Will.

常绿乔木。掌状复叶；有3~5小叶，小叶片倒卵形至倒卵状椭圆形，两面仅中脉被毛。聚伞花序排成顶生圆锥花序式。核果熟后黑色。花期5~7月，果期8~9月。

分布我国长江以南部分地区；日本及东南亚多国也有；生丘陵低山的山坡阔叶林中。保护区常绿阔叶林中偶见。

5. 马鞭草属 Verbena L.

一年生、多年生草本或亚灌木。茎直立或匍匐，无毛或有毛。叶对生，边缘有齿至羽状深裂，极少无齿；近无柄。花常排成顶生穗状花序，有时为圆锥状或伞房状，稀有腋生花序；花生于狭窄的苞片腋内，蓝色或淡红色；花萼5棱，延伸出5齿；花冠管直或弯，5裂片。果干燥，包于萼内。本属约250种。中国1种。保护区有分布。

马鞭草 Verbena officinalis L.

多年生草本。叶片卵圆形至倒卵形或长圆状披针形；基生叶边缘常有齿；茎生叶多数3深裂。穗状花序顶生和腋生。果长圆形。花期6~8月，果期7~10月。

分布我国黄河以南地区；世界温带至热带广布；常生于低至高海拔的路边、山坡、溪边或林旁。保护区路旁草地偶见。

4. 马缨丹属 Lantana L.

直立或披散灌木。茎四棱柱形，常有刺。单叶对生，有皱纹和钝齿。花小，颜色多样，组成一稠密的穗状花序或头状花序，腋生或顶生；花冠管纤细。果为肉质核果；外果皮多汁；内果皮硬。本属约75种。中国1种。保护区有分布。

264. 唇形科 Labiatae

多年生至一年生草本、亚灌木或灌木，极稀乔木或藤本。茎常四棱。叶对生，稀轮生或互生；单叶，稀复叶，全缘或具齿，浅裂至深裂。花序聚伞式，常再排成总状、穗状、圆锥或稀头状的复合花序，罕单生；花两性，稀杂性；有苞片和小苞片；花萼宿存；花冠常二唇形。果常为小坚果，稀核果。本科220余属3500余种。中国99属800余种。保护区12属18种3变种。

1. 花冠二唇。
    2. 发育雄蕊2。
      3. 药隔延长成"丁"字形 ············1. 鼠尾草属 Salvia
      3. 药隔不延长成"丁"字形 ·········2. 石荠苎属 Mosla
    2. 发育雄蕊4。
      4. 叶下面常密被星状绒毛 ··········3. 锥花属 Gomphostemma
      4. 叶下面不常密被星状绒毛。
        5. 花冠辐射或近辐射对称 ·········4. 刺蕊草属 Pogostemon
        5. 花冠左右对称。
          6. 聚伞花序或再组成复合花序 ·······5. 香茶菜属 Isodon
          6. 不为聚伞花序及其组成的复合花序。
            7. 草本。
              8. 叶具明显香味 ··········6. 紫苏属 Perilla
              8. 叶不具明显香味。
                9. 花萼钟形，10脉 ······7. 广防风属 Anisomeles
                9. 花萼管状，13脉 ·····8. 风轮菜属 Clinopodium
            7. 半灌木，稀至灌木。
              10. 花萼钟形，背腹压扁 ·········9. 黄芩属 Scutellaria
              10. 花萼管状、管状钟形或倒圆锥形 ··········10. 假糙苏属 Paraphlomis
1. 花冠单唇或假二唇。
    11. 花冠单唇 ···············11. 香科科属 Teucrium
    11. 花冠假单唇，上唇极短 ········12. 筋骨草属 Ajuga

1. 鼠尾草属 Salvia L.

草本、亚灌木或灌木。叶为单叶或羽状复叶。轮伞花序2至多花，组成总状或总状圆锥或穗状花序，稀全部花为腋生；苞片小或大；小苞片常细小；花萼卵形、筒形或钟形，二唇形；花冠筒内藏或外伸，冠檐二唇形。小坚果卵状三棱形或长圆状三棱形，无毛，光滑。本属900~1100种。中国84种。保护区2种。

1. 叶为三回或四回羽状复叶 ············1. 蕨叶鼠尾草 S. filicifolia
1. 叶至多为二回羽状复叶 ············2. 鼠尾草 S. japonica

1. 蕨叶鼠尾草 Salvia filicifolia Merr.

多年生草本。叶为三至四回羽状复叶，末回裂片极多，呈狭椭圆形至线状披针形或倒披针形，两面无毛。轮伞花序顶生或腋生。小坚果椭圆形。花期5~9月。

分布我国广东、湖南；生石边或沙地。保护区岩石边偶见。

2. 鼠尾草 Salvia japonica Thunb.

一年生草本。茎下部为二回羽状复叶，宽5~9cm；茎上部为一回羽状复叶，宽3.5cm。轮伞花序组成总状或总状圆锥花序顶生。小坚果椭圆形。花期6~9月。

分布我国长江以南大部分地区；日本也有；生山坡、路旁、荫蔽草丛，水边及林荫下。保护区鱼洞村常见。

2. 石荠苎属 Mosla Buch.-Ham. ex Maxim.

一年生植物。叶具柄，具齿，下面有明显凹陷腺点。轮伞花序2花，再组成顶生的总状花序；苞片小，或下部的叶状；花梗明显；花萼钟形，10脉，萼齿5，齿近相等或二唇形；花冠白色、粉红色至紫红色，冠筒常超出萼或内藏，冠檐近二唇形，下唇3裂。小坚果近球形。本属约22种。中国12种。保护区1种。

石荠苎 Mosla scabra (Thunb.) C. Y. Wu et H. W. Li

一年生草本。叶纸质，卵形或卵状披针形，边缘有齿，两面被毛。总状花序生于主茎及侧枝上。小坚果具深雕纹。花期5~11月，果期9~11月。

分布我国秦岭以南地区及辽宁；越南、日本也有；生山坡、路旁或灌丛下。保护区路旁旷野偶见。

3. 锥花属 Gomphostemma Wall. ex Benth.

多年生草本或灌木。茎直立或基部匍匐生根，四棱形，具槽，常被星状毛。叶具柄，大，宽卵形至倒披针形，上面被星状微柔毛或硬毛，下面密被星状绒毛，边缘常具锯齿。花序各式，或为聚伞花序、穗状圆锥花序或圆锥花序，腋生，或生于茎的基部，稀为顶生；花大，紫红色、黄色至白色。小坚果核果状。本属约40种。中国15种。保护区1种。

中华锥花 Gomphostemma chinense Oliv.

直立草本。叶对生，草质，椭圆形或卵状椭圆形，两面被毛。由聚伞花序组成的圆锥花序或为单生聚伞花序。小坚果褐色。花期7~8月，果期10~12月。

分布我国江西、福建、广东、广西；越南也有；生山谷湿地密林下。保护区山谷林下偶见。

4. 刺蕊草属 Pogostemon Desf.

草本或亚灌木。叶对生，通常较宽，卵形或狭卵形，稀为线形或镰形，边缘具齿缺，通常多少被毛或被绒毛；具柄或近无柄。轮伞花序多花或少花，多数，整齐或近偏于一侧，组成穗状或总状或圆锥花序；苞片及小苞片小；花小，具梗或无梗；花萼具5齿；花冠小，内藏或伸出花萼。小坚果卵球形或球形。本属40~60种。中国16种。保护区2种。

1. 花萼近筒状，萼齿锐三角形⋯⋯⋯⋯1. 长苞刺蕊草 P. chinensis
1. 花萼狭钟形，萼齿三角形⋯⋯⋯⋯2. 北刺蕊草 P. septentrionalis

1. 长苞刺蕊草 Pogostemon chinensis C. Y. Wu et Y. C. Huang

草本。叶卵圆形，边缘具重锯齿，纸质或近膜质。轮伞花序排列成穗状花序，顶生或腋生；花盘杯状。花期7~11月。

分布我国广西、广东（北部）、云南（西部）；生海拔1500m的路旁、山谷溪旁及草地上。保护区路旁、山谷溪旁及草地上可见。

2. 北刺蕊草 Pogostemon septentrionalis C. Y. Wu et Y. C. Huang

草本或半灌木。叶草质，卵圆形或菱状卵圆形，顶端短渐尖，边缘具重齿，两面被毛。聚伞花序排列成连穗状花序。小坚果近圆形。花期9~10月，果期11~12月。

分布我国广东、江西；生山谷或山坡灌草丛。保护区林缘偶见。

5. 香茶菜属 Isodon (Schrader ex Bentham) Spach

灌木、亚灌木或多年生草本。叶小或中等大，具齿；大都具柄。聚伞花序3至多花，排列成总状、狭圆锥状或开展圆锥状花序，稀密集成穗状花序；下部苞叶与茎叶同形，上部渐变小呈苞片状；极少花序腋生而苞叶全部与茎叶同形；花小或中等大，具梗；花萼宿存；花冠檐二唇形，上唇外反。果为小坚果。本属约100种。中国77种。保护区3种1变种。

1. 植株被淡黄色腺体。
  2. 小坚果不被髯毛或仅被腺体⋯⋯⋯⋯1. 香茶菜 I. amethystoides
  2. 小坚果被髯毛和无色透明腺体⋯⋯⋯⋯2. 溪黄草 I. serra
1. 植株被红褐色腺体。
  3. 植株较柔弱，高常不超过1m⋯3. 线纹香茶菜 I. lophanthoides
  3. 植株较高大，高常超过1m
    ⋯⋯⋯⋯4. 纤花香茶菜 I. lophanthoides var. graciliflora

1. 香茶菜 Isodon amethystoides (Benth.) H. Hara

多年生草本。叶卵状圆形、卵形至披针形，边缘除基部全缘外具圆齿，均密被白色或黄色小腺点。花序为由聚伞花序组成的顶生圆锥花序，疏散。成熟小坚果卵形。花期6~10月，果期9~11月。

分布我国长江以南地区；生海拔200~920m的林下或草丛中的湿润处。保护区偶见。

2. 溪黄草 Isodon serra (Maximowicz) Kudô

多年生直立草本。叶对生，卵圆形或卵圆状披针形或披针形，边缘具齿。由聚伞花序组成的圆锥花序生枝顶开展。小坚果阔卵形。花果期 8~9 月。

分布我国大部分地区；东北亚地区也有；常成丛生于山坡、林下沙壤土上。保护区溪边草地偶见。

3. 线纹香茶菜 Isodon lophanthoides (Buch.-Ham. ex D. Don) Hara

多年生柔弱草本。茎叶卵形、阔卵形或长圆状卵形，边缘具圆齿，草质。圆锥花序顶生及侧生；苞叶卵形。小坚果棕色。花果期 8~12 月。

分布我国长江以南地区；印度、不丹也有；生沼泽地上或林下潮湿处。保护区林下阴湿处偶见。

4. 纤花香茶菜 Isodon lophanthoides var. graciliflora (Benth.) Hara

与线纹香茶菜的主要区别在于：叶卵状披针形至披针形，先端渐尖，基部楔形，上面微粗糙至近无毛，下面脉上微粗糙，其余部分满布褐色腺点，干后常带红褐色。

分布我国广东、福建和江西；喜马拉雅地区及越南也有；生田间或山谷水边。保护区田边偶见。

6. 紫苏属 Perilla L.

一年生草本。有香味。茎四棱，具槽。叶绿色或常带紫色或紫黑色，具齿。轮伞花序 2 花，组成顶生和腋生、偏向于一侧的总状花序；每花有 1 苞片；苞片大，宽卵圆形或近圆形；花小，具梗；花萼钟状，10 脉，具 5 齿，直立，果时增大；花冠白色至紫红色。小坚果近球形。本属 4 种。中国 2 种。保护区 1 种 1 变种。

1. 茎密被长柔毛；叶阔卵形或圆形··············1. 紫苏 P. frutescens
1. 茎被短疏柔毛；叶较小，卵形··
··························2. 野生紫苏 P. frutescens var. purpurascens

1. * 紫苏 Perilla frutescens (L.) Britt.

一年生直立草本。叶对生，草质，卵形，基部圆形或阔楔形，边缘具齿，背面绿色，两面被疏毛。轮伞花序 2 花。小坚果，土黄色。花期 8~11 月，果期 8~12 月。

我国各地均有栽培；亚洲东南部也有。保护区有栽培。

2. 野生紫苏 Perilla frutescens var. purpurascens (Hayata) H. W. Li

与紫苏的主要区别在于：茎被短疏柔毛。叶较小，卵形，两面被疏柔毛。小坚果较小，土黄色；果萼小，下部被疏柔毛，具腺点。

分布我国长江以南大部分地区及山西、河北；日本也有；生山地路旁、村边荒地，或栽培于舍旁。保护区三角山偶见。

7. 广防风属 Anisomeles R. Br.

直立，粗壮草本。叶具齿；苞叶叶状，向上渐变小而呈苞片状。轮伞花序多花密集，在主茎或侧枝顶端排列成长穗状花序；苞片线形，细小；花萼有不明显 10 脉；花冠筒与花萼等长，冠檐二唇形。小坚果近圆球形，黑色，具光泽。本属 7~8 种。中国 1 种。保护区有分布。

广防风 Anisomeles indica (L.) Kuntze

直立粗壮草本。叶对生，草质，阔卵圆形，边缘具齿，两面被毛；苞叶叶状。轮伞花序在茎枝顶部排成长穗状花序。小坚果黑色。花期 8~9 月，果期 9~11 月。

分布华南、西南、华东等地；印度及东南亚也有；生林缘或路旁等荒地上。保护区路旁荒地偶见。

8. 风轮菜属 Clinopodium L.

多年生草本。叶具柄或无柄，具齿。轮伞花序少花或多花，稀疏或密集，偏侧或否，多少呈圆球状，具梗或无梗；苞叶叶状，通常向上渐小至苞片状；花萼具13脉，二唇形，下唇2齿；花冠紫红色、淡红色或白色，冠筒长于花萼，冠檐二唇形，下唇3裂。小坚果极小，卵球形或近球形。本属约20种。中国11种。保护区1种。

细风轮菜 Clinopodium gracile (Benth.) Matsum.

纤细草本。最下部叶圆卵形；较下部或全部叶均为卵形；上部叶及苞叶卵状披针形。轮伞花序分离。小坚果褐色。花期6~8月，果期8~10月。

分布华南、西南、华东及陕西南部；南亚、东南亚及日本也有；生路旁、沟边、空旷草地、林缘、灌丛中。保护区路旁草地偶见。

9. 黄芩属 Scutellaria L.

多年生或一年生草本、亚灌木，稀灌木。茎叶常具齿，或羽状分裂或极少全缘；苞叶与茎叶同形或向上成苞片。花腋生、对生或上部者有时互生，组成顶生或侧生总状或穗状花序，或不成花序；花萼钟形，分2唇；冠筒伸出于萼筒，冠檐二唇形。小坚果扁球形或卵圆形。本属约350种。中国98种。保护区3种。

1. 花序非全部顶生。
   2. 花主要组成腋生总状花序；苞叶退化成苞片状，或与茎叶同形
      ··················· 1. 半枝莲 S. barbata
   2. 花全然腋生，对出；苞叶与茎叶同形 ···················
      ··················· 2. 南粤黄芩 S. wongkei
1. 花组成顶生间有腋生背腹向的总状花序 ······ 3. 韩信草 S. indica

1. 半枝莲（并头草）Scutellaria barbata D. Don

多年生草本。叶长圆状披针形或卵圆状披针形，边缘具疏而钝的浅牙齿。花单生叶腋。小坚果扁球形，具小疣状凸起。花果期4~7月。

分布华中、华南大部分地区；东南亚、南亚也有；生海拔2000m以下的水田边、溪边或湿润草地上。保护区田边草地可见。

2. 南粤黄芩 Scutellaria wongkei Dunn

多年生草本。茎近木质。叶具柄，坚纸质，小，卵圆形，边缘每侧具2~3圆齿。花腋生于小分枝叶腋中；花冠淡蓝色，冠檐二唇形；花盘扁圆形。花果期6月。

我国广东特有植物；生草地上。保护区拉元石坑偶见。

3. 韩信草（耳挖草）Scutellaria indica L.

多年生草本。叶心状卵圆形或卵圆形至椭圆形，边缘密生整

齐圆齿。花对生，在茎或分枝顶上排列成总状花序。成熟小坚果卵形。花果期2~6月。

分布华中、华南等地；生海拔1500m以下的山地或丘陵地、疏林下、路旁空地及草地上。保护区村路旁可见。

10. 假糙苏属 Paraphlomis Prain

草本或半灌木。茎上升或直立。叶膜质、薄纸质、坚纸质至近草质，边缘具齿；无柄或具长柄。轮伞花序多花至少花；苞片有时叶状；小苞片小；花梗无或明显；花萼管状、管状钟形或倒圆锥形，5脉，齿5；花冠筒内藏或伸出，二唇形。小坚果倒卵球形至长圆状三棱形，无毛或被毛。本属约24种。中国23种。保护区1变种。

狭叶假糙苏 Paraphlomis javanica var. angustifolia C. Y. Wu et H. W. Li

草本。叶膜质或纸质，卵圆状至狭长披针形，顶端锐尖或渐尖，边缘具齿。轮伞花序多花。小坚果倒卵状三棱形，无毛。花期6~8月，果期8~12月。

分布华南、西南等；越南也有；生亚热带常绿林下。保护区上水库偶见。

11. 香科科属 Teucrium L.

草本或亚灌木。单叶，心形、卵圆形、长圆形以至披针形；具羽状脉；具柄或几无柄。轮伞花序具2~3花，罕具更多的花，于茎及短分枝上部排列成假穗状花序；苞片菱状卵圆形至线状披针形，全缘或具齿，与茎叶异形或稍同形；花萼10脉；花冠仅具单唇。小坚果倒卵形，无毛。本属约260种。中国18种。保护区1种。

血见愁 Teucrium viscidum Bl.

多年生草本。叶对生，草质，卵圆形至卵圆状长圆形，边缘具带重齿的圆齿，两面近无毛。轮伞花序具2花。小坚果扁球形。花期6~11月。

分布华南、西南及华东地区；东亚至东南亚多国也有；生山地林下润湿处。保护区山地林下罕见。

12. 筋骨草属 Ajuga L.

一年生、二年生或常为多年生草本。茎四棱形。单叶对生，通常为纸质，边缘具齿或缺刻。轮伞花序具2至多花；花两性；花萼卵状或球状，钟状或漏斗状；花冠通常为紫色至蓝色，稀黄色或白色；花盘环状，裂片不明显，等大或常在前面呈指状膨大。小坚果通常为倒卵状三棱形。本属40~50种。中国18种。保护区2种。

1. 叶匙形；植株花时具基生叶············1. 金疮小草 A. decumbens
1. 叶阔椭圆形或倒卵状椭圆形；植株花时通常无基生叶············2. 紫背金盘 A. nipponensis

1. 金疮小草 Ajuga decumbens Thunb.

一或二年生草本。植株开花时具基生叶。叶片薄纸质，匙形或倒卵状披针形。轮伞花序多花。小坚果倒卵状三棱形。花期3~7月，果期5~11月。

分布我国长江以南各地区；朝鲜、日本也有；生溪边、路旁及湿润的草坡上。保护区溪边偶见。

2. 紫背金盘（筋骨草）Ajuga nipponensis Makino

多年生草本。茎四棱形，常无毛。叶纸质，卵状椭圆形至狭椭圆形，边缘具重齿及缘毛，两面被毛。穗状聚伞花序顶生。小坚果长圆状。花期4~8月，果期7~9月。

分布我国黄河至长江流域及广东；日本、韩国也有；生山谷溪旁阴湿草地。保护区偶见。

280. 鸭跖草科 Commelinaceae

一年生或多年生草本。茎有明显的节和节间。叶互生；有明显的叶鞘。蝎尾状聚伞花序，单生或再集成圆锥花序，有时缩短成头状或簇生，稀成单花，顶生或腋生；花两性，极少单性；萼片3；花瓣3，分离。果多为室背开裂的蒴果，稀浆果状。本科约40属650种。中国15属59种。保护区3属4种。

1. 果为开裂蒴果。
　2. 蝎尾状聚伞花序藏于佛焰苞状总苞片内⋯⋯⋯⋯⋯⋯⋯⋯⋯⋯⋯⋯⋯⋯⋯⋯⋯⋯⋯⋯⋯⋯⋯1. 鸭跖草属 Commelina
　2. 圆锥花序顶生呈扫帚状⋯⋯⋯⋯⋯⋯⋯⋯2. 聚花草属 Floscopa
1. 果浆果状而不裂⋯⋯⋯⋯⋯⋯⋯⋯⋯⋯⋯⋯3. 杜若属 Pollia

1. 鸭跖草属 Commelina L.

一年生或多年生草本。茎上升或匍匐生根，通常多分枝。叶互生；有明显的叶鞘。蝎尾状聚伞花序藏于佛焰苞状总苞片内；总苞片基部开口或合缝；苞片不呈镰刀状弯曲，通常极小或缺失；萼片3，膜质；花瓣3，蓝色。蒴果藏于总苞片内。本属约170种。中国8种。保护区2种。

1. 叶有明显的柄⋯⋯⋯⋯⋯⋯⋯⋯1. 饭包草 C. benghalensis
1. 叶无柄⋯⋯⋯⋯⋯⋯⋯⋯2. 大苞鸭跖草 C. paludosa

1. 饭包草 Commelina benghalensis L.

多年生披散草本。叶有明显的柄；叶片卵形至宽卵形；叶鞘有毛。花序下面1枝具1~3朵不孕的花。蒴果椭圆状。种子多皱并有不规则网纹。花期夏秋季。

分布我国安徽、福建、广东、广西、贵州、海南、河北、河南、湖北、湖南等地区；广布于亚洲和非洲的热带、亚热带；生于湿地。保护区溪边偶见。

2. 聚花草属 Floscopa Lour.

多年生草本。叶互生；有明显的叶鞘。聚伞花序多个，组成单圆锥花序或复圆锥花序，顶生或生上部叶腋，常在茎顶端呈扫帚状；苞片常小；萼片3，分离，宿存；花瓣3，分离，稍长于萼片。蒴果小，稍扁，每面有1条沟槽，2室。本属约20种。中国2种。保护区1种。

聚花草 Floscopa scandens Lour.

多年生草本。全体或仅叶鞘及花序各部分被毛；叶无柄或有带翅的短柄；叶片椭圆形至披针形。圆锥花序顶生和腋生。蒴果卵圆状。花果期7~11月。

分布于华东、华南、西南等地；亚洲热带及大洋洲热带广布；生水边、山沟边草地及林中。保护区山谷溪边草地偶见。

3. 杜若属 Pollia Thunb.

多年生草本。具走茎或根状茎。茎常不分枝。叶互生；有明显的叶鞘。圆锥花序顶生，粗大而坚挺，或披散成伞状；蝎尾状聚伞花序有数花，顶生；总苞片下部近叶状；苞片膜质，抱花序轴；萼片3，分离；花瓣3，分离，有时具短爪。果浆果状而不裂，黑色或蓝黑色。本属约20种。中国2种。保护区1种。

杜若 Pollia japonica Thunb.

多年生草本。叶鞘无毛；叶片长椭圆形，基部楔形，顶端长渐尖，近无毛。蝎尾状聚伞花序常轮生。果球状，黑色。花期7~9月，果期9~10月。

分布华东、华南、西南等地；日本、朝鲜也有；生山谷林下。保护区鱼洞村偶见。

2. 大苞鸭跖草 Commelina paludosa Bl.

多年生粗壮大草本。叶片披针形至卵状披针形，两面无毛或稀被毛；叶鞘有毛或无。蝎尾状聚伞花序有数花。蒴果3室。花果期8至翌年4月。

分布于我国西南、华南地区；尼泊尔、印度至印度尼西亚也有分布；生丘陵低山林下及山谷溪边。保护区溪边草丛偶见。

285. 谷精草科 Eriocaulaceae

一年生或多年生草本，沼泽生或水生。偶见匍匐茎或根状茎。叶狭窄，螺旋状着生在茎上，常成一密丛，有时散生，基部扩展成鞘状，叶质薄，常半透明。花序为头状花序，向心式开放，通常小，白色、灰色或铅灰色；花葶很少分枝；具总苞和苞片；花小，单性，常同序。蒴果小，室背开裂。本科 10 属约 1150 种。中国 1 属 35 种。保护区 1 属 1 种。

谷精草属 Eriocaulon L.

沼泽生，稀水生草本。茎常短至极短，稀伸长。叶丛生，狭窄，膜质，常有"膜孔"。头状花序，生于多少扭转的花葶顶端；总苞片覆瓦状排列；苞片与花被常有毛；花 3 或 2 基数，单性，雌雄花混生；花被通常 2 轮，有时花瓣退化。蒴果，室背开裂。本属约 400 种。中国约 35 种。保护区 1 种。

华南谷精草 Eriocaulon sexangulare L.

大型草本。叶丛生，线形，叶质较厚，对光能见横格。花葶 5~20，扭转；花序熟时近球形；花 3 数，单性，雌雄花混生。种子卵形。花果期夏秋季至冬季。

分布华南、东南；南亚和东南亚也有；生水坑、池塘、稻田。保护区水坑偶见。

287. 芭蕉科 Musaceae

多年生草本。具匍匐茎或无；茎或假茎高大，不分枝，有时木质，或无地上茎。叶通常较大，螺旋排列或 2 行排列；具叶柄及叶鞘；叶脉羽状。花两性或单性，常排成顶生或腋生的聚伞花序，生于一大型而有鲜艳颜色的佛焰苞中，或直接生于花葶上；花被片 3 基数。浆果或为蒴果。本科 3 属约 140 种。中国 3 属 14 种。保护区 1 属 3 种。

芭蕉属 Musa L.

多年生丛生草本。具根茎，多次结实。假茎全由叶鞘紧密层层重叠而组成，基部不膨大或稍膨大；真茎在开花前短小。叶大型，叶片长圆形；叶柄伸长，且在下部增大成一抱茎的叶鞘。花序直立，下垂或半下垂，密集如球穗状；苞片色艳，每苞内有花 1 或 2 列，下部的为雌花，上部的为雄花。浆果伸长，肉质。本属约 30 种。中国约 11 种。保护区 3 种。

1. 栽培种；果实通常无种子，可食。
  2. 雄花苞片不脱落·····················1. 小果野蕉 M. acuminata
  2. 雄花苞片脱落························2. 大蕉 M. × paradisiaca
1. 野生种；果实充满种子，不堪食············3. 野蕉 M. balbisiana

1. * 小果野蕉 Musa acuminata Colla

多年生丛生草本。植株丛生，具匍匐茎。叶片长圆形，基部耳形，不对称。雄花合生；花被片先端 3 裂，中裂片两侧有小裂片。浆果圆柱形。种子不规则，多棱形。

原产我国南部，台湾、福建（南部）、广西（南部）以及云南（南部）均有栽培，其中尤以广东栽培最盛；多生于阴湿的沟谷、沼泽、半沼泽及坡地上。保护区村子可见。

2. * 大蕉 Musa × paradisiaca L.

多年生丛生草本。植株丛生，具匍匐茎。叶直立或上举，长圆形，叶面深绿，叶背淡绿，被明显的白粉；叶翼闭合。穗状花序下垂。果长圆形。无种子或具少数种子。

原产印度、马来亚等地区；我国福建、台湾、广东、广西及云南等地均有栽培；为栽培水果。保护区常见。

3. 野蕉 Musa balbisiana Colla

多年生丛生草本。假茎丛生，具匍匐茎。叶片卵状长圆形，两侧不对称；叶柄长约75cm，翼开展。穗状花序下垂；苞片外面暗紫红色。浆果倒卵形。种子扁球形，褐色，具疣。

分布华南、云南；亚洲南部、东南部也有；生沟谷坡地的湿润常绿林中。保护区山谷较常见。

290. 姜科 Zingiberaceae

多年生草本，稀一年生，陆生稀附生。常有匍匐或块状的根状茎。叶基生或茎生，通常二列，稀螺旋状排列；有叶柄或无；具叶鞘和叶舌。花单生或组成穗状、总状或圆锥花序，生茎上或花葶上；花两性，罕杂性；花被片6，2轮，外轮萼状，内轮花冠状；退化雄蕊瓣状，分侧生和唇瓣。蒴果或浆果状。本科约50属1300种。中国20属216种。保护区5属14种。

1. 叶螺旋排列，叶鞘闭合呈管状··················1. 闭鞘姜属 Costus
1. 叶2行排列，叶鞘通常上部张开。
  2. 侧生退化雄蕊大，花瓣状。
    3. 子房1室，侧膜胎座··················2. 舞花姜属 Globba
    3. 子房3室，中轴胎座············3. 大苞姜属 Caulokaempferia
  2. 侧生退化雄蕊小或不存在。
    4. 花序生于单独由根茎发出的花葶上········4. 姜属 Zingiber
    4. 花序顶生或侧生···················5. 山姜属 Alpinia

1. 闭鞘姜属 Costus L.

多年生草本。根茎块状平卧；地上茎通常很发达，且常旋扭，有时具分枝。叶螺旋状排列，长圆形至披针形；叶鞘封闭。穗状花序密生多花，球果状，常顶生；苞片覆瓦状排列，内有花1~2朵；花萼管状，顶端三裂；花冠管比花萼长或近等长，无侧生退化雄蕊；唇瓣大。蒴果木质，球形或卵形，室背开裂。本属约90种。中国5种。保护区1种。

闭鞘姜 Costus speciosus (J. Koenig.) Sm.

多年生草本。叶螺旋状排列，长圆形或披针形，顶端渐尖或尾状渐尖，叶背密被绢毛。穗状花序顶生。蒴果稍木质，红色。花期7~9月，果期9~11月。

分布华南、西南等地；热带亚洲广布；生疏林下、山谷阴湿地、路边草丛、荒坡、水沟边等处。保护区鱼洞村偶见。

2. 舞花姜属 Globba L.

多年生草本。根茎纤细，根稍粗。茎直立，一般不超过1m。叶披针形或长圆形；无柄或柄极短；叶舌不裂。圆锥花序或总状花序，顶生；花萼陀螺形或钟状；花冠管纤细，远较花萼长，裂片3，卵形或长圆形。果球形或椭圆形。本属100种以上。中国5种。保护区1种。

舞花姜 Globba racemosa Smith

多年生草本。株高0.6~1m。叶片长圆形或卵状披针形，顶端尾尖，基部急尖，叶片两面的脉上疏被柔毛或无毛；叶舌及叶鞘口具缘毛。圆锥花序顶生。蒴果椭圆形。花期6~9月。

分布我国南部至西南部各地区；印度亦有分布；生海拔400~1300m的林下阴湿处。保护区林下可见。

3. 大苞姜属 Caulokaempferia K. Larsen

多年生草本。具明显的地上茎。叶二列，茎生；无柄或具短柄；叶舌小，2裂。花序顶生；苞片显著，离生或基部与花序轴贴生呈囊状，顶端叶片状；每一苞片内有1~4花，具小苞片或无；花排列紧密；花冠裂片3。果为蒴果。本属约10种。中国1种。保护区有分布。

黄花大苞姜 Caulokaempferia coenobialis (Hance) K. Larsen

细弱丛生草本。叶5~9，叶片披针形，顶端长尾状渐尖，质薄，近基叶小；叶舌圆形，膜质。花序顶生。果卵状长圆形。花期4~7月，果期8月。

分布我国广东、广西；生山地林下阴湿处。保护区上水库偶见。

4. 姜属 Zingiber Boehm.

多年生草本。根茎块状，具芳香。地上茎直立。叶二列，叶片披针形至椭圆形。穗状花序球果状，通常生于由根茎发出的花葶上，或无总花梗而贴生地面，罕生具叶的茎上；苞片宿存，每苞片内通常有1花（极稀多花）；小苞片佛焰苞状；花冠白色或淡黄色。蒴果开裂。本属100~150种。中国42种。保护区3种。

1. 总花梗直立、粗壮，长10~30cm。
  2. 唇瓣黄色，无脉纹·················1. 珊瑚姜 Z. corallinum
  2. 唇瓣具紫色或棕色脉纹·············2. 姜 Z. officinale
1. 总花梗无或短，通常不超过10cm···········3. 蘘荷 Z. mioga

1. 珊瑚姜（大黄姜）Zingiber corallinum Hance

多年生草本。叶片长圆状披针形或披针形，叶面无毛，叶背及鞘上被疏柔毛或无毛；叶舌长2~4cm。穗状花序长圆形。种子黑色。花期5~8月，果期8~10月。

分布我国广东、广西；生密林中。保护区林下偶见。

2. *姜 Zingiber officinale Rosc.

多年生草本。叶二列，披针形或线状披针形，长15~30cm，无毛，无柄；叶舌膜质。穗状花序球果状；花冠黄绿色。花期秋季。

我国中部、东南部至西南部各地区广为栽培；亚洲热带地区亦常见栽培。保护区村边有栽培。

3. 蘘荷（野姜）Zingiber mioga (Thunb.) Rosc.

多年生草本。叶二列，披针状椭圆形或线状披针形，顶端尾尖。穗状花序椭圆形。蒴果3裂。花期8~10月。

分布我国长江以南部分地区；日本也有；生山谷中阴湿处。保护区山谷林中偶见。

5. 山姜属 Alpinia Roxb.

多年生草本。具根状茎；通常具发达的地上茎。叶片长圆形或披针形。花序通常为顶生的圆锥花序、总状花序或穗状花序；具苞片及小苞片或无；花萼陀螺状或管状；花冠裂片通常后方的1片较大，兜状，两侧的较狭。蒴果，干燥或肉质。本属约230种。中国约51种。保护区8种。

1. 小苞片壳状。
  2. 唇瓣较小，长1.2cm···············1. 从化山姜 A. conghuaensis
  2. 唇瓣较大，长3cm。
    3. 花有苞片及小苞片···············2. 海南山姜 A. hainanensis
    3. 花无苞片而仅有呈壳状的小苞片······3. 艳山姜 A. zerumbet
1. 小苞片不为壳状。
  4. 花无苞片或小苞片，若有亦极微小。
    5. 叶两面被毛······················4. 山姜 A. japonica
    5. 叶除顶部边缘具小刺毛外，余无毛···············
      ····················5. 箭秆风 A. jianganfeng
  4. 花有苞片和小苞片或仅有小苞片。
    6. 圆锥花序······················6. 华山姜 A. oblongifolia
    6. 总状或穗状花序。
      7. 植株较矮；叶面有明显条纹·······7. 花叶山姜 A. pumila
      7. 植株较高；叶面无明显条纹·······8. 密苞山姜 A. stachyodes

姜科 Zingiberaceae

1. 从化山姜 Alpinia conghuaensis J. P. Liao et T. L. Wu

多年生草本。叶3~9，基部的叶较小，线状披针形至线状椭圆形，两面被短柔毛。穗状花序直立。蒴果近球形。花期3~4月，果期6月。

我国广东特产；生山谷中密林阴处。保护区上水库林中偶见。

2. 海南山姜（草豆蔻）Alpinia hainanensis K. Schum

多年生草本。叶片带形，顶端渐尖并有一旋卷的尾状尖头，基部渐狭，两面均无毛。总状花序中等粗壮，被绢毛。果为蒴果。种子有假种皮。花期4~6月，果期5~8月。

分布我国南亚热带以南地区；越南也有；生林下。保护区低海拔沟谷偶见。

3. 艳山姜（大草蔻）Alpinia zerumbet (Pers.) B. L. Burtt et R. M. Sm.

草本。叶披针形，两面无毛。圆锥花序呈总状式，下垂；花黄色。蒴果卵圆形。种子有棱角。花期4~6月；果期7~10月。

分布我国东南部至西南部各地区；热带亚洲广布。保护区山谷可见。

4. 山姜 Alpinia japonica (Thunb.) Miq.

多年生草本。叶片通常2~5，披针形、倒披针形或狭长椭圆形，两面被毛。总状花序顶生；通常2花聚生。果球形或椭圆形。花期4~8月，果期7~12月。

分布我国南部、东南、西南各地区；日本也有；生于林下阴湿处。保护区林内较常见。

5. 箭秆风 Alpinia jianganfeng T. L. Wu

多年生草本。叶片披针形或线状披针形，顶端具细尾尖；叶舌2裂，具缘毛。穗状花序直立。蒴果球形。花期4~6月，果期6~11月。

分布我国长江以南地区；多生林下阴湿处。保护区拉元石坑常见。

6. 华山姜 Alpinia oblongifolia Hayata

多年生草本。叶披针形或卵状披针形，基部渐狭，两面均无毛；叶舌膜质。花组成狭圆锥花序。果球形。花期5~7月，果期6~12月。

分布我国东南部至西南部各地区；越南、老挝也有；生常绿阔叶林或混交林内。保护区上水库较常见。

7. 花叶山姜 Alpinia pumila Hook. f.

多年生草本。叶2~3片自根茎生出；叶片椭圆形、长圆形或长圆状披针形，顶端渐尖；叶舌2裂。花冠白色。果球形。花期4~6月，果期6~11月。

分布华南、西南地区；生山谷阴湿之处。保护区上水库偶见。

8. 密苞山姜 Alpinia stachyodes Hance

多年生草本。叶片椭圆状披针形，长 20~40cm，顶端渐尖，边缘及顶端密被绒毛；叶柄、叶舌及叶鞘均被绒毛。花芳香。果球形。花果期 6~8 月。

分布我国广东、广西、贵州、云南、江西等地区；生山谷中密林阴处。保护区上水库常见。

291. 百合科 Liliaceae

多年生草本，稀呈灌木状。具根茎、块茎或鳞茎。叶基生或茎生，后者多为互生，稀为对生或轮生；通常具弧形平行脉，极少具网状脉。花两性，稀单性异株或杂性；花被片 6，稀 4 或多数，离生或合生成筒，呈花冠状。果实为蒴果或浆果，较少为坚果。本科约 230 属 3500 种。中国 60 属约 560 种。保护区 9 属 9 种。

1. 小枝近叶状；叶退化为鳞片··············1. 天门冬属 Asparagus
1. 小枝和叶不为上述形状。
　2. 花葶不从叶丛中央抽出。
　　3. 内外轮花被片基部多少具囊或距······2. 万寿竹属 Disporum
　　3. 内外轮花被片基部不具囊或距。
　　　4. 花被没有副花冠···················3. 黄精属 Polygonatum
　　　4. 花被有副花冠···················4. 竹根七属 Disporopsis
　2. 花葶从叶丛中央抽出。
　　5. 花大，花被近漏斗状，全长 5cm 以上···················
　　　···················5. 萱草属 Hemerocallis
　　5. 花小。
　　　6. 圆锥花序···················6. 山菅属 Dianella
　　　6. 不为圆锥花序。
　　　　7. 花被具有副花冠···········7. 球子草属 Peliosanthes
　　　　7. 花被无副花冠。
　　　　　8. 花被片 3~6，明显不等大···················
　　　　　　···················8. 白丝草属 Chionographis
　　　　　8. 花被片 6，相似···················9. 山麦冬属 Liriope

1. 天门冬属 Asparagus L.

多年生草本或亚灌木，直立或攀援。常具根状茎和稍肉质根，有时有纺锤状的块根。小枝变态成叶状，扁平、锐三棱形或近圆柱形，常多枚成簇。叶退化成鳞片状，基部多少延伸成距或刺。花小，1~4 花腋生或多花排成总状或伞形花序，两性或单性，有时杂性；花被片常离生。浆果较小，球形。本属约 300 种。中国 24 种。保护区 1 种。

天门冬 Asparagus cochinchinensis (Lour.) Merr.

攀援植物。叶状枝通常每 3 枚成簇，扁平或呈锐三棱形，稍镰刀状。茎上鳞片状叶成硬刺。花通常每 2 朵腋生。浆果熟时红色。花期 5~6 月，果期 8~10 月。

分布我国黄河流域以南地区；日本、朝鲜、越南、老挝也有；生山坡、路旁、疏林下、山谷或荒地上。保护区山坡疏林下偶见。

2. 万寿竹属 Disporum Salisb.

多年生直立草本。根状茎，短。纤维根常肉质。茎下部各节有鞘，上部通常有分枝。叶互生；有 3~7 主脉；叶柄短或无。伞形花序有花 1 至几朵，着生于茎和分枝顶端；无苞片；花被片 6，离生，基部囊状或距状。浆果通常近球形。本属约 20 种。中国 8 种。保护区 1 种。

南投万寿竹 Disporum nantouense S. S. Ying

多年生直立草本。根状茎肉质。叶薄纸质，椭圆形，脉上和边缘有乳头状凸起，具横脉。花黄色。浆果椭圆形或球形，具 3 种子。种子深棕色。花期 3~6 月，果期 6~11 月。

分布我国大部分地区；朝鲜和日本也有；生海拔 600~2500m 的林下或灌木丛中。保护区有分布。

3. 黄精属 Polygonatum Mill.

多年生草本。具根状茎。茎不分枝，或上端向一侧弯拱而叶偏向另一侧，或上部有时作攀援状。叶互生、对生或轮生，全缘。花生叶腋间，通常集生，似成伞形、伞房或总状花序；花被片6，下部合生成筒。浆果近球形。本属约60种。中国39种。保护区1种。

多花黄精 Polygonatum cyrtonema Hua

多年生草本。叶互生，顶端尖至渐尖。花序伞形。浆果黑色。花期5~6月，果期8~10月。

分布我国长江以南地区及河南；生林下、灌丛或山坡阴处。保护区上水库林内罕见。

4. 竹根七属 Disporopsis Hance

多年生草本。根状茎肉质，圆柱状或连珠状，横走。茎直立，无毛。叶互生；具弧形脉；有短柄，通常下延。花两性，单朵或几朵簇生于叶腋，通常俯垂；花梗在顶端具关节；花被片下部合生成筒，上部离生；筒口具副花冠，副花冠与花被裂片对生或互生。浆果具几颗种子。本属约4种。中国4种。保护区1种。

竹根七 Disporopsis fuscopicta Hance

多年生草本。根状茎连珠状。叶纸质，卵形、椭圆形或矩圆状披针形，两面无毛；具柄。1~2花生于叶腋。浆果近球形，具2~8种子。花期4~5月，果期11月。

分布华南、华东、西南地区；生林下或山谷中。保护区上水库偶见。

5. 萱草属 Hemerocallis L.

多年生草本。叶基生，二列，带状。花葶从叶丛中央抽出，顶端具总状或假二歧状的圆锥花序，较少花序缩短或只具单花；有苞片；花梗较短；花直立或平展，近漏斗状，下部具花被管；花被裂片6，明显长于花被管，内三片常比外三片宽大。蒴果钝三棱状椭圆形或倒卵形，室背开裂。本属15种。中国11种。保护区1种。

黄花菜 Hemerocallis citrina Baroni

多年生草本。植株一般较高大。叶7~20，长50~130cm，宽6~25mm。花葶长短不一，一般稍长于叶，基部三棱形。花多朵。蒴果钝三棱状椭圆形。种子黑色，有棱。花果期5~9月。

分布我国秦岭以南各地区；生山坡、山谷、荒地或林缘。保护区上水库偶见。

6. 山菅属 Dianella Lam.

多年生常绿草本。根状茎通常分枝。叶近基生或茎生，二列，狭长，坚挺；中脉在背面隆起。花常排成顶生的圆锥花序，有苞片，花梗上端有关节；花被片离生，有3~7脉。浆果常蓝色，具几颗黑色种子。本属约20种。中国1种。保护区有分布。

山菅（山菅兰）Dianella ensifolia (L.) DC.

多年生草本。叶狭条状披针形，长30~80cm，基部稍收狭成鞘状，边缘和背面中脉具齿。圆锥花序顶生。浆果近球形，深蓝色。花果期3~8月。

分布华东、华南、西南地区；亚洲热带及马达加斯加也有；生林下、山坡或草丛中。保护区上水库常见。

7. 球子草属 Peliosanthes Andr.

多年生草本。茎匍匐状。叶2~5，基生，或簇生于茎上，披针形或条形；具折扇状主脉5~7条，横脉明显；叶柄长10~35cm；总状花序通常短于叶片；花单生或2~5花簇生于一枚苞片腋内；花梗顶端具关节；花被片下部合生成筒，上部离生；

裂片6。蒴果具1~3颗小核果状种子。本属约16种。中国6种。保护区1种。

大盖球子草 Peliosanthes macrostegia Hance

多年生草本。茎短。叶2~5，披针状狭椭圆形，长15~25cm；有5~9条主脉，横脉与纵脉几垂直。总状花序长9~25cm。种子近圆形。花期4~6月，果期7~9月。

分布我国南方地区；越南也有；生灌木丛中和竹林下。保护区偶见。

8. 白丝草属 Chionographis Maxim.

多年生草本。根状茎粗短。叶基生，近莲座状，矩圆形、披针形或椭圆形；有柄。花葶从叶丛中央抽出，常具几枚苞片状叶；上端为穗状花序，无苞片；花杂性同序，两侧对称；花被片3~6，明显不等大。蒴果室背开裂。本属4种。中国1种。保护区有分布。

中国白丝草 Chionographis chinensis K. Krause

叶椭圆形至矩圆状披针形，长1~6cm，边缘皱波状。穗状花序长3~14cm；花近轴的3~4枚花被片匙状狭条形至近丝状。蒴果狭倒卵状。花期4~5月，果期6月。

分布我国广东、广西、湖南和福建；生山坡或路旁的荫蔽处或潮湿处。保护区上水库偶见。

9. 山麦冬属 Liriope Lour.

多年生草本。根状茎很短，或具地下匍匐茎；有时根呈纺锤状膨大。茎很短。叶基生，密集成丛，禾叶状。花葶从叶丛中央抽出，通常较长；总状花序具多数花；花通常较小，几朵簇生于苞片腋内；苞片、小苞片均小；花梗直立，具关节；花被片6，2轮，淡紫色或白色。果实在发育的早期外果皮即破裂，露出种子。本属约8种。中国6种。保护区1种。

山麦冬 Liriope spicata (Thunb.) Lour.

多年生草本。植株有时丛生。叶长2~60cm，先端急尖或钝，基部常包以褐色的叶鞘，具5条脉。花通常（2~)3~5朵簇生于苞片腋内。种子近球形。花期5~7月，果期8~10月。

我国除东北、西北外各地区均有分布；日本、越南也有；生山谷、路旁或湿地。保护区上水库常见。

295. 延龄草科 Trilliaceae

草本。根状茎肉质，圆柱状，细长或粗厚，生有环节。茎直立，不分枝，基部具1~3膜质鞘。叶常用4至多数，极少3片，轮生于茎顶部，排成1轮；具3主脉和网状细脉。花单生于叶轮中央；花梗似为茎的延续；花被片离生，宿存。蒴果或浆果状蒴果。本科3属约70种。我国2属19种。保护区1属1变种。

重楼属 Paris L.

多年生草本。根状茎肉质，圆柱状，生有环节。茎直立，不分枝，基部具1~3膜质鞘。叶轮生于茎顶部，排成1轮；具3主脉和网状细脉。花单生于叶轮中央；花梗似为茎的延续。蒴果或浆果状蒴果。本属19种。中国16种。保护区1变种。

华重楼 Paris polyphylla var. chinensis (Franch.) Hara

多年生草本。根状茎肉质，圆柱状。茎直立。叶通常4至多数，极少3片，轮生于茎顶部，排成1轮，具3主脉和网状细脉。花单生于叶轮中央；花被片离生，宿存，排成2轮，外轮花被片通常叶状，绿色，呈白色或沿脉具白色斑纹，披针形至宽卵形；内轮花被片条形。蒴果或浆果状蒴果，花果期5~10月。

分布我国长江以南地区；分布欧洲和亚洲温带和亚热带地区；生海拔600~1350（~2000）m的林下阴处或沟谷边的草丛中。保护区山谷可见。

296. 雨久花科 Pontederiaceae

水生或沼生草本。具根状茎或匍匐茎，通常有分枝，富于海绵质和通气组织。叶常二列，多数具叶鞘和叶柄；叶宽线形、披针形、卵形或宽心形，浮水、沉水或露出水面；平行脉明显；叶柄有时膨大呈葫芦状。总状、穗状或聚伞圆锥花序顶生，生于佛焰苞状叶鞘的腋部；花两性，花被片6，2轮。蒴果或小坚果。本科6属约40种，中国2属5种。保护区1属1种。

雨久花属 Monochoria Presl

多年生或一年生水生或沼生草本。直立或漂浮。叶通常二列，多数具叶鞘和叶柄；叶片宽线形至披针形、卵形甚至宽心形，浮水、沉水或露出水面；具平行脉；叶柄有时膨大呈葫芦状。顶生总状、穗状或聚伞圆锥花序；两性；花被片6，2轮，花瓣状。蒴果，室背开裂，或小坚果。本属约8种。中国4种。保护区1种。

鸭舌草 Monochoria vaginalis (Burm. f.) C. Presl ex Kunth

水生草本。叶基生和茎生；叶变化大，全缘，具弧状脉；叶柄具鞘和舌。总状花序从叶柄中部抽出。蒴果卵形至长圆形。花期8~9月，果期9~10月。

我国南北皆有分布；日本、马来西亚、菲律宾、印度、尼泊尔、不丹也有；生稻田、沟旁、浅水池塘等水湿处。保护区鱼洞村、下水库偶见。

297. 菝葜科 Smilacaceae

攀援或直立灌木，极少为草本。茎枝有刺或无刺。叶互生，具3~7条主脉和网状细脉；叶柄两端常有翅状鞘，鞘上方有卷须或无。花单性异株，常排列成单个腋生的伞形花序，数个再排成圆锥花序或穗状花序；花被片离生或多少合生成筒状。浆果。本科3属300余种，中国2属80余种。保护区1属6种1变种。

菝葜属 Smilax L.

攀援或直立灌木，稀草本。常具坚硬的根状茎。枝常有刺。叶为二列的互生，全缘；具3~7主脉和网状细脉；叶柄具鞘及卷须或无卷须。花小，单性异株，通常排成单个腋生的伞形花序，稀再排成圆锥花序或穗状花序；花被片6，离生。果常球形。本属约300种。中国60种。保护区6种1变种。

1. 伞形花序通常2至多个在轴上排成圆锥花序或穗状花序。
　2. 果实直径1.5~2cm ················· 1. 大果菝葜 S. megacarpa
　2. 果实直径6~10mm。
　　3. 总花梗通常短于叶柄 ············ 2. 马甲菝葜 S. lanceifolia
　　3. 总花梗一般长于叶柄 ··
　　　 ························· 3. 折枝菝葜 S. lanceifolia var. elongata
1. 伞形花序单生于叶腋。
　4. 叶脱落点不靠近叶片基部处。
　　5. 草质藤本 ·························· 4. 牛尾菜 S. riparia
　　5. 灌木 ·································· 5. 菝葜 S. china
　4. 叶脱落点靠近叶片基部处。
　　6. 无卷须 ······················ 6. 弯梗菝葜 S. aberrans
　　6. 有卷须 ······················ 7. 土茯苓 S. glabra

1. 大果菝葜 Smilax megacarpa A. DC.

攀援灌木。叶纸质，卵形或椭圆形。圆锥花序着生点上方有先出叶。浆果熟时深红色。花期10~12月，果期翌年5~6月。

分布华南和云南；东南亚部分国家也有；生林中、灌丛下或山坡荫蔽处。保护区拉元石坑偶见。

2. 马甲菝葜 Smilax lanceifolia Roxb.

攀援灌木。叶常纸质，卵状矩圆形、狭椭圆形至披针形。伞形花序常单生叶腋。浆果橙黄色。花期10月至翌年3月，果期10月。

分布我国西南、华中、华南；南亚和东南亚也有；生林下、灌丛中或山坡阴处。保护区上水库常见。

3. 折枝菝葜 Smilax lanceifolia var. **elongata** Wang et Tang

与马甲菝葜的主要区别在于：叶常革质，表面有光泽。总花梗一般长于叶柄；花药近矩圆形。浆果熟时黑色。花期9~11月，果期翌年11月。

分布我国长江以南地区；东南亚也有；生林下、灌丛中或山坡阳处。保护区较常见。

4. 牛尾菜 Smilax riparia A. DC.

多年生草质藤本。叶厚纸质；叶柄通常在中部以下有卷须。伞形花序总花梗较纤细。浆果熟时紫黑色。花期6~7月，果期10月。

我国除西北地区外都有分布；东亚和菲律宾也有；生林下、灌丛、山沟或山坡草丛中。保护区偶见。

5. 菝葜 Smilax china L.

攀援灌木。叶薄革质，叶背多少粉白色或带霜。伞形花序生于小枝上，多花常呈球状。浆果熟时红色。花期2~5月，果期9~11月。

分布我国黄河以南地区；东南亚部分国家也有；生林下、灌丛中、路旁、河谷或山坡上。保护区山坡灌丛常见。

6. 弯梗菝葜 Smilax aberrans Gagnep.

攀援灌木或半灌木。枝条稍具槽或钝棱。叶薄纸质。伞形花序常生幼枝上。浆果。花期3~4月，果期12月。

分布华南及西南；越南也有；生林中、灌丛下或山谷、溪旁荫蔽处。保护区林缘偶见。

7. 土茯苓 Smilax glabra Roxb.

攀援灌木。叶薄革质，顶端渐尖。伞形花序常具10余花。浆果熟时紫黑色。花期7~11月，果期11月至翌年4月。

分布我国长江以南各地区及甘肃南部；越南、泰国和印度也有；生丘陵低山林中、灌丛下、河岸或山谷中，也见于林缘与疏林中。保护区山坡疏林偶见。

302. 天南星科 Araceae

草本植物，稀为攀援灌木或附生藤本。富含苦味水汁或乳汁。叶单一或少数，有时花后出现，通常基生，如茎生则为互生、二列或螺旋状排列；叶柄有时具鞘；多为网状脉，稀平行脉。花小或微小，常极臭，排列为肉穗花序；花序外面有佛焰苞包围；花两性，或单性则下部为雌花。果为浆果，极稀为聚合果。本科105属3000余种。中国27属202种。保护区6属8种。

1. 直立草本。
   2. 叶二列，基生而嵌列状，形如鸢尾…………**1. 菖蒲属 Acorus**
   2. 叶不为上述形状。
      3. 叶片盾状、卵状心形或箭状心形。
         4. 基底胎座…………………………**2. 海芋属 Alocasia**
         4. 侧膜胎座…………………………**3. 芋属 Colocasia**
      3. 叶片3浅裂、3全裂或3深裂，有时鸟足状或放射状全裂。

5. 叶裂片羽状分裂或二次羽状分裂……………………………………………4. 磨芋属 Amorphophallus
5. 叶裂片不再分裂………………5. 天南星属 Arisaema
1. 攀援植物……………………………6. 石柑属 Pothos

1. 菖蒲属 Acorus L.

多年生常绿草本。根茎匍匐，肉质，分枝。叶二列，基生而嵌列状，箭形；无柄；具叶鞘。佛焰苞大部与花序柄合生，着花点分离，叶状；花序生于当年生叶腋，柄长，常为三棱形；肉穗花序指状圆锥形或纤细几成鼠尾状；花密，自下而上开放；花两性，花被片6，外轮3。浆果长圆形，红色。本属4种。中国4种。保护区1种。

金钱蒲（石菖蒲）Acorus gramineus Soland.

多年生草。叶基对折；两侧膜质叶鞘棕色；叶线形，顶端长渐尖，无中肋，平行脉多数。花序柄长2.5~15cm；叶状佛焰苞短。浆果黄绿色。花果期2~6月。

分布我国黄河以南各地区；印度东北部至泰国北部也有；常见于丘陵山地密林下，生湿地或溪旁石上。保护区各溪沟常见。

2. 海芋属 Alocasia (Schott) G. Don

多年生热带草本。茎粗厚，短缩。叶具长柄，下部多少具长鞘；叶片幼时通常盾状，成年植株的多为箭状心形，全缘或浅波状。花序柄后叶抽出，常多数集成短缩的、具苞片的合轴。佛焰苞檐部长圆形，通常舟状；肉穗花序短于佛焰苞，粗厚，圆柱形，直立；附属器圆锥形；花单性，无花被。浆果大都红色。本属约70种。中国4种。保护区1种。

海芋（尖尾芋）Alocasia odora (Roxb.) K. Koch

大型常绿草本植物。具匍匐根茎，有直立的地上茎。叶多数，螺状排列；叶片亚革质，箭状卵形，边缘波状。佛焰苞卵形或短椭圆形。浆果红色。花期四季。

分布华南、华东、西南；南亚、东南亚也有；常成片生于沟谷雨林林缘或河谷野芭蕉林下。保护区低海拔林缘常见。

3. 芋属 Colocasia Schott

多年生草本。具块茎、根茎或直立的茎。叶柄延长，下部鞘状；叶片盾状着生，卵状心形或箭状心形，后裂片浑圆，连合部分短或达1/2，稀完全合生。花序柄通常多数，于叶腋抽出；佛焰苞管短檐长，果期增大而撕裂；肉穗花序短于佛焰苞；花单性，无花被；不育附属器直立，长或短。浆果绿色。本属13种。中国8种。保护区2种。

1. 附属器延长，约与雄花序等长……………1. 滇南芋 C. antiquorum
1. 附属器短，长约为雄花序……………………2. 芋 C. esculenta

1. 滇南芋（野芋）Colocasia antiquorum Schott

湿生草本。叶片草质，盾状着生，表面略发亮，盾状卵形，基部心形。佛焰苞苍黄色；肉穗花序短于佛焰苞。花期5~9月。

分布我国江南各地区；印度、老挝、缅甸、泰国也有；常生于溪边林下阴湿处。保护区溪边林下湿处偶见。

2. *芋 Colocasia esculenta (L). Schott

湿生草本。叶2~3或更多；叶片卵状，盾状着生，基部心形。佛焰苞淡黄色至绿白色，长20cm左右。种子很少。花期2~4月或8~9月。

分布华东、华中、华南大部分地区；广泛种植在热带和亚热带；作物栽培。保护区上水库偶见。

4. 磨芋属 Amorphophallus Bl.

多年生草本。块茎过冬。叶1；叶柄光滑或粗糙具疣，粗壮，具各样斑块；叶片通常3全裂，裂片羽状分裂或2次羽状分裂，或二歧分裂后再羽状分裂，最后小裂片多少长圆形，锐尖。花序1，通常具长柄，稀为短柄；佛焰苞基部漏斗形或钟形；肉穗花序直立，下部为雌花序；花单性，无花被。浆果。本属约100种。中国19种。保护区2种。

1. 附属器短圆锥状，长宽几相等………………1. 南蛇棒 A. dunnii
1. 附属器多少伸长，长度胜于宽度…2. 疣柄磨芋 A. paeoniifolius

1. 南蛇棒 Amorphophallus dunnii Tutcher

多年生草本。块茎扁球形。叶片3全裂；小裂片互生，基生小裂片椭圆形，顶生2小裂片倒披针形或披针形。花序柄长20~60cm。浆果蓝色。种子黑色。花期3~4月，果7~8月。

分布华南及云南；生林下阴湿处。保护区石心村偶见。

2. 疣柄磨芋 Amorphophallus paeoniifolius (Dennst.) Nicolson

多年生草本。块茎扁球形。叶粗糙；叶片3全裂或羽状深裂。佛焰苞卵形，外面绿色；肉穗花序附属器圆锥形。浆果椭圆状。种子长圆形。花期4~5月，果期10~11月。

分布我国广东、广西（南部）及云南（南部至东南部）；越南、泰国也有；生海拔750m以下的热带地区；保护区江边草坡、灌丛或荒地常见。

5. 天南星属 Arisaema Mart.

多年生草本。常具块茎。叶柄多少具长鞘，常与花序柄具同样的斑纹；叶片3浅裂、全裂或深裂，有时鸟足状。佛焰苞管部席卷，檐部拱形、盔状，常长渐尖；肉穗花序单性或两性，雌花序花密；雄花序大都花疏。浆果倒卵圆形、倒圆锥形。本属约180余种。中国78种。保护区1种。

天南星 Arisaema heterophyllum Bl.

多年生草本。块茎扁球形。叶常单一；叶片鸟足状分裂，裂片13~19，基部楔形，顶端骤狭渐尖。佛焰苞管部圆柱形。浆果黄红色、红色。花期4~5月，果期7~9月。

我国除西北外大部分地区有分布；东亚也有；生林下、灌丛或草地。保护区山谷偶见。

6. 石柑属 Pothos L.

附生、攀援灌木或草本。枝下部具根，上部披散。芽腋生或穿通叶鞘而为腋下生。叶柄叶状，与叶形成似柑桔的单身复叶状；叶片椭圆披针形或卵状披针形，多少不等侧。花序柄腋生或腋下生，基部苞片5~6；佛焰苞卵形苞片状；肉穗花序具长梗，球形、卵形或倒卵形，稀圆柱形。花两性。浆果红色。本属约75种。中国8种。保护区1种。

石柑子 Pothos chinensis (Raf.) Merr.

附生藤本。叶纸质，椭圆形、披针状卵形至披针状长圆形，具尖头中脉上凹下凸。花序腋生；佛焰苞卵形苞片状；浆果红色。花果期全年。

分布于我国南方地区；越南、老挝、泰国也有；生阴湿密林中，常匍匐于岩石上或附生于树干上。保护区山谷林中偶见。

306. 石蒜科 Amaryllidaceae

多年生草本，稀为亚灌木、灌木以至乔木状。具鳞茎、根状茎或块茎。叶多数基生，多少呈线形，全缘或有刺齿。花单生或排列成伞形、总状、穗状或圆锥花序，通常具佛焰苞状总苞；总苞片1至数枚，膜质；花两性；花被片6，2轮。蒴果，背裂或不整齐开裂，稀为浆果状。本科100多属1200多种。中国约10属34种。保护区1属1种。

石蒜属 Lycoris Herb.

多年生草本。具地下鳞茎；鳞茎近球形或卵形。叶于花前或花后抽出，带状。花茎单一，直立，实心；总苞片2枚，膜质；顶生一伞形花序，有花4~8朵；花白色、乳白、奶黄、金黄、粉红至鲜红色；花被漏斗状，上部6裂，基部合生成筒状，花被裂片皱缩或不皱缩。蒴果3棱，室背开裂。本属20余种。中国15种。保护区1种。

忽地笑（黄花石蒜）Lycoris aurea (L' Hérit.) Herb.

多年生草本。叶剑形，向基部渐狭，顶端渐尖，中间淡色带明显。伞形花序有花4~8，花黄色。蒴果具3棱。种子少数，近球形。花期8~9月，果期10月。

分布我国长江以南地区；印度、印度尼西亚、日本、老挝、缅甸、巴基斯坦、泰国、越南也有；生阴湿山坡，作观赏花卉栽培。保护区林下山坡偶见。

311. 薯蓣科 Dioscoreaceae

缠绕草质或木质藤本，稀矮小草本。具根状茎或块茎。茎左旋或右旋，有毛或无毛，有刺或无刺。叶互生，有时中部以上对生，单叶或掌状复叶；叶柄扭转，有时基部有关节。花单性或两性，雌雄异株，稀同株；花单生、簇生或排列成穗状、总状或圆锥花序；花被裂片6，2轮，合生或离生。蒴果、浆果或翅果。本科9属650种。中国1属49种。保护区1属5种。

薯蓣属 Dioscorea L.

缠绕藤本。具根状茎或块茎。单叶或掌状复叶，互生，有时中部以上对生，基出脉3~9，侧脉网状。叶腋内有珠芽或无。花单性，雌雄异株，很少同株。蒴果三棱形，每棱翅状，成熟后顶端开裂。本属约600多种。中国约49种。保护区5种。

1. 复叶 ························· 1. 五叶薯蓣 D. pentaphylla
1. 单叶。
  2. 叶基部宽心形、深心形、箭形或戟形 ··············
    ···························· 2. 褐苞薯蓣 D. persimilis
  2. 叶基部不为上述形状。
    3. 叶较宽 ························ 3. 薯莨 D. cirrhosa
    3. 叶较狭。
      4. 叶片较狭长，线状披针形至披针形或线形 ········
        ························ 4. 柳叶薯蓣 D. linearicordata
      4. 叶片较短，卵状披针形至长圆形或倒卵状长圆形 ·······
        ··························· 5. 大青薯 D. benthamii

1. 五叶薯蓣 Dioscorea pentaphylla L.

缠绕草质藤本。掌状复叶有3~7小叶。雄花穗状花序排列成圆锥状。蒴果三棱状长椭圆形。花期8~10月，果期11月至翌年2月。

分布我国南方地区；亚洲、非洲其他地区也有；生丘陵地林边或灌丛中。保护区鱼洞村偶见。

2. 褐苞薯蓣 Dioscorea persimilis Prain et Burkill

缠绕草质藤本。单叶，纸质，卵形、三角形至长椭圆状卵形，全缘。雌雄花序为穗状花序。蒴果三棱状扁圆形。种子具翅。花期7月至翌年1月，果期9月至翌年1月。

分布华南、西南；越南也有；生山坡、路旁、山谷杂木林中或灌丛中。保护区林缘灌丛偶见。

3. 薯莨 Dioscorea cirrhosa Lour.

粗壮藤本。单叶；叶革质，长椭圆状卵形至卵圆形，长5~20cm。雌雄异株；花序穗状。蒴果三棱翅状，不反折，种翅周生。花期4~6月，果期7月至翌年1月。

分布我国长江以南地区；越南也有；生山坡、路旁、河谷边的杂木林中、阔叶林中、灌丛中或林边。保护区较常见。

4. 柳叶薯蓣 Dioscorea linearicordata Prain et Burkill

草质藤本。茎较细纤，无毛，右旋。单叶；叶纸质，线状披针形至披针形或线形，长5~15cm，两面无毛，背面常有白粉；叶腋内有珠芽。花序穗状。蒴果不反折。花期6月，果期7月。

分布我国广东、广西和湖南；生山坡灌丛或疏林中。保护区拉元石坑偶见。

5. 大青薯 Dioscorea benthamii Prain et Burkill

缠绕草质藤本。叶片纸质，通常对生，卵状披针形至长圆形，长2~9cm，基部圆形。雌雄异株；穗状花序。蒴果三棱状扁圆形。花期5~6月，果期7~9月。

分布华南、东南；生山地、山坡、山谷、水边、路旁的灌丛中。保护区三角山偶见。

314. 棕榈科 Palmae

灌木、藤本或乔木。茎常不分枝，单生或丛生，或有刺，或残存叶柄基部，稀被毛。叶互生，羽状或掌状分裂，稀为全缘或近全缘；叶柄基部具鞘。花小，单性或两性，雌雄同株或异株，有时杂性，组成分枝或不分枝的大型佛焰花序，有佛焰苞；花萼和花瓣各3；雄蕊通常6，2轮；柱头3。核果或硬浆果。本科约210属2800种。中国28属100余种。保护区1属1种。

省藤属 Calamus L.

攀援藤本或直立灌木，丛生或单生。叶鞘常具刺；叶柄具刺或无刺，基部常膨大；叶轴具刺，顶端延伸为带爪状刺的纤鞭或不具纤鞭；叶羽状全裂，羽片单片或数片成组着生于叶轴两侧，常具刚毛。雌雄异株；雌雄花序同型或异型，顶端常延伸成纤鞭或尾状附属物，佛焰花序。外果皮被鳞片。本属约370种。中国28种。保护区1种。

杖藤（杖枝省藤） Calamus rhabdocladus Burret

攀援藤本。叶羽状全裂；叶轴具爪；叶柄具长黑刺。雌雄花序异型。果椭圆形，草黄色。花果期4~6月。

分布我国南亚热带以南地区；老挝、越南也有；生湿润林内。保护区沟谷湿润林内较常见。

315. 露兜树科 Pandanaceae

常绿乔木、灌木或攀援藤本，稀为草本。茎多呈假二叉式分枝，常具气根。叶狭长，呈带状，硬革质，3~4列或螺旋状排列，聚生于枝顶；叶缘和背中脉有锐刺；叶脉平行；叶基具开放的鞘。花单性，雌雄异株；花序腋生或顶生，分枝或否，呈穗状、头状或圆锥状，稀肉穗状，具多数佛焰苞。聚花果或浆果状。本科3属约800种。中国2属7种。保护区1属1种。

露兜树属 Pandanus L. f.

常绿乔木或灌木；稀为草本。茎常具气根。叶常聚生于枝顶；叶片狭长呈带状，边缘及背面中脉具锐刺；无柄；具鞘。花单性，雌雄异株；无花被；花序穗状、头状或圆锥状，具佛焰苞。果为圆球形或椭圆形的聚花果。本属约600种。中国8种。保护区1种。

露兜草 Pandanus austrosinensis T. L. Wu.

多年生常绿草本。叶近革质，带状，长达2m，基部折叠，边缘及背面中脉具锐刺。花单性，雌雄异株。聚花果椭圆状圆柱形或近圆球形。花期4~5月。

分布华南地区；生林中、溪边或路旁。保护区山谷林中偶见。

318. 仙茅科 Hypoxidaceae

草本。有根状茎或球茎。叶通常基生；有明显的叶脉；有柄或无。花两性，辐射对称，白色或黄色，单生或组成穗状、总状、近伞形或头状花序；花被管缺、极短或延伸成长管；花被裂片6，扩展，等大且同色；雄蕊6，花药2室，纵裂；柱头短或3枚分离。蒴果或浆果。本科5属约130种。中国2属8种。保护区1属1种。

仙茅属 Curculigo Gaern.

多年生草本。通常具块状根状茎。叶基生，数片，革质或纸质，通常披针形；具折扇状脉。花茎从叶腋抽出；花两性，通常黄色，单生或排列成总状或穗状花序，有时花序强烈缩短，呈头状或伞房状；花被管存在或无；花被裂片6。果实为浆果。本属20余种。中国7种。保护区1种。

大叶仙茅 Curculigo capitulata (Lour.) O. Ktze.

粗壮草本。叶通常4~7，长圆状披针形或近长圆形。总状花序强烈缩短成头状。浆果白色。花期5~6月，果期8~9月。

分布东南、华南、西南部分地区；东南亚也有；生林下或阴湿处。保护区林下罕见。

323. 水玉簪科 Burmanniaceae

一年生或多年生草本。多为腐生植物，稀能自营的绿色植物。茎纤细，通常不分枝，具根状茎或块茎。单叶，茎生或基生，全缘，或常退化成红色、黄色或白色的鳞片状。花常两性，单生或簇生于茎顶，或为穗状、总状或二歧蝎尾状聚伞花序；花被基部连合呈管状，具翅，花被裂片6，2轮；雄蕊6或3。蒴果。本科16属约140种。中国3属13种。保护区1属3种。

水玉簪属 Burmannia L.

一年生或多年生草本。腐生植物或绿色植物。腐生种叶退化成鳞片状；非腐生种叶绿色，茎生或于基部排列呈莲座式。花单生或数花簇生于茎顶呈头状，或排成二歧蝎尾状聚伞花序；花被裂片通常6，2轮，具翅，花后宿存。蒴果，常具3棱或3翅。本属约60种。中国10种。保护区3种。

1. 腐生植物。
  2. 花2~12朵簇生于茎顶呈头状⋯⋯1. 头花水玉簪 B. championii
  2. 花1~2朵顶生⋯⋯⋯⋯⋯⋯⋯⋯⋯⋯⋯⋯2. 纤草 B. itoana
1. 绿色植物⋯⋯⋯⋯⋯⋯⋯⋯⋯⋯⋯⋯3. 三品一枝花 B. coelestis

1. 头花水玉簪 Burmannia championii Thwaites

一年生腐生草本。茎生叶退化呈鳞片状，披针形，膜质，紧贴。花近无柄，簇生于茎顶呈头状。蒴果倒卵形。花期7月。

分布我国广东（汕头）；斯里兰卡、马来西亚、印度尼西亚、日本也有分布；生潮湿的林中，腐生于树根上。保护区林下偶见。

2. 纤草 Burmannia itoana Makino

一年生腐生草本。无基生叶；茎生叶退化成鳞片状，卵形或披针形。1~2花顶生，具短梗。蒴果，棱状球形。花果期秋季。

分布我国广东、广西、台湾；日本也有；生林下。保护区山谷林下偶见。

3. 三品一枝花 Burmannia coelestis D. Don

一年生纤细草本。基生叶少数，线形或披针形；茎生叶2~4，紧贴茎上，线形。花单生或少数簇生于茎顶。蒴果倒卵形。花期10~11月。

分布我国长江以南地区；亚洲热带地区广布；生湿地上。保护区上水库偶见。

326. 兰科 Orchidaceae

地生、附生或较少为腐生草本，极罕为攀援藤本。叶基生或茎生，后者通常互生或生于假鳞茎顶端或近顶端处，扁平或有时圆柱形或两侧压扁，具关节或无。花葶或花序顶生或侧生；总状花序或圆锥花序，稀头状或为单花，两性，通常两侧对称；花被片6，2轮；中央1花瓣常特化成唇瓣。蒴果，稀为荚果状。本科约800属25000种。中国194属1388种。保护区22属29种。

1. 不为腐生草本，有绿叶。
  2. 地下有球形或椭圆形的块茎；叶卵形或近心形。
    3. 花序呈螺旋状扭转⋯⋯⋯⋯⋯⋯⋯⋯1. 绶草属 Spiranthes
    3. 花序不呈螺旋状扭转。
      4. 柱头2⋯⋯⋯⋯⋯⋯⋯⋯2. 开唇兰属 Anoectochilus
      4. 柱头1⋯⋯⋯⋯⋯⋯⋯⋯⋯⋯3. 斑叶兰属 Goodyera
  2. 地下具短小的根状茎；叶近长圆形或长圆状披针形。
    5. 花药以宽阔的基部或背部与蕊柱合生，宿存。
      6. 柱头1，凹陷⋯⋯⋯⋯⋯⋯4. 舌唇兰属 Platanthera
      6. 柱头2，分离，凸出或延长⋯⋯⋯5. 玉凤花属 Habenaria
    5. 花药以狭窄的部分或通过花丝与蕊柱相连，常枯萎或脱落。
      7. 叶二列，生于整个茎上，对折⋯⋯6. 竹叶兰属 Arundina
      7. 叶不为上述形态。
        8. 地生草本。
          9. 花较小，花瓣一般丝状或线形⋯7. 沼兰属 Crepidium
          9. 花较大，花瓣不为丝状或线形。
            10. 叶基部通常楔形⋯⋯⋯⋯8. 带唇兰属 Tainia
            10. 叶基部心形或近圆形。
              11. 唇瓣中裂片具爪⋯⋯⋯9. 苞舌兰属 Spathoglottis
              11. 唇瓣中裂片不具爪。
                12. 唇瓣基部无距或囊⋯⋯⋯⋯⋯⋯⋯⋯⋯⋯10. 黄兰属 Cephalantheropsis
                12. 唇瓣基部有距或囊。
                  13. 叶近基生⋯⋯⋯11. 虾脊兰属 Calanthe
                  13. 叶疏离地互生⋯⋯⋯12. 鹤顶兰属 Phaius
        8. 附生草本。
          14. 花无囊或距。
            15. 萼片背面与子房常被绒毛⋯⋯⋯⋯⋯⋯⋯⋯⋯⋯13. 毛兰属 Eria
            15. 萼片背面与子房不被绒毛。
              16. 叶草质、纸质或肉质⋯⋯14. 羊耳蒜属 Liparis
              16. 叶多为革质。
                17. 假鳞茎常包藏于叶基部的鞘之内⋯⋯⋯⋯⋯⋯15. 兰属 Cymbidium
                17. 假鳞茎明显，不包藏。
                  18. 假鳞茎具1个节间；叶通常1⋯⋯⋯⋯⋯⋯⋯⋯16. 石豆兰属 Bulbophyllum
                  18. 假鳞茎具多个节间；叶少数至多数⋯⋯⋯⋯⋯17. 石斛属 Dendrobium
          14. 花有囊或距。
            19. 唇瓣基部凹陷成囊状⋯⋯18. 石仙桃属 Pholidota
            19. 唇瓣基部非囊状。
              20. 花通常在2朵以上，花期有叶⋯⋯⋯⋯⋯⋯⋯⋯19. 贝母兰属 Coelogyne
              20. 花单朵，花期无叶或叶极幼嫩⋯⋯⋯⋯⋯⋯⋯⋯20. 独蒜兰属 Pleione
1. 腐生草本，无绿叶。
  21. 花粉团无柄，亦无黏盘⋯⋯⋯21. 无叶兰属 Aphyllorchis
  21. 花粉团一般有花粉团柄或黏盘⋯⋯⋯22. 盂兰属 Lecanorchis

1. 绶草属 Spiranthes L. C. Rich.

地生兰。叶扁平，非折扇状，2~5片，基生，无关节。花序旋转扭曲；花粉团为均匀的颗粉质。本属约50种。中国2种。保护区1种。

绶草（盘龙参）Spiranthes sinensis (Pers.) Ames

多年生草本。茎近基部生2~5叶。叶片宽线形或宽线状披针形，长3~10cm。总状花序具多数密生的花；唇瓣宽长圆形，边缘具强烈皱波状啮齿。花期7~8月。

分布我国各地区；亚洲其他国家和澳大利亚也有；生海拔200~3400m的山坡林下、灌丛下、草地或河滩沼泽草甸中。保护区偶见。

2. 开唇兰属 Anoectochilus Bl.

地生兰。叶扁平，较大，长2cm以上，无关节。花疏生；萼片分离，唇瓣位于上方或下方，囊内有隔膜，唇瓣与蕊柱贴生；花药以狭的基部与蕊柱相连，花粉团由许多小团块组成；柱头2。本属30余种。中国11种。保护区1种。

金线兰 Anoectochilus roxburghii (Wall.) Lindl.

多年生草本。具2~4叶，叶片卵圆形或卵形，叶面具金色带有绢丝光泽的美丽网脉，背面淡紫红色。总状花序具2~6花；花瓣近镰状。花期9~11月。

分布我国长江以南部分地区；东南亚也有分布；生海拔50~1600m的常绿阔叶林下或沟谷阴湿处。保护区偶见。

3. 斑叶兰属 Goodyera R. Br.

地生草本。根状茎匍匐延伸，节上生根。茎直立，短或长，具叶。叶互生，稍肉质，上面常具杂色的斑纹；具柄。花序顶生，具少数至多数花，总状，罕有因花小、多而密似穗状；花倒置（唇瓣位于下方）；萼片离生，近相似，背面常被毛。蒴果直立，无喙。本属约40种。中国29种。保护区1种。

高斑叶兰 Goodyera procera (Ker.-Gawl.) Hook.

地生草本。植株高22~80cm。叶片长圆形或狭椭圆形，无斑纹；叶柄基部扩大成抱茎的鞘。总状花序具多数密生的小花；花序轴被毛；唇瓣基部囊状，内面有腺毛。蒴果。花期4~5月。

分布我国长江以南地区；南亚、东南亚、日本也有；生密林下。保护区拉元石坑罕见。

4. 舌唇兰属 Platanthera L. C. Rich.

地生兰。叶扁平，无关节。苞片小；萼片分离；唇瓣与蕊柱贴生；蕊喙非折叠状。蒴果直立。本属约200种。中国42种。保护区1种。

小舌唇兰 Platanthera minor (Miq.) Rchb. f.

地生草本。叶互生；叶片椭圆形、卵状椭圆形或长圆状披针形。总状花序具多数疏生的花；花瓣斜卵形。花期5~7月。

分布我国长江以南地区；朝鲜半岛、日本也有分布；生海拔250~2700m的山坡林下或草地。保护区林下偶见。

5. 玉凤花属 Habenaria Willd.

地生草本。块茎肉质。茎直立，基部常具鞘，鞘以上具1至多数叶。叶散生或集生于茎的中部、下部或基部，稍肥厚，基部收狭成抱茎的鞘。花序总状，顶生，具少数或多数花；花苞片直立，伸展；萼片离生；唇瓣一般3裂，基部通常有长或短的距，有时为囊状或无距。蒴果。本属约600种。中国55种。保护区2种。

1. 唇瓣较小，淡黄绿色·················1. 细裂玉凤花 H. leptoloba
1. 唇瓣较大，橙黄色·················2. 橙黄玉凤花 H. rhodocheila

1. 细裂玉凤花 Habenaria leptoloba Benth.

地生草本。植株高15~30cm。叶披针形或线形，宽1~1.8cm，基部收狭并抱茎。总状花序具8~12花；中萼片与花瓣靠合呈兜状；唇瓣3深裂成叉开线形。花期8~9月。

特产我国广东中部地区；生山坡林下阴湿处或草地。保护区鸡枕山、古田村偶见。

2. 橙黄玉凤花 Habenaria rhodocheila Hance

地生草本。叶片线状披针形至近长圆形，基部抱茎。总状花序具2~10余朵疏生的花；花唇瓣，小人形。蒴果纺锤形。花期7~8月，果期10~11月。

分布华东、华南和湖南、贵州；东南亚也有；生山坡或沟谷林下阴处地上或岩石上覆土中。保护区鸡枕山、古田村常见。

6. 竹叶兰属 Arundina Bl.

地生草本。具根状茎。茎直立，常数个簇生，不分枝，较坚挺，具多数互生叶。叶2列，禾叶状；基部具关节和抱茎的鞘。花序顶生，不分枝或稍分枝，具少数花；花苞片小，宿存；花大；萼片相似；花瓣明显宽于萼片，唇瓣贴生于蕊柱基部，3裂。果为蒴果。本属1~2种。中国1~2种。保护区1种。

竹叶兰 Arundina graminifolia (D. Don) Hochr.

地生草本。茎直立，常数个丛生或成片生长，通常为叶鞘所包。叶线状披针形，薄革质或坚纸质。花序总状或圆锥状。蒴果近长圆形。花果期9~11月。

分布我国长江以南地区；喜马拉雅地区、南亚、东南亚也有；生草坡、溪谷旁、灌丛下或林中。保护区蓄能水电站偶见。

7. 沼兰属 Crepidium Bl.

地生，稀半附生或附生草本。有肉质茎或假鳞茎。叶常2~8，稀1，近基生或茎生，基部收狭成柄，多少抱茎。花葶顶生，通常直立，无翅或罕具狭翅；总状花序具数朵或数十朵花；花一般较小；萼片离生；唇瓣不裂或2~3裂，有时先端具齿或流苏状齿。蒴果较小，椭圆形至球形。本属约300种。中国21种。保护区2种。

1. 叶3~5，长（4~）6~12cm··············1. 浅裂沼兰 C. acuminata
1. 叶1，很小，长6~13mm··············2. 小沼兰 C. microtatantha

1. 浅裂沼兰 Crepidium acuminata (D. Don) Szlach.

地生或半附生草本。叶3~5，斜卵形、卵状长圆形或近椭圆形，顶端渐尖，基部收狭成柄。花葶直立；总状花序具10余朵或更多的花。花果期5~7月。

分布我国西南部和广东、台湾；东南亚至大洋洲也有；生林下、溪谷旁或荫蔽处的岩石上。保护区上水库林偶见。

2. 小沼兰 Crepidium microtatantha (Rolfe) Marg. et Szlach.

地生小草本。假鳞茎小，卵形或近球形，外被白色的薄膜质鞘。叶1，卵形至宽卵形，有短柄抱茎。花葶直立，纤细。花期4月。

分布我国长江以南部分地区；生海拔200~600m的林下或阴湿处的岩石上。保护区上水库偶见。

8. 带唇兰属 Tainia Bl.

地生草本。根状茎横生。假鳞茎肉质，1节罕多节，顶生1叶。叶大，纸质，折扇状；具长柄；叶柄具纵条棱，无关节或在远离叶基处具1个关节。花葶侧生于假鳞茎基部，直立，不分枝；总状花序具少数至多数花；花中等大，开展；萼片和花瓣相似；唇瓣贴，直立，基部具短距或浅囊，不裂或前部3裂。本属约15种。中国11种。保护区1种。

带唇兰 Tainia dunnii Rolfe

地生草本。假鳞茎暗紫色。顶生1叶，叶狭长圆形或椭圆状披针形，基部渐狭为柄。花葶侧生假鳞茎基部；唇瓣前部3裂，黄色，侧片具紫黑斑点。花期通常3~4月。

分布我国长江以南大部分地区；生常绿阔叶林下或山间溪边。保护区上水库偶见。

9. 苞舌兰属 Spathoglottis Bl.

地生草本。植物合轴生长，无根状茎。叶1~5，带状或狭披针形，生于压扁的假鳞茎上。花不扭转；唇瓣位于上方；花粉团8，4个簇生，着于黏盘上。本属约46种。中国3种。保护区1种。

苞舌兰（土白芨、黄花独蒜）**Spathoglottis pubescens** Lindl.

地生草本。假鳞茎扁球形。顶生1~3叶，叶带状或狭披针形，长达43cm，基部收窄为细柄。花葶密布柔毛，疏生2~8花；花黄色；唇瓣3裂。花期7~10月。

分布我国长江以南部分地区；东南亚也有；生海拔380~1700m的山坡草丛中或疏林下。保护区林下草丛偶见。

10. 黄兰属 Cephalantheropsis Guill.

地生草本。植物合轴生长，无根状茎。叶数片，长圆形或椭圆形，生于圆柱形假鳞茎上。花不扭转，唇瓣位于上方，无囊或距；花粉团8，4个簇生，着于黏盘上。本属约5种。中国2种。保护区1种。

黄兰 Cephalantheropsis obcordata L.

地生草本。叶多数，互生，基部鞘状抱茎，具关节和折扇状脉。花序侧生，多花；萼片和花瓣相似。蒴果圆柱形，具棱。花期9~12月，果期11月至翌年3月。

分布我国长江以南地区；东亚、东南亚部分国家也有；常生于海拔约450m的密林下。保护区林下偶见。

11. 虾脊兰属 Calanthe R. Br.

地生草本。根状茎有或无。假鳞茎通常粗短，圆锥状，稀圆柱形。叶少数，常较大，稀呈剑形或带状，幼时席卷。花葶直立，不分枝，通常密被毛，稀无毛；总状花序具少数至多数花；花小至中等大；萼片近相似；花瓣比萼片小，唇瓣常比萼片大而短。本属约150种。中国51种。保护区2种。

1. 唇瓣黄色·····································1. 棒距虾脊兰 C. clavata
1. 唇瓣白色·····································2. 钩距虾脊兰 C. graciliflora

1. 棒距虾脊兰 Calanthe clavata Lindl.

地生草本。植株全体无毛。假鳞茎很短。叶狭椭圆形，长达65cm，宽4~10cm，顶端急尖，基部渐狭为柄；叶柄具1关节。总状花序具许多花；唇瓣3裂。花期11~12月。

分布我国南亚热带以南地区；喜马拉雅及东南亚也有；生山地密林下或山谷岩边。保护区山谷偶见。

2. 钩距虾脊兰 Calanthe graciliflora Hayata

地生草本。根状茎不明显。假鳞茎短，近卵球形。假茎长5~18cm。叶在花期尚未完全展开，椭圆形或椭圆状披针形，长达33cm。总状花序疏生多数花。花期3~5月。

分布我国长江以南地区；生山谷溪边、林下等阴湿处。保护区偶见。

12. 鹤顶兰属 Phaius Lour.

地生草本。假鳞茎丛生，具少至多数节，常被鞘。叶大，数片，互生于假鳞茎上部；基部收狭为柄并下延为长鞘；具折扇状脉；叶鞘紧抱茎或互相套迭而成假茎。花葶1~2，侧生假鳞茎节上或生叶腋，高或低于叶层；总状花序具少数或多数花；花较大，美丽；萼和瓣近等大；唇瓣近3裂或不裂，有短距或无。本属约40种。中国8种。保护区1种。

黄花鹤顶兰 Phaius flavus (Bl.) Lindl.

地生草本。叶4~6，紧密互生于假鳞茎上部，通常具黄色斑块，长椭圆形或椭圆状披针形；总状花序具数朵至20朵花。花期4~10月。

分布华南、西南；南亚、东南亚及日本也有；生山坡林下阴湿处。保护区小杉村偶见。

13. 毛兰属 Eria Lindl.

附生草本。植物合轴生长。叶少数。萼片多少与蕊足合生成萼囊；唇瓣基部无距；花粉团8，4个簇生，以团柄附着于黏盘上。本属370余种。中国43种。保护区1种。

蛤兰（小毛兰）Eria sinica (Lindl.) Lindl.

附生草本。植株极矮小，高仅1~2cm。假鳞茎密集着生，近小球形，被网格状膜质鞘。叶倒披针形、倒卵形或近圆形。花序生于假鳞茎顶端叶的内侧；唇瓣近椭圆形，中上部具细齿。花期10~11月。

分布我国广东南部（深圳）及香港、海南；生林中，常与苔藓混生在石上或树干上。保护区林下偶见。

14. 羊耳蒜属 Liparis L. C. Rich.

地生或附生草本。常具假鳞茎或多节的肉质茎。叶1至数片，基生或茎生，或生于假鳞茎顶端或近顶端的节上；多脉；多少具柄。花葶顶生，两侧具狭翅；总状花序疏生或密生多花；花小或中等大，扭转；花瓣通常比萼片狭；唇瓣不裂或稀3裂，上部常反折。蒴果常具3棱。本属约250种。中国52种。保护区4种。

1. 附生植物·················1. 广东羊耳蒜 L. kwangtungensis
1. 土生植物。
　2. 植株矮小·····················2. 褐花羊耳蒜 L. brunnea
　2. 植株较大。
　　3. 花小，唇瓣长约6mm，中萼片长8~10mm···············
　　　·····························3. 见血青 L. nervosa
　　3. 花大，唇瓣长1~1.5cm，中萼片长1.6~2cm··············
　　　·····························4. 紫花羊耳蒜 L. nigra

1. 广东羊耳蒜 Liparis kwangtungensis Schltr.

附生草本。假鳞茎近卵形或卵圆形，顶端具1叶。叶近椭圆形或长圆形，纸质，基部收狭成明显的柄。花序柄略压扁，具狭翅；总状花序具数花。花期10月。

分布我国广东、福建；生林下或溪谷旁岩石上。保护区上水库偶见。

2. 褐花羊耳蒜 Liparis brunnea Ormerod

附生小草本。假鳞茎丛生，椭圆形至长圆形。叶1~2，卵状椭圆形至近圆形，基部收缩成鞘，不具节。花序具1~5花；苞片卵状披针形，顶端锐尖。花期3月。

我国保护区特有植物；生山地林下石上。仅在保护区上水库偶见。

3. 见血青（显脉羊耳蒜）Liparis nervosa (Thunb.) Lindl.

地生草本。茎肥厚肉质，有数节。叶2~5，卵形至卵状椭圆形，无关节。花葶发自茎顶端；总状花序常具数朵至10余朵花。花期2~7月，果期10月。

分布我国长江以南地区；广布世界热带、亚热带地区；生山地林下、溪谷旁、草丛阴处或岩石覆土上。保护区山地林下偶见。

4. 紫花羊耳蒜 Liparis nigra Seidenf.

地生草本。茎粗壮，有数节。叶3~6，椭圆形至卵状椭圆形。总状花序。蒴果倒卵状长圆形。花期2~5月，果期11月。

分布华南、西南及台湾；泰国和越南也有；生常绿阔叶林下或阴湿的岩石覆土上或地上。保护区上水库偶见。

15. 兰属 Cymbidium Sw.

附生或地生草本，罕腐生。常具卵球形、椭圆形或梭形假鳞茎，稀成茎状，基部具鞘。叶数片至多片，常生于假鳞茎基部或下部节上，2列，带状或倒披针形至狭椭圆形，基部阔鞘抱假鳞茎，有关节。花葶侧生或发自假鳞茎基部；总状花序具数花或多花，稀单花；花较大或中等大；萼、瓣离生；唇瓣3裂。本属约48种。中国29种。保护区1种。

多花兰 Cymbidium floribundum Lindl.

附生植物。叶通常5~6，带形，坚纸质，关节在距基部2~6cm处。花葶自假鳞茎基部穿鞘而出；花序通常具10~40花；唇瓣白色且有紫红色斑。蒴果近长圆形。花期4~8月。

分布我国长江以南地区；生林中或林缘树上，或溪谷旁透光的岩石上或岩壁上。保护区上水库偶见。

兰科 Orchidaceae

16. 石豆兰属 Bulbophyllum Thou.

附生草本。根状茎匍匐，稀直立，具假鳞茎或无。假鳞茎紧靠，具1节。叶通常1，稀2~3，顶生于假鳞茎，或生于根状茎；叶片肉质或革质，先端稍凹或锐尖、圆钝。花葶侧生假鳞茎基部或生根状茎节上，具单花或多花至许多花组成为总状或近伞状花序；花瓣比萼片小，唇瓣肉质。蒴果。本属约1900种。中国103种。保护区1种。

广东石豆兰 Bulbophyllum kwangtungense Schltr.

附生草本。根状茎匍匐。假鳞茎1节，圆柱状，顶生1叶。叶革质，长圆形，顶端圆钝并且稍凹入，基部具短柄。总状花序缩短呈伞状；侧萼长于中萼。花期5~8月。

分布华东、华南和西南地区；生山地林下岩石上。保护区上水库偶见。

17. 石斛属 Dendrobium Sw.

附生草本。合轴生长。有多节的茎。叶1至数片互生于茎上。花序从假鳞茎上部发出；花不扭转；唇瓣位于上方，基部平。本属约1000种。中国78种。保护区1种。

美花石斛 Dendrobium loddigesii Rolfe

附生草本。茎柔弱，分枝。叶纸质，二列，互生，舌形、长圆状披针形或稍斜长圆形；叶鞘膜质。花白色或紫红色；花苞片膜质，卵形；花梗和子房淡绿色。花期4~5月。

分布我国广西、海南、广东（南部）、贵州（西南部）、云南（南部）；老挝、越南也有；生海拔400~1500m的山地林中树干上或林下岩石上。保护区山地林中树干上可见。

18. 石仙桃属 Pholidota Lindl. ex Hook.

附生草本。通常具根状茎和假鳞茎。叶1~2，生于假鳞茎顶端；基部多少具柄。花葶生于假鳞茎顶端；总状花序常多少弯曲，具数朵或多朵花；花序轴常稍曲折；花苞片大，二列；花小，常不完全张开；萼片相似；花瓣通常小于萼片，唇瓣不裂或罕有3裂，唇盘上有脉或褶片，无距。蒴果较小，常有棱。本属约30种。中国14种。保护区1种。

石仙桃 Pholidota chinensis Lindl.

附生草本。叶2，生于假鳞茎顶端，倒卵状椭圆形至近长圆形；具3条较明显的脉。总状花序常外弯，具数朵至20余朵花。蒴果倒卵状椭圆形。花期4~5月，果期9月至翌年1月。

分布华东、华南及西南地区；越南、缅甸也有；生林中或林缘树上、岩壁上。保护区各山谷林中石上或树上偶见。

19. 贝母兰属 Coelogyne Lindl.

附生。植物合轴生长。叶（1~）2。花期有叶；花序顶生；花粉团4，花粉团有柄。蒴果中等大，常有棱或狭翅。本属约200种。中国26种。保护区1种。

流苏贝母兰 Coelogyne fimbriata Lindl.

附生草本。假鳞茎狭卵形至近圆柱形。叶长圆形或长圆状披针形，长4~10cm。花葶从假鳞茎顶端发出；仅唇瓣上有红色斑纹；唇瓣顶端及边缘具流苏。蒴果倒卵形。花期8~10月，果期翌年4~8月。

分布我国长江以南部分地区；东南亚也有；生海拔500~1200m的溪旁岩石上或林中、林缘树干上。保护区偶见。

257

20. 独蒜兰属 Pleione D. Don

腐生草本。无绿叶。茎直立，肉质，不分枝，常呈浅褐色，中下部具鞘，上部具不育苞片，向上为花苞片。总状花序顶生，疏生少数或多数花；花苞片膜质；花小或中等大，扭转，常具较长的花梗和子房；花瓣与萼片相似或稍短小；唇瓣常可分为上下唇；花粉团2。果实为蒴果，常下垂。本属约19种。中国16种。保护区2种。

1. 唇瓣上的褶片（尤其近顶端处）不间断，稍呈撕裂状…………
………………………………………1. 独蒜兰 P. bulbocodioides
1. 唇瓣上的褶片（尤其近顶端处）间断，具齿或呈啮蚀状…………
………………………………………2. 台湾独蒜兰 P. formosana

1. 独蒜兰 Pleione bulbocodioides (Franch.) Rolfe

半附生草本。叶狭椭圆状披针形或近倒披针形。花葶从无叶老假鳞茎基部发出。蒴果近长圆形。花期4~6月。

分布我国黄河以南部分地区；生常绿阔叶林下或苔藓覆盖的岩石上。保护区阔叶林下偶见。

2. 台湾独蒜兰 Pleione formosana Hayata

附生草本。假鳞茎卵形，绿色或暗紫色。叶长成后椭圆形或倒披针形，纸质。花上面具有斑。蒴果纺锤状，黑褐色。花期3~4月。

产我国台湾、福建西部至北部（连城、上杭、武夷山）、浙江南部和江西东南部；生林下或林缘腐殖质丰富的土壤和岩石上。保护区林下偶见。

21. 无叶兰属 Aphyllorchis Bl.

附生、半附生或地生小草本。假鳞茎一年生，常较密集，顶部收狭成颈。叶1~2，生于假鳞茎顶端，通常纸质；多少具折扇状脉；有短柄；常在冬季凋落。花葶从老鳞茎基部发出，直立，花序具1~2花；花苞片较大，宿存；花大，艳丽；萼片离生，相似；花瓣与萼片等长，唇瓣不裂或不明显3裂。蒴果纺锤状。本属约30种。中国5种。保护区1种。

单唇无叶兰（无叶兰）**Aphyllorchis simplex Tang et F. T. Wang**

草本。高43~70cm。茎直立，无绿叶，下部具多枚鞘，上部具数枚不育苞片。总状花序长10~20cm，疏生数朵至10余朵花；花黄色或黄褐色，两侧对称。花期7~9月。

分布华南和我国台湾、云南；东南亚及日本也有。保护区偶见。

22. 盂兰属 Lecanorchis Bl.

腐生植物。无绿叶，有块茎。唇瓣有距；萼片与花瓣离生，萼片基部有杯状副萼。本属约10种。我国6种。保护区1种。

全唇盂兰 Lecanorchis nigricans Honda

腐生植物。植株高25~40 cm。具坚硬根状茎。总状花序顶生，具花数朵；花苞片卵状三角形；萼片狭倒披针形，侧萼片略斜歪；花瓣倒披针状线形。花期不定，主要见于夏秋季。

分布我国广东及福建中部至南部和台湾北部；日本也有；生林下阴湿处。保护区林下偶见。

327. 灯心草科 Juncaceae

多年生或稀为一年生草本，极少为灌木状。根状茎直立或横走。茎多丛生，常具纵沟棱，常不分枝。叶基生成丛，稀茎生；叶细长或退化呈芒或仅存叶鞘。花序圆锥状、聚伞状或头状，顶生、腋生或假侧生，常再排成复花序，稀单生；花小，两性，稀单性异株；花被片6，常2轮。蒴果室背开裂，稀不裂。本科约8属400余种。中国2属92种。保护区1属1种1亚种。

灯心草属 Juncus L.

多年生或稀为一年生草本。根状茎横走或直伸。茎圆柱形或压扁，具纵沟棱。叶基生和茎生，或仅具基生叶；叶片扁平或圆柱形、披针形、线形或毛发状，有时退化为刺芒而仅存叶鞘。花序顶生或有时假侧生，由数至多朵小花集成头状，单生或多花再组成聚伞、圆锥状等复花序；花小，两性。蒴果小。本属约240种。中国76种。保护区1种1亚种。

1. 叶具不完全横隔…………………… 1. 笄石菖 J. prismatocarpus
1. 叶具明显的完全横隔膜……………………………………
………………… 2. 圆柱叶灯心草 J. prismatocarpus subsp. teretifolius

1. 笄石菖 (江南灯心草) Juncus prismatocarpus R. Br.

多年生草本。基生叶少；茎生叶2~4；叶片线形，通常扁平。花序由5~30个头状花序组成，排列成顶生复聚伞花序。蒴果小。花期3~6月，果期7~8月。

分布我国黄河以南地区；日本沿东南亚至大洋洲也有；生田地、溪边、路旁沟边、疏林草地以及山坡湿地。保护区石心村偶见。

2. 圆柱叶灯心草 Juncus prismatocarpus subsp. teretifolius K. F. Wu

和笄石菖的主要区别在于：植株常较高大；叶圆柱形，有时干后稍压扁，具明显的完全横隔膜，单管。

分布我国长江以南地区；生山坡林下、灌丛、沟谷水旁湿润处。保护区偶见。

331. 莎草科 Cyperaceae

多年生草本，较少为一年生。多数具根状茎，少有兼具块茎。常具三棱形秆。叶基生和秆生，常禾叶状具闭合的鞘，或完全退化成仅有鞘。花序多种多样；小穗单生、簇生或排列成穗状或头状，具1至多数花；花两性或单性，雌雄同株，稀异株，着生于颖片腋间。果实为小坚果。本科104余属5000余种，中国30属750余种。保护区13属29种。

1. 花单性；雌花的先出叶合生成果囊……1. 薹草属 Carex
1. 花两性或单性，而无先出叶所形成的果囊。
  2. 花单性，极少两性。
    3. 小坚果下面无盘………2. 割鸡芒属 Hypolytrum
    3. 小坚果下面具盘。
      4. 小穗排列为圆锥花序或间断的穗状花序………………………………………………3. 珍珠茅属 Scleria
      4. 头状聚伞花序…………4. 裂颖茅属 Diplacrum
  2. 花两性。
    5. 鳞片螺旋状排列。
      6. 小穗有多数花。
        7. 花柱基部膨大…………5. 飘拂草属 Fimbristylis
        7. 花柱基部不膨大。
          8. 下位刚毛6或较少，柔软，丝状…………………………………………6. 针蔺属 Trichophorum
          8. 下位刚毛2~6，常有倒刺………7. 藨草属 Scirpus
      6. 小穗只有很少几朵花。
        9. 柱头2………………8. 刺子莞属 Rhynchospora
        9. 柱头3。
          10. 叶圆柱状…………9. 鳞籽莎属 Lepidosperma
          10. 叶扁平………………10. 黑莎草属 Gahnia
    5. 鳞片不为螺旋状而为2行排列。
      11. 小穗轴基部无关节…………11. 莎草属 Cyperus
      11. 小穗轴具关节。
        12. 柱头3；小坚果三棱形………12. 砖子苗属 Mariscus
        12. 柱头2；小坚果双凸状………13. 水蜈蚣属 Kyllinga

1. 薹草属 Carex L.

多年生草本。根状茎匍匐或缩短。秆常三棱形，基部常具无叶片的鞘。叶基生或兼具秆生，少数边缘卷曲，条形或线形，基部通常具鞘。苞片叶状或刚毛状；花单性或两性；小穗1至多数，单一顶生或多数时排列成穗状、总状或圆锥花序。小坚果包于果囊内，三棱形。本属约2000多种。中国近500种。保护区9种。

1. 小穗基生…………………………………1. 根花薹草 C. radiciflora
1. 小穗不基生。
  2. 苞片叶状，密集于秆的顶端…2. 密苞叶薹草 C. phyllocephala
  2. 苞片不为上述形态。
    3. 秆侧生；秆生叶退化呈佛焰苞状。
      4. 基生叶数枚常形成一束较高的分蘖枝，叶片禾叶状……………………………………………………3. 三念薹草 C. tsiangii
      4. 基生叶簇生，叶片芦叶组。
        5. 支花序为圆锥花序，具10多个至20多个小穗………………………………………………4. 花葶薹草 C. scaposa
        5. 支花近伞房状，具少数小穗…5. 广东薹草 C. adrienii
    3. 秆中生或丛生；秆生叶发达。
      6. 圆锥花序复出…………6. 十字薹草 C. cruciata
      6. 穗状花序。
        7. 小坚果棱上通常缢缩或具刻痕………………………………………………………7. 镜子薹草 C. phacota
        7. 小坚果棱上通常不缢缩，也不具刻痕。
          8. 小穗5~8，雌小穗长4~12cm……………………………………………………8. 条穗薹草 C. nemostachys
          8. 小穗4~5，雌小穗长2~6cm……………………………………………………9. 狭穗薹草 C. ischnostachya

1. 根花薹草 Carex radiciflora Dunn

多年生草本。根状茎短。秆极短。叶平张，上部边缘微粗糙，基部具老叶鞘。小穗3~6，基生，具小穗柄。果囊斜展，卵状披针形，具多条隆起的脉。小坚果椭圆形。果期4~5月。

分布我国福建、广东、广西和云南；生海拔600~1200m的溪边石隙中和林下阴处。保护区林下可见。

2. 密苞叶薹草（头序薹草）**Carex phyllocephala** T. Koyama

多年生草本。秆高 20~60cm。叶排列紧密，长于秆，质较坚挺，边缘向下面卷，上下彼此套叠。小穗 6~10，密集生于秆的上端。小坚果倒卵形，三棱形。花果期 6~9 月。

分布我国广东、福建；日本也有；生林下、路旁、沟谷等潮湿地。保护区较常见。

3. 三念薹草 Carex tsiangii Wang et Tang

多年生草本。秆丛生。叶基生和秆生；基生叶长于秆，叶片宽 5~7mm，两面光滑，全缘或粗糙；秆生叶退化呈佛焰苞状。圆锥花序复出，具 3~6 支花序；支花序近伞房状。果囊钝三棱形。果期 4 月。

我国广东特有植物；生山坡灌丛中。保护区较常见。

4. 花葶薹草 Carex scaposa C. B. Clarke

多年生草本。叶基生和秆生；基生叶丛状，各式椭圆状，基部渐狭成柄，有时具隔节；秆生叶生于秆的中下部。圆锥花序复出。果囊三棱形。花果期 5~11 月。

分布我国长江以南地区；越南也有；生常绿阔叶林林下，水旁、山坡阴处或石灰岩山坡峭壁上。保护区阔叶林下较常见。

5. 广东薹草（大叶薹草）**Carex adrienii** E. G. Camus

多年生草本。秆丛生。叶基生与秆生；基生叶数枚丛生，短于秆，叶片狭椭圆形，宽 2~3cm，全缘，背面密被短粗毛；秆生叶退化呈佛焰苞状。圆锥花序复出。小坚果卵形。花果期 5~6 月。

分布我国长江以南部分地区；越南、老挝也有；生常绿阔叶林林下、水旁或阴湿地。保护区林下偶见。

6. 十字薹草 Carex cruciata Wahlenb.

多年生草本。高 40~90cm，具匍匐枝。叶基生和秆生，长于秆，扁平，下面粗糙，上面光滑，边缘具短刺毛。苞片叶状；圆锥花序复出。果囊肿胀三棱形。花果期 5~11 月。

分布我国长江以南地区；喜马拉雅地区、日本至东南亚也有；生林边或沟边草地、路旁、火烧迹地。保护区上水库偶见。

7. 镜子薹草 Carex phacota Spreng.

多年生草本。根状茎短。秆高 20~75cm。叶与秆近等长，平张，边缘反卷。小穗 3~5，接近；侧生小穗雌性。果囊基部宽楔形。小坚果稍松地包于果囊中。花果期 3~5 月。

分布华中、华南地区；尼泊尔、印度、印度尼西亚、马来西亚、斯里兰卡和日本也有；生沟边草丛中，水边和路旁潮湿处。保护区溪边草丛可见。

8. 条穗薹草 Carex nemostachys Steud.

多年生草本。根状茎粗短，具地下匍匐茎。叶长于秆，宽 6~8mm，较坚挺；两侧脉明显。苞片下面的叶状，上面的呈刚毛状；小穗 5~8。果囊钝三棱形，褐色。花果期 9~12 月。

分布我国长江以南地区；南亚、东南亚也有；生小溪旁、沼泽地，林下阴湿处。保护区溪边偶见。

9. 狭穗薹草 Carex ischnostachya Steud.

多年生草本。根状茎粗短，木质。秆丛生。叶稍短或近等长于秆；小穗4~5；雄花鳞片披针形；雌花鳞片卵形。果囊近于直立；无毛小坚果包于果囊内。花果期4~5月。

分布我国江苏、浙江、福建、江西、广东、广西、湖南、贵州和四川；日本和朝鲜也有；生山坡路旁草丛中或水边。保护区路边草丛可见。

2. 割鸡芒属 Hypolytrum L. C. Rich.

多年生草本。具匍匐根状茎。有育株和不育株之分或不分；不育株仅具基生叶，育株基部具鳞片和鞘。基生叶两行排列紧凑，平张，向基部对折；具3条脉。苞片叶状；小苞片鳞片状；穗状花序少数或多数，排列为伞房状圆锥花序、伞房花序或头状花序，具多数鳞片和小穗；鳞片螺旋状覆瓦式排列；小穗具2小鳞片、2雄花和1雌花。小坚果双凸状，顶端具喙。本属60余种。中国4种。保护区1种。

割鸡芒 Hypolytrum nemorum (Vahl) Sprengel

多年生草本。根状茎粗短，匍匐或斜升。秆高 30~90cm，具3~5基生叶和1秆生叶。叶线形，近革质，上部边缘具细刺。小坚果圆卵形顶。花果期4~8月。

分布华南和我国台湾、云南；喜马拉雅地区和越南、泰国也有；生林中湿地或灌木丛中。保护区林中较常见。

3. 珍珠茅属 Scleria Berg.

多年生或一年生草本。具根状茎或无。秆三棱形，稀圆柱状。叶基生兼秆生，线形，多少粗糙，常具3条较粗的脉；具鞘；大多具叶舌。圆锥花序顶生，复出，稀退化为间断的穗状；苞片叶状，具鞘；有小苞片；花全为单性；小穗也常单性；小穗最下面的2~4鳞片内无花。小坚果球形或卵形。本属约200种以上。中国约20种。保护区1种。

高秆珍珠茅 Scleria terrestris (L.) Fassett

多年生草本。秆散生，无毛。叶线形，无毛；下部叶鞘紫红色，无翅。圆锥花序。小坚果球形或近卵形。花果期5~10月。

分布我国长江以南大部分地区；喜马拉雅地区、东南亚也有；生田边、路旁、山坡等干燥或潮湿的地方。保护区山坡疏林偶见。

4. 裂颖茅属 Diplacrum R. Br.

一年生细弱草本。叶秆生，线形，短；具鞘；不具叶舌。聚伞花序短缩成头状，从叶鞘中抽出；小穗较小；花单性，雌雄异穗；雌小穗生于分枝顶端，具2鳞片和1雌花；雄小穗侧生于雌小穗下面，约具3鳞片和1~2雄花。小坚果小，球形。本属约6种。中国1种。保护区有分布。

裂颖茅 Diplacrum caricinum R. Br.

一年生细弱草本。无根状茎。秆高10~40cm。叶线形，纸质；叶鞘具狭翅，无叶舌。秆的每节有1~2个小头状聚伞花序。小坚果球形。花果期9~10月。

分布我国福建、广东、台湾；印度、越南、马来亚、菲律宾、日本，大洋洲也有；生田边、旷野水边和庇荫山坡。保护区偶见。

5. 飘拂草属 Fimbristylis Vahl

一年生或多年生草本。具或不具根状茎，很少有匍匐根状茎。秆丛生或不丛生，较细。叶通常基生，有时仅有叶鞘而无叶片。花序顶生，为简单、复出或多次复出的长侧枝聚伞花序，稀头状或仅1小穗；小穗单生或簇生，具几朵至多数两性花；鳞片常螺旋状排列或下部二列或近二列。果为小坚果。本属300多种。中国50余种。保护区2种。

1. 秆具5棱 ·· 1. 两歧飘拂草 F. dichotoma
1. 秆不具5棱 ······································ 2. 五棱秆飘拂草 F. quinquangularis

1. 两歧飘拂草 Fimbristylis dichotoma (L.) Vahl

一年生草本。叶线形，略短于秆或等长，宽 1~2.5mm。苞片 3~4，通常有 1~2 枚长于花序；小穗单生于辐射枝顶端，具多数花。小坚果宽倒卵形。花果期 7~10 月。

分布我国东北及黄河以南地区；印度及中南半岛、大洋洲、非洲等地也有；生稻田或空旷草地上。保护区旷野草地偶见。

2. 五棱秆飘拂草（水虱草、日照飘拂草）Fimbristylis quinquangularis (Vahl) Kunth

一年生草本。无根状茎。秆高 10~60cm。叶长于或短于秆或与秆等长，侧扁，套褶，剑状，边上有稀疏细齿。小穗单生于辐射枝顶端。小坚果倒卵形。花果期 8~10 月。

分布我国安徽、四川、云南；斯里兰卡、马来西亚、印度、越南、老挝、大洋洲也有；生海拔 850~2100m 的沟边、水稻田边。保护区偶见。

6. 针蔺属 Trichophorum Sect.

多年生草本植物。匍匐根状茎缺。秆丛生，刚硬。叶基生和秆生兼有。长侧枝聚伞花序伞房状或圆锥状；小穗小，多数，褐色，常几个或十余个组成小头状；下位刚毛 6 或较少，柔软，丝状，长或短。小坚果三棱形，顶端钝或具喙。本属 200 多种。中国 37 种。保护区 1 种。

玉山针蔺（类头状花序蔺草）Trichophorum subcapitatum Thw.

多年生草本植物。根状茎短。秆细长，近于圆柱形。无秆生叶，顶端具很短的、贴伏状的叶片。蝎尾状聚伞花序小。小坚果。花果期 3~6 月。

分布我国长江以南地区；日本及东南亚也有；生林边湿地、山溪旁、山坡路旁湿地上或灌木丛中。保护区溪边湿地偶见。

7. 蔗草属 Scirpus L.

草本，丛生或散生。具根状茎或无。秆三棱形，很少圆柱状，有节或无节，具基生叶或秆生叶，或兼而有之，或叶片退化。叶扁平，很少为半圆柱状。苞片为秆的延长或呈鳞片状或叶状；长侧枝聚伞花序简单或复出，顶生或几个组成圆锥花序，或小穗成簇假侧生；小穗具少数至多数花。小坚果三棱形或双凸状。本属约 200 多种。中国 37 种。保护区 2 种。

1. 小穗多至15个左右聚集成头状 ············ 1. 百球蔗草 S. rosthornii
1. 小穗4~10个聚集成头状 ······················ 2. 百穗蔗草 S. ternatanus

1. 百球蔗草 Scirpus rosthornii Diels

草本。秆粗壮，具秆生叶。叶较坚挺，秆上部的叶高出花序，叶片边缘和下面中肋上粗糙。叶状苞片 3~5。小坚果椭圆形。花果期 5~9 月。

分布华东、华南及云南、湖北；生林中、湿地、溪边及沼泽地。保护区上水库常见。

2. 百穗蔗草 Scirpus ternatanus Reinw. ex Miq.

草本。秆粗壮，高 60~100cm。叶坚硬，革质，扁平，常长于秆，边缘稍粗糙。叶状苞片 5~6；小穗 4~10 个聚合为头状，着生于辐射枝顶端。花果期 7~8 月。

分布我国广东、台湾；日本也有；生溪边湿地。保护区溪边湿地偶见。

8. 刺子莞属 Rhynchospora Vahl

多年生草本，丛生。秆三棱形或圆柱状。叶基生或秆生。苞片叶状，具鞘；圆锥花序由2至少数的长侧枝聚伞花序所组成，稀头状花序；鳞片紧包，下部的鳞片多少呈二列，质坚硬，上部的呈螺旋状覆瓦式排列，质薄，最下的3~4鳞片内无花，上面的1~3鳞片各具1两性花。小坚果扁。本属250余种。中国8种。保护区1种。

刺子莞 Rhynchospora rubra (Lour.) Makino

多年生草本。秆丛生，无鞘。叶基生；叶片狭长，纸质。苞片4~10，不等长；头状花序具多数小穗；小穗有2~3花。小坚果倒卵形双凸状。花果期5~11月。

分布我国长江流域以南各地及台湾；亚、非、澳三洲的热带地区也有；适应性大，常生山坡灌草丛。保护区山坡灌草丛较常见。

9. 鳞籽莎属 Lepidosperma Labill.

多年生草本，丛生。根状茎葡匐。叶基生，叶片圆柱状；有叶鞘。圆锥花序具多数小穗；小穗密聚，具5~10鳞片，下面数鳞片无花，上面的有2~3花，常全部花能结实，罕仅1花结实；下位鳞片6，罕3。小坚果三棱形。本属约50种。中国1种。保护区有分布。

鳞籽莎（鳞仔莎草）**Lepidosperma chinense Nees et Meyen ex Kunth**

多年生草本。秆丛生。叶圆柱状，基生。圆锥花序紧缩成穗状；小穗具5鳞片，有1~2花。小坚果椭圆形。花果期5~12月。

分布华南、福建；马来西亚也有；生山边、湿地和溪边。保护区半亩塘及湿润阳坡较常见。

10. 黑莎草属 Gahnia J. R. et G. Forst.

多年生草本。匍匐根状茎坚硬。秆有节，具叶。叶席卷，呈圆柱状或线形。圆锥花序硕大而松散或紧缩呈穗状；小穗具1~2花，仅上面一朵两性花能结实，下面一朵为雄花或不育；鳞片螺旋状覆瓦式排列，黑色或暗褐色。小坚果骨质，圆筒状或呈不明显的三棱形。本属30余种。中国3种。保护区2种。

1. 花序圆锥状，疏松·················1. 散穗黑莎草 G. baniensis
1. 花序穗状，紧密··················2. 黑莎草 G. tristis

1. 散穗黑莎草 Gahnia baniensis Benl

多年生草本。秆粗壮，有节。叶狭长，硬纸质。圆锥花序松散；小穗螺旋状排列。小坚果椭圆形。花期及果期8~9月。

分布华南及福建；东南亚及澳大利亚也有；生阴湿的山坡。保护区拉元石坑偶见。

2. 黑莎草 Gahnia tristis Nees

多年生草本。秆粗壮，空心，有节。叶基生和秆生；叶片狭长，硬纸质。圆锥花序紧缩成穗状。花果期3~12月。

分布我国福建、海南岛、广东、广西和湖南；印度、印度尼西亚、马来西亚、泰国、越南也有；生干燥的荒山坡或山脚灌木丛中。保护区三角山常见。

11. 莎草属 Cyperus L.

一年生或多年生草本。秆丛生或散生，仅基部生叶。叶具鞘。长侧枝聚伞花序简单或复出，或有时短缩成头状，基部具叶状苞片数枚；小穗几个至多数，成穗状、指状、头状排列于辐射枝上端，小穗轴宿存，通常具翅；鳞片二列，极少为螺旋状排列，一般具一朵两性花。小坚果三棱形。本属500余种。中国30种。保护区5种。

1. 小穗指状排列或成簇地着生于极短缩的花序轴上·················
   ···································1. 异型莎草 C. difformis
1. 小穗排列在辐射枝所延长的花序轴上呈穗状花序。
   2. 鳞片基部边缘延长成小穗轴的翅。
      3. 鳞片暗血红色·················2. 香附子 C. rotundus
      3. 鳞片绿色·················3. 穗穗莎草 C. eleusinoides
   2. 小穗轴上无翅。
      4. 小穗排列紧密，压扁·············4. 扁穗莎草 C. compressus
      4. 小穗稀疏排列，不压扁···········5. 碎米莎草 C. iria

1. 异型莎草 Cyperus difformis L.

一年生草本。秆丛生。叶短于秆。长侧枝聚伞花序简单，具3~9辐射枝；头状花序球形；小穗披针形或线形。小坚果倒卵状椭圆形。花果期7~10月。

分布我国南北各地；喜马拉雅山区及东北亚、非洲、中美等地也有；常生于稻田中或水边潮湿处。保护区溪边偶见。

2. 香附子 Cyperus rotundus L.

多年生草本。秆锐三棱形。叶较多，短于秆。叶状苞片2~5，常长于花序。穗状花序具3~10小穗。花果期5~11月。

分布我国黄河以南地区；世界广布；生山坡荒地草丛中或水边潮湿处。保护区旷野草地较常见。

3. 穗穗莎草 Cyperus eleusinoides Kunth

草本。秆粗壮，高达1m。叶短于秆，边缘粗糙。叶状苞片6，下面的2~3苞片长于花序。小坚果三棱形。花果期9~12月。

分布华南、华东、西南等地；世界广布；生山谷湿地或疏林下潮湿处。保护区偶见。

4. 扁穗莎草 Cyperus compressus L.

一年生草本。秆高5~25cm。叶灰绿色。苞片3~5，叶状，长于花序；穗状花序近于头状，具3~10小穗。小坚果倒卵形。花果期7~12月。

分布华东、华南大部分地区；印度、越南、日本也有；多生空旷的田野里。保护区田边草丛可见。

5. 碎米莎草 Cyperus iria L.

一年生草本。秆扁三棱形。叶短于秆，宽2~5mm；叶鞘红棕色或棕紫色。小穗具6~22花。小坚果倒卵形或椭圆状三棱形。花果期6~10月。

几乎遍布我国各地；亚洲、非洲、大洋洲也有；生田间、山坡、路旁阴湿处，为一种常见的杂草。保护区路旁草地较常见。

12. 砖子苗属 Mariscus Gaertn.

草本。具根状茎或无。秆多丛生，少散生。叶通常基生，稀秆生。苞片多枚，叶状；长侧枝聚伞花序简单或复出；小穗一般较小，多数，排列成穗状或头状；最下面1~2枚鳞片内无花，其余均具1两性花；无下位刚毛或鳞片状花被。小坚果三棱形。本属近200种。中国10种。保护区1种。

砖子苗 Mariscus umbellatus Vahl

草本。叶短于秆或几等长，下部常折合。叶状苞片 5~8，通常长于花；穗状花序筒状，具多数密生小穗。小坚果狭长圆形状三棱形。花果期 4~10 月。

分布我国黄河以南地区；非洲、美洲、亚洲、大洋洲等多国也有；生山坡阳处、路旁草地、溪边以及松林下。保护区路旁草地较常见。

13. 水蜈蚣属 Kyllinga Rottb.

多年生草本，少一年生草本。具匍匐根状茎或无。秆丛生或散生，基部具叶。苞片叶状；穗状花序 1~3，头状，无总花梗，具多数密聚的小穗；小穗小，压扁，通常具 1~2 两性花，极少多至 5 朵花；鳞片二列，最上鳞片无花，稀具 1 雄花。小坚果扁双凸状。本属 60 余种。中国 6 种。保护区 2 种。

1. 鳞片背面的龙骨凸起无翅⋯⋯⋯⋯⋯⋯⋯1. 短叶水蜈蚣 K. brevifolia
1. 鳞片背面的龙骨凸起具翅⋯⋯⋯⋯⋯⋯⋯2. 单穗水蜈蚣 K. nemoralis

1. 短叶水蜈蚣 Kyllinga brevifolia Rottb.

多年生草本。根状茎长而匍匐，具多数节。秆高 7~20cm。叶柔弱，短于或稍长于秆，边缘具细刺。叶状苞片 3，极展开；穗状花序单个；小穗披针形。小坚果倒卵状长圆形。花果期 5~9 月。

分布我国长江以南地区；非洲热带、亚洲、美洲及大洋洲也有；生旷野草地。保护区旷野、路边等常见。

2. 单穗水蜈蚣 Kyllinga nemoralis (J. R. Forster et G. Forster) Dandy ex Hutch.

多年生草本。叶通常短于秆，边缘具疏锯齿。穗状花序 1；小穗近于倒卵形或披针状长圆形，压扁。小坚果长圆形或倒卵状长圆形。花果期 5~8 月。

分布我国广东、广西、海南及云南；大洋洲以及美洲热带地区也有；生山坡林下、沟边、田边近水处、旷野潮湿处。保护区常见。

332. 禾本科 Gramineae

木本或草本。茎多直立，稀匍匐乃至藤状；通常具节，节间中空，稀实心，节处有横隔板。叶为单叶互生，分叶鞘、叶舌、叶片 3 部分；无柄或有柄；叶片有近轴（上表面）与远轴（下表面）的两个平面，嫩时席卷状；有 1 条明显的中脉和若干条与之平行的次脉，有时有小横脉。本科约 700 属近 11000 种。中国 226 属 1795 种以上。保护区 45 属 57 种 2 变种。

332A. 竹亚科 Bambusoideae

植物体木质化，常呈乔木或灌木状。分枝系统复杂。生长状况因地下茎而异，以竹鞭横走则为单轴型（散生）；以众多秆基和秆柄两者堆聚而成则为合轴型（丛生）；或同时兼有上述两类型则为复轴型（混合）。叶二型，有茎生叶（箨）与营养叶（真叶）之分；箨分箨鞘、箨片、箨舌、箨耳等，真叶常二列。多年才开花。本科 88 属 1400 种左右。中国 34 属 534 种。保护区 7 属 10 种。

1. 地下茎单轴型，偶复轴型。
   2. 植株的具花部分是单次发生的⋯⋯1. 少穗竹属 Oligostachyum
   2. 植株的具花部分是续次发生的。
      3. 秆中部各节仅具 1 秆芽⋯⋯⋯⋯2. 刚竹属 Phyllostachys
      3. 秆中部各节具 2 或 3 秆芽⋯⋯⋯⋯3. 大节竹属 Indosasa
1. 地下茎复轴型。
   4. 植株的具花部分是续次发生的。
      5. 小穗仅含 1 或 2 (~3) 成熟小花⋯4. 思劳竹属 Schizostachyum
      5. 小穗通常含多数小花⋯⋯⋯⋯⋯⋯⋯5. 簕竹属 Bambusa
   4. 植株的具花部分是单次发生的。
      6. 秆中部每节分 1 至数枝；叶片中等大乃至小型⋯⋯⋯⋯
         ⋯⋯⋯⋯⋯⋯⋯⋯⋯⋯⋯⋯⋯⋯⋯6. 矢竹属 Pseudosasa
      6. 秆中部每节仅具 1 或 2 枝；叶片大型⋯⋯⋯7. 华赤竹属 Sasa

1. 少穗竹属 Oligostachyum Z. P. Wang et G. H. Ye

乔木或灌木状。地下茎为单轴或复轴型。秆散生；分枝一侧的基部乃至中、上部扁平或具纵沟槽；每节常 3 枝或更多。秆箨早落或迟落；箨耳及鞘口繸毛均缺，稀有；箨片三角形至三角状带形。叶在每小枝少数或多数；叶耳及鞘口繸毛俱缺或偶有；叶片常较窄，小横脉明显。花枝常位于枝的中下部；总状花序简短，稀圆锥花序。本属约 15 种。中国约 15 种。保护区 1 种。

糙花小穗竹（信宜酸竹）Oligostachyum scabriflorum (McClure) Z. P. Wang et G. H. Ye

乔木或灌木状。单轴型。秆高达 7m，节下方具白粉环；秆环与箨环同高；秆每节分 3 枝。箨耳及鞘口繸毛均不发达；箨舌紫色，具毛。总状花序有小穗 2 或 3。笋期、花期均为 5 月。

分布华东、华南；生山坡林下。保护区局部较常见。

2. 刚竹属 Phyllostachys Sieb. et Zucc.

乔木或灌木状。单轴型。分枝一侧扁平或具浅纵沟；秆环常明显隆起；秆每节分 2 枝，一粗一细。秆箨早落；箨耳无或大；箨片直立至外翻。末级小枝常 2~4 叶；叶下表面基部常有毛；小横脉明显。花枝甚短，呈穗状至头状；小穗含 1~6 小花，上部小花常不孕。本属 50 余种。中国 40 余种。保护区 2 种。

1. 下部和中部的秆箨有斑点··················1. 毛竹 P. edulis
1. 下部和中部的秆箨没有斑点··············2. 篌竹 P. nidularia

1. 毛竹 Phyllostachys edulis (Carrière) J. Houzeau

乔木或灌木状。秆高超 20m。秆环不明显，低于箨环或在细秆中隆起。箨耳微小，繸毛发达；箨舌宽短具粗长纤毛；箨片较短。花枝穗状；小穗仅 1 小花。笋期 4 月。

分布我国自秦岭、汉水流域至长江流域以南和台湾；保护区多见。

2. 篌竹 Phyllostachys nidularia Munro

小乔木状。单轴型。秆高达 10m。箨鞘绿色，基部密生刺毛；箨耳大；箨舌宽；箨片直立。末级小枝仅有 1 叶。小穗含 2~5 小花。笋期 4~5 月，花期 4~8 月。

分布我国长江以南地区；生常绿阔叶林中。保护区局部林中偶见。

3. 大节竹属 Indosasa McClure

灌木至小乔木状。单轴型。秆直立；节间分枝一侧具沟槽，长达节间一半或更长；秆中部每节通常分 3 枝，中间枝略粗；秆环隆起。箨鞘脱落性，多无斑点；箨耳大，直立或外翻。叶片通常略大；小横脉明显。花序圆锥状或总状；小穗含多数小花，下部 1~4 花有时不孕。颖果卵状椭圆形。笋期春季至夏初。本属约 15 种。中国 13 种。保护区 2 种。

1. 秆髓为圆环形的层片状··················1. 算盘竹 I. glabrata
1. 秆髓不为圆环形的层片状··············2. 摆竹 I. shibataeoides

1. 算盘竹 Indosasa glabrata C. D. Chu et C. S. Chao

灌木至小乔木状。单轴型。秆高 10m，仅节下方有白粉环；秆环甚隆起；秆每节分 3 枝；枝环甚隆起。箨耳和繸毛均不发达；箨舌极短矮，微呈拱形；箨片绿色。笋期 4 月下旬。

分布我国广东、广西；多生于常绿阔叶林中。保护区局部林中常见。

2. 摆竹 Indosasa shibataeoides McClure

灌木至小乔木状。单轴型。小竹秆环隆起高于箨环，大竹的秆环仅微隆起；秆中部每节 3 分枝。箨耳小，具繸毛。末级小枝通常仅具 1 叶。笋期 4 月，花期 6~7 月。

分布华南；多生于常绿阔叶林内。保护区局部林中较常见。

4. 思劳竹属 Schizostachyum Nees

乔木状或灌木状。合轴型。秆尾有时悬垂或攀援；节下方常有白粉环，并密被毛；秆环不隆起；秆每节分多枝，成簇着生。箨鞘迟落，被毛或无毛；箨耳常不明显，繸毛常发达；箨舌矮；箨片通常外翻。末级小枝具 5 叶或更多叶；叶鞘常具纵肋；叶耳无。小穗含 1 或 2 孕性小花。颖果纺锤形。本属约 35 种。中国 10 种。保护区 1 种。

苗竹仔 Schizostachyum dumetorum (Hance ex Walp.) Munro

小乔木状。合轴型。秆高 3~10m；秆环平；秆每节分多枝，簇生。箨鞘早落；箨耳常不明显。小枝具叶 5~7；叶鞘无毛；叶耳不明显；叶舌矮。颖果纺锤形。

我国广东特有植物；生低地丛林中。保护区常绿阔叶林中偶见。

5. 簕竹属 Bambusa Schreber

灌木或乔木状竹类。地下茎合轴型。秆丛生，通常直立，稀顶梢攀援状；秆环较平坦；每节分数枝至多枝，簇生，常有粗长主枝，秆下部小枝有时变刺。秆箨早落或迟落；箨鞘常具箨耳2枚；箨片通常直立，或外折。花序为续次发生。假小穗单生或数枚以至多枚簇生于花枝各节；小穗含2至多朵小花。颖果常圆柱状。笋期夏秋季。本属100余种。中国70余种。保护区2种。

1. 幼秆无毛 ·················· 1. 粉箪竹 B. chungii
1. 幼秆节间有毛 ·············· 2. 青皮竹 B. textilis

1.* 粉箪竹 Bambusa chungii McClure

灌木或乔木状竹类。合轴型。秆多节后生枝；秆环平坦。箨环稍隆起，节下初时有刺毛环后脱落；箨鞘早落；箨耳窄带形；箨舌具齿或毛；箨片淡黄绿色。笋期6~7月。

华南特产，分布湖南（南部）、福建（厦门）、广东、广西；常栽培。保护区村边偶见。

2.* 青皮竹 Bambusa textilis McClure

灌木或乔木状竹类。合轴型。节处平坦，无毛；秆多节后生枝，数枝至多枝簇生。箨鞘早落；箨耳小而不等；叶鞘无毛；叶耳发达并具䍁毛。小穗含小花5~8。笋期夏季。

分布广东和广西，现我国西南、华中、华东各地均有引种栽培。保护区常栽培于低海拔地的河边、村落附近。

6. 矢竹属 Pseudosasa Makino ex Nakai

乔木或灌木状。复轴型。秆散生兼为多丛性；分枝一侧基部可有短沟槽；秆环较平坦；竿每节1~3枝，上部分枝可更多。竿箨宿存或迟落；箨鞘长或短于节间，鞘口䍁毛存在或否；箨片早落。叶鞘通常宿存；叶舌矮或较高；叶片长披针形；小横脉显著。花序呈总状或圆锥状，生于秆上部枝条的下方各节；小穗具柄，含2~10花。本属约19种。中国约18种。保护区1种。

托竹 Pseudosasa cantorii (Munro) Keng f. ex S. L. Chen et al.

乔木或灌木状。复轴型。秆高2~4m。箨鞘棕黄色带紫色；箨舌常拱形；箨片狭卵状披针形。小枝具5至10多叶。圆锥状或总状花序顶生。笋期3月，花期3~4月或7~8月。

分布华东、华南；生丘陵山地的山坡或水沟边。保护区局部多见。

7. 华赤竹属 Sasa Makino et Shibata

小型灌木状竹类。地下茎复轴型。秆高多在2m以下；节间圆筒形，无沟槽，节下具毛；秆节平坦；秆每节仅分1或2枝，枝粗壮，并常可与主秆同粗。秆箨宿存；箨耳及䍁毛存在；箨片披针形。叶片通常大型，带状披针形或宽椭圆形，以3~5叶或更多叶集生于枝顶。圆锥花序排列疏散。本属37种。保护区1种。

赤竹（长舌华赤竹）Sasa longiligulata McClure

秆散生；节间圆筒形，唯节下方有向下刺毛。箨环具棕色刺毛；箨耳及鞘口䍁毛俱缺；箨舌背部被短毛而粗糙。3~15叶集生于枝顶。花枝未见。笋期4~5月。

分布我国福建、湖南、广东等地。保护区村边路旁可见。

332B. 禾亚科 Agrostidoideae

一年生或多年生草本，稀灌木或乔木状。茎直立，或匍匐状或藤状，常具节，节间中空。叶在节上单生，或密集于秆基而互生成2列，由叶片、叶鞘及叶舌组成。由多少小穗组成圆锥、穗状或总状花序，单生、指状着生，或具主轴，通常顶生，稀总状花序基部具1佛焰苞，再组成有叶的假圆锥花序。果为颖果。本科约612属9600多种。中国196属1261种。保护区38属47种2变种。

1. 小穗含1乃至多数小花，但其体型大都两侧扁，脱节于颖之上。
  2. 小穗仅1小花可结实；颖较短小或极退化。
    3. 成熟花之下有2不孕花外稃·············1. 稻属 Oryza
    3. 成熟花之下无不孕花外稃·············2. 假稻属 Leersia
  2. 小穗仅1至多数小花可结实；颖较通常明显。
    4. 叶片较宽短，具显著的小横脉。
      5. 外稃无芒，两侧上端边缘贴生疣基硬毛···········
············3. 假淡竹叶属 Centotheca
      5. 外稃具芒尖，两侧不具上述疣基硬毛···········
················4. 淡竹叶属 Lophatherum
    4. 叶片通常呈狭长的带形，同时小横脉也不明显。
      6. 成熟小花的外稃具5脉乃至多脉。
        7. 小穗含2至多数小花·········5. 鹧鸪草属 Eriachne
        7. 小穗常含1小花。
          8. 圆锥花序开展或紧缩，但不呈圆柱状···········
················6. 棒头草属 Polypogon
          8. 圆锥花序极紧密，呈圆柱状或矩圆状···········
················7. 看麦娘属 Alopecurus
      6. 成熟小花的外稃具3~5脉。
        9. 小穗含2至数小花，小穗轴常生短柔毛。
          10. 小穗微小，仅含2小花···········
················8. 棕叶芦属 Thysanolaena
          10. 小穗较大，含2朵以上的小花。
            11. 外稃背面中部以下遍生丝状柔毛···········
················9. 芦竹属 Arundo
            11. 外稃背部无毛或仅边缘有睫毛···········
················10. 类芦属 Neyraudia
        9. 小穗含1至数小花，小穗轴一般无毛。
          12. 小穗含2至数朵两性小花。
            13. 小穗的第一颖片微小或退化不存在···········
················11. 结缕草属 Zoysia
            13. 小穗的两颖片均发育正常···········
················12. 鼠尾粟属 Sporobolus
          12. 小穗仅有1朵两性小花。
            14. 小穗无柄···········13. 穇属 Eleusine
            14. 小穗多少有柄·····14. 画眉草属 Eragrostis
1. 小穗含2小花，小穗体圆或背腹扁，脱节于颖之下。
  15. 雌小穗包藏于念珠状的总苞内··········15. 薏苡属 Coix
  15. 雌小穗不为上述形态。
    16. 秆高大粗壮，常实心，具多数节，基部数节生有气生根。
      17. 花序轴不逐节断落。
        18. 小穗具芒···········16. 芒属 Miscanthus
        18. 小穗无芒···········17. 白茅属 Imperata
      17. 花序轴逐节断落。
        19. 总状花序排成圆锥状·····18. 甘蔗属 Saccharum
        19. 总状花序单生或排列呈指状···········
················19. 莠竹属 Microstegium
    16. 秆较细弱。
      20. 第二外稃有长短之芒至芒尖。
        21. 小穗轴脱节于2小花之间···20. 野古草属 Arundinella
        21. 小穗脱节于颖之下。
          22. 小穗多少两侧压扁·····21. 荩草属 Arthraxon
          22. 小穗大都背腹压扁。
            23. 穗轴节间常粗肥···22. 蜈蚣草属 Eremochloa
            23. 穗轴节间细弱。
              24. 穗轴节间及小穗柄粗短呈三棱形。
                25. 总状花序常为2个聚生··········23. 鸭嘴草属 Ischaemum
                25. 总状花序单独1个··········24. 水蔗草属 Apluda
            24. 总状花序不呈上列形状。
              26. 无柄小穗的第二外稃退化呈棒状而质厚，由其上延伸成芒···········
················25. 菅属 Themeda
              26. 无柄小穗的第二外稃薄膜质，由裂齿间伸出一芒，罕或无芒。
                27. 总状花序排列呈指状······26. 孔颖草属 Bothriochloa
                27. 总状花序通常排列呈圆锥状。
                  28. 花序轴节间无纵沟···27. 金须茅属 Chrysopogon
                  28. 花序轴节间有纵沟···28. 细柄草属 Capillipedium
  20. 第二外稃多少呈软骨质而无芒。
    29. 小穗脱节于颖之上··········29. 稗荩属 Sphaerocaryum
    29. 小穗脱节于颖之下。
      30. 花序中具有刚毛状不育小枝······30. 狗尾草属 Setaria
      30. 花序中无不育小枝。
        31. 小穗排列为开展或紧缩的圆锥花序。
          32. 圆锥花序通常紧缩呈穗状···········
················31. 囊颖草属 Sacciolepis
          32. 圆锥花序通常开展。
            33. 第二外稃基部有附属物或凹···········
················32. 距花黍属 Ichnanthus
            33. 第二外稃基部无附属物······33. 黍属 Panicum
        31. 小穗排列于穗轴之一侧而为穗状或穗形总状花序。
          34. 第二外稃在果实成熟时为膜质或软骨质···········
················34. 马唐属 Digitaria
          34. 第二外稃在果实成熟时为骨质或革质。
            35. 颖或第一外稃顶端有芒。
              36. 叶片披针形，质较软并较薄···········
················35. 求米草属 Oplismenus
              36. 第二外稃基部无附属物···········
················36. 稗属 Echinochloa
            35. 颖及第一外稃均无芒。
              37. 第二外稃背部为向轴性···········
················37. 雀稗属 Paspalum
              37. 第二外稃背部为离轴性···········
················38. 地毯草属 Axonopus

1. 稻属 Oryza L.

一年生或多年生草本。秆直立，丛生。叶鞘无毛；叶舌长，膜质，或具叶耳；叶片线形扁平，宽大。顶生圆锥花序疏松开展，常下垂；小穗含一两性小花，其下附有2退化外稃，两侧甚压扁；颖退化，仅在小穗柄顶端呈二半月形之痕迹。颖果长圆形。本属约24种。中国4种。保护区1种。

✳ 稻（水稻）Oryza sativa L.

一年生水生草本。秆高约1m。叶鞘松弛；叶片线状披针形，粗糙。圆锥花序大型，疏展；小穗含1成熟花。颖果长约5mm。

亚洲热带广泛种植的重要谷物，我国南方为主要产稻区，北方各地均有栽种。保护区有栽培。

2. 假稻属 Leersia Soland. ex Sw.

多年生水生或沼生草本。具长匍匐茎或根状茎。秆多节，节上常生微毛，下部伏卧地面或漂浮水面，上部直立或倾斜。叶鞘多短于节间；叶舌纸质；叶片扁平，线状披针形。顶生圆锥花序较疏松，具粗糙分枝；小穗含1小花，两侧极压扁，无芒；两颖完全退化。颖果长圆形，压扁。本属20种。中国4种。保护区1种。

李氏禾（六蕊假稻）Leersia hexandra Sw.

多年生沼生草本。节部膨大且密被倒生微毛。叶鞘短于节间，多平滑；叶舌长1~2mm，两侧下延与叶鞘愈合成鞘边；叶片披针形。圆锥花序开展。颖果，长约2.5mm。花果期6~8月。

分布我国东南和华南；全球热带地区广布；生河沟、田岸水边湿地。保护区溪边湿地较常见。

4. 淡竹叶属 Lophatherum Brongn.

多年生草本。须根中下部膨大呈纺锤形。秆直立，平滑。叶鞘长于其节间，边缘生纤毛；叶舌短小，质硬；叶片披针形，宽大，具明显小横脉；基部收缩成柄状。圆锥花序由数个穗状花序所组成；小穗圆柱形，含数小花；第一小花两性，其他均为中性小花；两颖不相等。本属2种。中国2种。保护区1种。

淡竹叶 Lophatherum gracile Brongn.

多年生草本。叶鞘无毛或外缘具毛；叶舌褐色，有毛；叶片披针形，具横脉，基部收窄成柄状。圆锥花序长12~25cm；小穗线状披针形。颖果长椭圆形。花果期6~10月。

分布我国长江以南大部分地区；日本、印度和东南亚也有；生山坡、林地或林缘、道旁庇荫处。保护区林下极常见。

3. 假淡竹叶属（酸模芒属）Centotheca Desv.

多年生草本。秆直立。有时具短根状茎。叶鞘光滑。叶舌膜质；叶片宽披针形；具小横脉。顶端圆锥花序开展；小穗两侧压扁，含2至数小花，上部小花退化；小穗轴无毛；两颖不相等，较短于第一小花；雄蕊2。颖果与内、外稃分离。本属4种。中国1种。保护区有分布。

酸模芒（假淡竹叶）Centotheca lappacea (L.) Desv.

秆丛生。叶鞘无毛；叶舌膜质，具纤毛；叶片线形，顶生者常缩短，两面被毛。总状花序4至多数着生于秆顶呈指状，纤细。颖果椭圆形。花果期秋季。

分布几遍我国各地；世界亚热带和温带地区广布；生山坡草地和荒地。保护区旷野较常见。

5. 鹧鸪草属 Eriachne R. Br.

多年生草本。叶片纵卷如针状。顶生圆锥花序开展；小穗含2两性小花；小穗轴极短，并不延伸于顶生小花之后，脱节于颖之上及2小花之间；颖纸质，具数脉，几相等，等长或略短于小穗；外稃背部具短糙毛，成熟时变硬，有芒或无芒；内稃无明显的脊；鳞被2。本属约40多种。中国1种。保护区有分布。

鹧鸪草 Eriachne pallescens R. Br.

多年生草本。秆丛生。鞘口具毛，多短于节间；叶舌具纤毛；叶片质地硬，被疣毛。圆锥花序稀疏开展；小穗含2小花。颖果长圆形。花果期5~10月。

分布我国福建、江西、广西、广东等地；东南亚和大洋洲也有；生干燥山坡、松林树下和潮湿草地上。保护区干旱山坡较常见。

6. 棒头草属 Polypogon Desf

一年生草本。秆直立或基部膝曲。叶片扁平。圆锥花序穗状或金字塔形；小穗含1小花，两侧压扁，小穗柄有关节，自节处脱落，而使小穗基部具柄状基盘；颖近于相等，具1脉，粗糙，先端2浅裂或深裂，芒细直，自裂片间伸出；外稃膜质，光滑，长约为小穗之半，通常具1易落之短芒；内稃较小，透明膜质，具2脉。颖果与外稃等长，连同稃体一齐脱落。本属约6种。我国3种。保护区1种。

棒头草 Polypogon fugax Nees ex Steud.

一年生草本。叶片扁平，微粗糙或下面光滑。圆锥花序穗状，长圆形或卵形，较疏松；小穗灰绿色或部分带紫色；颖长圆形。颖果椭圆形。花果期4~9月。

分布我国南北各地。朝鲜、日本、印度、不丹及缅甸等地也有；生海拔100~3600m的山坡、田边、潮湿处。保护区田边可见。

7. 看麦娘属 Alopecurus L.

一年生或多年生草本。秆直立，丛生或单生。圆锥花序圆柱形；小穗含1小花，两侧压扁，脱节于颖之下；颖等长，具3脉，常于基部连合；外稃膜质，具不明显5脉，中部以下有芒，其边缘于下部连合；内稃缺；子房光滑。颖果与稃分离。本属40~50种；中国8种。保护区1种。

日本看麦娘（看麦娘、山高粱）**Alopecurus japonicus Steud.**

一年生草本。叶鞘光滑，短于节间；叶片扁平。圆锥花序紧缩成圆柱状；小穗椭圆形或卵状长圆形；颖膜质；外稃膜质，顶端钝。花果期4~8月。

分布我国大部分地区；在欧亚大陆之寒温和温暖地区与北美也有；生海拔较低田边及潮湿之地。保护区可见。

8. 棕叶芦属 Thysanolaena Nees

多年生高大丛状草本。叶鞘平滑；叶舌短；叶片宽广，披针形；具短柄。中脉明显。顶生圆锥花序大型，稠密；小穗微小，含2小花；第一花不孕，第二花两性；颖微小，无脉，顶端钝；第一外稃具1脉，顶端渐尖，与小穗等长，内稃缺；第二外稃较短而质硬，具3脉，内稃较短。颖果小。单种属。保护区有分布。

棕叶芦（棕叶芦）**Thysanolaena latifolia (Roxb. ex Hornem.) Honda**

种的特征与属同。一年有2次花果期，春夏或秋季。

分布我国广东、广西、贵州；印度及东南亚也有；生山坡、山谷或树林下和灌丛中。保护区三角山常见。

9. 芦竹属 Arundo L.

多年生草本。具长匍匐根状茎。秆直立，高大，粗壮，具多数节。叶鞘平滑无毛；叶舌纸质，背面及边缘具毛；叶片宽大，线状披针形。圆锥花序大型，分枝密生，具多数小穗；小穗含2~7花，两侧压扁；小穗轴脱节于孕性花之下；两颖近相等，约与小穗等长或稍短。颖果较小，纺锤形。本属约3种。中国2种。保护区1种。

芦竹 Arundo donax L.

多年生草本。秆粗大直立，具多数节，常生分枝。叶鞘长于节间；叶舌顶端具短纤毛；叶片扁平。圆锥花序极大型；小穗含2~4小花。颖果细小，黑色。花果期9~12月。

分布长江以南地区；亚洲、非洲、大洋洲热带都有；生于河岸道旁、沙质壤土。保护区三角山偶见。

10. 类芦属 Neyraudia Hook. f.

多年生草本。具木质根状茎。秆苇状至中等大小，具多数节并分枝；节间有髓部。叶鞘颈部常具柔毛；叶舌密生柔毛；叶片扁平或内卷，质地较硬。圆锥花序大型，稠密；小穗含 3~8 花；第一小花两性或不孕；第二小花正常发育，上部花渐小或退化；颖具 1~3 脉，短于其小花；外稃披针形，具 3 脉。本属 5 种。中国 4 种。保护区 1 种。

类芦 Neyraudia reynaudiana (Kunth) Keng ex Hitchc.

多年生大中型草本。秆直立。叶鞘仅颈部具毛；叶舌密生柔毛；叶片生柔毛。圆锥花序分枝开展或下垂。花果期 8~12 月。

分布我国长江以南地区；喜马拉雅地区和东南亚也有；生河边、山坡或砾石草地，特别多见于未建荒地或撂荒地。保护区荒地常见。

11. 结缕草属 Zoysia Willd.

多年生草本。具根状茎或匍匐枝。叶片质坚，常内卷而窄狭。总状花序穗形；小穗两侧压扁，以其一侧贴向穗轴，呈紧密的覆瓦状排列，小穗通常只含 1 两性花，极稀为单性者。颖果卵圆形，与稃体分离。本属约 9 种。中国 5 种。保护区 1 种。

*沟叶结缕草（台湾草）Zoysia matrella (L.) Merr.

多年生草本。秆直立。叶鞘长于节间；叶舌顶端撕裂为短柔毛；叶片质硬，内卷，上面具沟，无毛。总状花序呈细柱形；小穗卵状披针形；外稃膜质。颖果长卵形。花果期 7~10 月。

分布华南和我国台湾；亚洲和大洋洲热带地区也有；生海岸沙地上。保护区作草坪栽培。

12. 鼠尾粟属 Sporobolus R. Br.

一年生或多年生草本。叶舌常极短，纤毛状；叶片狭披针形或线形，通常内卷。圆锥花序紧缩或开展；小穗含 1 小花，两性，近圆柱形或两侧压扁；颖透明膜质，不等，具 1 脉或第一颖无脉，常比外稃短，稀等长，先端钝、急尖或渐尖；外稃膜质，无芒，与小穗等长；内稃透明膜质，与外稃等长。本属约 160 种。中国 8 种。保护区 1 种。

鼠尾粟 Sporobolus fertilis (Steud.) W. D. Clayt.

多年生丛状草本。叶鞘疏松，下部者长于节间；叶舌纤毛状；叶片质较硬，无毛，通常内卷。圆锥花序较紧缩呈线形或近穗形。囊果红褐色。花果期 3~12 月。

分布华东、华中、西南、陕西、甘肃、西藏等地区；亚洲东部各国也有；生田野路边、山坡草地及山谷湿处和林下。保护区路旁草地偶见。

13. 穇属 Eleusine Gaertn.

一年生或多年生草本。秆硬，簇生或具匍匐茎；通常 1 长节间与几个短节间交互排列，因而叶于秆上似对生。叶片平展或卷折。穗状花序较粗壮，常数个成指状或近指状排列于秆顶，偶有单一顶生；小穗无柄，两侧压扁，无芒，覆瓦状排列于穗轴的一侧；数小花紧密地覆瓦状排列于小穗轴上。本属 9 种。中国 2 种。保护区 1 种。

牛筋草 Eleusine indica (L.) Gaertn.

一年生草本。秆丛生。叶鞘两侧压扁而具脊；叶舌长约 1mm；叶片平展，线形。穗状花序 2~7 个指状着生于秆顶；颖披针形。囊果卵形。花果期 6~10 月。

分布我国南北各地区；世界温带和热带地区广布；多生于荒芜之地及道路旁。保护区路旁草地偶见。

14. 画眉草属 Eragrostis Wolf

多年生或一年生草本。秆通常丛生。叶片线形。圆锥花序开展或紧缩；小穗两侧压扁，有数个至多数小花；小花常疏松地或紧密地覆瓦状排列；小穗轴常作"之"字形曲折；颖不等长，通常短于第一小花，具1脉，宿存，或个别脱落；外稃无芒；内稃具2脊，宿存，或与外稃同落。颖果与稃体分离，球形或压扁。本属约350种。中国约32种。保护区4种。

1. 小穗轴节间并不断落。
   2. 多年生··················1. 鼠妇草 E. atrovirens
   2. 一年生。
     3. 每一小花的外稃和内稃不同时脱落··············
     ··················2. 大画眉草 E. cilianensis
     3. 每一小花的外稃与内稃同时脱落······3. 牛虱草 E. unioloides
1. 小穗轴节间自上而下逐节断落··············4. 乱草 E. japonica

1. 鼠妇草（妇鼠草）Eragrostis atrovirens (Desf.) Trin. ex Steud.

多年生草本。秆高50~100cm，第二、三节处常有分枝。叶鞘光滑，鞘口有毛；叶片扁平或内卷，上面近基部偶疏生长毛。圆锥花序开展。颖果长约1mm。夏秋抽穗。

分布华南及西南；亚洲热带、亚热带都有；多生路边和溪旁。保护区溪边草地偶见。

2. 大画眉草 Eragrostis cilianensis (All.) Link. ex Vignclo Lutati

一年生草本。叶鞘口具长毛；叶舌短毛状；叶片线形扁平，无毛；叶脉上与叶缘均有腺体。圆锥花序长圆形或尖塔形；小穗常密集簇生。颖果近圆形。花果期7~10月。

分布我国各地；广布世界热带和温带地区；生荒芜草地上。保护区旷野较常见。

3. 牛虱草 Eragrostis unioloides (Retz.) Nees ex Steud.

一年生或多年生。叶鞘松裹茎，光滑无毛，鞘口具长毛；叶舌长约0.8mm；叶片近披针形。圆锥花序开展；小穗长，含小花10~20。颖果椭圆形。花果期8~10月。

分布华南各地和我国云南、江西、福建、台湾等地区；亚洲和非洲的热带地区也有；生荒山、草地、庭园、路旁等地。保护区较常见。

4. 乱草 Eragrostis japonica (Thunb.) Trin.

一年生草本。叶鞘常比节间长，无毛；叶舌长约0.5mm；叶片光滑无毛。圆锥花序长圆形，整个花序常超过植株1/2以上；小穗卵圆形，有4~8小花。花果期6~11月。

分布于我国长江以南部分地区；印度、印度尼西亚、日本、马来西亚、缅甸等地也有；生田野路旁、河边及潮湿地。保护区路旁、河滩地较常见。

15. 薏苡属 Coix L.

一年生或多年生草本。秆直立，常实心。叶片扁平宽大。总状花序腋生成束，通常具较长的总梗；小穗单性，雌雄小穗位于同一花序之不同部位；雄小穗含2小花，2~3枚生于一节，1枚无柄，1或2枚有柄；雌小穗2~3枚生于一节，常仅1枚发育。颖果大，近圆球形。本属约4种。中国2种。保护区1种。

薏苡 Coix lacryma-jobi L.

一年生粗壮草本。秆直立丛生。叶鞘短于节间；叶片中脉粗厚，通常无毛。总状花序腋生成束。颖果小。花果期6~12月。

分布除我国西北地区外大部分地区；亚洲东部及大洋洲也有；生河边或溪边旷野。保护区村边湿地偶见。

16. 芒属 Miscanthus Anderss.

多年生高大草本植物。秆粗壮，中空。叶片扁平宽大。顶生圆锥花序大型，由多数总状花序沿一延伸的主轴排列而成；小穗含一两性花，具不等长的小穗柄，孪生于连续的总状花序轴之各节；两颖近相等，厚纸质至膜质；第一颖背腹压扁；第二颖舟形；雄蕊3。颖果长圆形。本属约14种。中国7种。保护区2种。

1. 圆锥花序的主轴延伸达花序的2/3以上…1. 五节芒 M. floridulus
1. 圆锥花序的主轴延伸至花序中部以下…………2. 芒 M. sinensis

1. 五节芒 Miscanthus floridulus (Labill.) Warb. ex K. Schum. et Lauterb.

多年生草本。秆高大似竹，无毛；节下具白粉。叶鞘无毛，鞘节具微毛；叶舌顶端具纤毛。圆锥花序大型。花果期5~10月。

分布华东、华南地区；亚洲东南部、太平洋诸岛屿至波利尼西亚也有；生低海拔撂荒地、丘陵潮湿谷地和山坡或草地。保护区极常见。

2. 芒 Miscanthus sinensis Anderss.

多年生草本。秆无毛或在花序以下疏生柔毛。叶鞘无毛，长于节间；叶舌具毛；叶片宽6~10mm，下面疏生柔毛及被白粉。圆锥花序直立，节与分枝腋间具柔毛。颖果长圆形，暗紫色。花果期7~12月。

分布我国长江以南地区；日本、朝鲜也有；遍布山地、丘陵和荒坡原野。保护区极常见。

17 白茅属 Imperata Cyrillo

多年生草本。具发达多节的长根状茎。秆直立，常不分枝。叶片多数基生，线形；叶舌膜质。圆锥花序顶生，狭窄，紧缩呈穗状；小穗含1两性小花，基部围以丝状柔毛，具长、短不一的小穗柄，孪生于细长延续的总状花序轴上；两颖近相等，披针形，膜质或下部草质，具数脉，背部被长柔毛。颖果椭圆形。本属约10种。中国3种。保护区1种。

白茅（丝茅）**Imperata cylindrica** (L.) P. Beauv.

多年生草本。秆直立，具2~4节，节具白毛。叶鞘常密集于秆基，鞘口具毛；叶片线形或线状披针形，上面被毛。圆锥花序穗状。颖果椭圆形。花果期5~8月。

分布我国黄河以南地区；广布东半球温暖地区；本种适应性强，为空旷地、撂荒地等地极常见杂草。保护区旷野山坡常见。

18. 甘蔗属 Saccharum L.

多年生草本。秆高大粗壮，常实心，具多数节；基部数节生有气生根。叶舌发达，或具纤毛；叶片线形宽大；中脉粗壮。顶生圆锥花序大型，稠密，由多数总状花序组成；小穗孪生，一无柄，一有柄，均含1两性小花；两颖近等长，草质或上部膜质。本属约40种。中国12种。保护区1种。

斑茅 Saccharum arundinaceum Retz.

多年生高大丛状草本。叶鞘长于其节间；叶片宽大，线状披针形；中脉粗壮。圆锥花序大型；小穗背部具长柔毛；第二外稃顶端具短芒尖。颖果长圆形。花果期8~12月。

分布我国黄河以南地区；东南亚也有；常生山坡和河岸溪涧草地。保护区溪边草地常见。

19. 莠竹属 Microstegium Nees

多年生或一年生蔓性草本。秆多节；下部节着土后易生根，具分枝。叶片披针形，质地柔软；有时具柄。总状花序数个至多数呈指状排列，稀为单生。小穗两性，孪生，一有柄，一无柄，偶有两者均具柄；两颖等长于小穗，纸质；第一小花雄性；第一外稃常不存在；第二外稃微小。颖果长圆形。本属20种。中国13种。保护区1种。

蔓生莠竹 Microstegium fasciculatum (L.) Henrard

多年生草本。秆多节；下部节着土生根并分枝。叶鞘无毛或鞘节具毛；叶片不具柄。总状花序3~5。花果期8~10月。

分布华南和云南；东南亚多国也有；生林缘和林下阴湿处。保护区竹林下、路旁阴湿处较常见。

20. 野古草属 Arundinella Raddi

多年生或一年生草本。秆单生至丛生，直立或基部倾斜。叶舌小或缺，膜质，具纤毛；叶片线形至披针形。圆锥花序开展或紧缩成穗状；小穗孪生，稀单生，具柄，含2小花；颖草质，近等长或第一颖稍短，宿存或迟缓脱落；第一小花常为雄性或中性；第二小花两性，结实。颖果长卵形至长椭圆形。本属约60种。中国20种。保护区2种。

1. 第二外稃顶端芒的两侧无侧刺················1. 石芒草 A. nepalensis
1. 第二外稃顶端芒的两侧各具1侧刺·········2. 刺芒野古草 A. setosa

1. 石芒草 Arundinella nepalensis Trin.

多年生草本。秆直立；节间上段常具白粉。叶鞘无毛或被短柔毛，边缘具纤毛；叶舌极短，具纤毛。圆锥花序疏散或稍收缩；小穗具柄。颖果棕褐色。花果期9~11月。

分布华中、华南、西南及福建；热带东南亚至大洋洲、非洲广泛分布；生山坡草丛中。保护区旷野弃荒地较常见。

2. 刺芒野古草 Arundinella setosa Trin.

多年生草本。秆高60~190cm，无毛。叶鞘无毛至具长刺毛，边缘具短纤毛；叶舌上缘具短毛；叶片常两面无毛。圆锥花序排列疏展；小穗长5.5~7mm。颖果褐色，长卵形。花果期8~12月。

分布华东、华中、华南及西南各地区；亚洲热带、亚热带地区广布；生于山坡草地、灌丛或林下。保护区低海拔疏林下偶见。

21. 荩草属 Arthraxon Beauv.

一年生或多年生的纤细草本。叶片披针形或卵状披针形，基部心形，抱茎。总状花序1至数个在秆顶常成指状排列；小穗成对着生于总状花序轴的各节，一无柄，一有柄；有柄小穗雄性或中性，无柄小穗含1两性小花；第一颖厚纸质或近革质；第二颖等长或稍长于第一颖。颖果细长而近线形。本属约20种。中国10种6变种。保护区1种。

荩草 Arthraxon hispidus (Thunb.) Makino

一年生草本。秆细弱，无毛，具多节，常分枝。叶鞘生短硬疣毛；叶舌膜质，边缘具纤毛；叶片卵状披针形，抱茎。总状花序。颖果长圆形。花果期9~11月。

遍布我国各地；不丹、印度、印度尼西亚、日本、哈萨克斯坦等地也有；生溪边、潮湿的草地。保护区山坡草地阴湿处可见。

22. 蜈蚣草属 Eremochloa Buse

多年生细弱草本。秆直立或匍匐状。叶线形，扁平。总状花序单生于秆顶，背腹压扁；总状花序轴节间常作棒状，迟缓脱落；无柄小穗扁平，常覆瓦状排列于总状花序轴之一侧；第一颖表面平滑，两侧常具栉齿状的刺；第二颖略呈舟形，具3脉；第一小花雄性；第二小花两性或雌性。颖果长圆形。本属约11种。中国5种。保护区1种。

假俭草 Eremochloa ophiuroides (Munro) Hack.

多年生草本。叶鞘压扁，多密集跨生于秆基，鞘口常有短毛。总状花序顶生；无柄小穗长圆形；有柄小穗退化或仅存小穗柄。花果期夏秋季。

分布我国长江以南大部分地区；中南半岛也有；生潮湿草地及河岸、路旁。保护区溪边草地较常见。

23. 鸭嘴草属 Ischaemum L.

一年生或多年生草本。有时具根茎或匍匐茎。秆具槽或无槽。叶片披针形至线形。总状花序通常孪生且互相贴近而呈一圆柱形，亦可数个指状排列于秆顶；总状花序轴多少增粗，节间多呈三棱形或稍压扁，具关节，边缘具毛或无毛；小穗孪生，一有柄，一无柄，各含2小花。颖果长圆形。本属约70种。中国12种。保护区1种。

细毛鸭嘴草（纤毛鸭嘴草）**Ischaemum ciliare** Retz.

多年生草本。秆直立或平卧至斜升，节上密被白色髯毛。叶鞘疏生疣毛；叶片线形，两面被疏毛。总状花序2（稀3~4）个孪生于秆顶。花果期夏秋季。

分布华东、华南和云南；东南亚和印度也有；多生于山坡草丛中和路旁及旷野草地。保护区常见。

24. 水蔗草属 Apluda L.

多年生草本。具根茎。秆直立或基部斜卧，多分枝。叶片线状披针形，基部渐狭成柄状。花序顶生，圆锥状，由多数总状花序组成；每一总状花序具柄及1舟形总苞；总状花序轴1节，顶部着生3小穗，其中2枚具柄，另1枚无柄；无柄小穗两性，含2小花，通常第二小花结实。颖果卵形。单种属。保护区有分布。

水蔗草 Apluda mutica L.

种的特征与属同。花果期夏秋季。

分布我国西南、华南及台湾；印度、东亚经东南亚至澳大利亚也有；多生于田边、水旁湿地及山坡草丛中。保护区路旁草地较常见。

25. 菅属 Themeda Forssk.

多年生或一年生草本。秆粗壮或纤细。叶鞘具脊，近缘及鞘口常具刚毛，上部的常短于节间；叶舌短，具毛；叶片线形，长而狭。总状花序具梗或无，具舟形佛焰苞，单生或数个聚生成簇，再组成扇状花束，最后形成硕大的伪圆锥花序；每总状具7~17小穗，最下2节各生1对总苞状小穗对，披针形，在同一水平或不。本属23种。中国13种。保护区1种。

菅 Themeda villosa (Poir.) A. Camus

多年生草本。秆粗壮，多簇生，两侧压扁或具棱。叶鞘光滑无毛；叶舌顶端具毛。多大型伪圆锥花序；每总状花序由9~11小穗组成。花果期8月至翌年1月。

分布我国长江以南地区；东南亚也有；生山坡灌丛、草地或林缘向阳处。保护区溪边旷野草地偶见。

26. 孔颖草属 Bothriochloa Kuntze

多年生草本。秆分枝或不分枝。叶鞘口和节上常具疣基毛；叶舌短，具纤毛或无毛；叶通常秆生，稀基生。总状花序呈圆锥状、伞房状或指状排列于秆顶；小穗孪生，一有柄，一无柄，背部压扁；无柄小穗两性；雄蕊3；花柱2，柱头帚状；有柄小穗雄性或中性；第一外稃和内稃通常缺。本属约30种。中国3种。保护区1种。

白羊草 Bothriochloa ischaemum (L.) Keng

秆丛生。叶鞘无毛；叶舌膜质，具纤毛；叶片线形，顶生者常缩短，两面被毛。总状花序4至多数着生于秆顶呈指状，纤细。花果期秋季。

分布几遍全国；世界亚热带和温带地区广布；生于山坡草地和荒地。保护区旷野较常见。

27. 金须茅属 Chrysopogon Trin.

大多为多年生草本。叶片通常狭窄。圆锥花序顶生，疏散；分枝细弱，简单，稀可于基部再分枝，轮生于花序的主轴上；小穗通常3枚生于每一分枝的顶端，其中1无柄而为两性，另2枚有柄而为雄性或中性，成熟时3枚一同脱落；颖坚纸质或亚革质，通常具疣基刺毛。颖果线形。本属约44种。中国4种。保护区1种。

竹节草 Chrysopogon aciculatus (Retz.) Trin.

多年生草本。秆基常膝曲。叶鞘无毛或仅鞘口疏生柔毛；叶舌短小；叶片披针形；秆生叶短小。圆锥花序直立，具3小穗。花果期6~10月。

分布我国广东、广西、云南、台湾；亚洲、大洋洲热带地区也有；常生于河滩草地或向阳贫瘠的山坡草地。保护区村边溪边草地较常见。

28. 细柄草属 Capillipedium Stapf

多年生草本。秆细弱或强壮似小竹，实心，常丛生。叶鞘光滑或有毛；叶舌膜质，具纤毛；叶片狭窄，线形。圆锥花序由具1至数节的总状花序组成；小穗孪生，一无柄，另一有柄，或3枚，则1枚无柄，另2枚有柄，无柄者两性，有柄者雄性或中性。本属约14种。中国5种。保护区1种。

细柄草 Capillipedium parviflorum (R. Br.) Stapf.

簇生草本。秆高50~100cm。叶舌干膜质，具短纤毛；叶片线形，仅基部具刚毛。圆锥花序长圆形；有柄小穗常短于无柄小穗。花果期8~12月。

分布华东、华中以至西南地区；广布于旧大陆之热带与亚热带地区；生山坡草地、河边、灌丛中。保护区旷野较常见。

29. 稗荩属 Sphaerocaryum Nees ex Hook. f.

矮小的一年生草本。具卵状心形叶片和小型圆锥花序。小穗小，卵圆形，含1小花，两性，自小穗柄关节处整个脱落，或其颖较易脱落；颖透明膜质，无毛，第一颖较短，无脉；第二颖等长或稍短于小穗，具1脉；稃体均为薄膜质，外稃宽卵形，具1脉，背部有微毛；内稃与外稃等长。颖果卵圆形，与稃体分离。单种属。保护区有分布。

稗荩 Sphaerocaryum malaccense (Trin.) Pilger

种的特征与属同。花果期秋季。

分布我国长江以南部分地区；印度、斯里兰卡、马来西亚、菲律宾、越南、缅甸也有；多生海拔1500m以上的灌丛或草甸中。保护区偶见。

30. 狗尾草属 Setaria Beauv.

一年生或多年生草本。有或无根茎。秆直立或基部膝曲。叶线形、披针形或长披针形，扁平或具皱折，基部钝圆或窄狭成柄状。圆锥花序通常呈穗状或总状圆柱形；小穗含1~2小花，椭圆形或披针形，下方常托有长芒状刚毛；颖不等长，第二颖等长或较短；第一小花雄性或中性；第二小花两性。颖果稍扁。本属约130种。中国14种。保护区3种。

1. 叶片具纵向皱折。
  2. 植株较粗壮高大·················1. 棕叶狗尾草 S. palmifolia
  2. 植株矮小细弱·················2. 皱叶狗尾草 S. plicata
1. 叶片不具明显皱折·················3. 狗尾草 S. viridis

1. 棕叶狗尾草 Setaria palmifolia (J. Koenig) Stapf

多年生丛状草本。秆直立或基部稍膝曲。叶鞘松弛；叶舌具毛；叶纺锤状宽披针形，具纵深皱折。花果期 8~12 月。

分布我国长江以南地区；广布于美洲、亚洲、大洋洲热带地区；生山坡或谷地林下阴湿处。保护区路旁阴湿处偶见。

2. 皱叶狗尾草 Setaria plicata (Lam.) T. Cooke

多年生草本。秆高 45~130cm；节和叶鞘与叶片交接处常具白色短毛。叶鞘被毛；叶舌边缘密生纤毛。圆锥花序狭长圆形或线形，小穗卵状披针状。颖果狭长卵形。花果期 6~10 月。

分布我国长江以南地区；喜马拉雅地区、日本等地也有；生山坡林下、沟谷地阴湿处或路边杂草地上。保护区林下偶见。

3. 狗尾草 Setaria viridis (L.) Beauv.

一年生草本。叶鞘松弛，无毛或疏具柔毛或疣毛；叶舌极短，缘有毛。圆锥花序紧密呈圆柱状或基部稍疏离；小穗椭圆形。颖果灰白色。花果期 5~10 月。

分布我国各地；广布于全世界的温带和亚热带地区；生荒野、道旁，为旱地作物常见的一种杂草。保护区旷野草地较常见。

31. 囊颖草属 Sacciolepis Nash

一年生或多年生草本。秆直立或基部膝曲。叶片较狭窄。圆锥花序紧缩成穗状；小穗一侧偏斜，有 2 小花，颖不等长；第一颖较短，第二颖较宽；第一小花雄性或中性；第二小花两性；第一外稃较第二颖狭，但等长；第二外稃长圆形。本属约 30 种。中国 3 种。保护区 1 种。

囊颖草 Sacciolepis indica (L.) A. Chase

一年生丛状草本。叶鞘短于节间；叶片线形，宽 2~5mm。圆锥花序紧缩成圆筒状；小穗卵状披针形。颖果椭圆形。花果期 7~11 月。

分布华东、华南、西南、中南各地区；印度至日本及大洋洲也有；多生于湿地或淡水中，常见于稻田边、林下等地。保护区溪边湿地偶见。

32. 距花黍属 Ichnanthus Beauv.

一年生或多年生草本。秆伏地，下部分枝。叶片平展，通常较宽。圆锥花序疏散或紧缩；每小穗含 2 小花，单生或基部孪生，具不等长的小穗柄，着生于花序之一侧；第一小花雄性或中性；第二小花两性。本属约 30 种。中国 1 种。保护区有分布。

大距花黍 Ichnanthus pallens var. major (Nees) Stieber

草本。秆高 15~50cm。叶鞘通常短于节间；叶舌膜质，顶部截平，有纤毛；叶片卵状披针形至卵形，叶常波状。圆锥花序顶生或腋生；小穗披针形。花果期 8~11 月。

分布我国南方地区；除欧洲外世界各地都有；常生山谷林下阴湿处、水旁。保护区路边阴湿处较常见。

33. 黍属 Panicum L.

一年生或多年生草本。秆直立或基部膝曲或匍匐。叶片线形至卵状披针形；叶舌膜质或顶端具毛。圆锥花序顶生，分枝常开展；小穗具柄，背腹压扁，含2小花；第一小花雄性或中性；第二小花两性；颖草质或纸质，几等长；第一内稃有或无，第二外稃硬纸质或革质，有光泽。本属约500种。中国21种。保护区3种。

1. 叶基部心形·················1. 心叶稷 P. notatum
1. 叶基部不为心形。
  2. 一年生草本；秆纤细···········2. 糠稷 P. bisulcatum
  2. 多年生草本；秆坚挺···········3. 铺地黍 P. repens

1. 心叶稷 Panicum notatum Retz.

多年生草本。秆直立或基部倾斜，具分枝。叶鞘短于节间，边缘被毛；叶舌为一圈毛状；叶片披针形，顶端渐尖，基部心形，边缘粗糙。圆锥花序开展；小穗椭圆形。花果期5~11月。

分布我国南方地区；东南亚也有；常生于林缘。保护区林缘较常见。

2. 糠稷 Panicum bisulcatum Thunb.

一年生草本。叶鞘松弛，边缘被纤毛；叶片质薄，狭披针形，顶端渐尖，基部近圆形。圆锥花序，分枝纤细；小穗椭圆形，成熟时黑褐色。花果期9~11月。

分布我国东南部、南部、西南部和东北部；日本、朝鲜以及东南亚、大洋洲也有；生荒野潮湿处。保护区可见。

3. 铺地黍 Panicum repens L.

多年生草本。叶鞘光滑，边缘被纤毛；叶舌顶端被睫毛；叶片质硬，线形，上表皮粗糙或被毛，下表皮光滑。圆锥花序开展；小穗长约3mm。花果期6~11月。

分布我国东南、华南各地；世界热带、亚热带广布；生海边、溪边。保护区溪边草地较常见。

34. 马唐属 Digitaria Hall.

多年生或一年生草本。秆直立或基部横卧地面；节上生根。叶片线状披针形至线形，质地大多柔软扁平。总状花序较纤细，2至多个呈指状排列于茎顶或着生于短缩的主轴上；小穗含1两性花，2或3~4枚着生于穗轴之各节，互生或成4行排列于穗轴的一侧；鳞被2。颖果长圆状椭圆形。本属250余种。中国22种。保护区1种。

马唐 Digitaria sanguinalis (L.) Scop.

一年生。秆高10~80cm。叶鞘短于节间；叶片线状披针形。总状花序4~12个成指状着生；小穗椭圆状披针形。花果期6~9月。

分布我国南北各地；广布温带和世界各地的亚热带地区；生路旁、田野。保护区桂峰山常见。

35. 求米草属 Oplismenus Beauv.

一年生或多年生草本。秆基部常平卧地面并分枝。叶卵形至披针形，稀线状披针形。圆锥花序狭窄，分枝或不分枝；小穗数枚聚生于主轴之一侧，小穗卵圆形或卵状披针形，多少两侧压扁，近无柄，孪生、簇生，稀单生，含2小花；颖近等长；第一颖具长芒；第二颖具短芒或无芒；第一小花中性；第二小花两性。本属约20种。中国4种。保护区1种。

竹叶草 Oplismenus compositus (L.) Beauv.

多年生草本。秆平卧后上升；节着地生根。叶片披针形至卵

状披针形，基部多少抱茎而不对称。圆锥花序长 5~15cm；小穗孪生于轴一侧；颖草质。花果期 9~11 月。

分布我国长江以南部分地区；东半球热带地区广布；生疏林下阴湿处。保护区疏林阴湿处偶见。

36. 稗属 Echinochloa Beauv.

一年生或多年生草本。叶片扁平，线形。圆锥花序由穗形总状花序组成；小穗含 1~2 小花，背腹压扁呈一面扁平，一面凸起，单生或 2~3 枚不规则地聚集于穗轴的一侧，近无柄，颖草质；第一颖小，三角形；第二颖与小穗等长或稍短；第一小花中性或雄性；第二小花两性，其外稃成熟时变硬。本属约 35 种。中国 8 种。保护区 1 种 1 变种。

1. 外稃顶端延伸成一粗壮的芒··················1. 稗 E. crusgalli
1. 外稃顶端具小尖头或具短芒···2. 短芒稗 E. crusgalli var. breviseta

1. 稗 Echinochloa crusgalli (L.) Beauv.

一年生。秆高 50~150xm。叶鞘无毛，下部者长于而上部者短于节间；叶舌缺；叶片扁平，线形，无毛，边缘粗糙。圆锥花序直立；小穗卵形，密被刺毛。花果期夏秋季。

分布几遍我国各地，以及全世界温暖地区；多生于沼泽地、沟边及水稻田中。保护区沟边草地较常见。

2. 短芒稗 Echinochloa crusgalli var. breviseta (Doell) Neilr.

与稗的主要区别在于：植株高 30~70cm；叶片长 8~15cm，宽 4~6mm。圆锥花序较狭窄；小穗卵形，脉上疏被短硬毛，顶端具小尖头或具短芒。

分布我国广东、台湾；东南亚及热带非洲也有；生草地上。保护区偶见。

37. 雀稗属 Paspalum L.

多年生或一年生草本。秆丛生，直立或具匍匐茎和根状茎。叶舌短，膜质；叶片线形或狭披针形，扁平或卷折；穗形总状花序 2 至多个呈指状或总状排列于茎顶或伸长主轴上；穗轴扁平，具狭窄或较宽之翼；小穗上部 1 小花可育，单生或孪生，2~4 行互生于穗轴之一侧，背腹压扁。本属约 330 种。中国 16 种（含引种）。保护区 2 种。

1. 总状花序2，对生·······························1. 两耳草 P. conjugatum
1. 总状花序3至多数，互生于伸长的主轴上···2. 丝毛雀稗 P. urvillei

1. 两耳草 Paspalum conjugatum P. J. Bergius.

多年生草本。叶鞘无毛或上部边缘及鞘口具柔毛；叶舌极短，顶端具纤毛；叶宽 5~10mm，质薄。总状花序 2；小穗卵形。颖果长约 1.2mm。花果期 5~9 月。

分布华南和我国云南、台湾；世界热带温暖地区广布；生田野、林缘、潮湿草地上。保护区溪边及旷野草地较常见。

2. 丝毛雀稗 Paspalum urvillei Steud.

多年生草本。秆丛生，高 50~150cm。叶鞘密生糙毛；叶舌长 3~5mm。总状花序 10~20，组成长 20~40cm 的大型总状圆锥花序；小穗卵形，边缘密生丝状柔毛。花果期 5~10 月。

原产南美；我国台湾、福建、广东归化；生于村旁路边和荒地。保护区村边旷野较常见。

38. 地毯草属 Axonopus Beauv.

多年生草本，稀为一年生。秆丛生或匍匐。叶片扁平或卷折。穗形总状花序细弱，2 至数个呈指状或总状式排列于花序轴上；小穗长圆形，背腹压扁，单生，近无柄，互生或成 2 行排列于三棱形的穗轴之一侧，有 1~2 小花；第一颖缺，第二颖与第一外稃近等长；第一内稃缺；第二小花两性。本属约 40 种。中国 2 种。保护区 1 种。

地毯草 Axonopus compressus (Sw.) Beauv.

多年生草本。秆高 8~60cm；节密生灰白色柔毛。叶鞘压扁，近鞘口处常疏生毛；叶片扁平，质地柔薄。总状花序 2~5；小穗单生；花柱基分离。花期夏秋季。

原产热带美洲；我国南方逸为野生；生于荒野、路旁较潮湿处。保护区可见。

中文名称索引

A

矮冬青	144
艾	206
艾纳香属	203
安息香科	176
安息香属	177

B

八角枫科	162
八角枫属	162
八角枫	162
八角科	36
八角属	36
巴东过路黄	212
巴豆属	102
巴戟天属	187
巴戟天	187
芭蕉科	238
芭蕉属	238
菝葜科	245
菝葜属	245
菝葜	246
白苞蒿	206
白背黄花稔	97
白背叶	101
白桂木	138
白果香楠	193
白花菜科	55
白花灯笼	229
白花地胆草	199
白花鬼针草	201
白花苦灯笼	194
白花泡桐	218
白花蛇舌草	191
白花悬钩子	108
白花油麻藤	123
白酒草属	205
白兰	34
白簕	163
白马银花	169
白茅属	273
白茅	273
白皮黄杞	161
白楸	101
白瑞香	72
白丝草属	244
白檀	178
白香楠属	193
白叶瓜馥木	38
白叶藤属	183
白叶藤	183
白羊草	275
白英	216
百合科	242
百两金	174
百球薹草	262
百日青	31
百穗薹草	262
柏科	32
柏拉木属	89
摆竹	266
败酱科	197
败酱属	197
败酱叶菊芹	203
稗	279
稗荩属	276
稗荩	276
稗属	279
斑鸠菊属	199
斑茅	273
斑叶兰属	252
斑种草属	214
板蓝	225
半边莲科	213
半边莲属	213
半边莲	213
半边旗	12
半枝莲	235
棒距虾脊兰	255
棒头草属	270
棒头草	270
蚌壳蕨科	8
苞舌兰属	254
苞舌兰	254
薄片变豆菜	166
薄叶红厚壳	91
薄叶卷柏	3
薄叶马蓝	226
薄叶山矾	177
薄叶新耳草	192
报春花科	211
杯盖阴石蕨	25
北刺蕊草	233
北江荛花	72
北越紫堇	55
贝母兰属	257
背囊复叶耳蕨	20
笔管草	4
笔管榕	137
闭鞘姜属	239
闭鞘姜	239
蓖麻属	100
蓖麻	100
薜荔	138
边缘鳞盖蕨	10
扁担藤	152
扁穗莎草	264
变豆菜属	166
变叶榕	138
变叶树参	164
变异鳞毛蕨	22
薹草属	262

C

穇属	271
穇穗莎草	264
苍耳属	199
苍耳	199
糙花小穗竹	266
糙叶卷柏	4
草胡椒属	52
草胡椒	52
草龙	70
草珊瑚属	54
草珊瑚	54
叉蕨科	23
叉蕨属	23
叉柱花属	224
叉柱花	225
茶	79
茶梨属	81
茶梨	81
茶茱萸科	146
豺皮樟	46
蝉翼藤属	58
蝉翼藤	58
菖蒲属	247
长瓣耳草	192
长瓣马铃苣苔	224
长苞刺蕊草	233
长柄山蚂蝗属	118
长春花属	181
长春花	181
长萼堇菜	57
长花厚壳树	215
长戟叶蓼	64
长蒴母草	221
长叶冻绿	149
长叶冠毛榕	138
长叶蝴蝶草	220
长叶铁角蕨	19
长柱瑞香	71
常春藤属	163
常春藤	163
常绿荚蒾	197
常山属	104
常山	104
车前科	212
车前属	212
车前	212
槟榔青冈	129
柄叶鳞毛蕨	22
波罗蜜属	138
驳骨丹	179
伯乐树科	157
伯乐树属	157
伯乐树	157
舶梨榕	136
沈氏十大功劳	50
赪桐	229
橙黄玉凤花	253
秤钩风属	52
秤钩风	52
秤星树	143
匙羹藤属	184
匙羹藤	184
匙叶茅膏菜	60
齿果草属	58
齿果草	59
齿叶冬青	143
齿缘吊钟花	168
赤爬属	76
赤爬	76
赤车属	140
赤车	140
赤楠	87
赤小豆	123
赤杨叶属	177
赤杨叶	177
赤竹	267
翅果菊	207
翅野木瓜	51
翅子树属	94
重瓣臭茉莉	230
重楼属	244
崇澍蕨科	19
崇澍蕨	19
川桂	41
穿心草属	211
穿心莲属	226
穿心莲	226
垂穗石松属	3
垂序商陆	65
唇形科	232
唇柱苣苔属	223
刺柏属	32
刺瓜	183
刺蕨	24
刺蓼	64
刺芒野古草	274
刺毛杜鹃	169
刺蕊草属	233
刺蒴麻属	92
刺蒴麻	92
刺苋	66
刺叶桂樱	111
刺子莞属	263
刺子莞	263
楤木属	164
从化山姜	241
丛花厚壳桂	40
丛化柃	83
丛枝蓼	63
粗齿桫椤	9
粗裂复叶耳蕨	20
粗脉桂	41
粗毛耳草	192
粗叶耳草	190
粗叶木属	188
粗叶榕	136
粗叶悬钩子	109
粗枝腺柃	82
酢浆草属	68
酢浆草	68

D

大苞赤飑	76
大苞寄生属	148
大苞寄生	148
大苞姜属	239
大苞鸭跖草	237
大车前	213
大风子科	74
大盖球子草	244
大果菝葜	245
大果核果茶	79
大果马蹄荷	124
大花金钱豹	213
大花忍冬	195
大画眉草	272
大戟科	98
大戟属	103
大箭叶蓼	64
大蕉	238
大节竹属	266
大距花黍	277
大罗伞树	174
大芒萁	6
大青属	229
大青薯	250
大叶臭花椒	154
大叶骨碎补	25
大叶苦柯	132
大叶拿身草	119
大叶千斤拔	122
大叶青冈	127
大叶石龙尾	219
大叶仙茅	251
大猪屎豆	117
带唇兰属	254
带唇兰	254
单唇无兰兰	258
单穗水蜈蚣	265
单叶对囊蕨	16
单叶新月蕨	18
淡黄荚蒾	197
淡竹叶属	269
淡竹叶	269
当归属	165
当归藤	175
倒地铃属	156
倒地铃	156
倒挂铁角蕨	18
倒卵叶野木瓜	50
倒心叶珊瑚	162
稻	268
稻槎菜属	206
稻槎菜	206
稻属	268
灯心草科	258
灯心草属	258
地胆草属	199
地胆草	199
地耳草	90
地锦苗	55
地锦属	151
地稔	89
地毯草属	279
地毯草	279
地桃花	96
滇南芋	247
吊皮锥	131
吊钟花属	167
吊钟花	168
蝶形花科	116
丁香蓼属	70
鼎湖钓樟	44
鼎湖血桐	101
定心藤属	146
定心藤	146
东方古柯	97
东风草	204
东洋对囊蕨	16
冬青科	142
冬青属	142
豆梨	105
毒根斑鸠菊	200
独蒜兰属	258
独蒜兰	258
独行千里	55
杜根藤	227
杜虹花	228
杜茎山属	174
杜茎山	174
杜鹃花科	167
杜鹃花属	168
杜鹃	168
杜若属	237
杜若	237
杜英科	92
杜英属	92
杜英	93
短柄滨禾蕨	28
短萼黄连	49
短梗幌伞枫	164
短芒稗	279
短叶赤车	140
短叶水蜈蚣	265
短序润楠	42

中文名称索引

名称	页码	名称	页码	名称	页码	名称	页码	名称	页码	名称	页码
椴树科	91	凤仙花科	68	古柯属	97	海芋	247	红叶藤属	160	华南毛蕨	17
对囊蕨属	16	凤仙花属	68	谷精草科	238	含笑属	34	红枝蒲桃	88	华南木姜子	45
对叶榕	135	凤丫蕨科	14	谷精草属	238	含笑花	35	红锥	130	华南蒲桃	87
钝齿铁线莲	48	凤丫蕨属	14	谷木叶冬青	145	含羞草科	112	红紫珠	228	华南忍冬	195
钝果寄生属	147	伏石蕨属	26	牯岭蛇葡萄	151	含羞草属	113	侯钩藤	185	华南舌蕨	24
盾蕨属	26	伏石蕨	26	骨碎补科	25	含羞草	113	猴耳环属	112	华南实蕨	24
盾叶冷水花	139	扶芳藤	146	骨碎补属	25	寒莓	108	猴耳环	113	华南条蕨	25
多齿紫珠	229	福建观音座莲	5	瓜馥木属	38	韩信草	235	猴欢喜属	94	华南吴茱萸	153
多花勾儿茶	149	福建青冈	128	瓜馥木	38	蕺菜属	56	猴欢喜	94	华南远志	59
多花黄精	243	福氏马尾杉	2	栝楼属	75	蕺菜	56	篌竹	266	华南云实	115
多花兰	256	复叶耳蕨属	20	观光木	35	旱田草	222	厚壳桂属	39	华南皂荚	115
多花茜草	186	傅氏凤尾蕨	12	观音座莲科	5	蒿属	205	厚壳桂	39	华南紫萁	5
多花水苋	70			观音座莲属	5	禾本科	265	厚壳树属	215	华润楠	43
多毛茜草树	195	**G**		冠盖藤属	105	禾串树	98	厚皮香属	80	华山姜	241
多须公	202	甘蔗属	273	冠盖藤	105	禾叶蕨科	28	厚皮香	81	华素馨	180
多羽复叶耳蕨	20	柑橘属	154	管茎凤仙花	69	禾叶蕨属	28	厚叶白花酸藤果	176	华腺萼木	192
		柑橘	154	贯众属	23	禾亚科	267	厚叶冬青	145	华紫珠	229
E		刚毛白簕	163	贯众	23	合欢属	112	厚叶红淡比	84	画眉草属	272
鹅肠菜属	61	刚竹属	266	光萼唇柱苣苔	223	何首乌属	62	厚叶木莲	34	桦木科	126
鹅肠菜	61	杠板归	63	光荚含羞草	113	何首乌	62	厚叶双盖蕨	15	黄鹌菜属	207
鹅绒藤属	183	岗柃	83	光里白	7	核果茶属	78	厚叶素馨	180	黄鹌菜	207
鹅掌柴属	164	岗松属	86	光叶丰花草	187	荷莲豆属	61	厚叶铁线莲	48	黄丹木姜子	45
鹅掌柴	164	岗松	86	光叶绞股蓝	76	荷莲豆草	61	忽地笑	249	黄果厚壳桂	40
萼距花属	69	港柯	133	光叶山矾	178	褐苞薯蓣	249	胡椒科	52	黄花菜	243
耳草属	190	高斑叶兰	253	光叶山黄麻	133	褐花羊耳蒜	256	胡椒属	53	黄花大苞姜	239
耳草	190	高秆珍珠茅	261	光叶石楠	106	褐毛杜英	93	胡桃科	161	黄花倒水莲	59
二花蝴蝶草	220	高粱泡	109	光叶铁仔	175	褐毛四照花	162	胡颓子科	150	黄花蒿	206
二列叶柃	81	割鸡芒属	261	光叶碗蕨	10	鹤顶兰属	255	胡颓子属	150	黄花鹤顶兰	255
二色波罗蜜	138	割鸡芒	261	光叶紫玉盘	39	黑顶卷柏	3	胡颓子	150	黄花蝴蝶草	220
		蛤兰	255	广东冬青	143	黑老虎	36	胡枝子属	122	黄花稔属	96
F		革叶铁榄	171	广东假木荷	167	黑柃	82	湖南凤仙花	69	黄花小二仙草	71
		格药柃	81	广东毛蕊茶	80	黑面神属	100	蝴蝶草属	219	黄金凤	68
番荔枝科	37	葛菌	148	广东木瓜红	176	黑面神	100	槲蕨科	28	黄槿	96
番石榴属	87	葛麻姆	124	广东木姜子	45	黑莎草属	263	槲蕨属	28	黄荆	230
番石榴	87	葛属	123	广东琼楠	41	黑莎草	263	槲蕨	28	黄精属	243
番薯属	217	葛	123	广东蛇葡萄	151	黑杪椤	9	葫芦茶属	119	黄葵	95
番薯	217	根花臺草	259	广东石豆兰	257	黑叶锥	131	葫芦茶	119	黄兰属	254
翻白叶树	94	弓果藤属	184	广东臺草	260	黑足鳞毛蕨	22	葫芦科	75	黄兰	255
饭包草	237	弓果藤	184	广东羊耳蒜	256	红背山麻杆	100	虎耳草科	60	黄连属	49
饭甑青冈	127	勾儿茶属	149	广东紫珠	228	红椿	156	虎耳草属	60	黄麻属	92
梵天花属	96	沟叶结缕草	271	广防风	234	红淡比属	84	虎耳草	60	黄毛冬青	143
梵天花	96	钩刺雀梅藤	150	广防风属	234	红淡比	84	虎皮楠	103	黄毛猕猴桃	85
防己科	51	钩距虾脊兰	255	广寄生	147	红豆杉科	30	虎舌红	172	黄毛榕	136
飞龙掌血属	155	钩毛紫珠	228	广州山柑	56	红豆属	117	虎杖属	64	黄牛木属	90
飞龙掌血	155	钩藤属	185	广州蛇根草	189	红根草	212	虎杖	64	黄牛木	90
飞蓬属	203	钩藤	185	鬼针草属	201	红孩儿	78	花椒簕	154	黄牛奶树	178
飞扬草	103	钩吻属	179	鬼针草	201	红褐柃	82	花椒属	153	黄耆属	119
粉筚竹	267	钩吻	179	桂林栲	131	红厚壳属	91	花莛臺草	260	黄杞属	161
粉叶蕨属	14	钩锥	130	桂樱属	111	红花荷属	125	花叶山姜	241	黄杞	161
粉叶蕨	14	狗肝菜属	226	过山枫	145	红花荷	125	华赤竹属	267	黄芩属	235
粉叶轮环藤	51	狗肝菜	226			红花青藤	47	华重楼	244	黄绒润楠	43
粉叶羊蹄甲	114	狗骨柴属	193	**H**		红花酢浆草	68	华东瘤足蕨	6	黄檀属	120
丰花草属	186	狗骨柴	193			红辣槁树	40	华东膜蕨	8	黄腺羽蕨属	23
风轮菜属	235	狗脊属	19	海岛苎麻	141	红鳞蒲桃	88	华马钱	180	黄腺羽蕨	23
枫香树属	124	狗脊	20	海金沙科	7	红马蹄草	166	华南赤车	140	黄叶树属	58
枫香树	124	狗尾草属	276	海金沙属	7	红楠	43	华南谷精草	238	黄叶树	58
蜂斗草属	90	狗尾草	277	海金沙	7	红千层属	86	华南桂	40	黄樟	41
蜂斗草	90	构棘	139	海南山姜	241	红千层	86	华南胡椒	53	幌伞枫属	164
凤尾蕨科	11	构属	135	海桐花科	73	红色新月蕨	17	华南堇菜	57	灰背清风藤	159
凤尾蕨属	11	古柯科	97	海桐花属	73	红丝线属	215	华南爵床	227	灰冬青	144
				海芋属	247	红丝线	215	华南马尾杉	2	灰毛大青	230

茴芹属	165	见血青	256	莨草属	274	类芦	271	鳞始蕨科	10	落葵属	67
喙果黑面神	100	剑叶耳草	191	莨草	274	冷水花属	139	鳞始蕨属	10	落葵	67
喙果鸡血藤	121	剑叶凤尾蕨	13	井栏凤尾蕨	13	冷水花	139	鳞籽莎属	263	落羽杉属	31
喙叶假瘤蕨	27	渐尖毛蕨	16	镜子薹草	260	狸藻科	222	鳞籽莎	263	落羽杉	31
火炭母	63	箭秆风	241	九管血	173	狸藻属	222	岭南杜鹃	169	绿冬青	144
藿香蓟属	202	江南桤木	126	九节	189	离瓣寄生属	147	岭南枫	158	绿叶地锦	151
藿香蓟	202	江南双盖蕨	15	九节龙	173	离瓣寄生	147	岭南来江藤	219	绿叶五味子	37
		江南星蕨	26	九节属	188	梨润楠	42	岭南青冈	128		
J		姜科	239	九里香属	155	梨属	105	柃木属	81	**M**	
		姜属	240	九里香	155	梨叶悬钩子	109	流苏贝母兰	257		
鸡桑	135	姜	240	菊科	197	篱栏网	218	流苏弯越橘	170	麻楝属	155
鸡矢藤属	186	豇豆属	123	菊芹属	202	黧豆属	123	流苏子属	186	马瓞儿属	77
鸡矢藤	186	交让木科	103	具边卷柏	3	藜蒴锥	129	流苏子	186	马瓞儿	77
鸡血藤属	120	交让木属	103	距花黍属	277	藜科	65	琉璃草属	214	马鞭草科	227
鸡眼草属	121	角花乌蔹莓	152	聚花草属	237	藜属	65	琉璃草	215	马鞭草属	231
鸡眼草	121	绞股蓝属	76	聚花草	237	里白科	6	瘤足蕨科	6	马鞭草	231
鸡眼藤	188	绞股蓝	76	卷柏科	3	里白属	7	瘤足蕨属	6	马齿苋属	62
鸡肫草	60	脚骨脆属	74	卷柏属	3	李氏禾	269	柳叶菜科	70	马齿苋	62
积雪草属	166	接骨木属	196	卷耳属	61	李属	111	柳叶菜属	70	马兜铃科	52
积雪草	166	接骨草	196	爵床科	224	李	111	柳叶毛蕊茶	80	马甲菝葜	245
笄石菖	259	节节菜属	70	爵床属	227	鳢肠属	208	柳叶牛膝	66	马蓝属	225
及己	54	节节草	4	爵床	227	鳢肠	208	柳叶薯蓣	250	马铃苣苔属	224
蕺菜属	53	结缕草属	271	蕨科	11	栗属	127	龙柏	32	马钱科	178
蕺菜	53	桔梗科	213	蕨属	11	荔枝属	157	龙船花属	187	马钱属	180
戟叶圣蕨	16	截叶铁扫帚	122	蕨	11	荔枝	157	龙船花	187	马唐	278
寄生藤属	148	金草	191	蕨叶人字果	49	莲子草属	66	龙胆科	211	马蹄荷属	124
寄生藤	148	金疮小草	236	蕨叶鼠尾草	232	莲子草	67	龙须藤	114	马尾杉属	2
鲫鱼胆	174	金耳环	52			莲座紫金牛	172	龙眼属	156	马尾松	30
蓟属	198	金粉蕨属	13	**K**		镰片假毛蕨	18	龙眼	156	马银花	169
夹竹桃科	181	金合欢属	112			镰羽耳蕨	23	龙眼润楠	42	马缨丹属	231
荚蒾属	196	金剑草	186	开唇兰属	252	镰羽瘤足蕨	6	芦竹属	270	马缨丹	231
假糙苏属	236	金锦香属	89	看麦娘属	270	链珠藤属	182	芦竹	270	蚂蝗七	223
假臭草	201	金锦香	89	糠稷	278	链珠藤	182	鹿角锥	130	买麻藤科	32
假淡竹叶属	269	金毛狗属	8	糠藤	187	楝科	155	蕗蕨属	8	买麻藤属	32
假稻属	269	金毛狗	8	栲	130	楝属	156	蕗蕨	8	满山红	168
假地豆	118	金钮扣属	210	柯属	131	楝	156	露兜草	250	蔓赤车	140
假福王草属	207	金钮扣	210	柯	132	楝叶吴茱萸	153	露兜树科	250	蔓胡颓子	150
假福王草	207	金钱豹属	213	空心泡	108	两耳草	279	露兜树属	250	蔓九节	188
假桂乌口树	194	金钱蒲	247	孔颖草属	275	两面针	154	卵叶半边莲	214	蔓生莠竹	274
假俭草	274	金丝桃科	90	苦蘵	215	两歧飘拂草	262	乱草	272	芒萁属	6
假九节	189	金丝桃属	90	苦苣苔科	223	两广梭罗	94	轮环藤属	51	芒萁	6
假蒟	53	金粟兰科	54	宽叶金粟兰	54	两广铁线莲	48	轮叶木姜子	44	芒属	273
假轮叶虎皮楠	103	金粟兰属	54	阔裂叶羊蹄甲	114	亮毛堇菜	57	轮钟花属	213	芒	273
假毛蕨属	18	金挖耳	204	阔鳞鳞毛蕨	22	亮叶猴耳环	113	轮钟花	213	毛八角枫	163
假蚊母树属	126	金线兰	252	阔叶丰花草	186	亮叶鸡血藤	121	罗浮粗叶木	188	毛柄双盖蕨	15
假鹰爪属	38	金腺荚蒾	197	阔叶假排草	212	量天尺属	78	罗浮枫	157	毛草龙	71
假鹰爪	38	金星蕨科	16	阔叶猕猴桃	86	量天尺	78	罗浮栲	130	毛刺蒴麻	92
假玉桂	133	金星蕨属	18	阔叶十大功劳	50	了哥王	72	罗浮柿	170	毛冬青	144
假泽兰属	202	金星蕨	18			蓼科	62	罗汉松科	31	毛茛科	47
尖苞帚菊	198	金须茅属	276	**L**		蓼属	62	罗汉松属	31	毛茛属	49
尖齿臭茉莉	230	金腰箭属	210			列当科	222	罗伞树	173	毛狗骨柴	193
尖萼毛柃	82	金腰箭	210	来江藤属	218	裂叶秋海棠	78	罗星草	211	毛果巴豆	102
尖连蕊茶	79	金叶含笑	35	兰科	252	裂颖茅属	261	萝卜属	56	毛果算盘子	99
尖脉木姜子	45	金叶子属	167	兰属	256	裂颖茅	261	萝卜	56	毛花猕猴桃	85
尖山橙	182	金银莲花	211	蓝兔儿风	209	临时救	211	萝藦科	183	毛蕨属	16
尖叶假蚊母树	126	金樱子	110	蓝叶藤	184	鳞盖蕨属	10	裸柱菊属	204	毛兰属	255
尖叶毛柃	81	筋骨草属	236	老鼠矢	178	鳞果星蕨属	27	裸柱菊	204	毛脉翅果菊	207
尖叶清风藤	159	堇菜科	57	箣檔花椒	153	鳞果星蕨	27	裸子蕨科	14	毛棉杜鹃花	169
尖叶唐松草	49	堇菜属	57	箣竹属	267	鳞毛蕨科	20	络石属	182	毛排钱树	121
菅属	275	锦葵科	95	雷公青冈	128	鳞毛蕨属	21	络石	182	毛稔	88
菅	275	锦香草属	89	类芦属	271	鳞片水麻	142	落葵科	67	毛麝香属	221

中文名称索引

毛麝香	221	南川柯	132	葡萄科	151	全唇盂兰	258	桑寄生	148	舌蕨科	24
毛桃木莲	34	南方荚蒾	197	朴属	133	全缘凤尾蕨	12	桑科	134	舌蕨属	24
毛叶对囊蕨	16	南美山蚂蟥	119			全缘栝楼	75	桑属	134	蛇根草属	189
毛叶轮环藤	51	南蛇藤属	145		**Q**	全缘贯众	23	山扁豆属	114	蛇菰科	148
毛轴蕨	11	南蛇棒	248			雀稗属	279	山扁豆	114	蛇菰属	148
毛竹	266	南酸枣属	160	七星莲	57	雀梅藤属	149	山茶科	78	蛇莓属	107
毛锥	130	南酸枣	160	桤木属	126	雀梅藤	150	山茶属	79	蛇莓	107
茅膏菜科	60	南投万寿竹	242	桤叶树科	167			山橙属	182	蛇葡萄属	151
茅膏菜属	60	南五味子属	36	桤叶树属	167		**R**	山杜英	93	蛇足石杉	2
帽儿瓜属	77	南粤黄芩	235	漆树科	160			山矾科	177	深裂悬钩子	110
梅花草属	60	南烛	170	漆树属	160	蘘荷	240	山矾属	177	深绿卷柏	4
美国皂荚	116	囊颖草属	277	奇蒿	206	饶平石楠	106	山柑属	55	深山含笑	35
美花石斛	257	囊颖草	277	奇羽鳞毛蕨	22	荛花属	72	山桂花属	74	深圆齿堇菜	57
美丽胡枝子	122	尼泊尔蓼	63	槭树科	157	人字果属	49	山桂花	74	肾蕨科	24
美丽新木姜子	47	泥花草	222	槭属	157	忍冬科	195	山黑豆属	124	肾蕨属	24
蒙自猕猴桃	85	拟大羽铁角蕨	19	千斤拔属	122	忍冬属	195	山黑豆	124	肾蕨	24
迷人鳞毛蕨	21	拟金草	191	千里光属	200	忍冬	195	山胡椒属	43	省沽油科	159
猕猴桃科	85	柠檬清风藤	159	千里光	200	日本粗叶木	188	山黄麻属	133	省藤属	250
猕猴桃属	85	牛白藤	190	千屈菜科	69	日本杜英	93	山黄麻	134	圣蕨属	16
米碎花	83	牛筋草	271	千日红属	67	日本看麦娘	270	山鸡椒	45	湿地松	30
米槠	129	牛筋藤属	135	牵牛	217	日本蛇根草	189	山菅属	243	十大功劳属	50
密苞山姜	242	牛筋藤	135	荨麻科	139	绒毛润楠	43	山菅	243	十字花科	56
密苞叶薹草	260	牛奶菜属	184	荨麻母草	221	绒毛山胡椒	44	山姜属	240	十字薹草	260
密齿酸藤子	176	牛茄子	216	钱氏鳞始蕨	10	榕属	135	山姜	241	石斑木属	107
密花豆属	122	牛虱草	272	浅裂沼兰	254	柔毛艾纳香	204	山蒟	53	石斑木	107
密花豆	122	牛矢果	181	茜草科	184	柔毛紫茎	80	山壳骨属	227	石豆兰属	257
密花山矾	178	牛栓藤科	160	茜草属	186	柔弱斑种草	214	山壳骨	227	石柑属	248
密花树	175	牛尾菜	246	茜树属	194	肉实树科	171	山榄科	171	石柑子	248
蜜茱萸属	152	牛膝菊属	208	茜树	194	肉实树属	172	山龙眼科	73	石胡荽属	204
苗竹仔	266	牛膝菊	209	蔷薇科	105	肉实树	172	山龙眼属	73	石胡荽	205
磨芋属	248	牛膝属	66	蔷薇属	110	如意草	58	山麻杆属	100	石斛属	257
膜蕨科	8	糯米团属	141	乔木茵芋	155	软荚红豆	117	山蚂蟥属	118	石龙尾属	219
膜蕨属	8	糯米团	141	壳斗科	126	锐尖山香圆	159	山麦冬属	244	石龙尾	219
母草属	221	女贞属	181	茄科	215	瑞香科	71	山麦冬	244	石芒草	274
母草	221			茄属	216	瑞香属	71	山莓	108	石楠属	106
牡蒿	205		**P**	茄叶斑鸠菊	200	润楠属	42	山牡荆	231	石荠苎属	232
牡荆属	230			琴叶榕	137			山楝叶泡花树	158	石荠苎	232
牡荆	231	爬藤榕	138	青茶香	144		**S**	山乌桕	102	石榕树	136
木芙蓉	95	排钱树属	121	青冈属	127			山香圆属	159	石杉科	2
木瓜红属	176	排钱树	122	青冈	128	赛葵属	97	山香圆	159	石杉属	2
木荷属	80	攀倒甑	197	青江藤	145	赛葵	97	山血丹	173	石松科	2
木荷	80	泡花树属	158	青皮木属	147	三白草科	53	山油麻	134	石蒜科	249
木荚红豆	117	泡桐属	218	青皮木	147	三白草属	54	山芫荽属	204	石蒜属	249
木姜叶柯	132	蓬莱葛属	179	青皮竹	267	三白草	54	山芝麻属	94	石韦属	27
木姜子属	44	蓬莱葛	179	青藤公	137	三叉蕨	23	山芝麻	94	石韦	27
木槿属	95	蟛蜞菊属	208	青藤科	47	三花冬青	144	山茱萸科	161	石仙桃属	257
木槿	96	披针骨牌蕨	26	青藤属	47	三尖杉科	31	山茱萸属	162	石仙桃	257
木兰科	34	枇杷属	106	青箱属	65	三尖杉属	31	杉科	30	石岩枫	101
木蓝属	119	枇杷	107	青葙	65	三尖杉	31	杉木属	31	石竹科	60
木莲属	34	枇杷叶紫珠	228	清风藤科	158	三裂叶蟛蜞菊	208	杉木	31	实蕨科	23
木莲	34	飘拂草属	261	清风藤属	159	三裂叶薯	217	珊瑚姜	240	实蕨属	23
木莓	108	平叶酸藤子	176	清香藤	180	三脉野木瓜	50	珊瑚树	196	食用双盖蕨	15
木通科	50	平行鳞毛蕨	21	琼楠属	41	三念薹草	260	扇叶铁线蕨	13	矢竹属	267
木犀科	180	瓶尔小草科	5	秋海棠科	77	三品一枝花	251	商陆科	65	柿树科	170
木犀属	181	瓶尔小草属	5	秋海棠属	77	三桠苦	152	商陆属	65	柿树属	170
木犀	181	瓶蕨属	8	秋葵属	95	三羽新月蕨	17	少花柏拉木	89	柿	171
木油桐	102	瓶蕨	8	求米草属	278	三褶脉紫菀	209	少花海桐	74	首冠藤	114
木贼科	4	破铜钱	167	球果赤爬	76	伞房花耳草	191	少花龙葵	216	绶草属	252
木贼属	4	铺地黍	278	球子草属	243	伞形科	165	少年红	173	绶草	252
木竹子	91	蒲桃属	87	曲枝假蓝	225	散穗黑莎草	263	少穗竹属	265	书带蕨科	14
		蒲桃叶悬钩子	108	屈头鸡	56	桑寄生科	147	舌唇兰属	253	书带蕨属	14
	N										

书带蕨	14	楤木属	164	天门冬属	242	瓦韦属	26	舞花姜	239	香港瓜馥木	38
疏齿木荷	80	苏木科	113	天门冬	242	瓦韦	26	雾水葛属	141	香港黄檀	120
疏花卫矛	146	苏铁蕨属	20	天名精属	204	弯梗菝葜	246	雾水葛	141	香港双蝴蝶	211
疏叶卷柏	4	苏铁蕨	20	天南星科	246	弯花叉柱花	225			香港四照花	162
黍属	278	素馨属	180	天南星属	248	弯蒴杜鹃	169	**X**		香港鹰爪花	37
鼠刺科	104	粟米草科	61	天南星	248	碗蕨科	9			香港远志	59
鼠刺属	104	粟米草属	61	天仙果	137	碗蕨属	10	西南粗叶木	188	香膏萼距花	69
鼠刺	104	粟米草	61	天仙藤属	52	碗蕨	10	稀莶	208	香花鸡血藤	120
鼠妇草	272	酸浆属	215	天仙藤	52	万寿竹属	242	溪边九节	189	香花枇杷	106
鼠鞘草属	203	酸模属	64	天香藤	112	网脉琼楠	42	溪黄草	234	香科科属	236
鼠李科	149	酸模	64	田麻属	91	网脉山龙眼	73	豨莶属	208	香皮树	158
鼠李属	149	酸模芒	269	田麻	91	威灵仙	48	喜旱莲子草	67	香丝草	205
鼠曲草	203	酸藤子属	175	甜麻	92	微糙三脉紫菀	209	喜泉卷耳	61	香叶树	44
鼠尾草属	232	酸藤子	175	甜槠	131	微甘菊	202	细柄草属	276	响铃豆	118
鼠尾草	232	酸味子	98	条蕨科	25	微红新月蕨	17	细柄草	276	小檗科	50
鼠尾粟属	271	酸叶胶藤	183	条蕨属	25	微柱麻属	142	细长柄山蚂蝗	118	小二仙草科	71
鼠尾粟	271	算盘竹	266	条穗薹草	260	微柱麻	142	细齿叶柃	83	小二仙草属	71
薯莨	249	算盘子属	99	条叶猕猴桃	85	卫矛科	145	细风轮菜	235	小二仙草	71
薯蓣科	249	算盘子	99	铁包金	149	卫矛属	146	细裂玉凤花	253	小果冬青	143
薯蓣属	249	碎米莎草	264	铁冬青	143	蚊母树属	125	细毛鸭嘴草	275	小果核果茶	79
树参属	164	穗花杉属	30	铁角蕨科	18	蚊母树	125	细辛属	52	小果蔷薇	110
树参	164	穗花杉	30	铁角蕨属	18	蕹菜	217	细叶卷柏	4	小果山龙眼	73
栓叶安息香	177	莎草科	259	铁榄属	171	莴苣属	207	细叶小苦荬	207	小果野蕉	238
双盖蕨属	15	莎草属	264	铁榄	171	乌材	170	细圆藤属	51	小花八角	36
双盖蕨	15	梭罗树属	94	铁青树科	147	乌饭树属	170	细圆藤	51	小花黄堇	55
双蝴蝶属	211	桫椤科	9	铁线蕨科	13	乌桕属	102	细枝柃	83	小花琉璃草	215
双片苞苣属	224	桫椤属	9	铁线蕨属	13	乌桕	102	细轴荛花	72	小花远志	59
双片苞苣	224	桫椤	9	铁线莲属	47	乌蕨属	11	虾脊兰属	255	小槐花	118
水东哥科	86			铁线莲	48	乌蕨	11	狭穗薹草	261	小苦荬属	207
水东哥属	86	**T**		铁苋菜属	100	乌口树属	194	狭叶海桐	74	小蜡	181
水东哥	86			铁苋菜	100	乌蔹莓属	152	狭叶假糙苏	236	小蓬草	205
水壶藤属	183	台湾冬青	144	铁仔属	175	乌毛蕨科	19	狭叶香港远志	59	小舌唇兰	253
水锦树属	192	台湾独蒜兰	258	通奶草	103	乌毛蕨属	19	狭叶绣球花	104	小叶海金沙	8
水锦树	192	台湾毛楤木	165	通泉草属	222	乌毛蕨	19	下田菊属	202	小叶红淡比	84
水蕨科	14	台湾泡桐	218	通泉草	222	无盖鳞毛蕨	21	下田菊	202	小叶红叶藤	161
水蕨属	14	台湾榕	137	通天连	184	无根藤属	39	仙茅科	251	小叶冷水花	139
水蕨	14	台湾相思	112	铜锤玉带草	214	无根藤	39	仙茅属	251	小叶买麻藤	32
水龙骨科	25	薹草属	259	筒蒿属	210	无患子科	156	仙人掌科	78	小叶南烛	170
水麻属	142	檀香科	148	筒蒿	210	无患子属	157	纤草	251	小叶青冈	128
水茄	216	唐松草属	49	头花蓼	63	无患子	157	纤花耳草	190	小叶石楠	106
水蛇麻属	134	桃	110	头花水玉簪	251	无叶兰属	258	纤花香茶菜	234	小叶云实	115
水蛇麻	134	桃金娘科	86	秃瓣杜英	93	梧桐科	94	显齿蛇葡萄	151	小沼兰	254
水石榕	93	桃金娘属	87	土茯苓	246	吴茱萸属	152	显脉新木姜子	46	楔叶豆梨	105
水薹衣属	225	桃金娘	87	土荆芥	65	吴茱萸	153	线弯山梗菜	214	心叶稷	278
水薹衣	225	桃属	110	土蜜树属	98	蜈蚣草属	274	线蕨属	25	心叶瓶尔小草	5
水同木	136	桃叶珊瑚属	161	土蜜树	98	蜈蚣凤尾蕨	12	线蕨	25	新耳草属	192
水团花属	192	桃叶珊瑚	161	土牛膝	66	五加科	163	线纹香茶菜	234	新木姜子属	46
水团花	192	桃叶石楠	106	土人参属	62	五加属	163	线叶蓟	199	新木姜子	46
水蜈蚣属	265	藤构	135	土人参	62	五节芒	273	线羽凤尾蕨	12	新月蕨属	17
水苋菜属	69	藤槐属	116	兔儿风属	209	五棱秆飘拂草	262	线柱苣苔属	224	星蕨属	27
水苋菜	69	藤槐	116	团叶鳞始蕨	10	五列木科	84	苋科	65	荇菜属	211
水玉簪科	251	藤黄科	91	臀果木属	110	五列木属	84	苋属	66	修蕨属	27
水玉簪属	251	藤黄属	91	臀果木	110	五列木	84	陷脉石楠	106	秀柱花属	125
水蔗草属	275	藤黄檀	120	托竹	267	五裂悬钩子	109	腺柄山矾	177	秀柱花	125
水蔗草	275	藤石松属	2	椭圆线柱苣苔	224	五味子科	36	腺萼木属	192	绣球花科	104
水苎麻	141	藤石松	2	椭圆叶齿果草	59	五味子属	37	腺茎柳叶菜	70	绣球属	104
睡菜科	211	蹄盖蕨科	15			五叶薯蓣	249	腺叶桂樱	111	锈毛钝果寄生	147
丝毛雀稗	279	天胡荽属	166	**W**		五月艾	206	香茶菜属	233	锈毛莓	109
思劳竹属	266	天料木科	74			五月茶属	98	香茶菜	233	锈叶新木姜子	47
松科	30	天料木属	75	挖耳草	223	五爪金龙	217	香椿属	156	萱草属	243
松属	30	天料木	75	娃儿藤属	184	舞花姜属	239	香附子	264	玄参科	218

旋覆花属	203	夜花藤属	51	圆叶节节菜	70	朱砂根	174
旋花科	216	夜花藤	51	圆叶挖耳草	223	猪屎豆属	117
悬钩子属	107	夜香牛	199	圆叶乌桕	102	猪屎豆	117
悬铃花属	96	叶底红	89	圆叶野扁豆	123	竹根七属	243
悬铃花	96	叶下珠属	99	圆柱叶灯心草	259	竹根七	243
血见愁	236	叶下珠	99	远志科	58	竹节草	276
血桐属	101	一点红属	201	远志属	59	竹叶草	278
蕈树属	125	一点红	201	越橘科	170	竹叶花椒	153
蕈树	125	一年蓬	203	越南叶下珠	99	竹叶兰属	253
		一枝黄花属	210	粤中八角	36	竹叶兰	253
		一枝黄花	210	云南桤叶树	167	竹叶青冈	127
Y		宜昌荚蒾	196	云实属	115	柱果铁线莲	48
		宜昌木蓝	119	芸香科	152	苎麻属	140
鸭儿芹属	165	异果鸡血藤	120			苎麻	141
鸭儿芹	165	异色猕猴桃	85			爪哇脚骨脆	74
鸭公树	46	异形南五味子	36	**Z**		爪哇帽儿瓜	77
鸭舌草	245	异型莎草	264	皂荚属	115	砖子苗属	264
鸭跖草科	237	异药花属	89	皂荚	115	砖子苗	265
鸭跖草属	237	异药花	89	泽兰属	201	锥花属	232
鸭嘴草属	274	异叶茴芹	165	窄基红褐柃	82	锥栗属	129
崖爬藤属	152	异叶石龙尾	219	粘毛母草	221	锥栗	127
烟斗柯	133	翼核果属	150	粘木科	97	紫斑蝴蝶草	220
延龄草科	244	翼核果	150	粘木属	97	紫背金盘	236
延平柿	171	薏苡属	272	粘木	97	紫背天葵	77
延叶珍珠菜	212	薏苡	272	展毛含笑	35	紫草科	214
盐肤木属	160	阴石蕨属	25	樟科	39	紫萼蝴蝶草	220
盐肤木	160	阴香	40	樟属	40	紫花前胡	165
眼树莲属	184	茵芋属	155	樟	41	紫花羊耳蒜	256
眼树莲	184	银花苋	67	樟叶泡花树	158	紫金牛科	172
艳山姜	241	樱属	111	杖藤	250	紫金牛属	172
羊耳菊	203	鹰爪花属	37	沼兰属	254	紫堇科	55
羊耳蒜属	256	鹰爪花	37	折枝菝葜	245	紫堇属	55
羊角拗属	182	硬壳桂	40	柘属	139	紫茎属	80
羊角拗	182	硬壳柯	132	浙江润楠	42	紫麻属	142
羊角藤	187	油茶	79	鹧鸪草属	269	紫麻	142
羊蹄甲	114	油桐属	102	鹧鸪草	269	紫茉莉科	73
杨梅科	126	疣柄磨芋	248	针齿铁仔	175	紫茉莉属	73
杨梅属	126	有翅星蕨	27	针蔺属	262	紫茉莉	73
杨梅	126	莠竹属	274	珍珠菜属	211	紫萁科	5
阳桃属	68	柚	154	珍珠茅属	261	紫萁属	5
阳桃	68	鱼黄草属	218	栀子属	193	紫萁	5
杨桐属	84	盂兰属	258	栀子	193	紫苏属	234
杨桐	84	鱼鳞鳞毛蕨	21	直刺变豆菜	166	紫苏	234
野百合	118	鱼藤属	121	趾叶栝楼	75	紫菀属	209
野扁豆属	123	禺毛茛	49	中国白丝草	244	紫玉盘柯	133
野茳属	222	榆科	133	中国蕨科	13	紫玉盘属	39
野茳	222	羽裂圣蕨	16	中华杜英	93	紫云英	119
野古草属	274	羽裂星蕨	27	中华栝楼	75	紫珠属	228
野含笑	35	羽叶金合欢	112	中华里白	7	紫珠	229
野蕉	239	雨久花科	245	中华卫矛	146	棕叶狗尾草	276
野牡丹属	88	雨久花属	245	中华锥花	233	棕榈科	250
野牡丹	88	玉凤花属	253	中南鱼藤	121	棕叶芦属	270
野木瓜属	50	玉山针蔺	262	钟花草属	226	棕叶芦	270
野木瓜	50	玉叶金花属	185	钟花草	226	钻叶紫菀	209
野漆	160	玉叶金花	185	钟花樱花	111	醉鱼草属	179
野生紫苏	234	芋属	247	帚菊属	198	醉鱼草	179
野桐属	101	芋	247	皱果苋	66		
野茼蒿属	200	元宝草	91	皱叶狗尾草	277		
野茼蒿	200	芫荽菊	204	皱叶忍冬	196		
野线麻	141	圆叶豺皮樟	46	朱槿	95		
野雉尾金粉蕨	13						

拉丁学名索引

A

Abelmoschus	95
Abelmoschus moschatus	95
Acacia	112
Acacia confusa	112
Acacia pennata	112
Acalypha	100
Acalypha australis	100
Acanthaceae	224
Aceraceae	157
Acer	157
Acer fabri	157
Acer tutcheri	158
Achyranthes	66
Achyranthes aspera	66
Achyranthes longifolia	66
Acmella	210
Acmella paniculata	210
Acorus	247
Acorus gramineus	247
Actinidiaceae	85
Actinidia	85
Actinidia callosa var. discolor	85
Actinidia eriantha	85
Actinidia fortunatii	85
Actinidia fulvicoma	85
Actinidia henryi	85
Actinidia latifolia	86
Adenosma	221
Adenosma glutinosum	221
Adenostemma	202
Adenostemma lavenia	202
Adiantaceae	13
Adiantum	13
Adiantum flabellulatum	13
Adina	192
Adina pilulifera	192
Adinandra	84
Adinandra millettii	84
Aeginetia	222
Aeginetia indica	222
Ageratum	202
Ageratum conyzoides	202
Agrostidoideae	267
Aidia	194
Aidia canthioides	194
Aidia cochinchinensis	194
Aidia pycnantha	195
Ainsliaea	209
Ainsliaea caesia	209
Ajuga	236
Ajuga decumbens	236
Ajuga nipponensis	236
Alangiaceae	162
Alangium	162
Alangium chinense	162
Alangium kurzii	163
Albizia	112
Albizia corniculata	112
Alchornea	100
Alchornea trewioides	100
Alleizettella	193
Alleizettella leucocarpa	193
Alniphyllum	177
Alniphyllum fortunei	177
Alnus	126
Alnus trabeculosa	126
Alocasia	247
Alocasia odora	247
Alopecurus	270
Alopecurus japonicus	270
Alpinia	240
Alpinia conghuaensis	241
Alpinia hainanensis	241
Alpinia japonica	241
Alpinia jianganfeng	241
Alpinia oblongifolia	241
Alpinia pumila	241
Alpinia stachyodes	242
Alpinia zerumbet	241
Alsophila	9
Alsophila denticulata	9
Alsophila podophylla	9
Alsophila spinulosa	9
Alternanthera	66
Alternanthera philoxeroides	67
Alternanthera sessilis	67
Altingia	125
Altingia chinensis	125
Alyxia	182
Alyxia sinensis	182
Amaranthaceae	65
Amaranthus	66
Amaranthus spinosus	66
Amaranthus viridis	66
Amaryllidaceae	249
Amentotaxus	30
Amentotaxus argotaenia	30
Ammannia	69
Ammannia baccifera	69
Ammannia multiflora	70
Amorphophallus	248
Amorphophallus dunnii	248
Amorphophallus paeoniifolius	248
Ampelopsis	151
Ampelopsis cantoniensis	151
Ampelopsis glandulosa var. kulingensis	151
Ampelopsis grossedentata	151
Amygdalus	110
Amygdalus persica	110
Anacardiaceae	160
Andrographis	226
Andrographis paniculata	226
Angelica	165
Angelica decursiva	165
Angiopteridaceae	5
Angiopteris	5
Angiopteris fokiensis	5
Anisomeles	234
Anisomeles indica	234
Anneslea	81
Anneslea fragrans	81
Annonaceae	37
Anoectochilus	252
Anoectochilus roxburghii	252
Antidesma	98
Antidesma japonicum	98
Aphyllorchis	258
Aphyllorchis simplex	258
Apiaceae	165
Apluda	275
Apluda mutica	275
Apocynaceae	181
Aquifoliaceae	142
Araceae	246
Arachniodes	20
Arachniodes amoena	20
Arachniodes cavalerii	20
Arachniodes grossa	20
Araliaceae	163
Aralia	164
Aralia decaisneana	165
Archidendron	112
Archidendron clypearia	113
Archidendron lucidum	113
Ardisia	172
Ardisia alyxiifolia	173
Ardisia brevicaulis	173
Ardisia crenata	174
Ardisia crispa	174
Ardisia hanceana	174
Ardisia lindleyana	173
Ardisia mamillata	172
Ardisia primulifolia	172
Ardisia pusilla	173
Ardisia quinquegona	173
Arisaema	248
Arisaema heterophyllum	248
Aristolochiaceae	52
Artabotrys	37
Artabotrys hexapetalus	37
Artabotrys hongkongensis	37
Artemisia	205
Artemisia annua	206
Artemisia anomala	206
Artemisia argyi	206
Artemisia indica	206
Artemisia japonica	205
Artemisia lactiflora	206
Arthraxon	274
Arthraxon hispidus	274
Artocarpus	138
Artocarpus hypargyreus	138
Artocarpus styracifolius	138
Arundina	253
Arundina graminifolia	253
Arundinella	274
Arundinella nepalensis	274
Arundinella setosa	274
Arundo	270
Arundo donax	270
Asarum	52
Asarum insigne	52
Asclepiadaceae	183
Asparagus	242
Asparagus cochinchinensis	242
Aspleniaceae	18
Asplenium	18
Asplenium normale	18
Asplenium prolongatum	19
Asplenium sublaserpitiifolium	19
Aster	209
Aster ageratoides	209
Aster ageratoides var. scaberulus	209
Aster subulatus	209
Astragalus	119
Astragalus sinicus	119
Athyriaceae	15
Aucuba	161
Aucuba chinensis	161
Aucuba obcordata	162
Averrhoa	68
Averrhoa carambola	68
Axonopus	279
Axonopus compressus	279

B

Baeckea	86
Baeckea frutescens	86
Balanophoraceae	148
Balanophora	148
Balanophora harlandii	148
Balsaminaceae	68
Bambusa	267
Bambusa chungii	267
Bambusa textilis	267
Basellaceae	67
Basella	67
Basella alba	67
Bauhinia	114
Bauhinia apertilobata	114
Bauhinia championii	114
Bauhinia corymbosa	114
Bauhinia glauca	114
Begoniaceae	77
Begonia	77
Begonia fimbristipula	77
Begonia palmata	78
Begonia palmata var. bowringiana	78
Beilschmiedia	41
Beilschmiedia fordii	41
Beilschmiedia tsangii	42
Bennettiodendron	74
Bennettiodendron leprosipes	74
Berberidaceae	50
Berchemia	149
Berchemia floribunda	149
Berchemia lineata	149
Betulaceae	126
Bidens	201

Bidens pilosa	201	Callerya	120	Castanopsis fissa	129	Cinnamomum kwangtungense	
Blastus	89	Callerya dielsiana	120	Castanopsis fordii	130		40
Blastus pauciflorus	89	Callerya dielsiana var.		Castanopsis hystrix	130	Cirsium	198
Blechnaceae	19	heterocarpa	120	Castanopsis kawakamii	131	Cirsium lineare	199
Blechnum	19	Callerya nitida	121	Castanopsis lamontii	130	Citrus	154
Blechnum orientale	19	Callerya tsui	121	Castanopsis nigrescens	131	Citrus maxima	154
Blumea	203	Callicarpa	228	Castanopsis tibetana	130	Citrus reticulata	154
Blumea axillaris	204	Callicarpa bodinieri	229	Catharanthus	181	Clematis	47
Blumea megacephala	204	Callicarpa cathayana	229	Catharanthus roseus	181	Clematis apiifolia var.	
Boehmeria	140	Callicarpa dentosa	229	Caulokaempferia	239	argentilucida	48
Boehmeria formosana	141	Callicarpa formosana	228	Caulokaempferia coenobialis		Clematis chinensis	48
Boehmeria japonica	141	Callicarpa kochiana	228		239	Clematis chingii	48
Boehmeria macrophylla	141	Callicarpa kwangtungensis	228	Cayratia	152	Clematis crassifolia	48
Boehmeria nivea	141	Callicarpa peichieniana	228	Cayratia corniculata	152	Clematis florida	48
Bolbitidaceae	23	Callicarpa rubella	228	Celastraceae	145	Clematis uncinata	48
Bolbitis	23	Callistemon	86	Celastrus	145	Clerodendrum	229
Bolbitis appendiculata	24	Callistemon rigidus	86	Celastrus aculeatus	145	Clerodendrum canescens	230
Bolbitis subcordata	24	Calophyllum	91	Celastrus hindsii	145	Clerodendrum chinense	230
Boraginaceae	214	Calophyllum membranaceum	91	Celosia	65	Clerodendrum fortunatum	229
Bothriochloa	275	Camellia	79	Celosia argentea	65	Clerodendrum japonicum	229
Bothriochloa ischaemum	275	Camellia cuspidata	79	Celtis	133	Clerodendrum lindleyi	230
Bothriospermum	214	Camellia melliana	80	Celtis timorensis	133	Clethraceae	167
Bothriospermum zeylanicum		Camellia oleifera	79	Centella	166	Clethra	167
	214	Camellia salicifolia	80	Centella asiatica	166	Clethra delavayi	167
Bowringia	116	Camellia sinensis	79	Centipeda	204	Cleyera	84
Bowringia callicarpa	116	Campanulaceae	213	Centipeda minima	205	Cleyera japonica	84
Brainea	20	Campanumoea	213	Centotheca	269	Cleyera pachyphylla	84
Brainea insignis	20	Campanumoea javanica	213	Centotheca lappacea	269	Cleyera parvifolia	84
Brandisia	218	Canscora	211	Cephalotaxaceae	31	Clinopodium	235
Brandisia swinglei	219	Canscora andrographioides	211	Cephalotaxus	31	Clinopodium gracile	235
Bretschneideraceae	157	Capillipedium	276	Cephalotaxus fortunei	31	Codonacanthus	226
Bretschneidera	157	Capillipedium parviflorum	276	Cerastium	61	Codonacanthus pauciflorus	226
Bretschneidera sinensis	157	Capparidaceae	55	Cerastium fontanum	61	Coelogyne	257
Breynia	100	Capparis	55	Cerasus	111	Coelogyne fimbriata	257
Breynia fruticosa	100	Capparis acutifolia	55	Cerasus campanulata	111	Coix	272
Breynia rostrata	100	Capparis cantoniensis	56	Ceratopteria	14	Coix lacryma	272
Bridelia	98	Capparis versicolor	56	Ceratopteris thalictroides	14	Colocasia	247
Bridelia balansae	98	Caprifoliaceae	195	Chamabainia	142	Colocasia antiquorum	247
Bridelia tomentosa	98	Cardiospermum	156	Chamabainia cuspidata	142	Colocasia esculenta	247
Broussonetia	135	Cardiospermum halicacabum		Chamaecrista	114	Colysis	25
Broussonetia kaempferi var.			156	Chamaecrista mimosoides	114	Colysis elliptica	25
australis	135	Carex	259	Chenopodiaceae	65	Commelinaceae	237
Buddleja	179	Carex adrienii	260	Chenopodium	65	Commelina	237
Buddleja asiatica	179	Carex cruciata	260	Chenopodium ambrosioides	65	Commelina benghalensis	237
Buddleja lindleyana	179	Carex ischnostachya	261	Chieniopteris	19	Commelina paludosa	237
Bulbophyllum	257	Carex nemostachys	260	Chieniopteris harlandii	19	Compositae	197
Bulbophyllum kwangtungense		Carex phacota	260	Chionographis	244	Coniogramme	14
	257	Carex phyllocephala	260	Chionographis chinensis	244	Coniogramme japonica	14
Burmannia	251	Carex radiciflora	259	Chirita	223	Connaraceae	160
Burmannia championii	251	Carex scaposa	260	Chirita anachoreta	223	Convolvulaceae	216
Burmannia coelestis	251	Carex tsiangii	260	Chirita fimbrisepala	223	Conyza	205
Burmannia itoana	251	Carpesium	204	Chloranthaceae	54	Conyza bonariensis	205
Burmanniaceae	251	Carpesium divaricatum	204	Chloranthus	54	Conyza canadensis	205
		Caryophyllaceae	60	Chloranthus henryi	54	Coptosapelta	186
C		Casearia	74	Chloranthus serratus	54	Coptosapelta diffusa	186
		Casearia velutina	74	Choerospondias	160	Corchoropsis	91
Cactaceae	78	Cassytha	39	Choerospondias axillaris	160	Corchoropsis crenata	91
Caesalpiniaceae	113	Cassytha filiformis	39	Chrysopogon	276	Corchorus	92
Caesalpinia	115	Castanea	127	Chrysopogon aciculatus	276	Corchorus aestuans	92
Caesalpinia crista	115	Castanea henryi	127	Chukrasia	155	Cornaceae	161
Caesalpinia millettii	115	Castanopsis	129	Chukrasia tabularis	155	Cornus	162
Calamus	250	Castanopsis carlesii	129	Cibotium	8	Cornus hongkongensis	162
Calamus rhabdocladus	250	Castanopsis chinensis	131	Cibotium barometz	8	Cornus hongkongensis subsp.	
Calanthe	255	Castanopsis eyrei	131	Cinnamomum	40	ferruginea	162
Calanthe clavata	255	Castanopsis fabri	130	Cinnamomum austrosinense	40	Corydalis	55
Calanthe graciliflora	255	Castanopsis fargesii	130	Cinnamomum burmanni	40	Corydalis balansae	55

Corydalis racemosa	55	Cynoglossum furcatum	215	Dicranopteris pedata	6	Dumasia truncata	124
Corydalis sheareri	55	Cynoglossum lanceolatum	215	Dictyocline	16	Dunbaria	123
Costus	239	Cyperaceae	259	Dictyocline sagittifolia	16	Dunbaria rotundifolia	123
Costus speciosus	239	Cyperus	264	Dictyocline wilfordii	16		
Cotula	204	Cyperus compressus	264	Didymostigma	224	**E**	
Cotula anthemoides	204	Cyperus difformis	264	Didymostigma obtusum	224		
Craibiodendron	167	Cyperus eleusinoides	264	Digitaria	278	Ebenaceae	170
Craibiodendron scleranthum var. kwangtungense	167	Cyperus iria	264	Digitaria sanguinalis	278	Echinochloa	279
		Cyperus rotundus	264	Dimocarpus	156	Echinochloa crusgalli	279
Crassocephalum	200	Cyrtomium	23	Dimocarpus longan	156	Echinochloa crusgalli var. breviseta	279
Crassocephalum crepidioides	200	Cyrtomium balansae	23	Dioscoreaceae	249	Eclipta	208
Cratoxylum	90	Cyrtomium falcatum	23	Dioscorea	249	Eclipta prostrata	208
Cratoxylum cochinchinense	90	Cyrtomium fortunei	23	Dioscorea benthamii	250	Ehretia	215
Crepidium	254			Dioscorea cirrhosa	249	Ehretia longiflora	215
Crepidum acuminata	254	**D**		Dioscorea linearicordata	250	Elaeagnaceae	150
Crepidum microtatantha	254			Dioscorea pentaphylla	249	Elaeagnus	150
Crotalaria	117	Dalbergia	120	Dioscorea persimilis	249	Elaeagnus glabra	150
Crotalaria albida	118	Dalbergia hancei	120	Diospyros	170	Elaeagnus pungens	150
Crotalaria assamica	117	Dalbergia millettii	120	Diospyros eriantha	170	Elaeocarpaceae	92
Crotalaria pallida	117	Daphne	71	Diospyros kaki	171	Elaeocarpus	92
Crotalaria sessiliflora	118	Daphne championi	71	Diospyros morrisiana	170	Elaeocarpus chinensis	93
Croton	102	Daphne papyracea	72	Diospyros tsangii	171	Elaeocarpus decipiens	93
Croton lachnocarpus	102	Daphniphyllaceae	103	Diplacrum	261	Elaeocarpus duclouxii	93
Cruciferae	56	Daphniphyllum	103	Diplacrum caricinum	261	Elaeocarpus glabripetalus	93
Cryptocarya	39	Daphniphyllum oldhamii	103	Diplazium	15	Elaeocarpus hainanensis	93
Cryptocarya chinensis	39	Daphniphyllum subverticillatum	103	Diplazium crassiusculum	15	Elaeocarpus japonicus	93
Cryptocarya chingii	40			Diplazium dilatatum	15	Elaeocarpus sylvestris	93
Cryptocarya concinna	40	Davallia	25	Diplazium donianum	15	Elaphoglossaceae	24
Cryptocarya densiflora	40	Davallia divaricata	25	Diplazium esculentum	15	Elaphoglossum	24
Cryptolepis	183	Davalliaceae	25	Diplazium mettenianum	15	Elaphoglossum yoshinagae	24
Cryptolepis sinensis	183	Debregeasia	142	Diploclisia	52	Elephantopus	199
Cryptotaenia	165	Debregeasia squamata	142	Diploclisia affinis	52	Elephantopus scaber	199
Cryptotaenia japonica	165	Dendrobium	257	Diplopterygium	7	Elephantopus tomentosus	199
Cucurbitaceae	75	Dendrobium loddigesii	257	Diplopterygium chinense	7	Eleusine	271
Cunninghamia	31	Dendropanax	164	Diplopterygium laevissimum	7	Eleusine indica	271
Cunninghamia lanceolata	31	Dendropanax dentiger	164	Diplospora	193	Eleutherococcus	163
Cuphea	69	Dendropanax proteus	164	Diplospora dubia	193	Eleutherococcus setosus	163
Cuphea alsamona	69	Dendrotrophe	148	Diplospora fruticosa	193	Eleutherococcus trifoliatus	163
Cupressaceae	32	Dendrotrophe varians	148	Dischidia	184	Embelia	175
Curculigo	251	Dennstaedtiaceae	9	Dischidia chinensis	184	Embelia laeta	175
Curculigo capitulata	251	Dennstaedtia	10	Disporopsis	243	Embelia parviflora	175
Cyatheaceae	9	Dennstaedtia scabra	10	Disporopsis fuscopicta	243	Embelia ribes subsp. pachyphylla	176
Cyclea	51	Dennstaedtia scabra var. glabrescens	10	Disporum	242		
Cyclea barbata	51			Disporum nantouense	242	Embelia undulata	176
Cyclea hypoglauca	51	Deparia	16	Distyliopsis	126	Embelia vestita	176
Cyclobalanopsis	127	Deparia japonica	16	Distyliopsis dunnii	126	Emilia	201
Cyclobalanopsis bella	129	Deparia lancea	16	Distylium	125	Emilia sonchifolia	201
Cyclobalanopsis chungii	128	Deparia petersenii	16	Distylium racemosum	125	Engelhardtia	161
Cyclobalanopsis fleuryi	127	Derris	121	Droseraceae	60	Engelhardtia fenzelii	161
Cyclobalanopsis glauca	128	Derris fordii	121	Drosera	60	Engelhardtia roxburghiana	161
Cyclobalanopsis hui	128	Desmodium	118	Drosera spathulata	60	Enkianthus	167
Cyclobalanopsis jenseniana	127	Desmodium caudatum	118	Drymaria	61	Enkianthus quinqueflorus	168
Cyclobalanopsis myrsinaefolia	128	Desmodium heterocarpon	118	Drymaria cordata	61	Enkianthus serrulatus	168
		Desmodium laxiflorum	119	Drynariaceae	28	Epilobium	70
Cyclobalanopsis neglecta	127	Desmodium tortuosum	119	Drynaria	28	Epilobium brevifolium subsp. trichoneurum	70
Cyclocodon	213	Desmos	38	Drynaria roosii	28		
Cyclocodon lancifolius	213	Desmos chinensis	38	Dryopteridaceae	20	Equisetaceae	4
Cyclosorus	16	Dianella	243	Dryopteris	21	Equisetum	4
Cyclosorus acuminatus	16	Dianella ensifolia	243	Dryopteris championii	22	Equisetum ramosissimum	4
Cyclosorus parasiticus	17	Dichroa	104	Dryopteris fuscipes	22	Eragrostis	272
Cymbidium	256	Dichroa febrifuga	104	Dryopteris podophylla	22	Eragrostis atrovirens	272
Cymbidium floribundum	256	Dicksoniaceae	8	Dryopteris sieboldii	22	Eragrostis cilianensis	272
Cynanchum	183	Dicliptera	226	Dryopteris varia	22	Eragrostis japonica	272
Cynanchum corymbosum	183	Dicliptera chinensis	226	Duchesnea	107	Eragrostis unioloides	272
Cynoglossum	214	Dicranopteris	6	Duchesnea indica	107	Erechtites	202
		Dicranopteris ampla	6	Dumasia	124		

Erechtites valerianifolius	203	Ficus erecta	137	Gomphostemma	232	Houttuynia	53
Eremochloa	274	Ficus esquiroliana	136	Gomphostemma chinense	233	Houttuynia cordata	53
Eremochloa ophiuroides	274	Ficus fistulosa	136	Gomphrena	67	Humata	25
Eria	255	Ficus formosana	137	Gomphrena celosioides	67	Humata griffithiana	25
Eria sinica	255	Ficus gasparriniana var. esquirolii		Gonostegia	141	Huperziaceae	2
Eriachne	269		138	Gonostegia hirta	141	Huperzia	2
Eriachne pallescens	269	Ficus hirta	136	Goodyera	252	Huperzia serrata	2
Ericaceae	167	Ficus hispida	135	Goodyera procera	253	Hydrangeaceae	104
Erigeron	203	Ficus langkokensis	137	Gramineae	265	Hydrangea	104
Erigeron annuus	203	Ficus pandurata	137	Grammitidaceae	28	Hydrangea lingii	104
Eriobotrya	106	Ficus pumila	138	Grammitis	28	Hydrocotyle	166
Eriobotrya fragrans	106	Ficus pyriformis	136	Grammitis dorsipila	28	Hydrocotyle nepalensis	166
Eriobotrya japonica	107	Ficus sarmentosa var. impressa		Guttiferae	91	Hydrocotyle sibthorpioides var.	
Eriocaulaceae	238		138	Gymnema	184	batrachium	167
Eriocaulon	238	Ficus subpisocarpa	137	Gymnema sylvestre	184	Hygrophila	225
Eriocaulon sexangulare	238	Ficus variolosa	138	Gynostemma	76	Hygrophila ringens	225
Erythroxylaceae	97	Fimbristylis	261	Gynostemma laxum	76	Hylocereus	78
Erythroxylum	97	Fimbristylis dichotoma	262	Gynostemma pentaphyllum	76	Hylocereus undatus	78
Erythroxylum sinensis	97	Fimbristylis quinquangularis	262			Hylodesmum	118
Escalloniaceae	104	Fissistigma	38	**H**		Hylodesmum leptopus	118
Euonymus	146	Fissistigma glaucescens	38			Hymenophyllaceae	8
Euonymus fortunei	146	Fissistigma oldhamii	38	Habenaria	253	Hymenophyllum	8
Euonymus laxiflorus	146	Fissistigma uonicum	38	Habenaria leptoloba	253	Hymenophyllum barbatum	8
Euonymus nitidus	146	Flacourtiaceae	74	Habenaria rhodocheila	253	Hypericaceae	90
Eupatorium	201	Flemingia	122	Haloragidaceae	71	Hypericum	90
Eupatorium catarium	201	Flemingia macrophylla	122	Haloragis	71	Hypericum japonicum	90
Eupatorium chinense	202	Floscopa	237	Haloragis chinensis	71	Hypericum sampsonii	91
Euphorbia	103	Floscopa scandens	237	Haloragis micrantha	71	Hypolytrum	261
Euphorbia hirta	103	Fordiophyton	89	Hamamelidaceae	124	Hypolytrum nemorum	261
Euphorbia hypericifolia	103	Fordiophyton faberi	89	Haplopteris	14	Hypoxidaceae	251
Euphorbiaceae	98	Fumariaceae	55	Haplopteris flexuosa	14	Hypserpa	51
Eurya	81			Hedera	163	Hypserpa nitida	51
Eurya acuminatissima	81	**G**		Hedera nepalensis var. sinensis			
Eurya acutisepala	82				163	**I**	
Eurya chinensis	83	Gahnia	263	Hedyotis	190		
Eurya distichophylla	81	Gahnia baniensis	263	Hedyotis acutangula	191	Icacinaceae	146
Eurya glandulosa	82	Gahnia tristis	263	Hedyotis auricularia	190	Ichnanthus	277
Eurya groffii	83	Galinsoga	208	Hedyotis caudatifolia	191	Ichnanthus pallens var. major	
Eurya loquaiana	83	Galinsoga parviflora	209	Hedyotis consanguinea	191		277
Eurya macartneyi	82	Garcinia	91	Hedyotis corymbosa	191	Ilex	142
Eurya metcalfiana	83	Garcinia multiflora	91	Hedyotis diffusa	191	Ilex asprella	143
Eurya muricata	81	Gardenia	193	Hedyotis hedyotidea	190	Ilex cinerea	144
Eurya nitida	83	Gardenia jasminoides	193	Hedyotis longipetala	192	Ilex crenata	143
Eurya rubiginosa	82	Gardneria	179	Hedyotis mellii	192	Ilex dasyphylla	143
Eurya rubiginosa var. attenuate		Gardneria multiflora	179	Hedyotis tenelliflora	190	Ilex elmerrilliana	145
	82	Gelsemium	179	Hedyotis verticillata	190	Ilex formosana	144
Eustigma	125	Gelsemium elegans	179	Helicia	73	Ilex hanceana	144
Eustigma oblongifolium	125	Gentianaceae	211	Helicia cochinchinensis	73	Ilex kwangtungensis	143
Evodia	152	Gesneriaceae	223	Helicia reticulata	73	Ilex lohfauensis	144
Evodia austrosinensis	153	Glebionis	210	Helicteres	94	Ilex memecylifolia	145
Evodia glabrifolia	153	Glebionis coronaria	210	Helicteres angustifolia	9 4	Ilex micrococca	143
Evodia rutaecarpa	153	Gleditsia	115	Helixanthera	147	Ilex pubescens	144
Exbucklandia	124	Gleditsia fera	115	Helixanthera parasitica	147	Ilex rotunda	143
Exbucklandia tonkinensis	124	Gleditsia sinensis	115	Hemerocallis	243	Ilex triflora	144
		Gleditsia triacanthos	116	Hemerocallis citrina	243	Ilex viridis	144
F		Gleicheniaceae	6	Hemionitidaceae	14	Illiciaceae	36
		Globba	239	Heteropanax	164	Illicium	36
Fagaceae	126	Globba racemosa	239	Heteropanax brevipedicellatus		Illicium micranthum	36
Fallopia	62	Glochidion	99		164	Illicium tsangii	36
Fallopia multiflora	62	Glochidion eriocarpum	99	Hibiscus	95	Illigera	47
Fatoua	134	Glochidion puberum	99	Hibiscus mutabilis	95	Illigera rhodantha	47
Fatoua villosa	134	Gnaphalium	203	Hibiscus rosa-sinensis	95	Illigeraceae	47
Fibraurea	52	Gnaphalium affine	203	Hibiscus syriacus	96	Impatiens	68
Fibraurea recisa	52	Gnetaceae	32	Hibiscus tiliaceus	96	Impatiens hunanensis	69
Ficus	135	Gnetum	32	Homalium	75	Impatiens siculifer	68
Ficus abelii	136	Gnetum parvifolium	32	Homalium cochinchinense	75	Impatiens tubulosa	69
						Imperata	273

Imperata cylindrica	273	Lactuca	207	Liriope spicata	244	Machilus oculodracontis	42
Indigofera	119	Lactuca indica	207	Litchi	157	Machilus pomifera	42
Indigofera decora var. ichangensis	119	Lactuca raddeana	207	Litchi chinensis	157	Maclura	139
		Lantana	231	Lithocarpus	131	Maclura cochinchinensis	139
Indosasa	266	Lantana camara	231	Lithocarpus corneus	133	Maesa	174
Indosasa glabrata	266	Lapsanastrum	206	Lithocarpus glaber	132	Maesa perlarius	174
Indosasa shibataeoides	266	Lapsanastrum apogonoides	206	Lithocarpus hancei	132	Magnoliaceae	34
Inula	203	Lardizabalaceae	50	Lithocarpus harlandii	133	Mahonia	50
Inula cappa	203	Lasianthus	188	Lithocarpus litseifolius	132	Mahonia bealei	50
Ipomoea	217	Lasianthus fordii	188	Lithocarpus paihengii	132	Mahonia shenii	50
Ipomoea aquatica	217	Lasianthus henryi	188	Lithocarpus rosthornii	132	Malaisia	135
Ipomoea batatas	217	Lasianthus japonicus	188	Lithocarpus uvariifolius	133	Malaisia scandens	135
Ipomoea cairica	217	Lauraceae	39	Litsea	44	Mallotus	101
Ipomoea nil	217	Laurocerasus	111	Litsea acutivena	45	Mallotus apelta	101
Ipomoea triloba	217	Laurocerasus phaeosticta	111	Litsea cubeba	45	Mallotus paniculatus	101
Ischaemum	274	Laurocerasus spinulosa	111	Litsea elongata	45	Mallotus repandus	101
Ischaemum ciliare	275	Lecanorchis	258	Litsea greenmaniana	45	Malvaceae	95
Isodon	233	Lecanorchis nigricans	258	Litsea kwangtungensis	45	Malvastrum	97
Isodon amethystoides	233	Leersia	269	Litsea rotundifolia	46	Malvastrum coromandelianum	97
Isodon lophanthoides	234	Leersia hexandra	269	Litsea rotundifolia var. oblongifolia	46	Malvaviscus	96
Isodon lophanthoides var. graciliflora	234	Lemmaphyllum	26	Litsea verticillata	44	Malvaviscus arboreus	96
		Lemmaphyllum diversum	26	Lobeliaceae	213	Manglietia	34
Isodon serra	234	Lemmaphyllum microphyllum	26	Lobelia	213	Manglietia fordiana	34
Itea	104			Lobelia chinensis	213	Manglietia kwangtungensis	34
Itea chinensis	104	Lentibulariaceae	222	Lobelia melliana	214	Manglietia pachyphylla	34
Ixeridium	207	Lepidomicrosorium	27	Lobelia nummularia	214	Mappianthus	146
Ixeridium gracile	207	Lepidomicrosorium buergerianum	27	Lobelia zeylanica	214	Mappianthus iodoides	146
Ixonanthaceae	97			Loganiaceae	178	Mariscus	264
Ixonanthes	97	Lepidosperma	263	Lonicera	195	Mariscus umbellatus	265
Ixonanthes chinensis	97	Lepidosperma chinense	263	Lonicera confusa	195	Marsdenia	184
Ixora	187	Lepisorus	26	Lonicera japonica	195	Marsdenia tinctoria	184
Ixora chinensis	187	Lepisorus thunbergianus	26	Lonicera macrantha	195	Mazus	222
		Lespedeza	122	Lonicera reticulata	196	Mazus pumilus	222
J		Lespedeza cuneata	122	Lophatherum	269	Mecodium	8
		Lespedeza thunbergii subsp. formosa	122	Lophatherum gracile	269	Mecodium badium	8
Jasminum	180	Ligustrum	181	Loranthaceae	147	Melastomataceae	88
Jasminum lancealarium	180	Ligustrum sinense	181	Ludwigia	70	Melastoma	88
Jasminum pentaneurum	180	Liliaceae	242	Ludwigia hyssopifolia	70	Melastoma dodecandrum	89
Jasminum sinense	180	Limnophila	219	Ludwigia octovalvis	71	Melastoma malabathricum	88
Juglandaceae	161	Limnophila heterophylla	219	Lycianthes	215	Melastoma sanguineum	88
Juncaceae	258	Limnophila rugosa	219	Lycianthes biflora	215	Melia	156
Juncus	258	Limnophila sessiliflora	219	Lycopodiaceae	2	Melia azedarach	156
Juncus prismatocarpus	259	Lindera	43	Lycopodiastrum	2	Melicope	152
Juncus prismatocarpus subsp. teretifolius	259	Lindera chunii	44	Lycopodiastrum casuarinoides	2	Melicope pteleifolia	152
		Lindera communis	44	Lycoris	249	Meliosma	158
Juniperus	32	Lindera nacusua	44	Lycoris aurea	249	Meliosma fordii	158
Juniperus chinensis	32	Lindernia	221	Lygodiaceae	7	Meliosma squamulata	158
Justicia	227	Lindernia anagallis	221	Lygodium	7	Meliosma thorelii	158
Justicia austrosinensis	227	Lindernia antipoda	222	Lygodium japonicum	7	Melodinus	182
Justicia procumbens	227	Lindernia crustacea	221	Lygodium microphyllum	8	Melodinus fusiformis	182
Justicia quadrifaria	227	Lindernia elata	221	Lysimachia	211	Menispermaceae	51
		Lindernia ruellioides	222	Lysimachia congestiflora	211	Menyanthaceae	211
K		Lindernia viscosa	221	Lysimachia decurrens	212	Merremia	218
		Lindsaea	10	Lysimachia fortunei	212	Merremia hederacea	218
Kadsura	36	Lindsaea chienii	10	Lysimachia patungensis	212	Michelia	34
Kadsura coccinea	36	Lindsaea orbiculata	10	Lysimachia petelotii	212	Michelia × alba	34
Kadsura heteroclita	36	Lindsaeaceae	10	Lythraceae	69	Michelia figo	35
Kummerowia	121	Liparis	256			Michelia foveolata	35
Kummerowia striata	121	Liparis brunnea	256	**M**		Michelia macclurei var. sublanea	35
Kyllinga	265	Liparis kwangtungensis	256				
Kyllinga brevifolia	265	Liparis nervosa	256	Macaranga	101	Michelia maudiae	35
Kyllinga nemoralis	265	Liparis nigra	256	Macaranga sampsonii	101	Michelia odora	35
		Liquidambar	124	Machilus	42	Michelia skinneriana	35
L		Liquidambar formosana	124	Machilus breviflora	42	Microlepia	10
Labiatae	232	Liriope	244	Machilus chekiangensis	42	Microlepia marginata	10

Microsorum	27	Neolitsea	46	Palmae	250	Phyllagathis fordii	89
Microsorum insigne	27	Neolitsea aurata	46	Pandanaceae	250	Phyllanthus	99
Microsorum pteropus	27	Neolitsea cambodiana	47	Pandanus	250	Phyllanthus cochinchinensis	99
Microstegium	274	Neolitsea chui	46	Pandanus austrosinensis	250	Phyllanthus urinaria	99
Microstegium fasciculatum	274	Neolitsea phanerophlebia	46	Panicum	278	Phyllodium	121
Mikania	202	Neolitsea pulchella	47	Panicum bisulcatum	278	Phyllodium elegans	121
Mikania micrantha	202	Nephrolepidaceae	24	Panicum notatum	278	Phyllodium pulchellum	122
Mimosaceae	112	Nephrolepis	24	Panicum repens	278	Phyllostachys	266
Mimosa	113	Nephrolepis cordifolia	24	Papilionaceae	116	Phyllostachys edulis	266
Mimosa bimucronata	113	Neyraudia	271	Paraphlomis	236	Phyllostachys nidularia	266
Mimosa pudica	113	Neyraudia reynaudiana	271	Paraphlomis javanica var. angustifolia	236	Physalis	215
Mimosaceae	112	Nyctaginaceae	73			Physalis angulata	215
Mirabilis	73	Nymphoides	211	Paraprenanthes	207	Phytolacca	65
Mirabilis jalapa	73	Nymphoides indica	211	Paraprenanthes sororia	207	Phytolacca americana	65
Miscanthus	273			Parathelypteris	18	Phytolaccaceae	65
Miscanthus floridulus	273	**O**		Parathelypteris glanduligera	18	Pilea	139
Miscanthus sinensis	273			Paris	244	Pilea microphylla	139
Molluginaceae	61	Olacaceae	147	Paris polyphylla var. chinensis	244	Pilea notata	139
Mollugo	61	Oleaceae	180			Pilea peltata	139
Mollugo stricta	61	Oleandraceae	25	Parkeriaceae	14	Pileostegia	105
Monochoria	245	Oleandra	25	Parnassia	60	Pileostegia viburnoides	105
Monochoria vaginalis	245	Oleandra cumingii	25	Parnassia wightiana	60	Pimpinella	165
Moraceae	134	Oligostachyum	265	Parthenocissus	151	Pimpinella diversifolia	165
Morinda	187	Oligostachyum scabriflorum	266	Parthenocissus laetevirens	151	Pinaceae	30
Morinda howiana	187	Onagraceae	70	Paspalum	279	Pinus	30
Morinda officinalis	187	Onychium	13	Paspalum conjugatum	279	Pinus elliottii	30
Morinda parvifolia	188	Onychium japonicum	13	Paspalum urvillei	279	Pinus massoniana	30
Morinda umbellata subsp. obovata	187	Ophioglossaceae	5	Patrinia	197	Piperaceae	52
		Ophioglossum	5	Patrinia villosa	197	Piper	53
Morus	134	Ophioglossum reticulatum	5	Paulownia	218	Piper austrosinense	53
Morus australis	135	Ophiorrhiza	189	Paulownia fortunei	218	Piper hancei	53
Mosla	232	Ophiorrhiza cantonensis	189	Paulownia kawakamii	218	Piper sarmentosum	53
Mosla scabra	232	Ophiorrhiza japonica	189	Peliosanthes	243	Pittosporaceae	73
Mucuna	123	Oplismenus	278	Peliosanthes macrostegia	244	Pittosporum	73
Mucuna birdwoodiana	123	Oplismenus compositus	278	Pellionia	140	Pittosporum glabratum var. neriifolium	74
Mukia	77	Orchidaceae	252	Pellionia brevifolia	140		
Mukia javanica	77	Oreocharis	224	Pellionia grijsii	140	Pittosporum pauciflorum	74
Murraya	155	Oreocharis auricula	224	Pellionia radicans	140	Pityrogramme	14
Murraya exotica	155	Oreocnide	142	Pellionia scabra	140	Pityrogramme calomelanos	14
Musaceae	238	Oreocnide frutescens	142	Pentaphylacaceae	84	Plagiogyriaceae	6
Musa	238	Ormosia	117	Pentaphylax	84	Plagiogyria	6
Musa × paradisiaca	238	Ormosia semicastrata	117	Pentaphylax euryoides	84	Plagiogyria falcata	6
Musa acuminata	238	Ormosia xylocarpa	117	Peperomia	52	Plagiogyria japonica	6
Musa balbisiana	239	Orobanchaceae	222	Peperomia pellucida	52	Plantaginaceae	212
Mussaenda	185	Oryza	268	Pericampylus	51	Plantago	212
Mussaenda pubescens	185	Oryza sativa	268	Pericampylus glaucus	51	Plantago asiatica	212
Mycetia	192	Osbeckia	89	Perilla	234	Plantago major	213
Mycetia sinensis	192	Osbeckia chinensis	89	Perilla frutescens	234	Platanthera	253
Myosoton	61	Osmanthus	181	Perilla frutescens var. purpurascens	234	Platanthera minor	253
Myosoton aquaticum	61	Osmanthus fragrans	181			Pleione	258
Myricaceae	126	Osmanthus matsumuranus	181	Pertya	198	Pleione bulbocodioides	258
Myrica	126	Osmunda	5	Pertya pungens	198	Pleione formosana	258
Myrica rubra	126	Osmunda japonica	5	Phaius	255	Pleocnemia	23
Myrsinaceae	172	Osmunda vachellii	5	Phaius flavus	255	Pleocnemia winitii	23
Myrsine	175	Osmundaceae	5	Phlegmariurus	2	Podocarpaceae	31
Myrsine seguinii	175	Oxalidaceae	67	Phlegmariurus austrosinicus	2	Podocarpus	31
Myrsine semiserrata	175	Oxalis	68	Phlegmariurus fordii	2	Podocarpus neriifolius	31
Myrsine stolonifera	175	Oxalis corniculata	68	Pholidota	257	Pogostemon	233
Myrtaceae	86	Oxalis corymbosa	68	Pholidota chinensis	257	Pogostemon chinensis	233
				Photinia	106	Pogostemon septentrionalis	233
N		**P**		Photinia glabra	106	Pollia	237
				Photinia impressivena	106	Pollia japonica	237
Neanotis	192	Paederia	186	Photinia parvifolia	106	Polygalaceae	58
Neanotis hirsuta	192	Paederia scandens	186	Photinia prunifolia	106	Polygala	59
Neolepisorus	26	Palhinhaea	3	Photinia raupingensis	106	Polygala chinensis	59
Neolepisorus fortunei	26	Palhinhaea cernua	3	Phyllagathis	89	Polygala fallax	59
						Polygala hongkongensis	59

Polygala hongkongensis var. stenophylla	59	Pueraria montana	123	Rubia wallichiana	186	Saxifraga stolonifera	60
Polygala polifolia	59	Pueraria montana var. lobata	124	Rubiaceae	184	Schefflera	164
Polygonaceae	62	Pygeum	110	Rubus	107	Schefflera heptaphylla	164
Polygonatum	243	Pygeum topengii	110	Rubus alceaefolius	109	Schima	80
Polygonatum cyrtonema	243	Pyrenaria	78	Rubus buergeri	108	Schima remotiserrata	80
Polygonum	62	Pyrenaria microcarpa	79	Rubus corchorifolius	108	Schima superba	80
Polygonum capitatum	63	Pyrenaria spectabilis	79	Rubus jambosoides	108	Schisandraceae	36
Polygonum chinense	63	Pyrrosia	27	Rubus lambertianus	109	Schisandra	37
Polygonum darrisii	64	Pyrrosia lingua	27	Rubus leucanthus	108	Schisandra arisanensis subsp. viridis	37
Polygonum maackianum	64	Pyrus	105	Rubus lobatus	109	Schizostachyum	266
Polygonum nepalense	63	Pyrus calleryana	105	Rubus pirifolius	109	Schizostachyum dumetorum	266
Polygonum perfoliatum	63	Pyrus calleryana var. koehnei	105	Rubus reflexus	109	Schoepfia	147
Polygonum posumbu	63			Rubus reflexus var. lanceolobus	110	Schoepfia jasminodora	147
Polygonum senticosum	64	**R**		Rubus rosaefolius	108	Scirpus	262
Polypodiaceae	25	Ranunculaceae	47	Rubus swinhoei	108	Scirpus rosthornii	262
Polypogon	270	Raphanus	56	Rumex	64	Scirpus ternatanus	262
Polypogon fugax	270	Raphanus sativus	56	Rumex acetosa	64	Scleria	261
Pontederiaceae	245	Rhaphiolepis	107	Rutaceae	152	Scleria terrestris	261
Portulacaceae	61	Rhaphiolepis indica	107			Scrophulariaceae	218
Portulaca	62	Reevesia	94	**S**		Scutellaria	235
Portulaca oleracea	62	Reevesia thyrsoidea	94			Scutellaria barbata	235
Pothos	248	Rehderodendron	176	Sabiaceae	158	Scutellaria indica	235
Pothos chinensis	248	Rehderodendron kwangtungense	176	Sabia	159	Scutellaria wongkei	235
Pouzolzia	141			Sabia discolor	159	Securidaca	58
Pouzolzia zeylanica	141	Reynoutria	64	Sabia limoniacea	159	Securidaca inappendiculata	58
Primulaceae	211	Reynoutria japonica	64	Sabia swinhoei	159	Selaginellaceae	3
Pronephrium	17	Rhamnaceae	149	Saccharum	273	Selaginella	3
Pronephrium lakhimpurense	17	Rhamnus	149	Saccharum arundinaceum	273	Selaginella delicatula	3
Pronephrium megacuspe	17	Rhamnus crenata	149	Sacciolepis	277	Selaginella doederleinii	4
Pronephrium simplex	18	Rhaphiolepis	107	Sacciolepis indica	277	Selaginella labordei	4
Pronephrium triphyllum	17	Rhododendron	168	Sageretia	149	Selaginella limbata	3
Proteaceae	73	Rhododendron championae	169	Sageretia hamosa	150	Selaginella picta	3
Prunus	111	Rhododendron henryi	169	Sageretia thea	150	Selaginella remotifolia	4
Prunus salicina	111	Rhododendron hongkongense	169	Salomonia	58	Selaginella scabrifolia	4
Pseuderanthemum	227			Salomonia cantoniensis	59	Selliguea	27
Pseuderanthemum latifolium	227	Rhododendron mariae	169	Salomonia ciliata	59	Selliguea rhynchophylla	27
		Rhododendron mariesii	168	Salvia	232	Senecio	200
Pseudocyclosorus	18	Rhododendron moulmainense	169	Salvia filicifolia	232	Senecio scandens	200
Pseudocyclosorus falcilobus	18	Rhododendron ovatum	169	Salvia japonica	232	Setaria	276
Pseudosasa	267	Rhododendron simsii	168	Sambucus	196	Setaria palmifolia	276
Pseudosasa cantorii	267	Rhodoleia	125	Sambucus chinensis	196	Setaria plicata	277
Psidium	87	Rhodoleia championii	125	Samydaceae	74	Setaria viridis	277
Psidium guajava	87	Rhodomyrtus	87	Sanicula	166	Sida	96
Psychotria	188	Rhodomyrtus tomentosa	87	Sanicula lamelligera	166	Sida rhombifolia	97
Psychotria asiatica	189	Rhus	160	Sanicula orthacantha	166	Siegesbeckia	208
Psychotria fluviatilis	189	Rhus chinensis	160	Santalaceae	148	Siegesbeckia orientalis	208
Psychotria serpens	188	Rhynchospora	263	Sapindaceae	156	Sinopteridaceae	13
Psychotria tutcheri	189	Rhynchospora rubra	263	Sapindus	157	Sinosideroxylon	171
Pteridaceae	11	Rhynchotechum	224	Sapindus saponaria	157	Sinosideroxylon pedunculatum	171
Pteridiaceae	11	Rhynchotechum ellipticum	224	Sapotaceae	171		
Pteridium	11	Ricinus	100	Sarcandra	54	Sinosideroxylon wightianum	171
Pteridium aquilinum var. latiusculum	11	Ricinus communis	100	Sarcandra glabra	54	Skimmia	155
		Rorippa	56	Sarcospermataceae	171	Skimmia arborescens	155
Pteridium revolutum	11	Rorippa indica	56	Sarcosperma	172	Sloanea	94
Pteris	11	Rosa	110	Sarcosperma laurinum	172	Sloanea sinensis	94
Pteris ensiformis	13	Rosa cymosa	110	Sasa	267	Smilacaceae	245
Pteris fauriei	12	Rosa laevigata	110	Sasa longiligulata	267	Smilax	245
Pteris insignis	12	Rosaceae	105	Saurauiaceae	86	Smilax aberrans	246
Pteris linearis	12	Rotala	70	Saurauia	86	Smilax china	246
Pteris multifida	13	Rotala rotundifolia	70	Saurauia tristyla	86	Smilax glabra	246
Pteris semipinnata	12	Rourea	160	Saururaceae	53	Smilax lanceifolia	245
Pteris vittata	12	Rourea microphylla	161	Saururus	54	Smilax lanceifolia var. elongata	245
Pterospermum	94	Rubia	186	Saururus chinensis	54		
Pterospermum heterophyllum	94	Rubia alata	186	Saxifragaceae	60	Smilax megacarpa	245
Pueraria	123			Saxifraga	60	Smilax riparia	246

Solanaceae	215	Syzygium hancei	88	Trema tomentosa	134	Viburnum fordiae	197
Solanum	216	Syzygium rehderianum	88	Triadica	102	Viburnum lutescens	197
Solanum americanum	216			Triadica cochinchinensis	102	Viburnum odoratissimum	196
Solanum capsicoides	216	**T**		Triadica rotundifolia	102	Viburnum sempervirens	197
Solanum lyratum	216			Triadica sebifera	102	Vigna	123
Solanum torvum	216	Tadehagi	119	Trichophorum	262	Vigna umbellata	123
Solidago	210	Tadehagi triquetrum	119	Trichophorum subcapitatum	262	Violaceae	57
Solidago decurrens	210	Tainia	254	Trichosanthes	75	Viola	57
Soliva	204	Tainia dunnii	254	Trichosanthes pedata	75	Viola austrosinensis	57
Soliva anthemifolia	204	Talinum	62	Trichosanthes pilosa	75	Viola davidii	57
Sonerila	90	Talinum paniculatum	62	Trichosanthes rosthornii	75	Viola diffusa	57
Sonerila cantonensis	90	Tarenna	194	Trilliaceae	244	Viola hamiltoniana	58
Spathoglottis	254	Tarenna attenuata	194	Tripterospermum	211	Viola inconspicua	57
Spathoglottis pubescens	254	Tarenna mollissima	194	Tripterospermum nienkui	211	Viola lucens	57
Spatholobus	122	Taxaceae	30	Triumfetta	92	Vitaceae	151
Spatholobus suberectus	122	Taxillus	147	Triumfetta cana	92	Vitex	230
Spermacoce	186	Taxillus chinensis	147	Triumfetta rhomboidea	92	Vitex negundo	230
Spermacoce alata	186	Taxillus levinei	147	Turpinia	159	Vitex negundo var. cannabifolia	
Spermacoce remota	187	Taxillus sutchuenensis	148	Turpinia arguta	159		231
Sphaerocaryum	276	Taxodiaceae	30	Turpinia montana	159	Vitex quinata	231
Sphaerocaryum malaccense	276	Taxodium	31	Tylophora	184	Vittariaceae	14
Sphagneticola	208	Taxodium distichum	31	Tylophora koi	184		
Sphagneticola trilobata	208	Tectaria	23			**W**	
Sphenomeris	11	Tectaria subtriphylla	23	**U**			
Sphenomeris chinensis	11	Tectariaceae	23			Wendlandia	192
Spiranthes	252	Ternstroemia	80	Ulmaceae	133	Wendlandia uvariifolia	192
Spiranthes sinensis	252	Ternstroemia gymnanthera	81	Uncaria	185	Wikstroemia	72
Sporobolus	271	Tetrastigma	152	Uncaria rhynchophylla	185	Wikstroemia indica	72
Sporobolus fertilis	271	Tetrastigma planicaule	152	Uncaria rhynchophylloides	185	Wikstroemia monnula	72
Staphyleaceae	159	Teucrium	236	Urceola	183	Wikstroemia nutans	72
Stauntonia	50	Teucrium viscidum	236	Urceola rosea	183	Woodwardia	19
Stauntonia chinensis	50	Theaceae	78	Urena	96	Woodwardia japonica	20
Stauntonia decora	51	Thelypteridaceae	16	Urena lobata	96		
Stauntonia obovata	50	Themeda	275	Urena procumbens	96	**X**	
Stauntonia trinervia	50	Themeda villosa	275	Urticaceae	139		
Staurogyne	224	Thladiantha	76	Utricularia	222	Xanthium	199
Staurogyne chapaensis	225	Thladiantha cordifolia	76	Utricularia bifida	223	Xanthium sibiricum	199
Staurogyne concinnula	225	Thladiantha globicarpa	76	Utricularia striatula	223	Xanthophyllum	58
Stewartia	80	Thymelaeaceae	71	Uvaria	39	Xanthophyllum hainanense	58
Stewartia villosa	80	Thysanolaena	270	Uvaria boniana	39		
Strobilanthes	225	Thysanolaena latifolia	270			**Y**	
Strobilanthes cusia	225	Tiliaceae	91	**V**			
Strobilanthes dalzielii	225	Toddalia	155			Youngia	207
Strobilanthes labordei	226	Toddalia asiatica	155	Vacciniaceae	170	Youngia japonica	207
Strophanthus	182	Tolypanthus	148	Vaccinium	170		
Strophanthus divaricatus	182	Tolypanthus maclurei	148	Vaccinium bracteatum	170	**Z**	
Strychnos	180	Toona	156	Vaccinium bracteatum var.			
Strychnos cathayensis	180	Toona ciliata	156	chinense	170	Zanthoxylum	153
Styracaceae	176	Torenia	219	Vaccinium fimbricalyx	170	Zanthoxylum armatum	153
Styrax	177	Torenia asiatica	220	Valerianaceae	197	Zanthoxylum avicennae	153
Styrax suberifolius	177	Torenia biniflora	220	Vandenboschia	8	Zanthoxylum myriacanthum	154
Symplocaceae	177	Torenia flava	220	Vandenboschia auriculata	8	Zanthoxylum nitidum	154
Symplocos	177	Torenia fordii	220	Ventilago	150	Zanthoxylum scandens	154
Symplocos adenopus	177	Torenia violacea	220	Ventilago leiocarpa	150	Zehneria	77
Symplocos anomala	177	Toxicodendron	160	Verbenaceae	227	Zehneria japonica	77
Symplocos cochinchinensis var.		Toxicodendron succedaneum		Verbena	231	Zingiberaceae	239
laurina	178		160	Verbena officinalis	231	Zingiber	240
Symplocos congesta	178	Toxocarpus	184	Vernicia	102	Zingiber corallinum	240
Symplocos lancifolia	178	Toxocarpus wightianus	184	Vernicia montana	102	Zingiber mioga	240
Symplocos paniculata	178	Trachelospermum	182	Vernonia	199	Zingiber officinale	240
Symplocos stellaris	178	Trachelospermum jasminoides		Vernonia cinerea	199	Zoysia	271
Synedrella	210		182	Vernonia cumingiana	200	Zoysia matrella	271
Synedrella nodiflora	210	Trema	133	Vernonia solanifolia	200		
Syzygium	87	Trema cannabina	133	Viburnum	196		
Syzygium austrosinense	87	Trema cannabina var. dielsiana		Viburnum chunii	197		
Syzygium buxifolium	87		134	Viburnum erosum	196		